普通高等教育“十一五”国家级规划教材

现代生命科学导论

陈铭德 编著

华东师范大学出版社
·上海·

图书在版编目（CIP）数据

现代生命科学导论/陈铭德编著.—上海：华东师范大学出版社，2010
普通高等教育“十一五”国家级规划教材
ISBN 978-7-5617-7458-8

Ⅰ.①现… Ⅱ.①陈… Ⅲ.①生命科学-高等学校-教材 Ⅳ.①Q1-0

中国版本图书馆CIP数据核字（2010）第003068号

普通高等教育“十一五”国家级规划教材
现代生命科学导论

编　　著　陈铭德
责任编辑　朱建宝
审读编辑　陈俊学
封面设计　黄惠敏

出版发行　华东师范大学出版社
社　　址　上海市中山北路 3663 号　邮编 200062
网　　址　www.ecnupress.com.cn
电　　话　021-60821666　行政传真 021-62572105
客服电话　021-62865537　门市(邮购)电话　021-62869887
地　　址　上海市中山北路 3663 号华东师范大学校内先锋路口
网　　店　http://hdsdcbs.tmall.com

印 刷 者　常熟市文化印刷有限公司
开　　本　787×1092　16 开
印　　张　18.5
字　　数　428 千字
版　　次　2010 年 2 月第 1 版
印　　次　2022 年 3 月第 6 次
书　　号　ISBN 978-7-5617-7458-8/Q·024
定　　价　36.00 元

出 版 人　王　焰

前　言

生命科学是研究生命的科学，21世纪被认为是生命科学的世纪。

从人类社会角度来看，当今人类社会面临人口膨胀、粮食短缺、疾病危害、环境污染、能源危机、资源匮乏、生态平衡被破坏等威胁人类生存的重大问题。解决人类生存与发展所面临的这一系列重大问题，在很大程度上将依赖于生命科学的发展。人们寄希望以生命科学的方法解决人类目前面临的粮食问题、能源问题、人口问题、环境问题和健康问题。

从自然科学角度来看，在20世纪后半叶，生命科学取得了一系列突破性成就，使生命科学在自然科学中的位置发生了革命性的变化。进入21世纪后，生命科学正面临着理论上大综合大发展的时期，生命科学有望成为引导自然科学向物质运动的最高层次突破的带头学科，其科学理论、方法与技术正在对其他学科产生影响。生命科学与其他学科之间必将有更深层次和更广泛的渗透融合，从而促使自然科学更迅速地向前发展。生命科学与其他学科这种深入而广泛的渗透融合，为生命科学奠定了迅猛发展的坚实基础；生命科学的蓬勃发展，又促使其他学科不断开拓新的研究领域而再现辉煌。21世纪的生命科学发展将解释和提升现有的人类文明水平。

从大学生个人角度来看，从个体发生、生老病死到衣食住行乃至生存环境，生命科学与每一个人休戚相关；生命科学促进了社会生产力的发展，同时生命科学中的高新技术（试管婴儿技术、转基因技术、克隆技术等）在实际应用中所产生的伦理和社会问题已日益成为社会的热点。生命科学全方位的发展需要提高全民的科学文化素质，呼唤着培养更多高水平的复合型科技人才。

基于以上背景，《现代生命科学导论》作为高等师范院校通识教育课程教材，其编写目的旨在对在校的非生物专业大学生普及生命科学的知识，使他（她）们对生命科学一些主要研究领域的基本理论、技术方法、发展趋势以及生命科学与人类社会生存和发展关系有一个较完整的认识；同时，通过对生命科学的基本了解和认识，完善他（她）们的知识结构，进而对学科间的交叉渗透、边缘学科领域的研究与开发能有所了解。

《现代生命科学导论》将"生命—人类—社会"作为教材内容主线。以生命为核心，从生命科学概述、生命起源与人类演化、生命质量、生命延续、生命多样性、生命与现代生物工程技术等六个方面展开，重点突出生命科学与人类、与社会的关系。通过本教材的学习使大学生了解上述六大方面研究热点；了解有关的理论、方法和技术；掌握必要的生命科学知识；认识生命科学与人类生存和社会发展息息相关，获得有关健康生活模式的概念，以确立基本的现代生命科学观。

我的研究生焦燕波、章振华、李苏、庞海龙、贾鲁娜、潘立晶、左芳、许超等参加了本书部分章节的撰写与资料的收集、整理。

陈铭德于华东师范大学

2009年12月

目录

第一章 生命科学概述

第一节 生命和生命科学

生命(life)的科学定义是什么?这是生命科学最基本的问题,也是长期争论和探讨的问题。

在日常生活中,通常不难区分“活”的或者有生命的生物和“死”的或无生命的非生物,但是要给“生命”下一个科学的定义却是十分困难的。古今中外很多科学家和哲学家都曾为此问题而困惑、思索,但至今还没有一个为大多数科学家所接受的关于生命的定义。

恩格斯认为,生命是蛋白体的存在方式,这个存在方式的基本因素在于和它周围的外部自然界的不断地新陈代谢,而且这种新陈代谢一旦停止,生命也就随之停止,结果便是蛋白质的分解。这种新陈代谢能力是任何非生命不具备的,所以生命是物质运动的最高形式。美国里德学院《人工生命》主编马克·比多(Mark Bedau)等人也对生命进行了概括,他们认为,生命的统一特征似乎是在适应过程中的那种灵活性——即它对生存、繁殖、直至繁盛问题中遇到的难以预料的变化,能够产生新奇的解决办法的一种恒久能力。

世界是物质性的,生命现象是地球上物质存在的一种最高形式。种种生命现象都有其物质基础,直到目前为止,生物学家还找不到任何可以离开物质而凭空产生的生命现象。例如,遗传物质为脱氧核糖核酸(DNA)分子;生化反应有各种酶系统;控制分化有特殊的激素;能量以 ATP 的形式保存和使用;神经传导也是通过神经细胞的物理和化学过程成为可能;就连人类的思维、记忆,也是以物质作为基础的。生命不仅是一个由基因、蛋白质和其他化学分子相互作用构成的复杂系统,除了分子层面的复杂化学过程外,还有着细胞、组织和器官等不同层面的复杂生理活动。生命现象是一种复杂系统呈现的整体行为。

生命现象虽然十分错综复杂,但是其中却并没有什么超越自然的因素。它是客观世界的现象,因而可以认识,可以用科学方法进行探索并揭示其规律,人类对生命的探索过程已充分说明了这一点。随着科学技术的不断发展,人类对生命的认识将更加准确、深入、系统和全面。

一、生命的基本特征

地球上包括动物、植物、微生物在内有 200 多万种生物,物种间差异虽然很大,但有共性,即它们都具有生命现象,服从于生命运动规律。在整个生命运动过程中,贯穿了物质、能量和信息三者的变化、协调和统一,形成了有组织、有秩序的活动。生命活动所具有的共同属性的外在表现称为生命特征,生命特征使得不同生物体在生命本质上获得了统一。

生物体所表现出的基本特征可以简单地归纳为以下几点：

（一）细胞是生命存在的主要结构形式

在生命世界中生物具有多层次的结构形式，除病毒等极少数外，所有生物体都由细胞所构成，它不仅是生命的结构基础，也是生命的机能单位，具有结构与机能的一致性。最简单的单细胞生物体，一个细胞就足以呈现出完整的生命特征。而绝大多数生物体属于多细胞生物体，通过细胞的分化，形成形态各异、功能不同的组织、器官和系统，构成了相互协调而统一的生命体，从有机整体上呈现出生命的基本特征。

生物体的一切活动都是细胞活动的结果，因为细胞的结构为生命活动提供了极高效率的化学反应条件。细胞内含有不同的细胞器，各司其职，独立地完成信息传递、化学反应、物质输送、能量转换等生命过程。细胞这种生命活动的整合作用，是通过数种机制的结合来完成的。例如，细胞内部合成各种化合物是精确地受基因和酶的功能调节的；各种物质的输入和输出是受膜和它的蛋白质性质调节的。在调节如此灵敏的细胞环境中，细胞生命化学反应的效率往往高于设计最周到的机器的效率。

病毒不具有细胞的结构，仅有蛋白质的衣壳包裹着核酸，而且既无完整的酶系，又无蛋白质合成系统，因此不能进行独立的代谢活动。但当它进入其他生物体内之后，通过病毒自身基因的复制进行繁殖，从而借助于其他生物的细胞表现出生命的若干特征来，比如噬菌体侵染细菌的过程。因此可以认为，病毒实际上是生命存在的另一种结构形式。

（二）新陈代谢

生物体是开放系统，它和周围环境不断进行着物质的交换和能量的传递。一些物质被生物体吸收后，在其体内发生一系列变化，最后成为代谢过程的最终产物而被排出体外，这就是新陈代谢。

新陈代谢是活细胞中全部化学反应的总称，它包括物质代谢和能量代谢两个方面。物质代谢是指生物体与外界环境之间物质的交换和生物体内物质的转变过程。能量代谢是指生物体与外界环境之间能量的交换和生物体内能量的转变过程。在新陈代谢过程中，既有同化作用，又有异化作用。同化作用（又叫做合成代谢）是指生物体把从外界环境中获取的营养物质转变成自身的组成物质，并且储存能量的变化过程，如常说的光合作用过程。异化作用（又叫做分解代谢）是指生物体能够把自身的一部分组成物质加以分解，释放出其中的能量，并且把分解的终产物排出体外的变化过程。

正如生物体在空间结构上严整有序一样，生物体的新陈代谢也是严整有序的过程，它是由一系列酶促反应所组成的反应网络。如果代谢过程的有序性被破坏，如某些代谢环节被阻断了，则全部代谢过程就可能被打乱，生命就会受到威胁，严重的甚至可导致生命的终结。

生物体在新陈代谢许多环节上具有一致性。例如，所有生命体在新陈代谢过程中均以ATP（腺苷三磷酸）作为生命活动的能量来源。植物通过光合磷酸化从太阳光能获得能量；动物则通过氧化磷酸化从食物获得能量，这些从表面上看来似乎是完全不同的途径，但在分子水平上的机制却是极其相似，因为其机制都是氧化还原反应基础上进行的磷酸化。

（三）生长发育

在新陈代谢基础上，生物体能进行生长发育。生长是指生物体个体的体积不可逆转地增大的过程；而发育是指生物个体不断完善、成熟的过程，诸如叶、花和果实等新结构的出现。

单细胞生物生长主要依靠细胞体积与重量的增加，而多细胞生物生长除细胞体积的增大外，主要依靠细胞的分裂来增加细胞的数目。如千吨巨鲸来自一个受精卵，百米大树源自一粒种子。生物体的生长不同于非生物，如晶体可在饱和盐溶液中形成，并随着溶液中盐的加入，晶体可能增大，但这种生长不分阶段，是由外在扩增完成的。而生物体的生长源自本身，它不仅是细胞体积的增大、细胞数目的增多，而且是分阶段完成，并有着一定的生长期限。

环境条件对生物体的生长发育无疑是有影响的，"橘生淮南则为橘，橘生淮北则为枳"说的就是这个道理。同一品种的小麦在水肥条件良好的田里长得高大粗壮，而在干旱贫瘠的田里则长得瘦小。但是，正如生物体内环境总是保持相对稳定一样，生物的生长发育也总是按照一定的尺寸范围、一定的模式和稳定的程序进行的。

（四）生殖

生殖是指生物体产生与自身相似的新个体以延续种系的生命活动过程。任何生物，其个体的生命过程都要经过生长、发育、衰老、死亡等阶段，也就是说个体的生命总是要死亡的。如果没有生殖，不能繁衍后代，那也就没有生物，生殖保证了物种生命的连续性。

生物的生殖方式分为无性生殖和有性生殖两大类。无性生殖是生物通过个体或个体的一部分繁殖后代的生殖方式。在无性生殖中，由于没有两性细胞的结合，子代所继承的遗传特性与亲代基本相同，同时由于无性生殖不经过胚胎发育阶段，其生长发育过程比较迅速，有利于种族的繁衍。有性生殖是通过两个已分化的生殖细胞的结合、发育形成新个体的生殖方式。在有性生殖中，由于两性生殖细胞在形成过程中分别经过减数分裂，然后通过受精作用发育成新个体，使得新个体带有不同的遗传信息组合。因此，有性生殖对于生物的生存和进化是非常有利的，在长期自然选择中，许多生物，尤其是高等生物主要是以有性生殖方式来繁衍后代。

（五）遗传变异和进化

种瓜得瓜，物生其类，子代与亲代之间，在形态构造、生理机能上都很相似，这种现象称为遗传；而后代与亲代之间以及后代各个体之间不会完全相同，总会有所差异，这种现象称为变异，遗传和变异都是生命的普遍现象。遗传的物质基础是DNA，其遗传信息存在于DNA链的碱基序列上。通过DNA的复制和世代间传递实现亲代与子代之间性状的遗传，通过DNA（基因）的突变和遗传物质重组造成亲代与子代及子代各个体之间无数可遗传的变异。

遗传给予生命延续性和保守性，使物种世代相继并能保持稳定；而变异给予生命进化、发展的动力。遗传、变异，加上自然选择的长期作用，导致整个生物界由低级到高级，从简单到复杂，向上逐渐演变，这就是生物的进化，它是生物适应性和多样性的根本原因。现在地球上的生命，包括我们人类在内，都是生物经历了漫长历史时期的进化的产物。进化是群体或物种在连续的世代中发生的遗传改变和相关的表型变化，也包括在漫长历史时期中生物和环境的相互作用和它们之间的协同作用。

（六）应激性

生物体对周围环境变化刺激发生反应的特性叫做应激性。应激性是一切生命体固有的特性，不管生命的形态原始到什么程度都必然会有应激性，虽然表现的形式有所不同。

单细胞生物常以趋性应答其生活环境中的光、温度或化学物质等刺激；植物则以不平衡的生长运动对刺激作出应答，如植物根的向地性是对地心引力的反应，枝条和叶片的向光性则是对光的反应；高等动物由于具有发达的神经系统和感觉器官，形成了有规律的反射活动，能对各种刺激作出更为迅速的反应。

以上基本特征表明，尽管生物世界存在惊人的多样性，但所有的生物都有共同的物质基础，遵循共同的规律，生物就是这样一个统一而又多样的物质世界。

二、生命科学

（一）生命科学的内涵

生命科学是研究所有生命形式及其活动规律、揭示生命现象本质的一门科学，泛指生物学及其相关的领域：除以认识生命世界的本质规律为主要目标的生物学外，还包括以改造生命世界为目标的农学、医学以及与生命有关的工业。由于数、理、化等学科已在20世纪全面渗入生命科学，导致生命科学获得前所未有的发展，面目一新的生命科学已经不再是传统的生物学了，已发展成数理化、计算机等诸多学科支撑的集成性学科。

然而，生物学作为一门基础学科，是生命科学各个领域的基础和核心，它是农学、医学以及与生命科学有关工业的基础。许多生物学上的发现和研究成果，都可以在农学、医学或生物工程等领域得到广泛的应用。例如，农作物产量和质量的提高、人类肿瘤的预防和治疗、生物工程技术的应用、生态环境的改善等等。反之，生命科学在实践中的发展、应用所面临的问题，也会促进生命科学的基础即生物学的发展。

生命科学之所以重要，是因为人们要认识客观物质世界，必然要研究与客观世界并存并不断与之相互作用的生命世界；而要认识包括我们自己在内的生命世界，又不可避免地要研究我们生存于其中的客观世界。生命科学与人类的生存和发展的关系更密切，这是因为人类本身就是生物界中的一员。因此，要想了解人类自身的情况，要想使我们更健康、更安全地生活，就必须了解生命世界，熟悉生命世界。而生命科学的任务就是要探索生命的奥秘，掌握生命运动的规律，并运用这些规律去能动地改造客观世界，为人类的生存和发展谋福利，使人类生活得更美好。由此可见，作为现代社会的一名成员，了解一些生命科学的基础知识和前沿动态是非常必要的。

（二）生命科学的主要分支学科与交叉学科

生命科学所研究的范围极其广泛而复杂，就生物学而言就涉及植物学、动物学、微生物学、细胞学、分子生物学、生物分类学、生理学、遗传学、生态学、生物化学、免疫学、胚胎学，等等。随着研究的深入，学科的划分也就越来越细，一门学科往往再划分为若干分支学科。如微生物学又可根据研究内容分为微生物生理学、微生物遗传学、土壤微生物学等。其他领域如数学、物理、信息科学等多学科向基础生物学的交叉和相互渗透，形成了一些交叉学科，如生物物理学、生物力学、生物力能学、生物声学、生物统计学、仿生学，等等。

下面简单介绍一下几个主要分支学科。

1. 分子生物学(Molecular Biology)

分子生物学是以从分子水平上研究生命本质为目的的一门分支学科，它是当前生命科学中发展最快并正在与其他学科广泛交叉与渗透的重要前沿领域。分子水平是指能携带遗传信息的核酸和在遗传信息传递及细胞内、细胞间通讯过程中发挥着重要作用的蛋白质等生物大分子。从分子水平上研究生命的本质主要是指对遗传、生殖、生长和发育等生命基本特征的分子机理的阐明，从而为利用和改造生物奠定理论基础和提供新的手段。

2. 细胞生物学(Cell Biology)

细胞生物学是研究细胞的结构与功能，阐明其生命活动基本规律的一门分支学科，是生命科学的前沿分支学科之一。细胞生物学研究内容涉及细胞周期调控、细胞增殖、分化、凋亡、物质跨膜转运、信号跨膜转导、细胞间相互作用、细胞迁移等几乎所有生命现象的过程和机制。

3. 生态学(Ecology)

生态学是研究生物与环境及生物之间相互关系的一门分支学科，属宏观生物学范畴。现代生态学向微观和宏观两个方向发展：一方面在分子、细胞等微观水平上研究生物与环境之间的相互关系；另一方面在个体、种群、群落、生态系统等宏观层次上研究生物与环境之间的相互关系。随着人类活动范围的扩大与多样化，人类与环境的关系问题越来越突出，现代生态学研究的范围已扩大到包括人类社会在内的多种类型生态系统的复合系统。

4. 发育生物学(Developmental Biology)

发育生物学是研究生命体发育过程及其本质现象的一门分支学科，从分子水平、亚显微水平和细胞水平上来研究分析生物体从精子和卵的发生、受精、发育、生长直至衰老死亡的过程及其机理，是当今生命科学研究前沿分支学科之一。发育生物学的研究通常要有合适的模式生物和实验系统。国际上普遍采用的模式生物实验系统主要有斑马鱼、线虫、小鼠、拟南芥、水稻、酵母等。我国科学家在对文昌鱼、银鲫鱼的研究过程中也渐渐形成了自己独特的实验系统。从20世纪80年代起，由于遗传学、细胞生物学、分子生物学等学科的发展，大量新的科学技术和方法的应用，使发育生物学取得了巨大的进展。研究内容包括配子的发生和形成，受精过程，细胞分化与形态模式形成，基因在不同发育时期的表达调控，发育过程中细胞核与细胞质的关系、细胞间的相互关系以及外界因素对胚胎发育的影响。发育生物学不仅解决人类面临的许多医学难题，为器官与组织培养等新兴的医学产业工程的发展打下基础，也是基因工程发展为成熟的实用技术的基础。

5. 免疫学(Immunology)

免疫学是以研究生物体免疫系统的组成、功能以及相关疾病的基本免疫机制，发展有效的免疫学措施，达到预防与治疗疾病为目的的一门分支学科，是近年来发展快速的一门学科。研究内容包括免疫系统的基本原理；抗原与抗体的结构、相互作用和功能与组织兼容性；T细胞调节、免疫耐受性、免疫遗传以及补体、过敏和免疫不全等。免疫学向生命科学其他分支学科渗透，极大地促进了相关学科的发展，尤其是在基础医学、临床医学和预防医学领域，免疫学的研究揭示了某些疾病的发病机理，并为疾病的诊断和防治提供了新技术、新方法、新理论和新途径。医学中的许多重要问题，如自身免疫、超敏反应、肿瘤免疫、移植免疫、免疫遗传等，必将得到更好的解决。

6. 生物数学(Biomathematics)

生物数学以数学方法研究和解决生物学问题，并对与生物学有关的数学方法进行理论研究，属于生命科学的边缘学科。生物数学的分支学科较多，从生物学的应用去划分，有数量分类学、数量遗传学、数量生态学等；从研究使用的数学方法划分，可分为生物统计学、生物信息论、生物系统论、生物控制论等。由于生命现象复杂，容易受到多种外界环境和内在因素的随机干扰，因此概率论和统计学是生命科学研究常用的方法；而从生命科学中提出的数学问题往往十分复杂，需要进行大量计算工作，因此计算机是研究和解决生物学问题的重要工具。

知识窗

生物数学

生物数学最早源自于生物统计学。1901年，英国的Karl Pearson创办了《生物统计学》杂志，标志着数学开始向生物学渗透。1939年，N. Rashevsky把数学物理方法引入生物学，把生物问题抽象为数学问题，把对生物现象的研究转化为对数学模型的研究，使生命科学的研究工作进入了一个新的天地。

生物数学研究内容大致分为以下几个主要方面：

① 生命现象数量化方法　以数量关系描述生命现象，数量化是利用数学工具研究生物学的前提。生物界存在着大量界限不明确的、"软"的模糊现象，以"硬"的集合概念不能贴切地描述这些模糊现象，给生命现象的数量化带来困难。1965年，L. A. Zadeh提出模糊集合概念，适合于描述生物学中许多"软"的模糊现象，为生命现象的数量化提供了新的数学工具。

② 数学模型方法　数学模型能定量地描述生命物质运动的过程。通过对数学模型的逻辑推理、求解和运算，就能够获得客观事物的有关结论，达到对生命现象进行研究的目的。

③ 多元分析方法　在农、林业生产中，对品种鉴别、系统分类、情况预测、生产规划以及生态条件的分析等，都可应用多元分析方法。在医学方面，多元分析与电脑的结合已经实现对疾病的诊断，帮助医生分析病情，提出治疗方案。

④ 概率与统计方法　生命现象常常以大量、重复的形式出现，又受到多种外界环境和内在因素的随机干扰。由于生物变量常出现随机性变化且不能完全确定的几率较大，因此随机模型成为生物数学不可缺少的部分。概率是表示客观事物可能发生的程度，它是实际观察到的几率的总体均值或期望值。正态分布是一种理想的对称型分布。有些生物学指标呈左右不对称的所谓偏态分布，但当样本增大时，它的均数却趋向正态分布，这一性质具有重要的实用价值。方差分析常用于分析实验数据、用于检验多组均数间差异的显著性和多因素的单独效应与交互影响的显著性。另外，χ^2 检验、回归与相关分析和多元分析也是常用的统计方法。

⑤ 不连续的数学方法　在生命现象中，物种、个体、细胞、基因等都是生命活动不连续的最小单位，不连续性表现尤其突出。因此，不连续的数学方法在生物数学中占有重要地位。

最近十几年，基因组学的发展使生物学家越来越体会到数学的重要性。高性能计算机的介入使DNA序列测定技术快速发展；在蛋白质组研究和转录组研究过程中，各种数据分析也在迅猛增加。大量研究表明,数学不仅仅能够提升生命科学研究,使生命科学成为抽象的和定量的科学,而且也是揭示生命奥秘的必由之路。一些重大国际事件,如口蹄疫、疯牛病、禽流感等全球公众卫生问题的出现,已将模型化和定量化生物学研究推向全世界。

例如,2003年春SARS暴发时,在有效的疫苗和抗病毒药物研制出来之前,科学家最关心的是SARS流行的特征。两个国际合作的研究小组使用了"SEIR"数学模型,对SARS的传播趋势进行分析。SEIR的四个字母分别代表易感(Susceptible)、潜伏(Exposed)、传染(Infectious)和康复(Recovered)病人。美国和加拿大的科研人员研究了205个SARS病例;英国和中国香港的科研人员则研究了香港SARS最初10周的流行趋势,得出一个相同的结论:如果不加控制,SARS很可能成为一种在世界范围流行的传染病;但是,通过良好的基本公共卫生措施的干预,SARS并没有严重到不可控制的程度。

北京大学和中国科学院的数学专家也运用数学模型,对SARS在北京的流行趋势进行了预测,成功地分析出它的暴发期、平稳期、下降期等,及时地配合了北京市战胜SARS的工作。

7. 仿生学(Bionics)

仿生学是研究生物系统的结构和性质,为工程技术提供新的设计思想及工作原理的科学,它是一个跨领域,跨学科,涉及数学、物理学、化学、技术科学与生命科学相融合的边缘交叉学科。仿生学通过将各种生物系统所具有的功能原理和作用机理作为生物模型进行研究,最后实现新的技术设计并制造出更好的新型仪器、机械等。

以上所述只是生命科学分科的主要格局,实际上发展到今天的生命科学,其分支学科的界限已逐渐融合。例如,分子生物学、细胞生物学、遗传学等已经密不可分,分子生物学正深入到从分子水平上对细胞活动、发育、遗传和进化进行探索。生命科学的发展趋势:一方面,新的学科不断分化出来;另一方面,这些学科又互相渗透而走向融合,这些情况反映了生命科学极其丰富的内容和蓬勃发展的前景。

知识窗

仿生学

1960年9月在美国召开的第一届仿生学研讨会上,J. E. Steele博士首次提出了仿生学概念。他认为"仿生学是研究以模仿生物系统的方式、或是以具有生物系统特征的方式、或是以类似于生物系统方式工作的系统的科学"。40多年来,仿生学得到迅速的发展,在军事、医学、工业、建筑业、信息产业等系统获得相当广泛的应用,模仿生物原型进行设计与制造产品、材料和元器件,已成为高新技术的崭新领域。发达国家投入大量经费和人力争先开展多方面研究与应用,获得了惊人的效益。

仿生学的研究范围主要包括:力学仿生、分子仿生、能量仿生、信息与控制仿生等。

① 力学仿生 研究并模仿生物体大体结构与精细结构的静力学性质，以及生物体各组成部分在体内相对运动和生物体在环境中运动的动力学性质。例如，2000 年悉尼奥运会时，仿生科技的仿鲨鱼皮连体泳衣改变了整个世界泳坛的格局，几乎大半以上的金牌得主都是仿鲨鱼皮泳衣的使用者。第一代仿鲨鱼皮泳衣模仿了鲨鱼的皮肤，在泳衣上设计了一些粗糙的齿状突起，以有效地引导水流，并收紧身体，避免皮肤和肌肉的颤动。第二代仿鲨鱼皮泳衣又加入了一种叫做“弹性皮肤”的材料，可使人在水中受到的阻力减少 4%。此外，还增加了两个附件，附在前臂上由钛硅树脂做成的缓冲器能使运动员游起来更加轻松；附在胸前和肩后的振动控制系统能帮助引导水流。

② 分子仿生 研究与模拟生物体中酶的催化作用、生物膜的选择性、通透性、生物大分子或其类似物的分析和合成等。例如，在搞清森林害虫舞毒雌蛾性引诱激素的化学结构后，合成了一种类似有机化合物，在田间捕虫笼中仅使用千万分之一微克，便可诱杀雄虫。

③ 能量仿生 研究与模仿生物电器官生物发光、肌肉直接把化学能转换成机械能等生物体中的能量转换过程。

④ 信息与控制仿生 研究与模拟感觉器官、神经元与神经网络以及高级中枢的智能活动等方面生物体中的信息处理过程。例如，在北京 2006 年国际弦理论大会上，英国皇家学会会员和美国科学院外籍院士、理论物理学家斯蒂芬·霍金(S. Hawking)通过语音转换器作“宇宙的起源”主题演讲。霍金患肌肉萎缩症，既不能说话，也不能做手势，只能依靠计算机及语音合成器与外界沟通。其乘坐的智能轮椅车上有个具有特殊识别功能的传感器，霍金眨眨眼或动一下面部肌肉都会通过传感器输入进去，专用的识别软件经过处理后转换为文字信息，在屏幕上显示出相应的单词，红外线控制系统通过感知他的目光来形成特定的词句，最后经过电脑控制的语音合成器发出具有金属质感的声音。

第二节 现代生命科学发展特点

20 世纪初(1909 年)，丹麦遗传学家约翰逊(W. Johansen)提出了“基因”这一名词用来解释孟德尔(G. J. Mendel)的遗传因子。近 100 年来，从基因概念的提出到 20 世纪末人类基因组草图绘制完毕，生命科学发生了巨大的变化。20 世纪，生命科学经历了由宏观到微观的发展过程，由形态、表型的描述逐步深入到生物体的各种分子及其功能的研究。

从总体上看，20 世纪的生命科学主要朝着微观和宏观两个层次发展：在微观层次上，生命科学已经从细胞水平进入到分子水平去探索生命的本质；在宏观层次上，生态学的发展正在为解决全球性的资源和环境等问题发挥着重要作用。通过微观与宏观的紧密结合，生命科学在 20 世纪经历了辉煌的历程。

一、分子生物学的兴起全面改变了传统生物学的面貌

分子生物学是由生物化学、生物物理学、遗传学、微生物学、细胞学、乃至信息科学等多学

科相互渗透、综合融会而产生并发展起来的，凝聚了不同学科专长的科学家的共同努力。它虽产生于上述各个学科，但已形成它独特的理论体系和研究手段，成为一个独立的学科。1953年，沃森(J. D. Watson)和克里克(F. Crick)提出的DNA双螺旋分子模型是传统生物学进入分子生物学时代的标志，进而促进了生命科学的全面发展，也使生命科学在自然科学中的位置发生了革命性的变化。

(一) 分子生物学的建立和发展

分子生物学的诞生是在现代物理学和现代化学的科学背景下，细胞学、遗传学、微生物学、生物化学等学科发展的共同结果。生物大分子结构和功能的研究正是20世纪50年代以来生物化学和生物物理学面临的中心问题。在实验材料上选中了微生物，从而应用了微生物学的原理和方法。

DNA双螺旋分子模型的建立主要是基于以下几方面的研究成果。

1. DNA是遗传物质的经典实验

20世纪40年代被认为是分子生物学的孕育时期。1941年，美国遗传学家比德尔(G. W. Beadle)同美国生物化学家塔特姆(E. L. Tatum)用X射线照射链孢霉菌，使其产生变异，获得了多种营养缺陷型突变体，并进一步研究这些突变特性在遗传上的传递规律，这不仅使人们进一步了解了基因的作用和本质，而且为分子遗传学打下了基础。1944年，美国细菌学家埃弗里(O. T. Avery)对1928年英国微生物学家格里非斯(F. Griffith)从事的肺炎双球菌转化实验的研究做进一步的分析，从S型活细菌中提取出了DNA、蛋白质和多糖等物质，然后将它们分别加入培养R型细菌的培养基中，结果发现，只有在加入DNA的培养基上生长的R型细菌才能够转化为S型细菌，DNA的纯度越高，转化就越有效。Avery还发现，如果用DNA酶处理热灭活S型菌(DNA未失活)，就不能使R型细菌发生转化。由此发现DNA是引起肺炎双球菌之间发生荚膜遗传性状转化的因子，第一次证明DNA携带着遗传信息。

1952年，赫尔希(A. D. Hershey)和蔡斯(M. M. Chase)的实验使DNA是遗传物质的结论得到了进一步的证实。Hershey等分别用同位素^{35}S和^{32}P来标记T2噬菌体的蛋白质外壳和DNA：首先将T2噬菌体分别感染含有^{32}P和^{35}S培养基中的两组*E. coli*；细胞裂解后分别收集裂菌液，再分别感染*E. coli*，感染后培养10分钟，经搅拌器搅拌使吸附在细胞表面的噬菌体脱落下来，再离心分离。结果，噬菌体悬浮在上清液中，沉淀物中则是*E. coli*。经同位素测定，上清液中^{35}S的含量为80%，这表明噬菌体的蛋白质外壳脱落下来，并未进入细胞中；而^{32}P在沉淀物中含有70%，表明噬菌体感染细菌后将带有^{32}P的DNA注入了细胞中。这个实验的结果，进一步证实遗传物质是DNA，而不是蛋白质。

2. DNA双螺旋结构的碱基配对原则

1952年，奥地利生物化学家查加夫(E. Chargaff)对核酸的4种碱基含量进行了重新测定。他利用精确的微量分析方法，发现不同物种DNA的碱基组成不同，但其中的腺嘌呤数等于胸腺嘧啶数(A=T)，鸟嘌呤数等于胞嘧啶数(G=C)，因而嘌呤数之和等于嘧啶数之和，这一重要发现为DNA双螺旋结构的碱基配对原则奠定了基础。

3. DNA的X射线晶体衍射的结果

X射线衍射技术在生物大分子结构研究中得到有效应用，为DNA分子的双螺旋结构模型建立提供了决定性的实验依据。

1938 年，英国生物物理学家阿斯特伯里(W. T. Astbury)将 X 射线衍射技术应用于分析纤维状 DNA 的结构，这是研究 DNA 方法学上的一大突破。1940 年，阿斯特伯里拍摄了一些 DNA 的 X 射线衍射照片，尽管所拍摄的 DNA 图片质量不是很高，但是通过 X 射线结晶衍射图仍能发现 DNA 分子呈现多聚核苷酸分子的长链排列。之后，有三个研究小组继承了阿斯特伯里开创的研究：美国加州理工学院的鲍林(L. Pauling)实验室；英国伦敦皇家学院的威尔金斯(M. Wilkins)和弗兰克林(R. Franklin)实验室；英国剑桥大学的沃森(J. D. Watson)、克里克(F. Crick)研究小组。在上述研究人员中，除了沃森是生物学家外，其余都是物理学家。鲍林实验室曾经在 1951 年公布了蛋白质 α 螺旋模型，并开始用分析 DNA 纤维 X 射线衍射照片的方法来确定 DNA 分子结构。并在 1952 年提出了一个骨架在内的三螺旋 DNA 分子模型，尽管证明是错误的，但他们的工作对沃森、克里克建立准确的 DNA 分子结构模型有着重要启示。威尔金斯于 1951 年通过高温下对 DNA 纤维进行 X 射线衍射测定发现，照片中有明显的几组点组成了十字的一横，提示 DNA 的整个结构为螺旋形，但 DNA 的 X 射线衍射图谱还不清楚，直到出色的结晶学家弗兰克林参加了威尔金斯研究小组之后，DNA 分子结构的研究工作才走上了正轨。弗兰克林凭着独特的思维，设计了更能从多方面了解物质不同现象的实验方法，如获取在不同温度下的 DNA 的 X 射线衍射图，把这些各种局部的结构形状进行汇总，DNA 的衍射图片就越来越全面。1952 年 5 月她获得了一张清晰的 DNA 晶体 X 射线衍射照片(图 1-1)。据此，弗兰克林与威尔金斯提出，DNA 的结构可能是双螺旋的，他们的工作对沃森和克里克的 DNA 分子的双螺旋结构模型构建起到极为关键的作用。

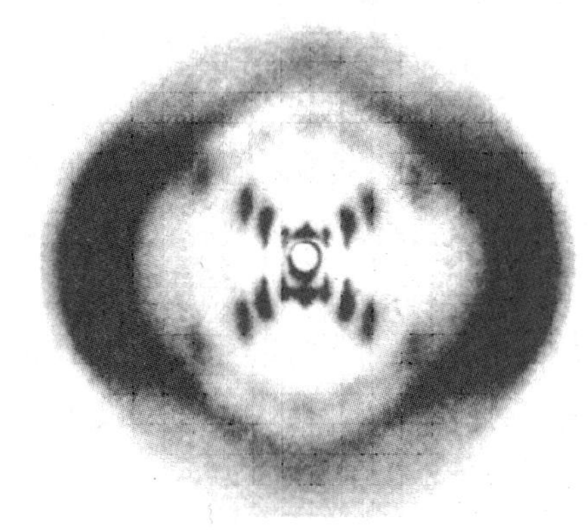

图 1-1　弗兰克林拍摄的 DNA X 射线衍射图

1953 年，沃森和克里克根据以上科学家运用 X 射线衍射技术所取得的 DNA 分子照片和数据，并请剑桥的青年数学家约翰·格里菲斯(J. Griffith)计算出 A 吸引 T，G 吸引 C，A+T 的宽度与 G+C 的宽度相等之后，经过研究和分析提出了具有划时代意义的 DNA 分子双螺旋结构模型。1953 年 4 月 25 日，英国《Nature》杂志第 4356 期刊登了 3 篇论文，第一篇是由沃森和克里克撰写的仅一千多字的论文和附加的一幅 DNA 双螺旋结构示意图，后两篇是威尔金斯和弗兰克林等人支持这一模型的 X 射线衍射照片和实验数据分析。论文的发表引起了科学界极大的兴趣。这是一个极为成功、无懈可击的 DNA 分子结构模型，它由两条右旋但反向的链在同一个轴上盘绕而成，像一个螺旋形的梯子，生命的遗传密码就排列在梯子的横档上。DNA 双螺旋结构模型完美地说明了遗传物质的遗传、生化和结构的主要特征，它的提出是生命科学史上划时代的事件，从而开创了在分子水平上认识生命现象的新学科——分子生物学。

DNA 分子双螺旋结构模型的构建过程给我们的启示是：它既是物理学、数学、化学等学科与生物学学科相结合研究的产物，也是不同学科科学家通力合作攻克难关的典范，更为重要的是将X射线衍射技术应用于生物大分子结构研究的方法学突破。

1953年5月，沃森与克里克在《Nature》杂志上又发表了DNA半保留复制的机理。按照沃森-克里克提出的复制机理，DNA两条链分开后各自都能作为复制新链的模板链，而复制时，两条模板链按照碱基互补配对原则（A—T，C—G）吸引带有互补碱基的核苷酸，并形成两条新的互补链，结果原来的一个DNA分子就形成两个与亲代完全相同的子代DNA分子。这样，复制出来的每一个DNA分子都包含一条原有分子中的"老"链和一条"新"链。因为原来DNA分子中的一半在复制的DNA分子中被保留下来了，所以这种复制称为半保留复制。1958年，梅塞尔森（M. Meselson）和史塔尔（F. Stahl）先把大肠杆菌亲代与子代的双链DNA用不同分子量的同位素^{15}N标记，然后采用CsCl密度梯度超速离心技术把它们分离出来，测定不同链的含量发现，新DNA分子由1条重链及1条新合成的轻链所组成。实验结果同沃森-克里克的半保留复制机理所预料的结果完全一致，从而证明DNA复制的确是半保留性的，而DNA自我半保留复制又是支持DNA双螺旋结构模型的有力证据。

在这之后，分子生物学得以快速发展。1961年，克里克（F. Crick）和布伦纳（S. Brenner）以噬菌体为材料研究遗传密码的比例和翻译机理，表明遗传密码是以三联体核苷酸的形式控制着20种不同的氨基酸。1961年，分子遗传学家雅各布（F. Jacob）等人关于大肠杆菌的操纵子学说，进一步揭示了基因表达调控规律，以后被证实为在原核细胞中基因控制的普遍方式。随着对基因研究的深入，也逐步加深了人们对基因结构和功能的认识，20世纪60年代就提出了遗传信息传递的"中心法则"。从20世纪60年代末期开始，相继发现了限制性内切酶和连接酶等工具，便有可能对DNA进行任意切割和连接。1973年，伯格（P. Berg）等人建立的重组DNA技术，使生命科学实现了一个非常重要的飞跃。DNA重组技术向人们提供了一种全新的技术手段，使科学家可以按照意愿在试管内切割DNA、分离基因并经重组后导入其他生物或细胞，借以改造生物品种，突破了长期以来阻碍人们创造更为理想新物种的种属间自然屏障；也标志着现代生物技术的崛起，它包括基因工程（即重组DNA技术）、细胞工程、酶工程和发酵工程。基因工程技术建立起来，成为继信息技术之后又一项应用广泛的新技术。所以近半个世纪以来，以分子生物学为核心的现代生命科学的面貌起了根本性的变化。

（二）为什么分子生物学兴起导致了整个生命科学面貌的改变？

1. 生命物质的同一性

分子生物学首先建立在对组成生物体最基本的物质结构的认识上，以此为基础，研究组成生物体的大分子的运动及其相互作用，进而阐明各种生命活动的本质和规律。地球上数以百万计的生物种属，其外观形态和活动表现不尽相同，即使孪生兄弟也不完全相同，但分子生物学研究表明，所有生物体的内在物质是高度一致的。例如，从最简单的单细胞生物到最高等的动物乃至人类，最基本、最重要的组成物质是蛋白质和核酸，生命过程主要是这两种生物分子活动的结果，体现了生命活动在分子水平上的高度统一。

生命体几乎所有的生命活动过程都直接或间接与蛋白质有关，核酸参与了生命信息的遗传和表达。组成蛋白质的氨基酸有20种，不同的排列组合和空间结构造成蛋白质的多样性。

核酸的分子结构与蛋白质一样也是多种多样，虽然组成核酸的碱基只有四种，但是由于它们的排列顺序的不同，便构成了核酸分子的多样性。生命的多样性，从分子水平来看实际上就是蛋白质和核酸的多样性。

2. 生命基本原理的同一性

分子生物学使人类能够从对生命现象的外观描述深入到分子水平去认识生命的本质，因此能对各种生命现象有一个统一的、本质上的认识。虽然生命现象千姿百态，但所有生命活动的基本原理是高度一致的，这是以描述为主的传统生物学所不可能认识的，对各种生命现象本质上的认识是分子生物学的伟大成就。

3. 遗传密码的通用性

遗传密码是20世纪50年代提出，60年代被破译的决定蛋白质合成的密码。遗传密码是遗传的信息单位，每一个密码由三个核苷酸所组成，它决定一个氨基酸。已知几乎所有的生物具有共同的遗传密码，纷繁复杂的生命最终在三联体密码的基础上获得了统一。由于遗传密码在生物界具有一致性，就有可能实现基因在不同生物体之间的转移及表达，而这正是基因工程实施的依据。

以上事实说明，只有从分子水平才能真正探讨生命现象的本质和核心，而这在分子生物学建立之前几乎是不可能的。

发现窗

遗传密码

DNA是如何指导蛋白质合成的？这一过程的复杂程度在人们没有破译出生命遗传密码之前几乎难以设想。因为DNA是由4种核苷酸组成，而蛋白质却是由20种氨基酸构成，4种核苷酸若能决定20种氨基酸的排列组合，则一定会有某种特别的编码方式。

1944年，著名物理学家、近代量子物理学的奠基人薛定锷(E. Schrodinger)在《生命是什么》一书中提出了遗传密码的思想，他认为，遗传物质可能是由基本粒子连接起来的非周期性结晶，犹如莫尔斯电码(1844年由物理学家莫尔斯发明)的'-'和'·'那样，可组合和记述所有语言。状态变化的排列顺序，大概是表示生命的密码。由于受到薛定锷关于遗传密码思想的启发，美籍苏联物理学家伽莫夫(G. Gamow)通过排列组合的计算，在1954年提出了一个十分大胆的设想：生命密码是由核酸分子上的4种核苷酸组成，4种核苷酸就像电报密码中的点、线一样是一种密码符号，DNA分子中的4种核苷酸分别形成不同的组合，每一种组合就是一种氨基酸的符号。

1961年，英国分子生物学家克里克等在大肠杆菌噬菌体T4中，用遗传学方法证明密码子是由三个连续的核苷酸所组成。同年，在有关蛋白质合成中mRNA的作用、RNA聚合酶的发现、tRNA、核糖体和核糖体RNA(rRNA)等研究成果的科学背景下，美国生物化学家尼伦伯格(M. Nirenberg)和马泰(J. Matthei)用生物化学的方法破解了第一个密码子，证明苯丙氨酸的密码是mRNA上的UUU(尿嘧啶)，并得到了单一苯丙氨酸组成的多肽长链，这标志着人类破译遗传密码的开端。不久,尼伦伯格等又鉴定出 AAA 是赖氨酸的密码子,CCC 是脯氨酸的密码子。为了弄清不同核苷酸组成的三联体密码子中核苷酸的顺序,尼伦伯格在无细胞系统中采用核糖体结合法的新技术。在无细胞系统中,人工合成的核苷酸三联体可以促进一种特定的 tRNA 携带专一的氨基酸结合到核糖体上,生成"氨基酰—tRNA—核糖体"结合物。这种结合物不能通过硝酸纤维滤膜,而其他未被核糖体结合的氨基酰—tRNA 则能通过滤膜。如用带放射性标记氨基酸进行反应,测定滤膜上放射性强度,便可知道某种人工合成的三联体密码与某种氨基酸之间的关系。用这样的方法,尼伦伯格的研究小组在 1964 年合成了全部 64 种单个的顺序固定的三联体密码,最终确定了 20 种氨基酸的 50 多种密码子。20 世纪 60 年代,除尼伦伯格小组在研究氨基酸密码子外,美国生化学家科拉纳(H. Khorana)等用另外的方法也在进行遗传密码的破译工作。到 1966 年,通过尼伦伯格、科拉纳等人的研究,遗传密码终于全部阐明。在全部 64 个密码子中,除 3 个密码子不编码任何一种氨基酸而代表终止信号外,61 种密码子共编码 20 种氨基酸。而关于终止密码子 UAA、UAG、UGA 的工作,大部分是由英国剑桥分子研究中心的分子生物学家布伦纳(S. Brenner)的实验室完成的,而关于起始密码子 AUG 的研究则是由该中心的克拉克(A. Clark)等人阐明的,AUG 既是起始信号,也是甲硫氨酸的密码子。

遗传密码的破译,被认为是分子生物学发展史上最辉煌的成果之一。不仅纷繁复杂的生命最终在三联体密码的基础上获得了统一,也是后来蓬勃兴起的基因工程和人类基因组计划得以实现的基础。

(三)分子生物学对生命科学的影响

20 世纪下半叶以来,生命科学是围绕着分子生物学的发展而展开的,分子生物学在生命科学中的主流地位,以及它在推动整个生命科学发展中所起的巨大作用是无可争辩的。

1. 分子生物学对传统生物学的影响

当前凡是研究生命现象的学科,不可避免地都要深入到分子水平去进行本质规律的探讨。在分子水平上研究生命的本质主要是指对遗传、生殖、生长和发育等生命基本特征的分子机理的阐明,即携带遗传信息的核酸和在遗传信息传递及细胞内、细胞间通讯过程中发挥着重要作用的蛋白质等生物大分子。这些生物大分子均具有较大的分子量,由简单的核苷酸或氨基酸小分子排列组合以蕴藏各种信息,并且具有复杂的空间结构以形成精确的相互作用系统,由此构成生物的多样化和生物个体精确的生长发育和代谢调节控制系统。阐明这些复杂的结构及结构与功能的关系是分子生物学的主要任务。这使得分子生物学的概念、方法与技术很快就渗入生命科学各个领域,形成诸如分子遗传学、细胞分子生物学、神经分子生物学、分子分类学等,即便是生态学、古生物学等分支学科也不例外。例如,2007 年,《Science》杂志发表了美国北卡罗来纳州立大学和哈佛大学医学院科学家的研究成果,他们采用先进的质谱技术测定了一个保存了 6800 万年的霸王龙骨骼化石和 50 万年的乳齿象骨骼化石软组织中的蛋白质序列,这是分子古生物学领域的一个突破性进展。分析结果显示,从霸王龙化石中提取的蛋白质序列,虽然并不完整,只是片断,但部分序列和现代鸟类的骨胶原蛋白完全吻合。部分蛋白质序列与两栖动物的相似，为鸟类起源于恐龙的假说提供了重要的分子化石证据。

2. 分子生物学对医学的影响

分子生物学的建立大大促进了医学的进步，其理论与技术已在医学领域广泛应用。分子生物学彻底更新了医学的理论和概念，很多医学分支学科从分子生物学的水平来进行研究，如分子免疫学、分子药理学、分子病理学、分子流行病学等。分子生物学和临床医学的融会，可用分子生物学理论和技术去认识、研究和诊治疾病，使得以往对疾病表现和药物作用解释完全基于生理学、病理生理学和药理学的认识，现在则可从分子水平上得以阐明。用基因工程技术开发出的干扰素、胰岛素和抗体等，成为近年来增速最快的新型治疗手段。

分子生物学技术在临床检测中的应用导致了疾病诊断方式的一场革命，疾病的基因诊断、基因治疗和基因疫苗预防等都是分子生物学在医学领域应用的成果。

3. 分子生物学对生命科学其他领域的影响

分子生物学对农业、畜牧业、生物技术等领域的影响是巨大的。

在农业方面，由于分子生物学的发展，利用转基因技术培育出抗虫害、病害的农作物已是农业生产上的主要研究方向之一。自1983年英国培育出世界上第一种含有抗生素类抗体的转基因烟草，以及1993年美国将世界上第一种转基因食品——保鲜延熟型西红柿投放市场以来，转基因技术获得了空前的发展。转基因植物技术已基本趋于成熟，目前已有转基因大豆、玉米、棉花、油菜、南瓜、木瓜、马铃薯、番茄、甜菜等几十种作物投入商业种植。其中，前四种转基因作物占据主导地位，并且全球转基因作物的种植面积已经从1996年的170万公顷增长到2003年的6770万公顷，种植转基因作物的国家数量也在2003年翻了一番。20世纪90年代开始实施的水稻基因组测序工作的完成，将对全面阐明水稻的生长、发育、抗病、抗逆和高产规律，推动遗传育种研究产生重大影响。

在畜牧业方面，利用转基因动物生产药物、培育优良家畜等等，这在后面的有关章节中会进一步介绍。

在生物技术方面，1973年重组DNA获得成功，开创了基因工程，以基因工程为核心的生物技术显现出了强大的生命力。生物技术作为前途远大的高新技术产业在世界范围兴起，使生命科学成为当今世界最令人瞩目的产生高新技术的学科，生物技术革命正以前所未有的深度和广度影响着人类的生活。

DNA双螺旋结构的发现不仅改变了整个生命科学，而且对包括社会科学在内的其他的科学和学科都有极大的影响。像克隆人、干细胞、转基因食品、DNA亲子鉴定技术等都是在知晓了DNA结构后才有可能产生的，而由此所衍生的一系列有关遗传学、人类道德标准和生命伦理学的问题或挑战也成为当代社会所关注的话题。

知识窗

中国水稻（籼稻）基因组"精细图"

2001年10月，中科院、科技部和国家计委联合向全世界宣布：中国率先完成水稻（籼稻)基因组“工作框架图”的绘制。2002年4月5日,《Science》第296卷5565期以封面文章形式发表了中国科学家《水稻(籼稻)基因组的工作框架序列图》一文。《Science》杂志社论评价说,水稻基因组框架图的论文是该领域“最具重要意义的里程碑性的工作”,“永远改变了我们对植物学的研究”,对“新世纪人类的健康与生存具有全球性的影响”。继后,2002年12月12日,中国科学院、科技部、国家发展计划委员会和国家自然科学基金委员会联合举行新闻发布会,宣布中国水稻(籼稻)基因组“精细图”已经完成。

水稻基因组“工作框架图”是指通过DNA测序和计算机排序的方式,获得的覆盖率大于全部DNA序列90%以上的基因组“草图”。基因组“工作框架图”的要点包括:测序工作量达水稻基因组的5倍;经初步组装的“一致性”序列占整个基因组的90%以上;经初步组装的“一致性”序列中碱基的准确率达99%以上,即每一碱基出错的可能性(误差率)应低于1%。

在“工作框架图”的基础上绘制完成的水稻基因组“精细图”,比“框架图”更进一步,更为准确、精细。水稻基因组“精细图”提高了全基因组覆盖率,实现了基因在染色体上的分布和定位,并提供了大量的基因多态性位点,以及可用于分子育种的遗传标记。我国科学家完成的水稻基因组“精细图”覆盖了97%的基因序列,共鉴定了4658个基因并被精确地定位在染色体上;覆盖基因组94%染色体定位序列的单碱基准确率为99.99%,已达到国际公认的基因组“精细图”的标准。它也是迄今为止唯一的基于“全基因组鸟枪法测序”构建的大型植物基因组高精度基因图。

“全基因组鸟枪法测序”也称“霰弹法”,是将基因组DNA打成小片段进行测序,每段大约1～3K左右,然后再将这些小的片段拼接起来,重新组装成一个完整的基因组。它的最大优点是进行测序的目标范围比较小、节省时间、高效,但在组装拼图时会比较费时,而且拼装时由于运算量很大,因而对高性能计算的方法和设备要求非常高。运用“全基因组鸟枪法测序”组装成高精度全基因组的基因图,是一项技术上的新突破,在基因组研究中属首创。植物基因组有大量的重复序列,重复序列的正确识别和组装,需要开发特殊的计算软件,我国所建立的全基因组鸟枪法测序基因组组装的计算软件体系,也为开展其他重要物种的基因组研究开辟了一条全新的经济、快捷和可靠的研究方法。

水稻基因组是迄今为止进行的植物基因组测序中最大的,约为人类基因组的七分之一,大约4.3亿对碱基。作为禾本科作物的代表,水稻全基因组研究将促进玉米、小麦等其他重要农作物的研究和应用发展,从而带动整个粮食作物的研究。

二、自然科学学科间的交叉渗透促进了生命科学的发展

在自然科学整体发展过程中,通常表现为各门类学科、各层次分支学科不断地交叉、同时又加速地综合,使自然科学在某一领域内朝不断深入和多个领域综合交叉的整体化方向发

展。20 世纪生命科学的发展就呈现学科间交叉渗透这一特征，它也是推动生命科学飞跃发展和取得重大突破的动力。

（一）其他自然学科对生命科学发展的推动作用

生命科学是一门实验性科学，物理学、化学、数学和信息科学等学科的理论、技术与方法都会在生命科学的研究领域找到恰当的结合点，生命科学实际上已打破了学科界限，成为一个多学科交叉的领域。在过去的半个世纪里，由于其他自然学科的理论或技术广泛渗透并与生命科学形成交叉学科，因此，促进了生命科学的飞速发展，使得人类得以从微观世界、细胞水平，特别是分子水平来研究极为复杂的生命现象。

1. 理论方面

例如，由于化学和物理学广泛渗入生命科学领域，产生了生物化学、生物物理学和生物力学。此外，在量子力学、信息论、控制论对生物学的影响下，产生了量子生物学、生物信息论和生物控制论等分支领域。

生命科学的发展是随着化学的发展而不断取得进展的，化学在生命科学研究的发展中起着重要的主导作用。20 世纪 70 年代，化学家就曾用化学的方法去研究生命体系中的一些化学反应如细胞生理过程等，从而发展出生物有机化学、生物无机化学、生物分析化学等一些以生命体系为研究对象的化学分支学科。尤其是近代结构化学、分析化学、物理化学和晶体学的理论和方法，促进了对蛋白质、核酸等生物大分子的化学结构和空间结构的研究，从而为分子生物学的兴起奠定了基础。进入分子生物学阶段后，化学与生命科学的相互渗透得到进一步发展和多样化，化学在指导生命现象，蛋白质谱系和基因组的研究中，发挥着越来越大的作用。

化学生物学(Chemical Biology)是近年来兴起的一个新的交叉学科研究领域，它融合了化学、生物学、物理学、信息科学等多个相关学科的理论、技术和研究方法，跳出了传统的思路和方法，在分子的层面上用化学的思路和方法研究生命现象和生命过程。例如，以分子为基础去研究和了解生物大分子之间的相互作用、化学小分子与生物大分子之间的相互作用，以及这些作用对生命体系的调节、控制等等。生物体系的化学结构、体系内和体系间发生的各种变化都含有无机离子和分子的作用。但对这些问题的认识大多数来自生物学家，对于其中无机物的作用却知之甚少，这为无机化学研究提出了若干基础问题，用无机化学的理论、思路去研究这些问题是一个广泛而重要的领域。化学生物学研究不仅可以促进人类对于生命过程机理的了解，也是进行新药源头创新的一个重要手段，化学生物学作为 21 世纪一个重要的化学研究领域正日益得到关注和重视。

20 世纪的物理学的学科理论与方法渗透到生命科学探索领域，为生命科学的发展打下了坚实的基础。例如，物理学处理宏观体系的理论(如热力学、统计力学、耗散结构理论、信息论等)，使人们可以从系统的宏观角度研究生物体系的物质、能量和信息转换的关系；物理学的微观理论(如分子和原子物理学、量子力学等)，使人们可以从微观角度研究生物大分子和分子聚集体(膜、细胞、组织等)的结构；运动与动能、非线性理论、混沌理论则为脑科学的研究提供了理论指导；流动镶嵌模型、根据物理化学原理提出的可兴奋细胞膜的离子基础及模型、膜片钳技术等从根本上改变了人们对生物膜结构的认识；而生物物理学为生命科学、生物工程展现出一个无限美好的前景。

作为计算机科学和数学应用于分子生物学而形成的交叉学科，生物信息学已经成为20世纪90年代开始实施的基因组研究中强有力的且必不可少的研究手段。

随着生命科学研究越来越深入，遇到的问题也更加复杂化，单靠本学科的知识和研究方式去研究，将会限制生命科学的发展，需要其他学科领域知识的交叉渗透，以解决越来越多样化的问题。多学科交叉既是创新思想的重要源泉之一，也赋予重大创新成果产生的可能性。只有加强学科间的交流与合作，才能推动生命科学自身以及自然科学领域其他学科的发展。

2. 方法技术方面

在科学已经越来越依赖于研究手段的今天，实验方法与技术的进步不仅可以有助于理论突破，甚至可以打开新的窗口，改变科学家的思路，开辟新的研究领域。

现代生命科学的发展离不开其他自然科学学科的方法与技术，物理、化学等学科方法技术和工程技术在生命科学领域中的引入，大大提高了对生命物质结构研究的精确性和对复杂的复合生态系统研究的综合能力，成百倍、成千倍地增加了生命科学研究的速度、深度和广度，缩短了研究周期，并提供了研究活细胞内以及不同生物类群间化学物质动态变化的可能性。例如，20世纪中叶，通过X射线衍射仪的应用，解析了DNA的双螺旋结构和蛋白质的空间构象，从而推动了分子生物学的产生。又如，人类基因组约含3万到4万个基因，由约30亿个碱基对组成，分布在23对染色体中，科学家面对浩如烟海的数据，要完成对它的加工、统计、分析、计算，如果没有核苷酸自动测序仪（图1-2）、质谱仪、超级计算机，人类基因组研究就不可能取得目前的研究成果。可以毫不夸张地说，方法技术上的每一次进步都有可能带来一个生命科学领域研究的突破。

核苷酸自动测序仪

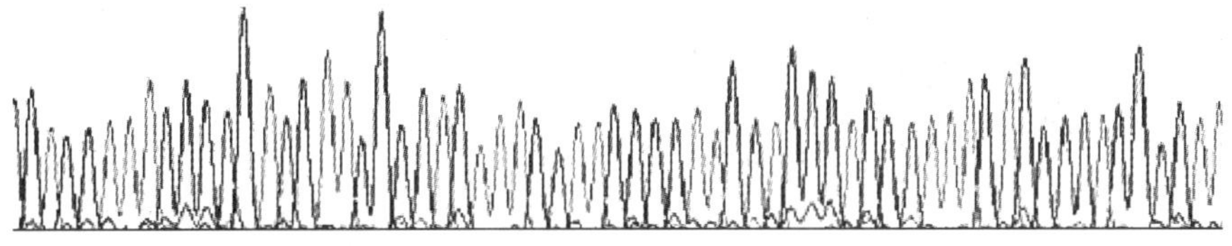

图1-2 核苷酸自动测序仪和测序图谱

第一章 生命科学概述

目前在生命科学领域应用的技术/仪器可以分为两大类。一类是以生物学原理为主设计的，例如多聚酶链式反应(PCR)技术、基因芯片和蛋白质芯片等。另一类则是基于物理、化学原理的仪器，如同位素技术、遥感遥测技术、正电子发射断层技术、电子显微镜、扫描隧道显微镜、X射线衍射仪、同步辐射、核磁共振及其他波谱和能谱仪等。当前生命科学的发展越来越依赖于高新技术，在"后基因组时代"，谁拥有先进技术，谁就是生命科学研究的"领头羊"。

3. 人力资源方面

生物科学的蓬勃发展吸引着具有不同学科背景的科学家们进入了生命科学研究领域，他们带来的不仅是自身学科的理论和思维方法，同时也带来了自身学科的研究方法与技术，为生命科学与其他学科的交叉渗透提供了新的动力。在20世纪，正是由于一批物理学家、化学家进入生物学研究领域，才导致了分子生物学的诞生。在过去几十年中获得诺贝尔化学奖的科研成果，有相当多的是以生命科学为主体内容的；而奖项得主中相当一部分是化学家和物理学家出身。诺贝尔化学奖从1901年至2005年共颁奖97次，有关生命科学领域的成果共有36次获奖。例如，荣获1993年诺贝尔化学奖的聚合酶链反应(Polymerase Chain Reaction，简称PCR)、获2003年诺贝尔化学奖的细胞膜水通道(Water Channels)和离子通道(Ion Channels)结构与功能研究项目等即为生命科学领域。到2003年为止，因为研究基因而获得诺贝尔奖的共有51人，其中获生理学或医学奖44人(占生理学或医学奖总获奖数178人的24.72%)、化学奖7人(占化学奖总获奖数123人的5.69%)。这表明20世纪的化学研究在解析生命现象方面做出了重大贡献。

当代自然科学的迅速发展越来越依赖于不同学科之间的交叉与融合，学科交叉是生命科学发展的必然趋势，也是增强生命科学科技创新的重要途径。进入21世纪后，生命科学与其他自然科学及技术科学之间的相互渗透、互相促进的趋势，无论在深度和广度上均将以空前的规模发展，并且还将渗透到社会科学，以促进自然科学和社会科学的联系。

信息窗

"Bio－X"研究中心

未来生命科学的重点突破将越来越依赖于生命科学和物理学、化学、数学及工程学等学科的交融，这已成为国际科学界的一种共识。近年来国际上正掀起建立以生命科学为中心的交叉学科研究中心或研究所的热潮即为这种共识的集中体现，其中最引人注目的是美国斯坦福大学诺贝尔物理学奖获得者朱棣文教授等人组建的"生物学交叉学科研究中心(Bio－X Center)"。Bio－X中的Bio为生物学，X泛指物理学、化学、工程学、医学等其他学科。国际一流科学学术刊物《Nature》、《Science》等在20世纪末曾先后发了十多篇文章、评论，以催生生命科学与其他自然学科的大融合。

一些国际著名的大学，近年来都投巨资成立了跨越生物学、物理学、化学等多个学科的交叉科学研究所或研究中心，集中物理学家、化学家和生物学家等不同学科的专家的智慧，以促进学科的交叉和渗透。例如，1998年，斯坦福大学"Bio－X"研究中心其目标是：将在基础、应用和临床科学中的边缘研究结合在一起，进行从分子到机体各个层次的生物物理学研究，以实现新的发现和技术创新。此外，该中心也希望将这些新开发的技术应用于生物技术产业，并为硅谷创造新的辉煌。斯坦福大学“Bio－X”研究中心已正式立项启动的资助项目首先集中于五个领域：组织工程（干细胞研究）；单分子分析和分子结构；认知和系统神经科学；从分子到人体的成像；生物计算。加州大学伯克莱分校、芝加哥大学同样投巨资于生命科学和物理学交叉学科的建设；哈佛大学组建了“基因组学和蛋白质组学中心”；普林斯顿大学设立了跨学科的“基因组学分析研究所”；此外，加州理工学院、麻省理工学院、华盛顿大学等也都有建立与生命科学交叉的综合性学科的具体计划。这些计划尽管名称不一，但都明确是以多学科交叉为特色、以解决生命科学中的问题为宗旨的多学科研究计划。

2000年12月，北京大学成立了“北京大学生物医学跨学科研究中心”（Biomed－X Center of Peking University），这是一个涉及生物医学、自然科学、应用科学和社会科学等交叉学科的研究机构。该中心依托北京大学人文社会科学、自然科学、应用科学和医学并举的多学科综合优势，将基础、应用和临床科学的前沿研究结合在一起，促进整个生物医学领域从分子尺度到人类器官尺度的新发明、新发现与技术创新。北京大学生物医学跨学科研究中心首批启动的四个跨学科研究合作项目为生物医学成像、生物力学、环境与健康、生物信息处理，这些项目将涉及生物、医学、环境、力学、数学、物理、电子学等多个学科的研究人员。

2000年，上海交通大学成立了Bio－X生命科学研究中心。“中心”的支撑体系是现代生物学和现代信息学、物理学、数学、化学、医学、药学、农学、工程学等，是一个汇集精英、多学科交叉的大平台；面向未来，旨在占据21世纪的学科前沿和经济发展的制高点，真正成为学术研究、创新精神和应用开发的统一体。经过遴选，该“中心”首批建立的有精神疾病分子遗传学研究室、微生物遗传学实验室、纳米生物学研究室、DNA芯片制造与应用研究室、物理生物化学研究室等。

生命科学因研究客体的极端重要和复杂，人类生存发展的需要又非常紧迫而日益引起国际科技界的高度重视，其一些研究领域完全有可能在不久的将来出现革命性突破，以至可能发展成为科学革命的中心，这就迫切需要多学科交叉共同研究和参与。

（二）生命科学与其他自然科学的相互作用

多学科交叉推动了生命科学的学科发展，而生命科学的发展也向数学、物理学、化学以及工程技术科学提出许多新问题、新概念和新的研究领域，以此带动了其他自然学科的发展。当代许多新兴学科如系统论、信息论、控制论、耗散结构理论和突变论等的产生皆得益于对生命和生命科学问题的思考，生命现象中未知问题的解决必将给科学发展带来新的启示。脑的工作原理和计算机、认知科学和人工智能、生物分子电子学和生物芯片都是当今举世瞩目的一些例子。

三、生命科学的研究模式发生了重要变化

20世纪后半叶人类社会发展所面临的诸如环境的污染、传染性疾病蔓延、生物多样性的

保护等全球性问题的解决和生命科学进一步的纵深研究，皆已超出了国家和区域的范围，这些全球性问题的解决和生命科学研究的综合性和复杂性需要科学研究的通力合作。科学研究的合作不仅可以带来资金分担、信息和设备的共享，而且有利于形成和发展规模化的研究网络。

传统的生物学研究不论宏观、微观通常是以经典的小型实验室“单干”研究模式为主，由于生命科学研究内容的深入和研究范围的加大，科学研究活动已走出了少数科学精英的自由研究模式。由多个实验室间的合作研究，甚至跨地区、跨国家的联合研究和大型研究中心的整合型研究已成为20世纪后期和当前的发展趋势。随着人类基因组计划等“大科学”的实施，世界各国建立了许多大型研究中心，如英国的Sanger中心、美国华盛顿大学基因组测序中心、中国的国家人类基因组南方和北方研究中心等等。这些研究中心通常像一个大企业，拥有大量的仪器设备，如数十台甚至数百台DNA测序仪，针对一个特定的目标进行研究。集约型研究不仅研究的规模大，而且有多个单位共同参与。例如，2001年2月在《Nature》杂志上刊登的“人类基因组框架图”一文中，仅列入正文的主要作者就有近300人，他们来自包括中国在内的6个国家，共48个单位或组织。

人类基因组计划(Human Genome Project, HGP)与曼哈顿原子弹计划和阿波罗计划并称为三大科学计划。1990年10月，国际人类基因组计划正式启动，由多个国家筹集资金和科研力量，预计用15年时间，投资30亿美元，完成30亿对碱基的测序，并对所有基因(当时预计为8万～10万个)进行绘图和排序。人类基因组计划中，美国承担了全部测序任务的54%，英国33%，日本7%，法国2.8%，德国2.2%，中国于1999年9月获准加入人类基因组计划并承担了1%的测序任务。

人类脑计划(Human Brain Project, HBP)是继人类基因组计划之后，又一个划时代的巨大科学工程。人类大脑极其复杂，没有一个国家能独立完成“人类脑计划”这项巨大的工程，它需要像人类基因组计划那样开展国际间的协作。1996年，在巴黎的政府间实体——经济合作与发展组织(OECD)的科学论坛批准建立以美国为领衔国家的神经信息学工作组，参与国包括美国、英国、德国、法国、瑞典、挪威、瑞士、澳大利亚、日本等19个国家。2001年9月，中国正式成为参与人类脑计划与神经信息学研究的第20个国家，这意味着中国跻身于人类脑计划的行列，将具有中国特色的人类脑计划和神经信息学研究项目加入全球人类脑计划之中。

在世纪之交时，由诺贝尔奖得主吉尔曼(A. G. Gilman)领导的“信号转导联合体”(Alliance for Cellular Signaling)，准备对G蛋白介导的及其相关的细胞信号转导系统进行系统和全面的研究。这种整合型研究具有这几个特征：一是高投入，准备历时10年时间、投入1亿美元资金；二是大规模，“信号转导联合体”由美国、加拿大和英国的21个单位，共52个实验室组成；三是多学科交叉，“信号转导联合体”把其他非生命科学学科视为整个研究计划的一个重要组成部分，除生命科学、化学等学科外，研究计划后期的工作几乎都离不开数学，包括“定量测定信息流”、“数据模型的构建和网络分析”、“信号转导数据库的建立”；四是生命科学各分支学科的整合研究，G蛋白介导的信号转导过程与生命的许多活动，如细胞的增殖与分化、神经活动、免疫功能等都有着密切的关系，所以作为以“解决问题”为最终目标的“信号转导联合体”，除了需要许多非生命科学学科的参与，更需要生命科学各分支学科，如细胞生物学、分子生物学、遗传学、免疫学、神经科学等的加盟。

目前科学界已逐渐加大了对“整合型大科学”的关注。例如，2000 年欧洲议会对涉及生命科学、信息技术等五个研究领域的跨国研究计划“第五框架协议”（Fifth Framework Programme of Research，FP5）进行修订，增加了 3 000 万欧元以支持生命科学的“整合型项目”（integrated projects）。

生命科学合作化和国际化的研究模式，将把越来越多的研究机构和国家组合在世界科学技术体系之中，构筑合力研究平台，互惠互利；同时也表明生命科学的发展已经进入了理性的阶段。

四、生命科学的发展推动了人类社会的进步

回顾社会发展的历史不难看出，人类对物质本质和生命奥秘的探索，构成了科学进步的支柱，而导致人类社会和经济发生革命性变化的技术创新，则越来越多地来自基础科学的重大突破。生命科学之所以成为当今自然科学研究的热点和重点，从人类社会可持续发展角度看主要有两方面原因：一是当今人类社会面临人口膨胀、粮食短缺、疾病危害、环境污染、能源危机、资源匮乏、生态平衡被破坏等攸关生存的重大问题。解决人类生存与发展所面临的这一系列重大问题，在很大程度上将依赖于生命科学的发展，人们寄希望以生命科学的方法解决人类目前面临的粮食问题、能源问题、人口问题、环境问题和健康问题。二是生命科学的发展和生物技术的应用可为人类社会带来巨大的利益和财富。

生命科学与人类社会的关系非常密切，在过去的几十年里，生命科学的新变化正在以人们难以想象的方式改变着未来的世界。

（一）生命科学促进了农业、医学和相关产业的发展

自 20 世纪 50 年代以来，生命科学基础研究与应用研究的结合越来越紧密，加之生命科学的迅猛发展，由此大大地促进了农业、医学和相关产业的发展。

1. 农业

近半个世纪以来，生命科学对农业生产的发展起了很大的推动作用。以粮食生产为例，在 20 世纪 50 年代至 70 年代，在遗传学原理指导下的“绿色革命”，促使水稻、小麦、玉米等主要粮食作物产量激增，甚至倍增。例如 1949 年—1975 年世界粮食总产量增加了一倍以上，平均年增长率为 2.8%，超过了人口增长率，其中遗传育种技术的研究与推广应用起了决定性的作用，如墨西哥的良种小麦、菲律宾的矮秆水稻和我国的矮化育种等在这一场“绿色革命”中均起了关键作用。在我国 2000 年度国家科学技术奖励中，只有 2 位科学家荣获国家最高科学技术奖，其中一位是袁隆平院士。袁隆平院士是世界著名的杂交水稻专家，被称为我国的“杂交水稻之父”。从 1976 年至 1999 年，我国累计推广种植杂交水稻 35 亿多亩，增产稻谷 3 500 亿公斤，相当于每年解决 3 500 万人口的吃饭问题，确保了我国以仅占世界 7%的耕地，养活了占世界 22%的人口。粮食问题是当今人类所面临的五大问题之一，袁隆平院士的杂交水稻技术对于拥有众

多人口的中国，其价值是不言而喻的，为此他曾在1981年获得了国家第一个特别发明奖。

农业生物技术是以农业生物为主要研究对象，以生物遗传改良为手段，以发生发育为途径，以生态环境为依托，以基因工程、细胞工程、发酵工程、蛋白质工程等现代生物技术为主体，以在农业生产领域应用为目的的综合性技术体系。生物技术在粮食生产中的应用主要包括培育高产、抗逆、抗病虫害、抗除草剂和品质好、营养价值高的作物品种；利用细胞工程技术对作物优良品种进行大量的快速无性繁殖，实现工厂化生产，等等。据“国际获得农业生物技术应用服务”机构的调查显示，2002年，全球种植转基因作物的面积达到5 800多万公顷，目前已有16个国家的600万农民靠种植转基因作物为生。以美国为例，1997年美国有25%的农民使用基因改良的种子来控制病虫害，到2000年则达到90%以上。1999年美国转基因抗除草剂大豆占大豆种植总面积的97%，抗除草剂玉米或棉花占总种植面积的92%。抗除草剂大豆的优点是农田生产成本降低10%～20%，产量增加5%，土壤腐蚀减少90%。现上市的转基因农产品有玉米、棉花、花生、油菜籽、稻米、大豆、向日葵、番茄、小麦等25种。预计在未来的几年内，几乎所有的美国出口农产品都将包含转基因成分。我国至2000年已批准的转基因植物种类达47种，用于转基因研究的谷物包括水稻、小麦、玉米、棉花、番茄、胡椒、马铃薯、黄瓜、番木瓜和烟草等，转基因植物性状包括抗病、抗虫、抗除草剂和品质改良等。其中，我国育成的转基因抗虫棉品种种植面积占全国棉花种植面积的30%以上，几年来估计为农民增收50多亿元。应用植物细胞工程技术，“九五”期间共培育出水稻、小麦、油菜、大豆、玉米等新品种45个，累计种植面积1 067万公顷，增产50亿公斤，综合经济效益5.3亿元。我国科学家开创了空间生物技术育种新方法，已成功选育出适应市场需求的高产优质水稻、小麦和蔬菜等作物新品种。

利用转基因技术，将与动物优良品质有关的基因转移到动物体内，可使动物获得新的品质。目前，科学家们已成功地培育了转基因羊、转基因兔、转基因猪、转基因鱼等多种动物新品系。我国在转基因动物研究方面有的已经达到国际领先水平，先后培育出生长激素转基因猪、抗猪瘟病转基因猪、生长激素转基因鱼（包括红鲤、泥鳅、鲫鱼）等。

据联合国有关部门估计，采用生物技术，到2015年可使世界上一半饥饿人口得到充足的食物；在未来的17年内将使目前8亿饥饿人口减至4亿，粮食产量提高10%～20%。

2. 医学

20世纪40年代至50年代初迅速发展的抗生素、疫苗产业，使细菌性疾病（肺结核、伤寒、鼠疫等）、病毒性疾病（小儿麻痹症、麻疹、乙型脑炎等）得到控制，挽救了无数人的生命。1980年世界卫生组织宣布在全球消灭了天花，这是人类完全依靠自身力量彻底消灭的第一种烈性传染病，其最根本的措施即是牛痘疫苗的普遍接种。在传染病的预防方面，目前对大多数严重危害人类健康的病原微生物均已研制出相应的疫苗，各种疫苗的广泛接种，已成为当今人类对付许多传染病的最有效和最经济的手段；而在传染病的治疗方面，随着抗生素不断被研制出来，有效地控制了细菌性传染病的流行。相比之下，抗病毒药物的研究进展较慢，近年来应用细胞因子（如白细胞介素il、干扰素等）治疗某些病毒性疾病，已取得一定疗效。另外，单克隆抗体及基因治疗等手段在病毒性疾病治疗中的应用研究也日益广泛和深入。在一些医疗条件好的国家中，由于基本消除了传染病对生命的危害，使得人的平均预期寿命大大提高。内分泌学和生殖生物学的成就导致避孕药的发明，大大促进了计划生育在世界范围内的推广，试管婴儿技术则为许多不育家庭带来了福音。

发现窗

青霉素

青霉素的发现曾被美国新闻博物馆评为20世纪100件最重大的新闻之一，排序为第11位。青霉素的发明者弗莱明(A. Fleming)，1881年出生在苏格兰的洛克菲尔德。弗莱明从伦敦圣玛利亚医院医科学校毕业后，从事免疫学研究。第一次世界大战爆发后，弗莱明到军队医院参加救护工作，看到许多伤员因伤口化脓感染被迫截肢或痛苦地死去，弗莱明决心要找一种既能消除伤口感染又没有副作用的新药。大战结束后，弗莱明回到母校继续从事研究。

1928年，在弗莱明实验室里，有一个培养葡萄球菌的培养皿暴露于空气之中后受到了一种霉菌的污染。弗莱明注意到恰好在培养基中霉菌周围区域里的细菌消失了，他断定这种霉菌产生了某种能将葡萄球菌置于死地并阻止其蔓延的功能物质。不久他就证明了这种物质能抑制许多其他有害细菌的生长，并根据其产生者霉菌的名称(青霉菌)将其命名为青霉素。弗莱明的结果发表于1929年，但是起初并未引起高度的重视。由于弗莱明当时无法发明一种提纯青霉素的技术，致使这种灵丹妙药十几年一直未得以使用。

20世纪30年代末期，澳大利亚裔英国病理学家弗洛里(H. Florey)和旅英的德国生物化学家钱恩(E. B. Chain)偶然读到了弗莱明的文章。他俩从化学、药理、毒理等方面系统研究青霉素，并于1941年用青霉素治疗9例人类细菌感染取得成功。英国当时参加二次世界大战无法大批生产青霉素，弗洛里到了美国，得到以前同事的帮助，成批生产青霉素用于救助战场上的伤病员。1945年战争结束时，青霉素的使用已遍及全世界，自20世纪40年代以来挽救了无数细菌感染患者。

青霉素的发现从此开创了抗生素时代，不仅对寻找其他抗生素是一个巨大的促进，而且青霉素至今仍是用途最广的抗生素之一。青霉素不仅对许多有害微生物都有效，如能有效地治疗梅毒、淋病、猩红热、白喉以及某些类型的关节炎、支气管炎、脑膜炎、血液中毒、骨骼感染、肺炎、坏疽和许多其他种疾病，而且青霉素使用的安全范围大，虽然有少数人对青霉素过敏，但是对大多数人来说该药确属既有效又安全的理想药物。

1945年，弗莱明、弗洛里、钱恩三人共同获得诺贝尔生理学或医学奖。

3. 工业和环境

在过去50年，生命科学尤其是生物技术在包括轻工业、化工、医药和石油等工业领域的应用越来越广，并对这些产业产生重大的影响。例如，在传统的发酵工业与酶制剂工业中，利用基因工程技术将生物酶基因克隆到微生物中，构建工程菌生产酶制剂，使多种淀粉酶、蛋白酶、纤维素酶、氨基酸合成途径的关键酶得到改良、克隆，使酶的催化活性、稳定性得到提高，氨基酸合成的代谢流得以拓宽，产量提高。生物技术的应用将使得传统工业收益更高，如利用生物技术可以提高原油采收率。常规开采石油的一次采油仅能开采出地下石油储量的30%左右，二次采油需加压、注水、注气等能获得储量的10%～20%。目前全球探明的石油储量中，超过60%的部分采用现有技术无法开采，主要为黏度高、流动性差的重油，以及吸附在岩石空隙间而难以开采的石油。微生物采油技术将经过专门培养的具有特殊功能的微生物，注入油井油层内，通过微生物在油藏环境中生长代谢，降解油烃分子，产生表面活性剂、有机酸、气体、溶剂和聚合物等物质，有效地降低岩石、油、水系统的界面张力，降低黏度，增加压力，疏通岩孔，增加流动性，提高采油率。主要特点是工艺简单、成本低廉、环保无害、使用安全。美国能源部的数据显示，微生物采油能提高采油率10%～15%。利用微生物提高原油采收率的技术，已经使进入开发后期的各个油田重新焕发活力，继续产出大量的石油，极大地缓解目前能源紧张的局面。

基于生命科学与人类社会的密切关系和巨大的发展前景，国际上一批大型制药公司和化学工业公司纷纷投巨资进军生命科学研究领域，形成了一个新的产业部门，即生命科学工业。美国孟山都(Monsanto)公司是成立于1901年的著名跨国化学公司，早在1985年就开始率先转型进军生命科学工业。目前，孟山都公司已是世界上最大的高科技生命科学企业，在商业育种方面居于主导地位，成为年营业额220亿美元的新农业生物技术巨人，被美国《财富》杂志列为1997年全美500家最大企业的第159位。美国杜邦公司是一家主要从事有机化工和聚合材料生产的大型化学公司，1998年名列《财富》杂志世界500强企业第55位。1998年4月，杜邦公司宣布改组成由生命科学领衔的三个实业单位；5月，该公司又宣布放弃能源公司Conaco，将其改组成一家生命科学公司；它还用26亿美元购进了一家由联合制药风险投资的Merck公司的股份，用于研究基因组、生物学、化学和生物工程。

生物技术已是环境保护中应用最广、最为重要的单项技术，具有速度快、消耗低、效率高、成本低以及无二次污染等显著优点。目前，生物技术在水污染控制、大气污染治理、有毒有害物质的降解、清洁可再生能源的开发、废弃物资源化、环境监测、污染环境的修复和污染严重的工业企业的清洁生产等环境保护的各个方面发挥着极为重要的作用。经济合作与发展组织在2001年的一份可持续发展报告中，对6个发达国家的21个工业生物技术应用的实例进行分析，结果表明：生物技术的应用可以降低能耗15%～80%、原料消耗35%～75%、空气污染50%～90%、水污染33%～80%，使整个费用降低9%～90%，进一步表明生物技术在改造工业方面的巨大潜力。随着化石能源的减少、环境污染的加重，开发新的可再生清洁能源已成为许多国家保障国民经济持续发展的重大战略措施。目前最具应用前景的是燃料酒精、生物柴油、生物氢能等。美国能源部的数据表明，美国年产450万吨生物乙醇，创造了20多万个就业机会，每年为国民经济贡献约80亿美元，同时还带动了区域经济。随着基因组技术、蛋白质组技术和生物芯片技术等新技术的发展，工业与环境生物技术已经形成一种上、中、下游集成的系统工程技术，将在解决复杂的工业及环境污染问题上显示出日益重要的作用。

（二）生命科学相关技术已成为推动社会经济增长的原动力

生命科学的相关技术的研究与应用可以转化为巨大的生产力，由其引领的生物经济导致全球经济结构发生深刻变化和利益格局的重大调整，生命科学和生物技术已成为新的科技革命的重要推动力。在发达国家，生物技术已经成为一个新的经济增长点，其增长速度大致是在25%～30%，是世界经济增长率的8～10倍左右，生物产业已成为增长最快的经济领域。例如，美国的生物技术产业自1970年代起步以来，始终是全球生物科技的领跑者，2004年全球生物技术产业的总销售额达到了约900亿美元，其中美国占三分之二左右。据美国生物技术工业协会统计：美国现有1 457家生物技术公司，其中342家为上市公司，至2003年4月，生物技术上市公司的市场资本达2 060亿美元，比1992年增加了3倍；利润从1992年的80亿美元增至2001年的348亿美元。美国生物技术产业的迅速发展，给美国经济的增长提供了强大的动力，仅1999年生物技术产业就为美国经济带来437 400份工作、100亿美元税收和110亿美元研发费用。

根据有限的调查统计资料，我国生物技术产品销售额已从1986年的2.6亿元人民币上升到2000年的200亿元人民币，15年增长了76倍。其中医药、保健产品约为90亿元，占总销售额的45%。医药、保健产品中主要包括基因工程药物、疫苗、诊断试剂、部分抗生素、药用氨基酸、维生素、血液制品、生化药物和部分功能食品，其中基因工程药物、疫苗、诊断试剂、部分新型抗生素约占50%左右，大约50亿元人民币。近10年来，我国基因工程药物和诊断试剂产品的国产产品市场占有份额发生了根本性的变化，从国外产品几乎垄断的状况转变为国产产品占有70%～90%市场份额的局面。这些产品的问世，使我国数以千万计的患者从中受益，而其价格仅为国际市场的几分之一到几十分之一。

生物产业已经显示出巨大的发展潜力。大量事实表明，未来15年到20年有可能形成和信息产业并驾齐驱、充满活力的生物技术产业。

信息窗

我国提出到2020年成为生物技术强国和生物产业大国

2005年由科技部中国生物技术发展中心推出的《中国的生物技术与生物经济》蓝皮书提出：到2020年，中国生物技术及产业化发展的战略目标是成为生物技术强国和生物产业大国，力争经过十五年的努力，使中国生物技术与产业化率先进入世界先进行列。

蓝皮书称，中国要通过“三步走”战略来实现生物技术强国、生物产业大国的目标：

第一步为技术积累阶段，力争2010年前完成。生物技术研发整体水平处于发展中国家领先地位，论文、专利数量均进入世界前六位，生物产业总产值达到八千亿元人民币左右。

第二步为产业崛起阶段，力争2015年左右完成。生物技术研发整体水平跻身世界先进行列，论文和专利总数均达世界前三至四位，生物产业总产值力争达到1.5万亿元人民币左右。

第三步为持续发展阶段，从2020年开始进入。生物技术研发与产业化整体水平达到世界先进国家水平，成为世界生命科学和生物技术的顶尖人才聚集中心和主要创新中心之一，生物产业总产值达到2.5万亿至3万亿元人民币，占当时GDP7～8个百分点，成为国民经济的支柱产业之一。

该蓝皮书还提出未来20年中国生物产业的九大发展重点，包括农业生物技术推动第二次绿色革命；医药生物技术推动第四次医学革命，促进中华民族平均寿命进一步提高；工业生物技术推进“绿色制造业”，发展绿色GDP；能源生物技术使“绿金”代替“黑金”，缓解能源短缺压力；环境生物技术促进循环经济发展；利用生物资源的深度开发培育一批新的生物产业；逐步兴起海洋生物产业，促进海洋经济发展；生物安全与生物反恐技术取得重大突破，建立健全生物安全保障体系；形成中西医有机结合的医疗保健体系，构筑中医药产业。

第三节　20世纪后半叶现代生命科学的若干重要进展

20世纪后半叶，生命科学是自然科学中发展最快、影响最大的学科之一。在这50年中，取得了一系列对生命科学学科发展和人类社会有着重要影响的发现，其中包括：

20世纪50年代：英国A. L.霍奇金和A. F.赫胥黎确立了神经兴奋和传导的离子学说；美国A. D.赫尔希和M.蔡斯证明噬菌体DNA携带着噬菌体复制的全部信息；美国J. D.沃森和英国F. H. C.克里克提出DNA双螺旋结构的分子模型；英国F.桑格完成了胰岛素A链及B链的氨基酸序列分析；美国S.本泽完成了噬菌体基因精细结构的分析，并首先提出了顺反子、突变子、重组子的概念；美国M.卡尔文用^{14}C示踪实验，阐明了植物光合作用中的“卡尔文循环”；美国G. E.帕拉德与K. R.波特发现了核糖体；美国E. W.萨瑟兰发现cAMP，阐明cAMP是多种激素在细胞水平上起作用的“第二信使”；美国G.伽莫夫提出了三联体密码的假设，并提出有64个密码的推论；瑞典F. S.舍斯特兰德用电子显微镜观察，发现多数膜结构都是由蛋白质-磷脂-蛋白质三层组成的“三合板”式结构；美国M. S.梅塞尔森和F.斯塔尔对DNA双螺旋结构的半保留复制模型提出实验证明；英国F. H. C.克里克提出DNA指导蛋白质合成的“中心法则”；美国K.梅奎伦和R. B.罗伯茨等用大肠杆菌为材料，证明核糖体是蛋白质合成的场所；美籍华裔张明觉培育出世界上第一个哺乳动物体外受精成功的“试管兔子”；等等。

20世纪60年代：美国S.穆尔和W. M.斯坦利等人测定了核糖核酸酶(RNAase)的124个氨基酸序列；法国J.莫诺提出信使RNA的概念；莫诺与法国F.雅各布提出操纵子理论；英国P. D.米切尔提出化学渗透偶联假说，解释氧化磷酸化和光合磷酸化的生物能转化机制；美国M. W.尼伦伯格等用实验证明聚尿苷酸(U)编码合成聚苯丙氨酸，从而确定苯丙氨酸的密码为UUU，这是第一个被破译的遗传密码，之后确定了20种氨基酸的全部遗传密码；美国R. W.霍利等分析了酵母丙氨酸tRNA的全部77个核苷酸序列；中国科学家完成了牛胰岛素的人工合成，这是世界上首次人工合成的一种蛋白质；澳大利亚M. D.哈奇和C. R.斯莱克证实了四碳植物光合碳循环的存在；日本木村资生提出分子进化的中性学说；美国B. 梅里菲尔德等人人工合成了含有124个氨基酸的、具有酶活性的牛胰核糖核酸酶；英国J. B. 格登用体细胞核移植的方法培育出非洲爪蟾；等等。

20世纪70年代：美国H. O. 史密斯提取出限制性内切酶；美国H. G. 科拉纳等12人合作，人工合成了丙氨酸转移核糖核酸的基因；美国D. 巴尔的摩和H. M. 特明各自独立从鸡肉瘤病毒中发现逆转录酶，对中心法则提出了重要修正和补充；美国R. W. 斯佩里证明了大脑半球的一侧优势；美国P. 伯格把猴细胞病毒SV40的DNA与λ噬菌体的DNA在体外重组成功；美国S. N. 科恩将外源DNA片段插入大肠杆菌质粒后，能产生嵌合质粒，当嵌合质粒重新导入大肠杆菌时仍具有功能，此后成为外源基因克隆到细菌中的主要方法；英国F. 桑格建立分析DNA碱基序列的方法并完成了ΦX174噬菌体全部约5 400个碱基序列的分析；阿根廷C. 米尔斯坦同联邦德国G. 克勒利用细胞融合技术，成功地获得了世界上第一株能稳定分泌单一抗体的杂交瘤细胞株，开创了应用单克隆抗体的新纪元；美国W. 吉尔伯特发明对大片段DNA进行快速序列分析的方法；美国H. W. 博耶研究小组和A. D. 里格斯研究小组利用重组DNA的方法，将人工合成的下丘脑生长激素抑制素的基因导入大肠杆菌中表达成功，揭开了分子生物学新的一页；英国R. 爱德华培育了世界上诞生的第一例试管婴儿，开创了人类生殖医学领域的新纪元；等等。

20世纪80年代：中国科学家完成了酵母丙氨酸tRNA的人工合成，这是世界上首次人工合成的具有生物活性的RNA大分子；美国T. R. 切赫等在四膜虫中发现了一种能把基因内的插入顺序剪切掉再重新拼接的具有酶功能的RNA分子；德国H. 米舍尔成功地提取出生物膜上的色素复合体——光合作用反应中心，R. 休伯和J. 戴维森用X射线衍射方法进行结构分析，这是对认识光合作用机理的一次飞跃；美国R. 帕尔米特等把小鼠的DNA片段与大鼠生长激素的结构基因重组培育出第一批转基因动物——巨型小鼠；法国A. 赫雷拉-埃斯特雷拉等相继培养出抗烟草花叶病毒、抗黄瓜花叶病毒等转基因植物；D. T. 伯克、G. F. 卡尔和M. V. 奥尔森用人造酵母染色体(YACS)作为载体将大片段外源DNA克隆引入酵母细胞，显示YACS可能成为克隆DNA大片段的工具；K. B. 穆利斯发明多聚酶链式反应技术(PCR)；美国G. J. 泰宾等及E. P. 雷迪等分别发现人类癌基因的某种点突变就有可能致癌；P. 怀特、K. J. 巴克柯维茨和J. M. 霍罗维茨等发现癌基因的活化或一种抗癌基因的钝化是肿瘤发生的前提；美国J. M. 毕晓普和H. E. 瓦姆斯用内切核酸酶和转染技术首次分离出肉瘤病毒的癌基因，证明癌症的起因是致癌基因而不是病毒；等等。

20世纪90年代：美国FDA批准世界上第一例基因治疗方案并获得成功，开创了人类基因治疗史上的里程碑；德国E. 内尔和B. 萨克曼发明和应用了膜片钳技术，首次证实了在细胞膜上存在着离子通道；美国J. 默里与T. 托马斯分别用X射线照射及硫唑嘌呤和氨甲喋呤克服肾移植和骨髓移植中的免疫排斥获得成功；英国人R. J. 罗伯兹与美国人P. A. 夏普发现断裂基因，他们的实验证明真核生物的基因内部是不连续的，基因中的编码区被一些非编码区所割裂；美国A. 吉尔曼与M. 罗德贝尔发现了G蛋白以及它们在细胞传导信号方面的作用；英国罗斯林研究所用乳腺细胞克隆出“多莉”羊；等等。

20 世纪后半叶，生命科学研究的成果已逐渐走出实验室。生命科学与生物技术的发展和应用与人类所面临的粮食、健康、人口、能源和环境等重大问题的解决紧密联系，正产生巨大的社会效益和经济效益，生物工程等高新生物技术已成为推动世界新技术革命的重要力量。下面就 20 世纪几个重要进展作一介绍。

一、中心法则的建立和发展

20 世纪后半叶生命科学领域最重要的成就之一，是继 DNA 双螺旋结构的发现后总结出分子生物学的中心法则(central dogma)，揭示了生命遗传信息传递的方向和途径。近半个世纪以来因对阐明中心法则有关问题做出杰出贡献而获得诺贝尔奖的学者先后多达 30 多位，由此足以说明中心法则在生命科学领域的地位。

(一) 中心法则的建立

1957 年，克里克(F. Crick)提出，在 DNA 与蛋白质之间，RNA 可能是中间体。1958 年，他又提出，在作为模板的 RNA 与把氨基酸携带到蛋白质肽链的合成之间可能存在着一个中间"连接器"，使氨基酸合成为蛋白质。根据这些推论，他发表了《论蛋白质的合成》一文，提出了著名的连接物假说，讨论了核酸中碱基顺序与蛋白质中氨基酸顺序之间的线性对应关系，并详细地阐述了中心法则。克里克把中心法则的公式表述为"DNA→RNA→蛋白质"，并且认为中心法则的一个基本特征是遗传信息流是从核酸到蛋白质的单向信息传递，而且这种单向信息流是永远不可逆的。

1957 年，霍格兰(M. Hoagland)发现一类稳定的 RNA 小分子不与核糖体结合，并且不同于 mRNA 和 rRNA。此 RNA 在 1963 年被他人用实验证明是 tRNA，每个 tRNA 携带一个专一的氨基酸，tRNA 含有与该氨基酸密码互补的反密码子。1961 年，法国生物学家莫诺(J. Monod)提出转录 DNA 上遗传信息的是信使核糖核酸(mRNA)。1961 年，法国细胞遗传学家雅各布(F. Jacob)和莫诺共同合作，提出了乳糖操纵子理论，以后被证实为在原核细胞中基因控制的普遍方式。随着 20 世纪 60 年代科学家发现细胞内大量存在的核糖体是蛋白质生物合成的场所以及遗传密码的破译等，到 20 世纪 60 年代基本上揭示了蛋白质的合成过程。这样，就得到了中心法则最初的基本形式。

中心法则奠定了分子生物学的理论基础，其要点主要是：第一，遗传信息指 DNA、RNA 的核苷酸序列和蛋白质中的氨基酸序列；第二，从 DNA、RNA 到蛋白质的遗传信息流向是严格的单程路线；第三，DNA 序列与其所转录出的 RNA 序列及翻译出的蛋白质中的氨基酸序列有严格的共线性(colinearity)。

(二) 中心法则的补充和发展

1. *逆转录*

美国分子生物学家坦明(H. M. Temin)和巴尔的摩(D. Baltimore)长期从事肿瘤病毒的研究，他们于 1970 年分别独立地发现鸡肉瘤病毒(Rousfowl sarcoma)和小鼠白血病病毒(Rauschernouse leukemia)都是 RNA 病毒。在此基础上他们发现了依赖于 RNA 的 DNA 聚合酶(RNA - dependent DNA pulyme - rose)，即逆转录酶，逆转录酶能以 RNA 为模板合成

DNA。这一重要的发现使坦明和巴尔的摩由此荣获 1978 年诺贝尔生理学或医学奖。

在某些病毒中的 RNA 自我复制(烟草花叶病毒等)和在某些病毒中能以 RNA 为模板逆转录成 DNA 的过程(某些致癌病毒),证明了遗传物质可以是 DNA,也可以是 RNA;遗传信息并不一定是从 DNA 单向地流向 RNA,RNA 携带的遗传信息同样也可以流向 DNA。遗传信息流在 RNA 与 DNA 间的双向流动,动摇了中心法则的不可逆性,成为中心法则的重要补充。

2. RNA 具有催化功能

根据中心法则,DNA 中的信息转录到 RNA 分子中后,要再进一步翻译成蛋白质,才能表达为酶的活性。然而,1981 年,美国科罗拉多大学切赫(T. R. Cech)等人在研究真核生物四膜虫(Tetrathymena)的 rRNA 拼接机制中发现,在没有任何蛋白质酶类情况下,该 rRNA 可以自身剪接加工,并最终分离到一段具有催化活性的内含子(IVS),它具有能够打断及重建磷酸二酯键功能。此外,1983 年,美国耶鲁大学阿尔特曼(S. Altman)领导的一个研究小组发现大肠杆菌中参与 tRNA 后加工的核糖核酸酶 P 是由 M1RNA 和 C5 蛋白两部分组成的,其催化活性取决于 RNA,而蛋白质无催化功能,仅起稳定构相的作用。这意味着 RNA 可以不通过蛋白质而直接表现出本身的某种遗传信息,而这种信息并不以核苷酸三联体来编码,这是对中心法则的又一次补充和发展。为此,切赫和阿尔特曼荣获 1989 年的诺贝尔化学奖。

从此,人们认识到 RNA 除了传递遗传信息、转运氨基酸和组成核糖体之外,还有酶促作用,可以不依赖蛋白质和 DNA 而进行自我复制,这彻底打破了酶必然是蛋白质的概念。至此,中心法则中的 DNA 和 RNA 被认为都可以分别成为独立的生命体系,进行自我复制。

(三) 中心法则面临的新挑战

1. 以蛋白质为模板的肽链合成

多肽抗生素是细菌产生的抗生素中的一类,研究表明,抗生素多肽、谷胱甘肽、胞壁质和交联肽等的合成不以 DNA 为模板,而以某些多酶体系为模板进行肽链合成,即多肽抗生素肽链中的氨基酸序列是由这些酶上所吸附的氨基酸序列所决定的。

2. RNA 编辑、DNA 水平的基因重排等的发现

RNA 编辑(RNA editing)是指在 mRNA 水平上改变遗传信息的过程。1986 年,R. Benne 等在人类寄生虫布氏锥虫(Trypanosoma brucei)中首次发现了 RNA 编辑现象,有 551 个尿嘧啶插入到编码 NADH 脱氢酶的转录体中,同时,亚单位中第 7 和第 88 碱基被删除。不久以后陆续发现原生动物、哺乳动物及植物细胞 mRNA 中普遍存在着 RNA 编辑过程,包括碱基的插入、删除与替换现象。根据中心法则,蛋白质的一级结构编码在 DNA 上,在表达过程中,储存于 DNA 上的遗传信息被准确地一一对应地转录成 mRNA,然后被翻译成蛋白质。由于 RNA 编辑是基因转录后在 mRNA 中插入、缺失或替换核苷酸从而改变 DNA 模板来源的遗传信息,因此,RNA 编辑改变了 DNA 与 RNA 之间的对应关系,DNA 与 RNA 之间呈非共线性关系。

3. DNA 的直接翻译

在离体实验中观察到,与核糖体相互作用的某些抗生素如链霉素或新霉素,能使单链的 DNA 取代 mRNA 与核糖体结合,然后由单链 DNA 指导直接将其核苷酸顺序翻译成多肽的氨基酸顺序。DNA 不需要通过 RNA 即可控制蛋白质的合成,显然是对目前的中心法则提出了

新的挑战。

分子生物学的中心法则中，DNA 和 RNA 的复制、DNA 转录成 RNA、RNA 逆转录成 DNA 以及以信使 RNA 为模板翻译成多肽链的过程和机制基本上已经阐明。但从多肽链折叠成蛋白质的过程，即所谓“新生肽的折叠”问题，是中心法则至今留下的空白，又是从“遗传信息”到“生物功能”的关键环节，有待于我们在 21 世纪去解决。

二、重组 DNA 技术的构建

在分子水平或基因水平上，用人工的手段去改造生物遗传性状的重组 DNA 技术(Recombinant DNA Technique)出现在 20 世纪 70 年代。

科学与技术是密切关联、不可分割的两个方面，技术的发明常常源于科学上的发现。20 世纪 50 年代 DNA 双螺旋结构三维模型的构建；60 年代遗传密码的破译和中心法则的建立；70 年代逆转录酶和限制性内切酶等工具酶的发现，一系列重大的科学发现终于使得 DNA 的操作——将外源目的基因转入微生物以生产有价值的产品成为可能，基因工程技术应运而生。重组 DNA 技术既是基因工程的核心技术，也是现代分子生物技术发展中最重要的成就之一。正是重组 DNA 技术的重大突破带动了现代生物技术的兴起，并很快产生了许多生命科学的高技术产业。

(一) 重组 DNA 技术中工具酶的发现

重组 DNA 技术是人工进行基因的剪切、拼接、组合，这些都需依靠不同酶的作用来完成。因此，酶是重组 DNA 技术中必不可少的工具。基因工程中所要用的酶统称为工具酶，主要有 DNA 限制性内切酶、DNA 连接酶、核酸聚合酶、逆转录酶、核酸酶等，特别是 DNA 限制性内切酶和 DNA 连接酶的发现与应用，使 DNA 分子的体外重组成为可能。

1. DNA 限制性内切酶(DNA restriction endonuclease)

限制性内切酶是从细菌中分离提纯的核酸内切酶，它可以识别一小段特殊的核酸序列并将其在特定位点处切开。1962 年，阿尔伯(W. Arber)就发现大肠杆菌对外来噬菌体的 DNA 有限制作用。他认为，这是由于菌体内有一种酶，对外来的 DNA 起切割、分解的作用，从而预言了 DNA 限制性内切酶的存在。1970 年，斯密思(H. O. Smith)首次从流感嗜血杆菌(*H. influenzae*)中发现并分离到限制性内切酶 *Hind*II，它能在特定的位点切割 DNA 分子。1971 年，美国分子生物学家纳森斯(D. Nathans)应用限制性内切酶切割 SV40 病毒的 DNA，获得了第一个 DNA 的内切图谱(通称“物理图谱”)。1972 年，博耶(H. W. Boyer)又发现了 EcoRI 的限制性内切酶，它能识别特异的 DNA 序列，并对其进行切割。阿尔伯、斯密思和纳森斯由于在发现限制性内切酶方面做出了开创性的工作，共享了 1978 年的诺贝尔生理学或医学奖。DNA 限制性内切酶的发现，使 DNA 分子的切割成为可能，研究者可根据所用的内切酶而获得所需的 DNA 片段。

2. DNA 连接酶(DNA ligase)

1970 年，美国威斯康星大学的科拉纳(H. G. Khorana)实验室的一个小组，从 T4 噬菌体感染的 E. coli 中分离出 T4DNA 连接酶，发现 T4DNA 连接酶具有更高的连接活性，能催化完全分离的两段 DNA 分子进行末端的连接。同限制性内切酶一样，DNA 连接酶的发现和应用对重组 DNA 技术的创立和发展有着举足轻重的意义。到了 1972 年底，科学家已经掌握了好几种连接双链 DNA 分子的方法。

上述工具酶的发明，为基因的切割、连接以及功能基因的获得创造了条件。

（二）载体的运用

载体（Vector）是重组 DNA 技术中承担将外源 DNA（目的基因）导入宿主细胞，使之复制、扩增、表达的工具。从 20 世纪 70 年代中期开始，许多载体应运而生。目前在重组 DNA 技术中常用的载体主要有四类：即质粒、λ 噬菌体、M13 噬菌体和黏粒。

（三）细胞外 DNA 分子重组技术的发明

1972 年，美国分子生物学家伯格（P. Berg）用限制性内切酶分别切开猴病毒 SV40 的 DNA 和 λ 噬菌体的 DNA，然后再用连接酶把这两种 DNA 连接起来，首次实现了细胞外 DNA 分子的重组。

1973 年，美国斯坦福大学科恩（S. N. Cohen）等从大肠杆菌里取出两种不同的质粒 PSC101 和 R6－5。PSC101 上有四环素抗性基因，在 R6－5 上则有卡那霉素抗性基因，科恩把两种大肠杆菌的质粒混合起来，并在混合物中加进 EcoRI 内切酶。两种质粒经过同一种内切酶切割后就留出一模一样的黏性末端，他再在经过酶切后的混合物中加入 T4 连接酶，得到了两种质粒的重组 DNA。然后，将重组 DNA 分子导入大肠杆菌，这种具双重抗性基因的大肠杆菌可以在同时加入了四环素和卡那霉素的培养基中生存和分裂繁殖，形成菌落。次年，科恩又把具有抗青霉素基因的金黄色葡萄球菌的质粒和大肠杆菌的质粒“组装”成重组质粒送入大肠杆菌，培养基的培养结果表明这种大肠杆菌具有抗青霉素的特性。科恩的研究成果不仅进一步证明细胞外可以重组 DNA 分子，而且表明外来基因在大肠杆菌体内也同样可以表达。

1974 年，科恩与博耶（H. W. Boyer）等人合作，将从非洲爪蟾的细胞内提取出的 rRNA 基因与大肠杆菌的质粒“拼接”，构建重组质粒，后者在大肠杆菌内表达产生了非洲爪蟾的核糖体核糖核酸（rRNA）。

两栖类动物的基因能在大肠杆菌内不断复制的事实说明，重组 DNA 技术可以不受生物种类的限制，人们可以利用细菌的繁殖速度快的特点，使人工大量合成基因以及表达基因产物成为可能。因此，科恩和博耶被誉为基因工程的奠基人。

（四）DNA 测序方法的建立

20 世纪 70 年代，英国的桑格（F. Sanger）和美国的吉尔伯特（W. Gilbert）分别发明测定 DNA 核苷酸排列顺序的方法。

1975 年，桑格发明了测定 DNA 碱基排列顺序的“酶解图谱法”，建立了 DNA 序列分析的快速、直读技术，即“加、减”法。1977 年，桑格利用其所发明的 DNA 测序技术成功地测定了 φχ 噬菌体全部核苷酸的排列顺序。1978 年，他又建立了更为简便、快速、准确测定 DNA 序列的“链末端终止法”，用很少的 DNA 或 RNA，就能比较容易的测定出其核苷酸（或碱基）的排列顺序。桑格完成了人线粒体 DNA 的 16 338 个碱基以及噬菌体的 4.85 万个碱基的序列分析。

这一工作为人工合成RNA、人工合成DNA和人类基因组自动测序奠定了基础，为分子生物学研究开辟了广阔的前景。几乎与此同时，1976年吉尔伯特发明了化学降解法，即通过产生不同长度的DNA片段及其电泳图谱来推测核苷酸顺序。

在吉尔伯特和桑格研究出DNA测序技术前，美国斯坦福大学的保罗·伯格于1972年研究出DNA重组技术。DNA测序法同DNA重组技术结合起来，成为人们不断认识遗传物质结构和功能的有效工具。DNA排列顺序的确定对规划正确和高效的DNA重组技术十分重要。鉴于三位科学家的研究成果关系紧密，他们分享了1980年诺贝尔化学奖。

DNA重组技术同DNA测序法结合起来标志着生物工程时代的到来，1980年诺贝尔化学奖被授予伯格、吉尔伯特和桑格，以肯定他们在发展DNA重组与测序技术中的贡献。这些开创性工作为基因工程建立了一套完整的方法和体系，成为现代生物学发展史上的重要里程碑。

三、人类基因组计划的实施

“人类基因组计划”(Human Genome Project，HGP)是人类生命科学史上一次伟大计划，它与曼哈顿原子弹计划、阿波罗登月计划一起，被称为20世纪自然科学史上的三大计划。

1986年3月，美国著名的生物学家、诺贝尔奖获得者杜柏克(R. Dulbecco)在《Science》杂志上发表文章，倡议全世界科学家联合起来，从整体上研究人类的基因组，分析整个人类基因组的全部序列以获得人类基因组所携带的全部遗传信息。1988年4月，“国际人类基因组织”(HUGO)宣告成立。1989年，美国成立“国家人类基因组研究中心”，诺贝尔奖金获得者、DNA分子双螺旋模型提出者沃森(J. Waston)出任主任。1990年10月1日，国际人类基因组计划首先在美国正式启动，美国国会特别批准了30亿美元的专款，提供给美国人类基因组的科学家，预计用15年的时间，即至2005年完成人类全部23对染色体上的碱基序列的测定。继而，英国、法国、德国、日本、中国也加入到人类基因组计划中。1998年5月，以分子生物学家文特尔(C·Venter)教授为首组织一批科学家组建塞莱拉基因组(Celera Genomics)公司，投资3亿美元，与国际人类基因组计划(政府资助)展开竞争，从此大大促进了这项研究工作的进度。6国科学家和塞莱拉公司相互竞争，使人类基因组工作草图完成期限一再提前，从原计划2005年提前到2003年，后又提前至2000年5月。

2000年6月26日，参与人类基因组计划的六国科学家(美、英、德、法、中、日)同时宣布，人类基因组草图历时10年提前绘制完成。这是全世界16个基因组研究室的1 100多位科学家10年艰苦奋战、通力合作的结果。

2001年2月12日，国际人类基因组计划科学家小组和美国塞莱拉基因组公司科学家小组联合宣布，他们又绘制出更加准确、清晰、完美的人类基因组图谱。这两个团体的科学家研究结果都认为人类体细胞的23对染色体中包含有32亿个碱基对，基因数目不会超过3万5千个，比以往估计的5～10万个基因少得多；在基因组中大约1/4的区域是没有基因的片段，基因密度在第17号、19号和22号染色体上最高，在第4号、18号、X染色体、Y染色体上相对较低。研究还表明，地球上人与人之间99.99%的基因密码是相同的，在整个基因组序列中，人与人之间的变异仅为万分之一。

2003 年 4 月,国际人类基因组计划科学家小组宣布已完成人类基因组序列的完成图,至此,从 1990 年起步的人类基因组计划的核心部分——基因组测序画上了一个圆满的句号。人类基因组遗传密码的基本破译,昭示着人类对自身的了解迈入了一个新的阶段。

信息窗

六国政府首脑关于人类基因组序列图完成的联合宣言

我们,美国、英国、日本、法国、德国与中国的政府首脑,骄傲地向全世界宣布:我们六国的科学家已完成了人类生命的分子指南——由 30 亿个碱基对组成的人类基因组 DNA 的关键序列图。

人类"生命天书"全部章节的解读,适逢 DNA 双螺旋结构发表 50 周年。50 年前的这个月,沃森与克里克这一里程碑式的发现,使基因科学与生物技术取得了举世瞩目的进展;50 年后的这一天,"国际人类基因组测序协作组"公布了人类基因组序列信息,全世界都可以通过国际互联网从公共数据库中自由分享,免费使用而不受任何限制。

人类基因组是全人类的共同财富和遗产。人类基因组序列图不仅奠定了人类认识自我的基石,推动了生命与医学科学的革命性进展,而且为全人类的健康带来了福音,使我们向着更加幸福的未来迈出了意义非凡的一步。

我们向参与"人类基因组计划"的所有工作人员致以热烈的祝贺!他们的创新与奉献,在科学技术发展史上书写了光辉的一页;他们的杰出成就,将永远成为人类历史上的一个里程碑!

我们积极倡议,全世界来共同庆祝"人类基因组计划"所取得的科学成就。

我们殷切期盼,生命科学和医学界尽快应用这些成就,为尽早解除人类病痛再创辉煌!

法兰西共和国	总统	雅克·希拉克
美利坚合众国	总统	乔治·布什
联合王国	首相	托尼·布莱尔
德意志联邦共和国	总理	格哈德·施罗德
日本	首相	小泉纯一郎
中华人民共和国	总理	温家宝

2003 年 4 月 14 日

(一) 人类基因组计划实施的技术保障

1. DNA 重组技术的应用

科学方法的创新往往会使其所涉及的学科领域出现突破性进展。从 20 世纪 60 年代末期开始,相继发现了限制性内切酶和连接酶等工具,便有可能对 DNA 任意进行切割和连接。1973 年,伯格(Berg)等人建立的重组 DNA 技术提供了一种全新的技术手段,使科学家可以按照意愿在试管内切割DNA、分离基因。重组DNA技术和遗传学相得益彰的发展，使获得按人类遗传连锁图谱排序的完整克隆DNA库成为可及的目标。

2. DNA测序技术的应用

人类基因组计划之所以能较之原计划提前几年完成的另一主要原因是DNA测序技术的应用。

1977年，两种相互独立发展起来的技术使人们能对DNA长片段进行测序。英国医学研究联合会(MRC)的桑格(F. Sanger)和美国哈佛大学的马克山姆(A. Maxam)、吉尔伯特(W. Gilbert)等人发明了快速测定DNA中核苷酸顺序的方法，为人类基因组计划的实施创造了有利条件。之后，DNA测序方法的不断改进、高度的自动化、高精度的碱基识别软件、序列拼装系统、实验室管理系统和先进的测序仪器以及应用了超级计算机技术，使得科学家能以更快的速度进行测序。例如，原本需要1 000名科学家花10年时间测定的酵母菌基因组，用新的方法和技术在一天内就能测定完成。目前的DNA序列自动测定仪，一天可以测定万个以上核苷酸，这是完成人体DNA全部30亿对核苷酸序列测定的关键。

DNA序列分析自动化包含两方面的内容：即“分析反应”的自动化和“读片过程”的自动化。相比较而言，后者才是提高DNA序列分析效率的关键所在。为了达到这两方面的自动化，并克服人工测序的诸多不足，很多学者提出了自动测序的多种途径。其中较为理想的是1986年W. Ansorge等人设计的一种新型DNA序列自动分析体系，现在使用的DNA自动测序仪就是根据这一体系构建出来的。其基本原理是：用荧光剂四甲基若丹明标记M13引物DNA，待测的DNA样品仍然按标准的双脱氧链终止法与引物进行反应，并用聚丙烯酰胺凝胶做电泳分离。所不同的是，在凝胶的侧面固定一个激光通道小孔，并在凝胶板的上方安装一套荧光信号接收器。电泳时，当DNA条带在电场作用下经过激光通道小孔时，带有荧光剂标记的DNA在激光的激发下产生荧光，荧光信号接收器立刻能接收这种荧光信号，并通过信号转换器将其转换为电信号，输入到计算机的数据处理系统，最后通过打印机把测得的序列直接打印出来，这样便完成了DNA序列测定的全过程。

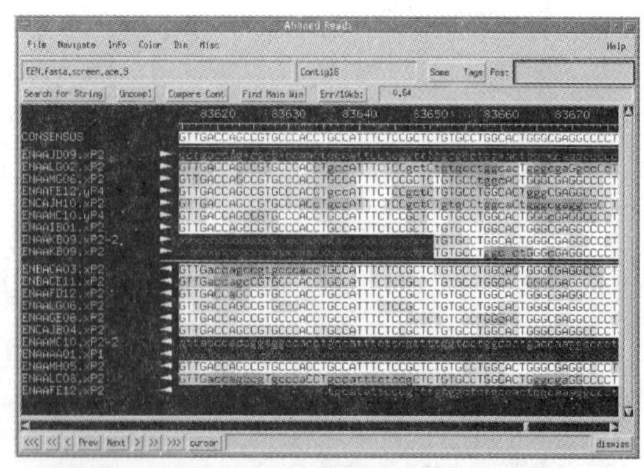

图1-3 运用计算机软件进行序列拼接

除了上述DNA测序技术及其自动化外，人类基因组计划的实施还得益于基于DNA的遗传标记物、大片段插入克隆系统和聚合酶链式反应(PCR)几个“突破性”技术的发展。

（二）人类基因组计划的主要内容

人类基因组计划最终目标是对整个基因组的 30 亿对碱基序列进行测序、作图、基因定位和主要基因功能分析。要实现这一目标，需进行遗传图、物理图的绘制和基因鉴定与分析等工作。人类基因组序列测定是在作图基础上展开的，1990 年到 1998 年的 8 年时间是人类基因组第一阶段（作图阶段：包括遗传图和物理图）。这两张图的制作使得人类基因组这样巨大的 DNA 生物大分子分解成了较小的可操作部分。1998 年后进入第二阶段，即测序阶段。测序大体上也经历了两个阶段，从 1998 年到 2000 年 6 月是工作框架图（草图）阶段，其覆盖基因组的区域达到 90%，在测定的序列里，DNA 碱基对测序精度的错误率低于 1%以下，即准确率要达到 99%以上。从 2000 年到 2003 年是测序的第二阶段即所谓的完成图，完成图的标准要求覆盖基因组绝大部分区域，测序区域的错误率要低于万分之一，即准确率要达到 99.99%。2003 年 4 月宣布的就是完成图。

1. 遗传图

遗传图（genetic map），也称遗传连锁图（genetic linkage map），是以多态性遗传标记为“位标”，以遗传学距离（也称厘摩，以 cM 表示。厘摩是基因组遗传图上的图距单位，以减数分裂过程中两点间交换重组的百分率表示，重组率 1%即是 1 cM，1 cM 约为 1×10^6 bp）为图距，表示基因与遗传标记在染色体上的相对位置的基因组图谱（图 1－4）。

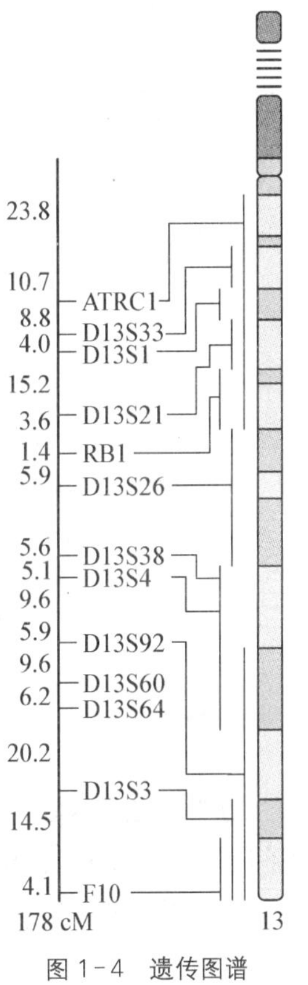

图 1－4　遗传图谱

遗传图的绘制是人类基因组研究的第一步，它的基本原理就是以染色体上已定位的基因性状为遗传标记，确定与之相伴的遗传性状的基因位置，经连锁分析，将编码该性状的基因定位于染色体上与遗传标记相近的特定位置上。例如，在 ABO 血型基因中，位于第 9 号染色体长臂 3 区 4 带（即 9q34）的基因 I^A 决定血型抗原 A 的存在，使个体表现出 A 型血。由于 ABO 血型的广泛存在，所以可用它作遗传标记。当观察到某一家族指甲—髌骨综合征与 A 型血相伴遗传时，可认为这种综合征的致病基因 NP 与 I^A 基因连锁。进一步观察发现，这个家族后代中有 1/10 个体为 A 型血而无指甲—髌骨综合征，这表明 I^A 基因和 NP 基因发生了交换，交换率（重组率）为 1/10，在连锁图上的距离为 10 cM。交换率与两个连锁基因之间的距离呈正相关，即交换率越小，基因相距越近；反之，交换率越大，则基因之间相距越远。由于染色体上任意一条带的宽度均大于 10 cM，因此可认定，上例中 I^A 基因和 NP 基因相距较近，都位于 9q34。

ABO 血型之所以可作为遗传标记，是因为个体中可出现几种表型，即具有表型多态性。如果等位基因的表型完全相同，就不可能产生任何“重组”的遗传效应。因此，只有具有多态性的基因座，才有作为“遗传标记”的价值。遗传标记所在基因座的等位基因越多，作为遗传标记的价值就越高，也称为杂合度高。当然，这些基因必须是共显性的，外显率要达到 100%，例如 HLA 就是很好的遗传标记。

如果只用已知定位的少数几个基因作遗传标记，则很难绘制完整的连锁图。人类基因组 DNA 中存在着大量的“微卫星”，它是长约 2～6 个碱基对的序列，在染色体的某一点上可重复几次到几十次，称为短串联重复(STR)。STR 在染色体上散在分布，数量可达 6 000 多个，而且不同个体的 STR 重复次数不同，这称为短串联重复多态性(STRP)。STR 的存在，为遗传图的绘制提供了大量可用的遗传标记。采用聚合酶链式反应(PCR)技术，以 STR 两侧的基因作定点标记的完整连锁图，已于 1996 年绘成，该遗传图有 6 000 多个“遗传标记”，相邻标记间的平均距离仅 0.7 cM。

在人类遗传图绘制中使用的遗传标记越多，各个标记的多态性越高，所得到的遗传连锁图的分辨率就越高；而高精度遗传图的建立，为在人类基因组中定位基因奠定了重要的基础。近年来利用现代分子生物学的方法，能在总长 3 300 cM 的人类基因组上排出基因的相对位置。

2. 物理图

基因组中已知的 DNA 序列片段称序列标记部位(sequence tagged site, STS)。以 STS 为“位标”，以 Mb 或 kb 为“图距”，表示基因与 STS 在染色体上的相对位置的基因组图称物理图(physical map)(图 1－5)。

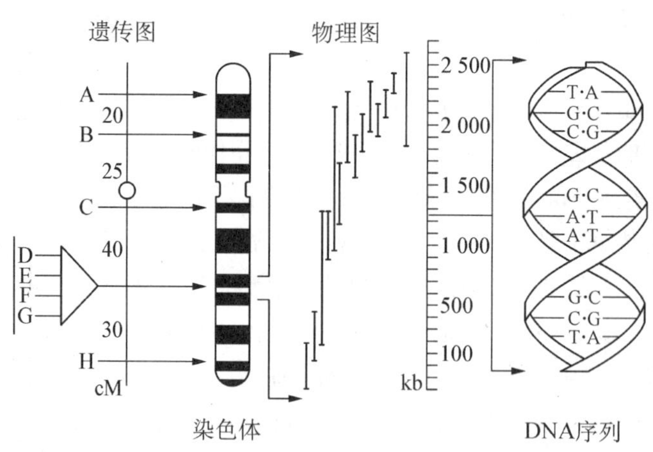

图 1－5　人类基因组的遗传图与物理图

物理图与遗传图的不同点在于，遗传图通过研究家系中基因连锁交换情况而绘制，用基因间重组率表示基因间的距离；而物理图则是应用各种实验手段，如染色体原位杂交、体细胞杂交、YAC 和邻接克隆群的排序分析、DNA 序列测定等，确定基因在染色体上的相应位置，用具体的物理单位 Mb 或 kb 表示基因间的距离。最早的物理图实际上是细胞遗传学图，仅通过原位杂交将基因定位在染色体的各区带上，随着研究方法、实验手段的进步，物理图越来越精细，大量具有位点专一性的 STS 是物理作图的通用语言。1996 年基本完成约有 3 万个 STS 的人类基因组物理图，把人类基因组分成 3 万个片段，平均间距为 10 万个碱基对，分辨率为 100 kb。

构建物理图谱的主要目的是分离和鉴定单个基因和某些人们感兴趣的 DNA 片段，并为人类基因组全序列测定打下基础。

3. 序列图

DNA 序列图即完整的人类基因组图谱，它是人类基因组计划中最重要的、最难的一张图。物理图与遗传图之所以称为“序列图前计划”，就是因为这些图的目的都是为最终绘制 DNA 序列图作准备。只有在 DNA 序列图完成的基础上，才能用人群内的序列差异作为密度最高的“遗传标记”来完善遗传图。序列图是将测定多次的 DNA 核苷酸序列依其彼此重叠的相互关系及其在人类染色体上的位置，组装成代表人类整个基因组的 DNA 序列图。

由于人类基因组 DNA 本身极为稳定，因而获得完整的遗传连锁及物理图谱并测出其 DNA 序列，会给人类生物学提供一个永恒的数据库。它对生物学和医学研究的价值将随着对其分析、研究和实验的深入开展而提高。

（三）人类基因组研究的意义

人类基因组计划的实施是继 20 世纪 50 年代发现 DNA 双螺旋结构之后，生命科学领域的一项具有划时代意义的科学研究，对促进人类全面认识自身遗传信息有着重大的科学价值；将使人们深入认识许多困扰人类的重大疾病发病机理；同时也将极大丰富和完善基因工程技术的理论基础，带动生物工程的深入发展。

1. 促进基础生物学的研究

人从一个受精卵开始逐渐发育成为一个有机体，而控制这一过程的全部信息就存储于约 3 万 5 千个基因之中。不仅人的生长、发育、健康、长寿等全部信息都储藏在这些基因中，而且，人之所以具有学习、语言、记忆、创造等智能也正是由于基因含有了这些信息。因此，通过对人类基因组的研究将进一步阐明人类基因在时空上的特异性表达及其调控机理，从而推动发育生物学和神经生物学的发展，并揭示细胞分化、胚胎发育、人类思维、人类记忆等复杂、高级生命活动的分子基础。

2. 临床疾病的诊断和治疗

人类基因组图谱的绘制完成，可为分析遗传病患者 DNA 样品的序列提供一个数据库，由此将带动一场新的医学革命。例如，随着人类基因组计划的进行，亨廷顿舞蹈病、遗传性结直肠癌、乳腺癌、肌萎缩性侧束硬化症、神经纤维瘤、强直性肌营养不良症等遗传病基因被发现、

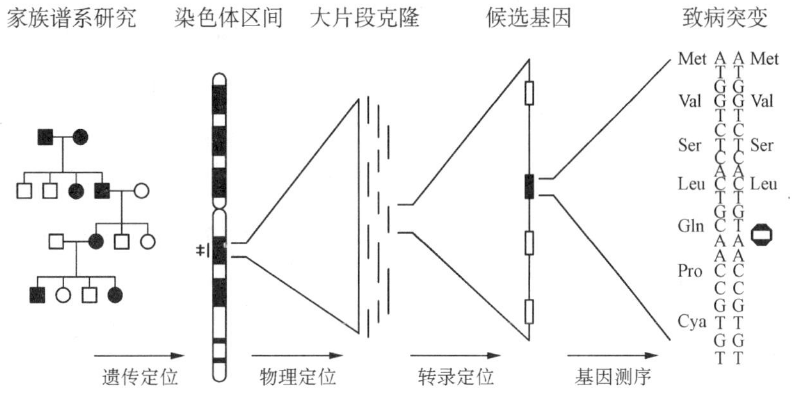

图 1-6　通过定位克隆技术寻找疾病基因的过程

分离和测序；另外一些常见病如结肠癌、高血压、糖尿病等虽然不是遗传病，但患者有易发病的遗传倾向，现在这些涉及遗传倾向的基因也在染色体遗传图谱上得到了精确的定位。除了遗传病外，癌症大多也是由于基因突变所致，因此从理论上讲只要用正常的基因代替致癌基因，则任何癌症都能得到治疗。在临床上，利用正常人类基因组的图谱和序列，可以了解诸基因在染色体上所处的特定位置，将遗传病患者的基因组与之比较，分析哪些基因发生了突变、发生了什么样的突变，从而确定基因治疗的方案。

3. 基因药物的开发

临床上有很多药物来源于人体细胞的分泌物，即源自人体基因的表达产物。1977 年，美国首先采用大肠杆菌生产了人类第一个基因工程药物——人生长激素释放抑制因子，开辟了基因药物生产的新纪元。人类基因组计划的实施必然会促进基因工程药物的研究和发展，人类基因组序列图所提供的序列与已成熟的基因工程技术相结合，将为临床基因药物开发展示美好的前景。

4. 人类起源

在人类起源问题上，由于人类祖先并未留下一份完整的起源和进化记录，人类学家只能凭借遗留的骨化石和文物来揣度，而人类基因组计划的实施，有望为我们了解这一问题提供新的资料。目前对人类起源的研究除了人类学家继续在寻找新的化石资料外，人类基因组计划也正在对各个进化阶段的生物进行系统的 DNA 测序比较研究，这样的研究不仅能勾画出一张关于生物进化的系统进化树，而且可以显示出进化过程中最主要变化所发生的时间及其特点，诸如新基因的出现、全基因组的倍增，等等。由于人类基因组记载着人类进化史，如果知道了人和其他生物基因组的全序列，就能追溯出多数人类基因的起源，通过与其他哺乳动物基因全顺序进行比较，可以了解人从其他哺乳动物中分化出来的进化过程中所发生的变化。

（四）我国的人类基因组研究

我国的基因组研究始于 20 世纪 90 年代初，由中国科学院洪国藩教授领衔的水稻基因组计划。1994 年，国家自然科学基金资助的重大项目“中华民族基因组若干位点基因结构的研究”标志着人类基因组研究正式启动。随后，我国分别在上海和北京成立了国家人类基因组南北两个中心。1998 年 4 月，中国科学院在遗传所内成立“人类基因组中心暨北京华大基因研究中心”（简称北京中心），标志着我国人类基因组研究进入集约化、规模化、产业化阶段。1999 年 7 月，北京中心代表中国在人类基因组测序参与者索引（HGSI）注册，同年 9 月在第 2 届国际人类基因组战略会上，正式确认和划分了中国承担人类基因组测序的工作区域和工作量，即承担人类第 3 号染色体上 3 000 万个碱基对的测序任务。经中国科学院遗传研究所人类基因组中心以及国家人类基因组南方、北方两个研究中心三方科技人员的共同努力，已如期完成了人类基因组计划相关测序工作。中国的“1%项目”具有重要的意义，使我国拥有了对相关事务的发言权，能够分享已经历时 10 年的人类基因组计划所积累的技术资料，建立了基因组大规模测序的全套技术，培养了一批杰出的学术带头人和科技骨干，建立和凝聚了一支精干的科学技术队伍，为我国基因组科学的进一步研究奠定了良好的基础，为 21 世纪中国生命科学和生物产业带来了光明和希望。

我国的人类基因组计划依据中国的经济实力和基因资源的优势，主要在两个方面开展工作——基因组多样性和疾病基因的识别。在疾病基因研究方面，已获得了与心血管系统、神经系统、造血系统发育、分化和基因表达调控相关的约 100 个全长新基因；克隆了若干白血病致病基因，获得了一批与食管癌有关的 DNA 片段；发现了若干与肝癌相关的全长新基因；并将对肝癌、糖尿病、高血压等疾病相关的基因加大研究力度。2000 年，我国科学家首次绘制了人类下丘脑－垂体－肾上腺的神经内分泌基因表达谱并克隆了 200 个新基因；同时，从基因表达水平上揭开了“特效药”全反式维甲酸诱导分化治疗急性早幼粒细胞性白血病的机制，筛选到了 169 个受“全反式维甲酸”调控的基因，并克隆了数个在“诱导”过程中起关键作用的基因，这标志着我国科学家正结合重大医学问题，加快功能基因组的研究。

第四节　21 世纪的生命科学

20 世纪生命科学的巨大发展为 21 世纪的生命科学进一步发展奠定了基础，也为人类不断地从更深层次上认识生命活动本质提供了前所未有的契机。进入 21 世纪后，生命科学的研究是当今自然科学中最为活跃的领域，以该领域的研发与应用为基础的生物产业正有力地吸引着各国政府及社会的政策、资金、人力的投入和转移，它不单纯是支持经济发展的动力，还是支持社会进步的引擎。

一、21 世纪生命科学将是整个自然科学中最活跃的学科之一

20 世纪的生命科学发生了巨大变化，由此许多科学家一致看好生命科学的发展前景。例如，诺贝尔化学奖得主罗伯特·柯尔（Robert Curl）在 20 世纪行将结束之时曾经指出：现在是物理学和化学的世纪，但下世纪显然是生物学的世纪。诺贝尔奖获得者杨振宁在回顾 20 世纪的科学成果时曾说过，19 世纪是物理学的世纪，它推动了整个自然科学的发展；20 世纪由于信息技术的进步，使物理学在很多方面得到进一步的发展；但 21 世纪将是生命科学的世纪。2000 年，在瑞士召开的世界经济论坛上，美国前总统克林顿和英国首相布莱尔在他们的演讲中，从政治家的角度都认为将会影响本世纪社会经济发展的科学技术两大领域是信息科学技术与生命科学和技术，特别是由于人类基因组计划所引起的生命科学的革命。这说明越来越多的人意识到生命科学的重要性。

（一）生命科学引领人类知识创新活动

从 20 世纪 90 年代开始，生命科学开始引领人类知识创新活动的潮流。21 世纪生命科学将是整个自然科学中最活跃的学科之一，这主要体现在以下几方面：

1. 发表高质量科研论文的数量

科学研究的主要产出形式是论文与专利，生物技术专利占世界专利总数的近 30%。

从科研论文量可以看出生命科学在各学科中占据了主导地位。例如，在 ESI 收录的 1993 年至 2003 年自然科学和社会科学的论文发表总量为 8 769 676 篇，其中生命科学领域的论文发表量占 51.6%；世界自然科学领域近十年间共发表论文 8 282 277 篇，其中生命科学领域的

论文占科研论文总量的54.26%。在整个高新技术领域的科研论文产出总量里,生命科学科研论文的产出量已经达74.67%,是位居第二的工程学论文量的7倍多。又如,我国的《自然科学进展》是国家自然科学基金委员会1991年创办的综合性学术月刊,刊登我国自然科学各学科领域的基础研究和应用基础研究方面最新研究成果论文。对比1992年与2000年全年期刊内容可以发现:在自然科学六大领域中,8年来生命科学领域的科研成果有快速上升的趋势,增长率为5%,并有领先的势头。

对于科研论文的水平和价值的评价,国际上目前常用的一种客观指标是用“影响因子”(impact factor)来作为刊物评价指标。每年发表论文数越多的学科,在有关论文中的相互引用就越频繁,有关刊物的影响因子也越高。有关刊物的影响因子正代表了这一学科在国际科学界的活跃程度,也在一定程度上反映了这一学科的重要性和它在现代科学发展中的地位。美国科学信息研究所(ISI)出版的《科学引文索引》(SCI)是目前世界上最具权威性的多学科综合性检索工具,在SCI收录的全世界自然科学领域期刊中,2005年按引用率计算“影响因子”最高的前20种刊物,除《Revies of Modern Physics》(影响因子排序为8)以及著名的多学科综合性刊物《Science》(影响因子排序为6)和《Nature》(影响因子排序为11)外,全部是生命科学领域中的刊物。

科研论文从一个侧面说明了生命科学在整个自然科学领域中的地位,并且在今后很长的一段时间里,生命科学仍将是自然科学发展的重心。

知识窗

影响因子的定义和计算方法

影响因子(impact factor, IF)是E.加菲尔德(E. Garfield)博士于1972年提出的,是表征期刊影响大小的一项定量指标。

从1975年开始,美国ISI(科学信息研究所)的JCR(期刊引证报告)每年提供上一年度世界范围期刊的引用数据,给出该数据库收录的每种期刊的影响因子。JCR是一个世界权威性的综合数据库,其引用数据来自世界上3 000多家出版机构的7 000多种期刊,专业范围包括科学、技术和社会科学。

影响因子是一个国际上通行的期刊评价指标。具体算法为:

影响因子=(某期刊前两年发表论文在统计当年被引用的总次数)/(该刊前两年发表论文总数)。

一般来说,影响因子越大,其学术影响力也越大。

2. 从事生命科学研究的科学家数量

以美国为例,美国科学院院士总数为2 277名(2003年),其中生命科学领域(包括医学)的院士有1 162名,占院士总数51%。

美国的高等院校是培养高级人才的主要基地,1966至2000年间,美国共培养了1 172 556

名博士，其中科学和工程类共 717 283 人，约占总数的 61%；而获得博士学位人数最多的专业是生物学和农业科学（尚未包括医学），共有 175 303 人，占整个科学和工程专业博士人数的 24.4%，其中生物学博士就有 142 898 人，占整个科学和工程专业博士人数的 19.9%。这一方面是得益于美国对高校该学科的大力资助，同时也与近几十年生物学科的市场需要密切相关。由于生命科学的发展，人才的需求量激增，已有越来越多的物理学专业、化学专业的人才被吸引到生命科学研究领域，据统计，近年来美国 48 万博士学位获得者中，从事生命科学的占 51%。优秀青年科学家流向生命科学前沿，在中国与其他国家也是很明显的，这是 21 世纪生命科学欣欣向荣的动力与源泉。

3. 科研经费的投入力度

由于生命科学能为国家的经济发展和人民生活质量提高提供广阔的空间，所以，许多国家将生命科学的研究与应用列为战略优先领域也就不足为怪了。

从科研经费的投入来看，发达国家对生命科学研究的投入要远大于其他学科。例如，美国联邦政府用于资助包括物理学、化学和天文学在内的物质科学的力度远远比不上生命科学，在美国 1995 年自然科学的总研究经费中，65%以上被用于生命科学研究。美国国立卫生研究院（National Institutes of Health，NIH）2006 年度用于生物医学项目的经费超过 286 亿美元，比资助物质科学的经费高出 5 倍多。美国麻省理工学院是所著名的工科院校，2005 年 12 月，麻省理工的 Picower 学习和记忆研究所（Picower Institute for Learning and Memory）正式揭幕，该大楼是世界上最大的神经科学研究中心，它是麻省理工悄然转变的实体象征，标志着麻省理工从扎根于工程学和国防相关研究的大学，转变成了重要的生命科学研究中心，其原因之一就是研究经费的来源发生了变化。在过去的 30 年，为物理科学研究提供的资金没有变化，而为生命科学提供的资金一直在增加。2004 年，企业界对麻省理工生命科学的资助较 1997 年上升了 52%，这一时期在生物工程和健康科技方面的增长尤其巨大，分别为 359%和 69%。

法国将生命科学的研究列为政府的重点资助领域，2002 年的法国研究与发展预算总计 90.36 亿欧元（592.72 亿法郎），比 2001 年提高了 2.9%。其中生命科学预算高居榜首，达到 22.37 亿欧元（146.73 亿法郎），占总预算的近 24.8%。

日本 2003 年重点资助领域的预算为：生命科学领域为 2 091 亿日元；信息通信领域为 1 288 亿日元；环境领域为 640 亿日元；纳米、材料领域为 231 亿日元。

欧盟科技发展第六个框架计划（2003—2008 年）也将生命科学、有利于人类健康的基因组技术和生物技术列于 7 个优先发展领域之首，这一计划拥有 175 亿欧元的经费，占框架计划研发经费总额的 46%。

我国也将提高基础研究和应用研究能力列为国家长期发展战略的重要部分，近 20 年来国家对生命科学研究的资助经费显著增加。例如，国家自然科学基金是国家创新体系的重要组成部分，其战略定位是“支持基础研究，坚持自由探索，发挥导向作用”，每年以资助“项目”和“人才”的方式，择优并重点支持科技工作者从事自然科学基础研究。2001 年国家自然科学基金面上项目资助金额为 79 762.4 万元，在数理科学部、化学科学部、生命科学部、地球科学部、工程与材料科学部、信息科学部和管理科学部 7 个学部中，生命科学部资助金额为 27 567 万元，占 34.6%；在重点项目资助金额 18 044 万元中，生命科学部资助金额为 3 825 万元，占 21.2%。2006 年国家自然科学基金面上项目资助金额为 268 595 万元，生命科学部资助金额为 96 347 万元，占 35.9%；在重点项目资助金额 44 349 万元中，生命科学部资助金额为 11 000 万元，占 24.8%。

科学仪器是科学研究的技术手段和基础设备，科学仪器销售额不仅反映了科学研究的需求，同时也折射出科研经费的投入力度。有关统计数据表明，近几年，全球在生命科学及分析检测仪器的销售额迅猛发展，由 2000 年的 256 亿美元到 2001 年 284 亿美元，再到 2002 年 316 亿美元，每年平均增加 30 亿美元。在我国，随着国家愈加重视科教兴国的策略，对包括生命科学在内的科学研究投入逐年加大，国内科学仪器的销售额一路攀升，由 2000 年的 0.89 亿美元到 2001 年 3.16 亿美元，再到 2002 年 9.16 亿美元，增长快速。据中国分析测试学会咨询委员会统计资料显示，2003 年我国生命科学分析测试仪器销售额约达到 13 亿美元。

4. 从事生命科学研究的国家重点实验室

国家重点实验室作为国家科技创新体系的重要组成部分，是国家组织高水平基础研究和应用基础研究、聚集和培养优秀科学家、开展高层次学术交流的重要基地。根据中华人民共和国科学技术部的相关标准，国家重点实验室的科研领域分为数理、化学、地学、生命、信息、材料、工程七大类，其中生命科学科研领域的国家重点实验室占 28.50%，位居首位。

表 1-1　我国国家重点实验室在科研领域分布情况

领域	数目	比例	领域	数目	比例
化学	33	16.50%	信息	31	15.50%
数理	18	9.50%	材料	26	13.00%
地学	34	17.00%	工程	34	17.00%
生命	57	28.50%			

（资料来源：中华人民共和国科学技术部国家重点实验室网站）

5. 市场经济的投资热点

在知识经济时代，自然科学重大突破所产生的科技成果向生产力的转化，将导致人类社会和经济发生革命性变化，这些都将会吸引市场的资金投资，市场资金投资热点实际上反映了自然科学某一学科的发展态势。例如，美国迅速成立的众多生命科学公司，而这些企业对生命科学投入大量的研究开发资金，有力地推进了美国生命科学的发展。

（二）21 世纪生命科学将会成为带头学科的基本原因

生命科学将成为 21 世纪带头学科有其必然性，大致有这几方面的因素。

1. 学科发展的规律

自然界的物质运动形式有机械运动、物理运动、化学运动、生命运动。其中，机械运动最为简单，因而力学发展最快，也最为成熟，成为近代科学的带头学科。而现代科学对物理和化学运动的研究已有长足进展，因此进军最复杂的生命运动已是科学发展之必然，这是人类在对客观的物质世界有了一定的认识之后，将注意力转向认识包括人类本身在内的生命世界的必然结果。虽然近半个世纪以来，生命科学已取得突破性的进展，然而进入21世纪后的生命科学仍然面临许多问题。2005年7月，在《Science》125周年纪念专刊列出的21世纪125个务须解决的科学难题中，涉及生命科学的问题有68个；在25个最重要的科学问题中，有15个与生命科学相关。

2. 人类社会可持续发展需要生命科学

当前人类社会面临的人口、健康、粮食、资源、生态环境保护等五大生存问题都与生命科学有着密切的关系，为了解决当前人类社会可持续发展所面临的问题，需要生命科学有重大突破。在这种背景之下，科学研究逐渐聚焦到生命科学领域中来，人类社会对生命科学寄予很大的希望，使生命科学受到了前所未有的关注。

3. 新兴科学发展需要生命科学

进入21世纪，生命科学与其他自然科学及技术科学之间的互相渗透、互相促进的趋势，无论在深度和广度上均将以空前的规模发展，并且还将渗透到社会科学，以促进自然科学和社会科学的联系。假如过去生命科学曾得益于引入物理学、化学和数学等学科的概念、方法与技术而得到长足的发展，那么，未来生命科学将以特有的方式向自然科学的其他学科进行积极的反馈与回报。当代新兴科学技术，无 不与生命科学相关。例如，仿生技术一向是发展新技术的重要途径之一，探索和模拟生物系统各机体的奥秘借以推动科学技术的发展，已成为现代仿生学发展的目标和动力。对植物光合和固氮作用的模拟、对生物膜的模拟、计算机技术中对思维的模拟、机器人技术中对人体运动与控制的模拟，以及人造器官等，都是当前仿生技术的热门课题。生命科学的发展必将促进仿生技术的发展。此外，像能源科学、材料科学、空间科学、海洋科学等的发展都有赖于生命科学的发展。

二、21世纪初生命科学研究与发展的几个热点领域

进入21世纪初的生命科学在基础研究中最活跃的前沿学科包括：分子生物学、生物化学、细胞生物学、发育生物学、神经科学、免疫学、生态学、生物信息学等，其中分子生物学、生物化学和细胞生物学等将继续为解析生命活动的本质做出不可代替的贡献。这些前沿学科研究的热点包括：生命的起源，物种和生态系统的进化，遗传发育及其在基因组和表观基因组层面的调控，蛋白质的分类、结构与功能，细胞信号转导行为，脑的认知等。此外，由于新型传染性疾病和各种慢性疾病的不断产生和演化，食物安全和生态环境退化的挑战与日俱增，与之相关的生物医学、生物农学、与生态环境相关的可持续发展科学研究方兴未艾。

同时，随着新技术和新学科的兴起，生命科学研究变得更为量化、更为系统，形成了以功能基因组学和蛋白质组学研究为方向，以多学科交叉为基础，分析与综合并重，微观与宏观相结合的研究体系。探讨生命的本质和起源，即遗传、发育和进化的分子机理，以及阐明智能活动，将是生命科学基础研究的大趋势，而功能基因组学、蛋白质组学、脑科学和生物信息学将是未来国际竞争的焦点。

（一）基因组学

进入21世纪后，基因组学仍然是全球科研的“热点”之一，玉米、蜜蜂、狗、牛、鸡、猩猩等动

植物的基因组序列，已经成为科学家下一步破译的目标。

随着人类基因组全序列测定工作的完成，后基因组时代的序幕将随之拉开。目前国际基因组研究由以全基因组测序为目标的结构基因组学（structural genomics）进入了以基因功能鉴定为目标的功能基因组学（functional genomics）。功能基因组学代表了基因分析的新阶段，是在基因组静态的碱基序列弄清楚之后转入对基因组动态的生物学功能的研究，研究内容主要包括：

1. 基因组表达及调控的研究

在全细胞的水平上识别所有基因组表达产物 mRNA 和蛋白质以及两者的相互作用，阐明基因组表达在发育过程和不同环境压力下的时间、空间的整体调控网络。

基因表达 mRNA 的水平反映了在一定环境、细胞类型、生长阶段和一定细胞状态下基因的功能信息，因此绘制所有基因的表达谱非常重要，包括不同组织细胞的基因表达谱、细胞不同发育阶段的基因表达谱、正常的病理状态下的基因表达谱等。在人类获得基因组的全部序列后，人类遗传密码的破译将进入全新的信息提取阶段。其中控制记忆与行为的基因、控制衰老与细胞程序性死亡的基因、控制细胞增殖的系列基因、胚胎发育多层次网络调节基因、新的癌基因与抑癌基因的发现与其生物学功能的阐明将大大地提高对生命本质的了解。

调控网络对于生理和病理条件下的基因表达调控都是十分重要的：一方面，大多数细胞中基因的产物都是与其他基因的产物互相作用的；另一方面，在发育过程中大多数的基因产物都是在多个时间和空间表达并发挥其功能，以形成基因表达的多效性。每个基因的表达模式只有放到它所在的调控网络的大背景下，才会有真正的意义。

在高级真核生物体内对基因表达的调控作用可能和转录因子一样重要，可能代表新的层次上基因表达的调控方式。目前对具有调节功能的非编码 RNA 分子的基因的结构特征、调控方式以及生物学功能还知之甚少，对它们参与生物学过程的方式和分子机理的认识也刚开始。因此在后基因组时代，利用实验生物学和生物信息学相结合的方法，系统地对各种模型和模式生物中的具有调节功能的非编码 RNA 分子的基因进行鉴定和功能研究，将对阐明生命调控的机理具有重要的意义。

2001 年以来，我国科学家克隆了导致人遗传性乳光牙、短指症、遗传性儿童白内障等单基因遗传病的一批疾病基因，并在白血病相关基因分离、克隆与功能研究方面取得了突破性进展。2006 年，我国科学家发现一种促肝癌新基因，人类印迹基因 DLK1 在肝癌组织中表达明显上升，对肝癌的形成起到重要作用。DLK1 有望成为有效的肝癌治疗新靶点，为我国开发治疗肝癌药物奠定了理论基础。

2. 基因组多样性的研究

人类是一个具有多态性的群体，不同群体和个体在生物学性状以及在对疾病的易感性与抗性上的差别，反映了进化过程中基因组与内、外部环境相互作用的结果。人类基因组计划得到的基因组序列虽然具有代表性，但是每个人的基因组并非完全一样，基因组序列存在着差异，出现最多基因多态性就是单核苷酸多态性（single nucleotide polymorphisms，SNP）。开展人类基因组多样性的系统研究，无论对于了解人类的起源和进化，还是对于生物医学均会产生重大的影响。

2005 年，由中国、美国、日本、英国和加拿大五个国家参与的“国际人类基因组单体型图计划(HapMap)”顺利完成是基因组学研究的又一突破。“国际人类基因组单体型图计划”是继国际人类基因组计划之后，人类基因组研究领域的又一重大战略目标，其主要内容是在完成人类基因组序列分析的基础上，通过整合基因组测序成果，从基因组水平检测多个不同人群样品的 SNP 位点，绘制人类基因组中独立遗传的 DNA“始祖板块”及其 SNP 标签的完整目录，从而建立人类遗传的群体信息资源。这一计划完成后，将为人类常见疾病的研究、药效药物的副作用和疾病风险分析，以及为人类的起源、进化和迁徙历史的研究等方面提出完整的基因信息。基于此，2005 年，美国公布并启动了人类癌症基因组计划，该计划旨在找到所有致癌基因的微小变异，绘制癌症基因图谱，为癌症的诊断、预防与治疗提供线索。该计划将对 1.25 万份癌症肿瘤样本进行基因测序，涉及 50 种癌症，测序工作规模预计较之人类基因组计划大得多。

信息窗

人类癌症基因组计划(Human Cancer Genome Project，HCGP)

2005 年 8 月，美国国立癌症研究所(National Cancer Institute，NCI)和国立人类基因组研究所(National Human Genome Research Institute，NHGRI)准备投入 1 亿美元，进行一项为时 3 年在 DNA 序列上找出与癌症相关基因变异的计划。同年 12 月美国宣布启动癌症基因组计划的“先遣计划”，决定首先绘制脑癌、肺癌和卵巢癌 3 种癌症的基因图谱。针对这项计划，美国国立卫生研究院国家人类基因组研究中心主任、美国科学院院士、国际人类基因组计划总协调人柯林斯 (F. Collins)教授指出：“我们将对成千上万个人类基因进行测序，以找出癌症突变基因凶手，从而真正克服绝症。”

人类癌症基因组计划测序工作规模预计比人类基因组计划大 100 倍甚至上万倍，因为每一种癌症要用几百个样品来找出致癌的方式，而人类基因组计划只有一个样品。作为国际人类基因组计划总协调人，柯林斯非常希望癌症基因组计划能像人类基因组计划和人类单体型图计划那样成为一个国际合作计划，并实现数据共享。2006 年 10 月，在我国杭州召开的 2006 国际基因组学大会上，美国、英国、中国、印度 4 国联合参加的“人类癌症基因组计划”在国际基因组学大会上成了中心议题，来自各国的科学家在讨论中都希望把各国的癌症基因组计划整合起来，以实现全球合作和数据共享。

我国即将启动癌症基因组计划，癌症基因组研究已列为国家 863 计划“功能基因组与蛋白质组”重大项目的课题。我国将针对严重危害人民健康的高发癌症、具有中国地方特点的常见癌症、有良好先期研究基础以及对发现肿瘤发病机理具有重要临床与科学意义等 4 种类型的癌症开展研究。

3. 人类与模式生物基因组比较研究

人类与模式生物基因组比较研究是基于基因组图谱和测序基础上，对已知的基因和基因组结构进行比较，一方面能够了解基因组的进化，从而加速对人类基因组结构和功能的了解；另一方面为阐明基因表达机制提供了重要的线索。继完成人类基因组计划之后，美国国立卫生研究院和国立人类基因组研究所目前的研究计划中已经列入的模式生物已有70种之多，其中大部分不是常规的实验研究物种，其中55个物种的基因组计划已经完成或开始启动。这些模式生物包括已经完成基因组测序的黑猩猩、小鼠、大鼠和河豚等，还包括猕猴、猪、牛、狗、兔、荷兰猪、大象、小袋鼠、负鼠、鸭嘴兽、九带犰狳、刺猬、刺头猬、香鼠、鸡、斑马鱼、三刺鱼、文昌鱼、八目鳗、蜗牛、海鞘、海胆、蜜蜂、甲虫、珊瑚虫、淡水纤毛虫、旋毛虫、十几种果蝇、数种线虫、30余种真菌等。这些重要代表物种不仅涵盖了生命进化过程中的各个主要环节，也包括了与人类生物医学研究相关的几乎所有物种。而且这个物种表还在不断增加新的内容，各个计划完成的时间也在不断加快。2007年成功破译出猕猴的基因组，这是继人类和黑猩猩之后，科学家破译出的第三种灵长类动物基因组。

在模式生物基因组研究中，2004年我国科学家在世界上率先完成的家蚕基因组“框架图”及基因组生物学分析成果在《Science》杂志上发表。同年，我国科学家参与和主持完成的原鸡基因组和家鸡基因组多态性研究取得重大突破性成果，中国科学家不仅和国际同行共同绘制出以红原鸡为对象的鸡基因框架图谱，而且领衔绘制出了乌鸡、肉鸡、蛋鸡等四种不同鸡种之间的遗传差异图谱。这是我国科学家以加入“人类基因组计划”为起点，在国际合作框架下参与和主持完成的又一突破性成果。

图1-7 在模式生物基因组研究中，中国科学家的研究成果在《Science》和《Nature》杂志上发布

知识窗

模式生物基因组

模式生物基因组研究是人类基因组计划的一个重要组成部分，是人类基因组计划的必要补充。由于人类对自身理解的限制、实验的限制和伦理学的制约，医学、生物学的研究在很大程度上依赖于对一些模式生物的研究。模式生物基因组具有这几个特点：模式生物的基因组相对于人的基因组小、结构简单，易于操作；模式生物生活周期比较短，遗传背景清

楚，易于培养繁殖和获得很多变异体；由于进化中许多功能基因的保守性，从模式生物基因组得到的数据可用于分析人类基因组。在人类基因组计划中最初确定的模式生物有：大肠杆菌、酵母、拟南芥、线虫、果蝇和小鼠等共六种，对这些处于生物演化不同阶段的生物体的研究是认识人基因组结构和功能绝对不可缺少的。在后来的发展中逐渐加入了其他一些模式生物种类，如河豚、斑马鱼等；一些具有重要生产价值的农作物，如水稻基因组等的研究也加入到模式生物基因组计划中来。因此，随着人类基因组计划的不断深入，将会有越来越多的模式生物体加入到模式生物基因组计划中来。

相对于人类基因来说，模式生物体的基因组成和结构在基因组测序时可以为人类基因组计划提供借鉴，而且对这些模式生物体的功能基因的认识可以为认识人类基因组的功能提供更多的帮助。例如，酵母菌含有 16 条染色体，已完成了全序列测定，整个基因组为 12 057 kb，包含约 6 000 个基因，已定位 3 000 多个基因。人类 40%以上与疾病有关的基因可在酵母基因组里找到对应基因。例如，当人们发现了一个功能未知的人类新基因时，可以到任何一个酵母基因组数据库中检索与之同源的功能已知的酵母基因，并获得其功能方面的相关信息，从而加快对该人类基因的功能研究。据不完全统计，在 1996 年至少已发现了 71 对人类与酵母的互补基因，这些酵母基因可分为六个类型：(1)20 个基因与生物代谢包括生物大分子的合成、呼吸链能量代谢以及药物代谢等有关；(2)16 个基因与基因表达调控相关，包括转录、转录后加工、翻译、翻译后加工和蛋白质运输等；(3)1 个基因是编码膜运输蛋白的；(4)7 个基因与 DNA 合成、修复有关；(5)7 个基因与信号转导有关；(6)17 个基因与细胞周期有关。现在，科学家发现有越来越多的人类基因可以补偿酵母的突变基因，因而人类与酵母的互补基因的数量已远远超过过去的统计。

研究发现，有许多涉及遗传性疾病的基因均与酵母基因具有很高的同源性，研究这些基因编码的蛋白质的生理功能以及它们与其他蛋白质之间的相互作用，将有助于加深对这些遗传性疾病的了解。此外，人类许多重要的疾病，如早期糖尿病、小肠癌和心脏疾病，均是多基因遗传性疾病，揭示涉及这些疾病的所有相关基因是一个困难而漫长的过程，酵母基因与人类多基因遗传性疾病相关基因之间的相似性，将为我们提高诊断和治疗水平提供重要的帮助。

（二）蛋白质组学(proteomics)

蛋白质组学产生于 20 世纪 90 年代中期，以细胞内全部蛋白质的存在及其活动方式为研究对象。随着人类基因组等大量生物体全基因组序列的破译和功能基因组研究的展开，科学家意识到，绝大部分基因及功能还需要从蛋白质水平上予以诠释和解读。因为基因组只能决定生命体的基本形式，蛋白质组才能决定生命体的多样性、复杂性及其功能。因此，即使得到人类全部基因序列，也只是解决了遗传信息库的问题，而要揭示整个生命活动的规律就必须研究基因的产物——蛋白质，从而在蛋白质水平上获得对于有关生物体生理、病理等过程的全面认识。蛋白质组学的研究是后基因组时代生命科学研究的核心内容之一，也是继基因组之后的又一个研究热点。2001 年 4 月，在美国成立了国际人类蛋白质组研究组织(Human

Proteome Organization, HUPO),试图通过合作的方式,融合各方面的力量,完成人类蛋白质组计划(Human Proteome Project)。在我国《国家中长期科学和技术发展规划纲要(2006—2020年)》中,蛋白质组学重点研究重要生物体系的转录组学、蛋白质组学、代谢组学、结构生物学、蛋白质生物学功能及其相互作用、蛋白质相关的计算生物学与系统生物学,蛋白质研究的方法学,相关应用基础研究等。

1. 蛋白质组学的基础研究

蛋白质本身的存在形式和活动规律,如翻译后修饰、蛋白质间相互作用以及蛋白质构象等问题,已成为蛋白质组研究中的重要部分。此外,蛋白质组学的研究已涉及到各种重要的生物学现象,如信号转导、细胞分化、蛋白质折叠等等。在未来的发展中,蛋白质组学的研究领域将更加广泛。

2. 蛋白质组学的应用研究

疾病的特征主要表现在蛋白质水平上,许多重大疾病如癌症、心血管病等是多种蛋白质共同作用的结果。因此,真正从蛋白质的功能结构上阐明生命活动及其病理机制的实质,才能取得突破性的进展。

另外,蛋白质组学将成为寻找疾病分子标记和药物靶标最有效的方法之一。对临床组织样本进行研究,寻找疾病标记,是蛋白质组研究的热点之一。通过对细胞的增殖、分化、异常转化、肿瘤形成等方面的蛋白质组学研究,鉴定出肿瘤相关蛋白,可为肿瘤的早期诊断、疗效判断和预后提供重要依据。目前全世界制药业用于寻找新药的靶标共约500个(即500种与疾病有关的蛋白质),正在使用的药物中85%都是针对上述500个药物靶标。因此,人类蛋白质组计划的实施与完成,将发现大量重要的功能蛋白,从中发现全新药靶,开发出一批新型药物、抗体与诊断制品。

虽然蛋白质组学目前还处在一个初期发展阶段,但随着其不断地深入发展,蛋白质组学研究在发现诸如生长、发育和代谢调控等生命活动的规律上将会有所突破,对探讨重大疾病的机理、疾病诊断、疾病防治和新药开发将提供重要的理论基础。

知识窗

人类蛋白质组计划

人类蛋白质组计划是继人类基因组计划之后又一大规模国际性科技工程。2001年,国际人类蛋白质组组织宣告成立,2003年,国际人类蛋白质组计划正式启动。人类蛋白质组计划已开展7个项目:美国牵头的人类血浆蛋白质组计划、中国牵头的人类肝脏蛋白质组计划、德国牵头的人类脑蛋白质组计划、瑞士牵头的规模化抗体计划、英国牵头的蛋白质组标准计划、加拿大牵头的模式动物蛋白质组计划及日本牵头的糖蛋白质组计划。

"人类肝脏蛋白质组计划"(human liver proteome project, HLPP)是第一个人类组织/器官蛋白质组计划,也是我国第一次领导的重大国际协作计划。HLPP的战略目标是:为人类所有组织、器官、细胞的蛋白质组计划提供模式与示范;实现肝脏转录组、肝脏蛋白质组、血浆蛋白质组的对接与整合；确认或发现80%以上的人类蛋白质，在蛋白质水平上全面注解与验证人类基因组计划所预测的编码基因；借助肝脏蛋白质组与转录组数据，揭示人类转录、翻译水平的整体、群集调控规律；系统建立肝脏“生理组”、“病理组”；探索并建立一批新的预防、诊断和治疗方法。其科学目标是完成“二谱、二图、三库”任务：建立符合国际标准的肝脏标本库；构建蛋白质表达全谱和蛋白质修饰谱；绘制蛋白质相互作用连锁图和细胞定位图；发展规模化抗体制备技术并建立肝脏蛋白质抗体库；建立完整的肝脏蛋白质组数据库；寻找药物作用靶点和探索肝脏疾病防治诊治的新思路和新方案。

（三）脑科学

人脑是人体中最复杂的部分，人脑的复杂性不仅在于神经元的数目巨大、形状和功能方面的多样性，更为复杂的是神经元之间的突触联系上。因此，关于人脑的功能的研究已成为生命科学中所面临的最深奥的课题，也是最难攻克的科学堡垒，人脑是21世纪仍处于相对未开发的为数很少的几个重大前沿之一。

20世纪最后的10年被誉为“脑的10年”，如美国于1990年推出了“脑的十年计划”，支持发展神经科学，促进脑的研究；欧洲于1991年开始实施“EC脑十年计划”；日本1986年制订的《人类前沿科学计划》中将脑研究放在重要位置上，1996年推出了名为“脑科学时代”的为期20年的脑科学计划纲要，大力推进脑科学的研究。近年来，我国政府对脑科学更加重视，如“脑功能和脑重大疾病的基础研究”、“神经发育的基础研究”两项已列入国家973计划和863计划，关于脑功能的研究，也已经列入我国开展重大基础科学研究的“攀登计划”中。在我国《国家中长期科学和技术发展规划纲要（2006—2020年）》中，脑科学主要研究方向为：脑功能的细胞和分子机理，脑重大疾病的发生发展机理，脑发育、可塑性与人类智力的关系，学习记忆和思维等脑高级认知功能的过程及其神经基础，脑信息表达与脑式信息处理系统，人脑与计算机对话等。

21世纪被誉为“脑的世纪”，脑科学将是国际上最具挑战性和最活跃的前沿学科之一，其研究内容主要包含“认识脑、保护脑和开发脑”三个层次。

1. 认识脑

认识脑，就是揭示脑的奥秘，阐明脑的功能。脑科学研究的中心问题是阐明脑神经回路的组织结构和神经信息的处理机制，进而阐明脑的工作原理。在21世纪，脑科学通过从分子、细胞和整体水平上对脑进行综合研究，将可能在突触的细胞和分子生物学、脑神经回路的组织结构及其信息处理机制，以及包括脑在内的神经系统发育等方面取得重大突破，对人的学习、记忆和认知等脑的高级功能将有更深的认识。

2. 保护脑

保护脑，就是要阐明脑疾患的病因、机制，探索新的预防和治疗方法以保护脑不受伤害。随着人类基因组计划的实施，与脑疾患有关的基因，如老年性痴呆、帕金森氏综合征、亨廷顿症等的相关基因正成为研究热点。

3. 创造脑

创造脑，就是要在解析脑神经元网络工作的原理基础上，开发仿脑信息产生与处理系统的计算机。脑科学的深入研究，将促进认知科学、教育学和信息科学的发展，并可能为人的智力开发和计算机科学带来新的突破，脑科学与信息科学及技术的结合将引起以脑为中心的科技革命—智能革命。

（四）分子生物学

分子生物学是当代生命科学基础研究中的前沿，它包括以下几个研究热点：

1. 结构生物学

结构生物学是以生物大分子的特定空间结构、结构的特定运动与生物学功能的关系为基础，来阐明生命现象的科学。生物大分子要发挥生物学功能，必须具备具有稳定特征的三维结构，以及其三维结构在各个水平上的运动，生物大分子结构和功能的关系是结构生物学研究的核心。近年来，结构生物学作为分子生物学的重要组成部分，取得了飞速发展，在分子生物学研究中已经占据了主流地位，进而成为生命科学的前沿和带头学科。

2. 新生肽链的折叠

蛋白质分子要有一定的结构才能体现生物学功能，翻译过程所产生的多肽链是如何产生具有生物活性的蛋白质的问题，是蛋白质折叠研究的热点之一，我国的科学家称之为第二遗传密码。近年来提出的新生肽链折叠和第二遗传密码的问题，都是当前分子生物学领域中尚未解决的重大问题。

3. 小分子 RNA

小分子 RNA 存在的广泛性和多样性，提示小分子 RNA 可能有非常广泛的生物学功能，在高级真核生物体内对基因表达的调控作用可能和转录因子一样重要，可能代表新的层次上基因表达的调控方式。“RNA 干扰”(RNAi)是双链 RNA 介导的特异性基因表达沉默现象，自从 20 世纪末被发现之后，其基础研究和应用迅速成为 21 世纪初生命科学中的热点领域之一。2001 年和 2002 年，RNAi 研究连续 2 年被《Science》杂志评为自然科学十大突破之一。目前对具有调节功能的非编码 RNA 分子基因的结构特征、调控方式以及生物学功能还知之甚少，对它们参与生物学过程的方式和分子机理的认识也刚开始。因此在后基因组时代，利用实验生物学和生物信息学相结合的方法，系统地对各种模型和模式生物中的具有调节功能的非编码 RNA 分子基因进行鉴定和功能研究，将对阐明生命调控的机理具有重要的意义。

4. 细胞信号转导的分子生物学

细胞信号转导是当前分子生物学中三大研究内容之一，也是国际生命科学界的研究热点。细胞信号转导的分子生物学，研究细胞内、细胞间信息传递的分子基础。构成生物体的每一个细胞的分裂与分化及其他各种功能的完成均依赖于外界环境所赋予的各种指示信号。在这些外源信号的刺激下，细胞可以将这些信号转变为一系列的生物化学变化，例如蛋白质构象的转变、蛋白质分子的磷酸化以及蛋白与蛋白相互作用的变化等，从而使其增殖、分化及分泌状态等发生改变以适应内外环境的需要。信号转导研究的目标是阐明这些变化的分子机理，明确每一种信号转导与传递的途径及参与该途径的所有分子的作用和调节方式，以及认识各种途径间的网络控制系统。

（五）发育生物学

发育生物学是生命科学中的前沿学科，它是生命科学领域中最具挑战性的学科之一。近十几年来，人们不仅对于从受精卵到成体的个体发育的认识取得了革命性的进展，而且发育生物学在生殖技术、药物设计和器官移植等领域的应用也取得了重大进展。

目前的热点研究领域是：以模式生物如小鼠、斑马鱼、爪蟾、海胆、果蝇、线虫、拟南芥、水稻等为对象，发现新的发育相关基因，阐明它们的时空表达谱、表达调控机理以及对细胞行为和组织器官形成与分化的影响，从分子和细胞水平上阐述一些重要发育途径的调控机理。这些发育途径包括不同细胞群如何按照一定的时间顺序及空间关系有序地重新配置、特化、进而产生出各种细胞类型，最终器官表型特征的出现和特殊功能的建立；基因在不同发育时期的表达、控制与调节，基因型和表型表达之间的因果关系；发育过程中细胞核与细胞质的关系、细胞间的相互关系以及外界因素对胚胎发育的影响，其中细胞分化是发育生物学中的核心问题。

（六）生物技术

生物技术代表着世界高新技术前沿的发展方向，21 世纪的生物技术将成为引发新科技革命的重要推动力量。日益成熟的转基因技术、克隆技术以及正在发展的基因组学技术、蛋白质组学技术、生物信息技术、生物芯片技术、干细胞组织工程等技术，正在推动生物技术产业成为新世纪最重要的产业之一；同时，它还将直接推动农业、医药与健康、能源、环保等领域的发展。目前已有数十种微生物和四种模式生物的基因组全序列进入数据库，人类基因组全序列草图也刚完成，这意味着有数十万计的基因及其编码的蛋白质可供基因工程和蛋白质工程操作，从而大大扩展生物技术的产业范围。

从总体上来说，基因组学和蛋白质组学研究正在引领生物技术向系统化研究方向发展。药物及动植物品种的分子定向设计与构建已成为种质和药物研究的重要方向；生物芯片、干细胞和组织工程等前沿技术研究与应用，孕育着诊断、治疗及再生医学的重大突破。

1. 干细胞和克隆技术

干细胞技术可通过在体外培养干细胞，进而定向诱导分化为各种组织器官，它是克隆动物和克隆组织器官的基础。干细胞增殖、分化和调控，体细胞去分化和动物克隆机理等都是研究的热点。正在发展的干细胞技术关键是控制具有全能性或多能性干细胞的分化发育，构建干细胞体外建系和定向诱导技术，而这一方面方法技术的完善将为医学上的器官移植、农业上优良家畜的繁殖带来革命性的进展。

2. 生物芯片技术

生物芯片是分子生物学与化学和物理学领域的多种高新技术的交叉和融合。从 DNA 芯片延伸到含各种生物大分子的硅片，并最终将与纳米技术相结合，使离体操作的芯片发展成为可在活体内执行某种功能的组件。

据估计，世界范围内的生物芯片市场(包括芯片实验室、基因组分析工具、疾病诊断、司法鉴定及免疫分析)到 2010 年有可能达到 600 亿美元，用生物芯片进行药理遗传学和药理基因组学研究将涉及的世界药物市场每年约 1 800 亿美元，其开发前景十分诱人。

知识窗

生物芯片

生物芯片是指通过微加工技术和微电子技术在固体芯片表面构建的微型生物化学分析系统，以实现对细胞、蛋白质、DNA以及其他生物组分的准确、快速、大信息量的检测。常用的生物芯片分为三大类：即基因芯片、蛋白质芯片和芯片实验室。

基因芯片，又称DNA芯片、DNA微阵列(DNA microar ray)，是基于DNA探针互补杂交技术原理而设计。基因芯片技术主要包括四个基本技术环节：芯片微阵列制备、样品制备、生物分子反应和信号的检测及分析。芯片微阵列制备主要采用表面化学的方法或组合化学的方法来处理固相基质如玻璃片或硅片，然后将几十万种以上的不同DNA探针按特定顺序排列在片基上。在进行分析时，先分离出样品DNA，经过切割和标记，涂在芯片上进行核酸杂交反应。在激光光源激发下，样品DNA与探针因双螺旋体的形成而在相应位置呈现出明亮的荧光。用激光扫描显微镜(或称阅读器)可以显示出生物芯片检测图像，通过软件进行信息处理，即可以获得有关生物信息。

蛋白芯片与基因芯片的原理相似。不同之处：一是芯片上固定的分子是蛋白质如抗原或抗体等；二是检测原理是依据蛋白分子、蛋白与核酸、蛋白与其他分子的相互作用。

芯片实验室是将样品制备、生化反应以及检测分析的整个过程集约化形成微型分析系统。现在已有由加热器、微泵、微阀、微流量控制器、微电极、电子化学和电子发光探测器等组成的芯片实验室问世，并出现了将生化反应、样品制备、检测和分析等部分集成的生物芯片。芯片实验室是生物芯片技术发展的最终目标。

在国家“功能基因组和生物芯片”科技专项支持下，我国生物芯片技术和产品研发获得较快发展，生物芯片产业初见端倪。

3. 转基因技术

利用生物技术可以对生物遗传信息进行实验室操作，可以在动物、植物、微生物等所有的物种间进行基因的转移和重组，由此可以创造出新品种，使动植物育种进入一个崭新的时期。一些农业生物(如水稻、家蚕、鸡等)全基因组序列测定的完成，促进了本世纪初“农业生物功能基因组”研究的全面开展，并将对农业发展产生重要影响，生命科学基础研究已成为农业科技创新的源头动力。

4. 新一代工业生物技术

生物催化和生物转化是新一代工业生物技术的主体。功能菌株大规模筛选技术，生物催化剂定向改造技术，规模化工业生产的生物催化技术系统，清洁转化介质创制技术及工业化成套转化技术都是重点研究的方向。

5. 生物技术在环境保护中的应用

随着人类对环境保护意识的不断增强，生物技术在环境监测、治理和保护领域的研究与应用将得到进一步发展。例如，以重组DNA为手段的生物技术，研究环境污染物质在环境中的迁移与转化、降解规律，构建针对难降解环境污染物的生物基因库，培育性状稳定的适用性工程菌；应用生物技术新方法、新工艺治理水体污染、农业源污染、工业“三废”污染的研究等。

（七）生物信息学

生物信息学是新兴的热点研究领域，它是20世纪80年代末随着基因组测序数据迅猛增加而逐渐形成的一门交叉学科。随着生物学和医学的迅速发展，特别是人类基因组计划的顺利实施，产生了海量的生物学数据，这些数据具有丰富的内涵，其中隐藏着丰富的生物学知识。

生物信息学研究的热点包括：人类基因组信息结构复杂性；基因序列特别是非编码区信息分析；基因组结构与遗传语言；大规模基因表达谱分析；基因表达调控网络研究；基因组信息相关的蛋白质功能分析；生物信息学中新理论、新方法、新技术和新软件研究。生物信息学和其他学科进一步交叉、融合，发展形成了整合生物学，其主要特征是从分子、细胞、器官到机体和从个体、群体到生态系统的不同层次上生物信息的整合和定量化。整合生物学将成为今后生命科学研究的重要方向。

三、21世纪生命科学充满未解之谜

现今科学界普遍认为，地球是在距今约46亿年前形成的，而生命的出现可以追溯到35亿年前。在这漫长的历史进程中，生物界不断进化，形成了现今丰富多彩的生物世界。在这充满生机的生命世界中，各种生物形成了不胜枚举的精细结构及复杂的功能，这些结构与功能的复杂程度是无机世界所无法比拟的。尽管人类在不断探索生命世界的奥秘，也取得了许多令人振奋的结果，但人类对大自然中生命现象的研究最多也就是数千年的历史，其中绝大多数发现出自于近二三百年。目前，还有许多来自生命世界之谜有待于人类的破解。以下是在纪念美国《Science》杂志创刊125周年之际，科学家们总结出的迄今我们尚不能很好回答的有关生命科学的部分未解之谜。

（一）人类到底能活多少岁？

自然界中，一切生物都具有一定的寿命。寿命长短，因种而异，短的如昆虫中的蜉蝣成虫，朝生暮死；长的如龟，寿命可达数百年之久。寿命仅为2～3年的家鼠是绝对活不到大象150～200年那样的高寿的。这说明，自然界生物都遵循着由物种遗传属性所支配的自然规律。然而，尽管人类长生不老的愿望不符合生物的自然规律，但人类历史表明随着社会发展，人类的平均寿命从古代的30岁左右、经中世纪的40～50岁左右、到现在的70岁上下，而且还在不断地增加，于是就很自然地提出这样一个问题，人类的最高寿命即界限寿命究竟是多少？

科学家们对此有不同的学说。“寿命系数”学说认为，人的正常寿命是骨骼生长期的5～7倍，人的骨骼生长期约为20～25年，照此理论推算人的正常寿命应是110～175岁。还有科学家认为，人的正常寿命是性成熟期14～15岁的8～10倍，因此人类可活到110～150岁。美国科学家黑弗利克（L. Hayflick）的细胞寿命学说认为，人类寿命是其细胞分裂次数与分裂周期的乘积，自胚胎期开始细胞分裂50次以上，分裂周期平均为2.4年，从而推算出人类最高寿命至少是120岁。以上方法推算结果表明，人类正常的自然寿命都应该在100岁以上。

近年来，分子生物学已揭示生物体内存在与寿命长短相关的基因。2005年，美国南加利福尼亚大学科学家把酵母细胞中的两个核心基因 Sir2 和 SCH9 去掉。正常情况下，Sir2 基因通过抑制整段整段的基因组来控制寿命长短；SCH9 基因主要控制细胞将营养转化为能量。通过抑制 Sir2 和 SCH9 这两种基因的正常工作，研究人员成功地将酵母菌的寿命由自然状态下的 1 个星期延长到了 6 个星期。2007 年，美国加州索尔克生物学研究中心首次在蚯蚓体内发现一种名为 pha－4 的基因在延长寿命及阻碍老化方面能起到关键作用，在实验中，研究人员向蚯蚓体内注入更多的 pha－4 基因，发现其比同类长寿，也比其他蚯蚓更有活力。

以上科学家通过对实验动物的研究，发现包括限制热量摄入在内的一些方法可以显著地延长它们的寿命。但是这些方法是否可以成功地应用到人类的身上，以及能延长多少寿命呢？

（二）是什么在控制着器官再生？

自然界中有些生物拥有非凡的再生能力，像无脊椎动物中的水螅、涡虫、蚯蚓等，脊椎动物中的鱼类、两栖类、爬行类都具有身体局部或肢体再生的能力。例如，蜥蜴的尾巴切除后仍可再生，蝾螈可以重建受损的四肢，而看似普通的斑马鱼，当其肌肉、鱼鳍、甚至心脏如果遭受损伤，都可以进行自身器官的再生。相比而言，人类的脏器、肢体则通常无法再生，肝脏属于例外。

为什么随着动物的进化，人类失去了自身器官的再生能力？而为什么有些动物还拥有这种再生能力？这还是一个未知的领域。

科研人员在对动物再生机理研究中发现，动物的再生机理可能基于动物的基因，只是这些基因由于各种原因而在许多物种中废退了。美国印第安纳波利斯大学科学家发现蝌蚪的 msxl 基因在肢体再生过程中显得非常重要，它能帮助细胞保存在胚胎里，使之不会过早成熟。2005 年，剑桥生物医学诺华研究院的科学家确定了斑马鱼鳍再生所必备的两种基因 fgf20 和 hsp60，发现后者在人体内也存在，表明人体确实存在再生基因，但这些基因不再发挥作用了。科学家发现，那些可以让器官再生的动物，在必要的时候重新启动了胚胎发育时期的遗传程序，从而长出了新的器官。那么人类是否可以利用类似的手法，在人工控制下自我更换零部件呢？人类到底哪里出了问题？是什么消除了人类的这种潜能呢？

（三）一个皮肤细胞如何能变成神经细胞？

在 20 世纪 60 年代，英国牛津大学格登（J. B. Gurdon）将非洲爪蟾幼体（蝌蚪）小肠体细胞核，注入到用紫外线照射破坏了细胞核的未受精卵中，结果发现有少数移植了小肠细胞核的重组细胞形成胚胎可以继续发育，培育出了健康的非洲爪蟾成体。这个实验的结果证明：体细胞完全保留了精子和卵的全部遗传信息，能够进行无性繁殖。1996 年“多莉”羊体细胞克隆成功之后，已用体细胞克隆技术相继繁殖了多种哺乳动物，尽管体细胞来源不同，但它们的共同点是体细胞核的受体细胞都是去核的卵子或受精卵。最近几年，体细胞克隆技术导致人类胚胎干细胞的研究正在热火朝天地进行——把人的体细胞核移入卵子中，科学家期待着培育出各种各样的人体细胞，例如神经细胞、成骨细胞、心肌细胞等等。尽管科学家已经取得了一些成功，但仍然对于这种体细胞核移植技术能够成功的原因知之甚少。的确，去核的卵子在这个过程中扮演着至关重要的角色——可是具体机制是什么？

（四）一个体细胞是如何变成整株植物的？

与动物体细胞相比，植物的体细胞不需要繁琐的体细胞核移植技术，就能重新变成植物胚胎细胞。科学家很早就已经开始利用植物的这种性质进行组织培养,用一小块植物组织在实验室里就能培养出可以供一片森林使用的幼苗。但是,为什么植物的体细胞还保留着发育的全能性?

(五)什么决定了物种多样性?

地球是一个充满生命的行星,但是并非每一个角落的生命都同样繁荣。一些地区分布的物种数量超过其他地区,热带比寒带拥有更高的物种多样性。为什么会出现这种情况?仅仅是因为热带比寒带更热?科学家认为,生物和环境之间的相互作用对多样性起着关键的作用。当然,还有其他一些改变多样性的力量,例如人的干扰,捕食关系和其他食物链。但是这些怎么和其他的力一起,共同塑造多样性的确切原因仍是奥秘。目前,科学家首先面临的问题是如何获取关于全球物种多样性的基础数据——地球到底有多少种生物?

(六)合作的行为如何进化?

人们很容易在社会性动物身上看到利他的行为,例如蜜蜂把食物的信息传递给其他蜜蜂;人类和其他灵长类动物社会也充满了合作的行为。进化论的创立者达尔文对合作现象提出过一些解释,例如亲属之间的相互帮助实际上会促进整个家族繁殖的可能性。如今,科学家正在寻找合作行为的遗传基础。而博弈论——一种关于竞争、合作和游戏规则的数学理论,也能够帮助科学家理解合作行为如何运作。达尔文观察到了合作的现象并做出了解释,但今天的科学家希望能够让这个解释更加深入,并且希望能够回答它是如何产生的。

(七)如何从大量的生物学数据中得到全景?

生命是如此的复杂,以至于几乎每一位生物学家都只能在一个很小的领域进行探索。尽管在每一个领域都产生了大量的描述性的数据。但是科学家能够从这些海量的数据中得出一个整体的概念,例如生物是如何运作的。系统生物学这门正在形成的学科为回答这些问题提供了一些希望。它试图把生物学的各个分支联系起来,利用数学、工程和计算机科学的方法让生物学更加量化。不过,现在还没有人知道这些方法是否能够最终让科学家理解生物运作的整体图景。

(八)为什么人类的基因这么少?

2003 年,当人类基因组计划接近完成的时候,生物学家在欢呼这一成就的同时,惊奇地发现人类的基因数量比原先估计的少。人类基因数量在 10 年前预测数字高达 10 万个,在 2001 年,人们的估计数字是 3~4 万个,而最新的研究数目则为 2 万个左右。相比之下,一种非常简单的生物——线虫也有大约 1.95 万个,拟南芥的基因数量比人类稍多,大约在 2.7 万个左右,而水稻的基因数量则是人类的一倍。科学家认为,基因组运作的方式应该比以前认为的更加灵活和复杂,他们正在探寻这些生物少用基因多办事的分子机制。

(九)遗传差异和个体健康在多大程度上是相关联的?

很早以前,科学家就发现有些人对于某些药物的反应和其他病人不同,科学家发现这种现象的原因在于他们拥有特定的基因,科学家已经辨认出了一批与药物相互作用的基因。这也就带来了一个问题:研究不同的人之间的遗传差异是否可以促进医学发展出更高级的治疗手段,即根据个人的 DNA 进行"量体裁药"?

（十）什么遗传差异导致我们成为独特的人类？

2005年，由来自美国、德国、以色列、意大利以及西班牙的67名科学家组成的国际科研小组完成了人类与黑猩猩的基因组比较。黑猩猩是科学家完成基因组测序的首个非人类灵长类动物，也是现存与人类关系最密切的“表兄弟”。研究显示，黑猩猩和人类基因组的DNA序列相似性达到99%，其中只有3 500万对碱基是有差异的。大约600万年前，人类与黑猩猩从共同的祖先分手各奔前程，从此走上了各自的进化不归路。这3千多万个碱基对的差异中传递着“我们从哪里来”的答案。科学家正在寻找人类有别于其他灵长类物种的那些遗传差异，当然，还有文化、语言和技术等等超越基因的因素。

（十一）记忆是如何存取的？

美好的记忆、悲伤的记忆，关于解方程技巧的记忆，英语单词的记忆，毫无疑问它们都储存在我们的大脑中。但是它们具体在什么部位？

早在20世纪50年代，科学家就已经发现大脑海马区与记忆有关。但是海马区的神经细胞如何把信息固定下来？虽然科学家已发现一些分子参与了记忆的形成，而神经细胞突触的形成也与记忆相关联。但是，科学家目前对于记忆的运作机制的了解还不够——而这一机制对于理解我们自身是非常重要的。

（十二）可以选择性地关闭一些免疫应答吗？

当今，器官移植已经成为临床上的一种寻常手术，但器官移植中无可避免地会存在免疫排斥反应：病人的免疫系统有可能把移植的器官当作“非我族类”进行攻击，让手术功亏一篑。为防止免疫排斥反应发生，需要仔细挑选供体器官，而有的病人需要终身服用免疫抑制类药物，这显然限制了器官移植技术在临床上的应用范围。那么，能否找到一种可以选择性地关闭一些免疫应答机制，既让免疫系统正常工作，又不会排斥移植的器官的方法？

（十三）是否存在行之有效的艾滋病疫苗？

在艾滋病疫苗的研究中，仅美国国立卫生研究院每年就投入5亿美元用于艾滋病疫苗的研发工作，但是迄今为止尚未有一种疫苗表现出实用性。虽然在抑制猿免疫缺陷病毒方面，疫苗可以产生效果，但由于人类免疫缺陷病毒（HIV）变化多端，那么是否存在着行之有效的艾滋病疫苗呢？

（十四）何时能找到替代石油的能源？

随着人类社会的存在与发展，石油产量可能不久就要开始下降，没有人否认石油最终会被用光。同时，全球变暖的危险也促使人类必须尽快找到替代石油的能源——太阳能？风能？核能？每一种似乎都很有潜力，但是它们都还不太成熟。

（十五）马尔萨斯预言错了吗？

1798年，马尔萨斯发表了他著名的《人口原理》一书，他提出食品供应的增长总是跟不上人口增长，而只有灾难才能阻止增长。然而，200多年过去了，地球总人口增长到了60亿（是马尔萨斯时代的6倍），但是马尔萨斯所预言的大灾难并没有发生，科学技术在很大程度上阻止了这种灾难。但是人类仍然面临着一个问题：如何保证大灾难不会在未来发生？

生命科学领域的未解之谜还有很多，相信随着科学技术的不断发展，人类将不断揭示出生命科学的诸多奥秘。

本章思考题

1. 何谓生命科学？它涉及哪些基本领域？你认为21世纪生命科学会成为自然科学中的带头学科吗？请举例表述你的观点。

2. 庞大蓝鲸和微小细菌之间的差异远没有表面上看上去那么大——你如何理解这句话的含义？

3. 一粒完整的植物种子如何判断其有无生命？试设计一个简便的实验论证方案。

4. 为什么说20世纪50年代DNA分子双螺旋结构模型的诞生是生命科学划时代的事件？请举例阐述该模型对生命科学全面发展所起的重要作用。

5. 20世纪自然科学发展的特征之一是学科之间在理论、方法技术上的交互渗透，基于你对此的认识，请举例说明其他自然学科对生命科学发展的影响。

6. “民以食为天”，作为13亿人口大国中的一员，你了解袁隆平和他的杂交水稻吗？

7. 经过发展后的“中心法则”包含了哪些内容？从科学研究角度看，“中心法则”建立和发展的过程给我们哪些启迪？

8. 重组DNA技术在某种程度上使得人类成为了“能够造物的上帝”。有人认为这是科学的伟大进步，有人认为这使人类丧失对自然的敬畏，对此你有怎样的看法呢？

9. 通过对本章的学习，思考对于与生活息息相关的生命科学问题，哪些是你的盲点和误区，哪些又是你有兴趣知道的？在未来的生活和学习中，哪些生命科学的知识需要你有意识地去了解？

10. 你目前所学的专业与生命科学有何直接或间接关系？请举例表述。

第二章　生命起源与人类演化

第一节　地球上生命的起源

无论是湖泊，还是沙漠极地、空中地下，几乎到处都有生命的痕迹。200多万种生物生存的地球是一个瑰丽多姿的生命世界，地球的各个角落，无论是高山平原、江河湖泊，生命的表现形式不尽相同，但都面临一个共同的问题：地球上的生命是如何起源的？

生命起源是现代科学的三个前沿问题（天体演化、生命起源、基本粒子问题）之一。生命起源就是研究地球或地外星球由非生命的物质演变为原始生命的过程，以及如何用人工方法模拟原始条件重现这一自然过程。生命起源的研究具有学科交叉性，其涵盖的学科领域包括化学、生物、地质、考古、航天、数学及物理等几乎所有自然科学门类。

研究生命起源的意义并不仅仅是追根溯源以弄清几十亿年生命诞生的历史，还在于通过对生命起源和细胞起源问题的阐明，来人工合成生命物质与细胞甚至人工合成生命，最终达到控制生命和改造生命的目标。

生命起源是当代重大科学课题，然而却又是至今依旧了解甚少的生命科学最基本问题，因为地球生命发生过程毕竟是35亿年前进行的事件。关于地球上生命是如何发生的，众说纷纭。从目前对生命起源研究来看，当代关于生命起源的假说可归结为两大类：即“化学进化说”和“宇宙胚种说”。

一、生命起源的化学进化说

生命起源的化学进化说认为生命起源于地球，经历了从无机物到有机物、由简单到复杂的化学进化过程。

20世纪20年代，前苏联生化学家奥巴林（A. L. Oparin）首先提出了化学进化说。他认为最初的原始生命是由原始地球上非生命物质通过化学作用，逐步由简单到复杂，经过一个极漫长的自然演化过程而形成的。由于地球上构成生物体的有机物质都是碳氢化合物的衍生物，故奥巴林认为生命起源过程实质上就是碳化合物的化学进化（chemical evolution）过程。

继奥巴林之后，英国生物学家霍尔丹（J. Haldane）、美国化学家尤里的研究生米勒、美国化学家福克斯等人的创造性工作，化学进化说为愈来愈多的实验所证实，已为大多数科学家所接受并有新的发展。目前比较一致性的看法是：生命起源是地球形成早期化学物质长期进化的结果，从非生命向生命的转化大约完成于38亿年前～36亿年前之间。化学进化发展到原始生命大致经过如下几个阶段：

（一）由无机小分子物质形成有机小分子物质阶段

化学进化说认为生命起源与地球演化，尤其是与早期地球大气演进的关系是非常密切的，因为它为生命的出现创造了必要的条件。

1. 原始大气成分及特点

科学家们推测，早期地球是一个炽热的球体，处于完全融化状态，此时由于早期的地球的引力吸引的星子（原始的小行星物体）、彗星核、尘埃和气体团碰撞生热，致使地球上的一切元素都呈现为气体状态。这种融化状态使得球体内部可以产生移动现象：重元素如铁、镍等向中心聚集而形成地核，围绕地核是很厚一层原始岩浆；围绕球体的是厚厚的原始大气层，它是气化的金属产生的，类似今天从火山爆发出来的气体，含有二氧化碳、氮以及更复杂的分子如甲烷、硫酸等。随着地球温度慢慢降低，在地球中心逐渐形成固体的行星胚胎，外层则是地球的第一代大气。不过，第一代大气寿命不长，只存在了几千万年就在威力巨大的太阳风扫荡下，挣脱地球引力，遨游太空去了。

其后，由于地球形成过程中内部剧烈的变化，火山活动频繁，由原始地球喷出的大量气体逐渐形成第二代大气层，即原始地球大气。科学家认为，原始大气中含有氨（NH_3）、甲烷（CH_4）、氰化氢（HCN）、硫化氢（H_2S）、二氧化碳（CO_2）、氢气（H_2）和水蒸气（H_2O）等成分。因此，虽然原始大气组成与现在的大气成分不同，但对当时原始生命的诞生却有着极为重要的意义：

第一，原始大气中无机物成分不是以游离氧、氮的分子状态出现，而是以化合物的形式存在，为地球上产生原始生命提供了最基本的材料。

第二，由于原始大气中没有游离氧，所以原始大气在化学上属于还原性的，在还原性的大气条件下，最初形成的有机分子才能长期积累和保存下来。

第三，正是由于原始大气中没有游离氧，所以高空也不存在臭氧层，太阳的紫外线可以全部直射地面，为小分子有机物的合成提供能量。

第四，液态水的出现所形成的原始海洋为生命的诞生提供了必要的条件。

2. 有机小分子的形成

原始大气中这些无机小分子物质是如何形成有机小分子物质呢？

原始大气中的无机小分子气体在大自然不断产生的能量如宇宙射线、紫外线和闪电等的作用下，完全能形成有机小分子物质，如氨基酸、嘌呤、嘧啶、核糖、脱氧核糖、核苷、核苷酸、脂肪酸等。当地球冷却时，原始大气中的水蒸气凝集成为小水滴，随后开始下起了暴雨，这场暴雨异常持久。由于这场暴雨，大气中的有机小分子物质随着雨水降落到地面，最后汇集于原始的海洋中。日久天长，不断积累，使原始海洋含有了丰富的氨基酸、核苷酸、单糖等有机物，这种原始海洋也被科学家称为“有机汤”，它为化学物质进一步演化创造了必要的条件。

3. 第一阶段化学进化的实验证明

由无机小分子物质形成有机小分子物质的化学进化第一阶段已为许多实验所证实。例如，1953 年美国芝加哥大学尤里实验室研究生米勒（S. L. Miller）等人所做的模拟原始大气实验被认为是生命起源研究领域的里程碑，为人们提供了几十亿年前原始大气中无机小分子合成有机小分子的可能性。此后其他科学家改用紫外线、X 射线等作为能源，也得到了类似的结果。目前，组成蛋白质的 20 种氨基酸都已通过人工模拟合成。20 世纪 60 年代以来，核酸的单体（嘌呤、嘧啶、核糖、核苷酸）也相继人工模拟合成，这就有力地证明了在原始地球的自然条件下，无机小分子可以转化为有机小分子。

此外，科学家们对星际空间尘埃云和坠落地球表面陨石的研究中，也发现宇宙中存在着碳氢化合物及其衍生物，表明宇宙空间广泛存在着化学进化的过程，这也是人们探索宇宙生命的重要原因之一。

发现窗

米勒的模拟原始大气实验

1951 年，在美国芝加哥大学的一次讲座中，诺贝尔化学奖得主尤里（H. Urey）提到了在具有高度还原性的地球大气中出现生命的可能性，并且建议感兴趣的人去开展实验，年轻的米勒是那次演讲的听众之一。1952 年，已经是芝加哥大学化学系研究生的米勒找到导师尤里，说想利用还原性混合气体来进行前生物合成（生命出现之前的合成过程）的实验。尤里最初不同意，因为这样的实验风险很大，如果迟迟得不到结果，米勒就无法拿到博士学位。但米勒非常执著，尤里终于答应了，给出的条件是如果一年内没有成功迹象就放弃实验计划。

米勒设计了一套密闭循环的玻璃仪器（图 2－1），模拟和验证了非生命的有机分子在原始地球环境中生成生物分子结构单元的化学动力学过程。他先将模拟装置抽成真空，再用 130℃的高温消毒 18 小时，然后在烧瓶中注入水来代表原始的海洋，其上部球形空间通入甲烷（CH_4）、氢气（H_2）、氨（NH_3）、水（H_2O）来模拟“还原性大气”。烧瓶加热使水蒸气在管中循环，通过两个电极放电产生电火花模拟原始地球闪电的自然条件，并激发密闭装置中的不同气体之间发生化学反应，在球形空间下部连通的冷凝管让反应后的气体和水蒸气冷却后形成液体，即模拟了降雨的过程。这些溶解了化学反应后形成的新化合物的“雨水”又流回底部的烧瓶。通过持续反复地实验和循环，烧瓶中无色透明的液体逐渐变成了暗褐色。连续进行火花放电 8 天 8 夜后，结果在完全没有生命的系统中，发现了包括 5 种氨基酸和不同有机酸在内的各种新的有机化合物，其中有四种氨基酸与天然蛋白质中的氨基酸相同（甘氨酸、丙氨酸、谷氨酸、天冬氨酸）。另外还检测到可以合成核酸碱基的前体化合物如氰化氢（HCN）等。米勒执著探索的科学精神终于得到了令他享有盛名的实验结果，研究成果发表

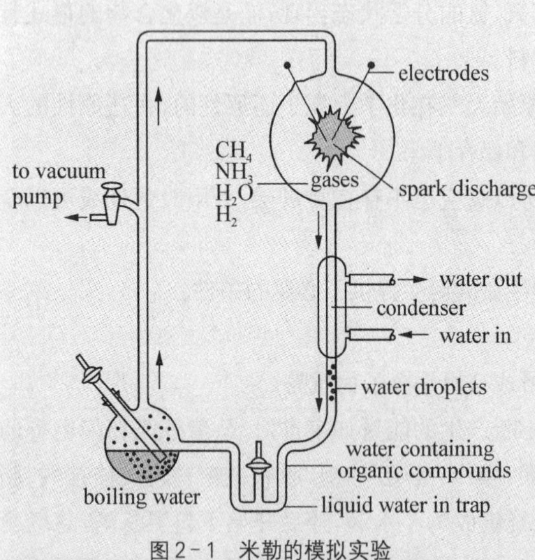

图 2－1 米勒的模拟实验

在 1953 年 5 月的《Science》上。

现任国际生命起源协会主席拉兹卡诺(Antonio Lazcano)至今对这一发现赞叹不已:“米勒将生命起源研究搬进实验室,开辟了生命起源研究的新途径。”随后 50 多年中,科学家们利用类似于米勒实验的条件,合成出了许多被认为与生命起源有关的有机物质。“这些实验都是米勒放电实验的延伸。”中国科学院院士赵玉芬说:“米勒那篇划时代的论文是破解生命起源之谜道路上的一座里程碑,虽然他的成果没有获得像诺贝尔奖这样的大奖,但我们认为他的贡献完全是诺贝尔奖级的。”

在 2005 年 6 月北京召开的第十四届生命起源国际大会上,75 岁的米勒由于中风坐着轮椅作了题为“前生物合成与生命起源”演讲,演讲结束后,全场起立,掌声经久不息,以表示对这位长者的敬佩之情。

(二) 由有机小分子物质形成有机大分子物质

原始海洋中的有机小分子物质经过极其漫长的积累和相互作用,在适当的条件下,一些氨基酸通过缩合作用形成原始的蛋白质分子,核苷酸则通过聚合作用形成原始的核酸分子。原始的蛋白质和核酸的出现意味着生命从此有了重要的物质基础。

有机大分子的形成是化学进化过程中又一重大质变,目前对于这个关键阶段主要存在着三种不同的观点。

1. 海相起源说

在奥巴林生命起源假说中,海水是不可或缺的,它被认为是生命的摇篮。持这种观点的科学家认为,原始海洋中的氨基酸和核苷酸等小分子有机物被吸附于黏土一类物质的活性表面时,可以发生聚合反应。英国学者 J. D. 贝尔纳(J. D. Berna)早在 1951 年就提出了某些黏土片层间因含有大量的正、负电荷,故可将带电的分子吸附并能成为原始催化中心的理论。20 世纪 60 年代,英国学者 A. G. 凯恩斯-史密斯(A. G. Cairns-Smith)进一步提出生命起源于黏土的主张,认为导致生命出现的化学演变是在黏土中进行的。之后,以色列的卡特恰尔斯基(A. Katchalsky)等人在实验室内先使氨基酸与腺苷酸起作用,生成含有自由能的氨基酰腺苷酸,当后者被吸附在蒙脱土(montmorillonite)等特殊黏土的表面时,就能缩合生成多肽。

2. 陆相起源说

以美国生化学家福克斯(F. Fox)为代表,提出了“干热聚合”理论来解释蛋白质分子的合成。福克斯认为,早期的地球温度很高,依靠热能就足以使简单的化合物形成复杂的化合物,在原始地球的一些火山、温泉周围的“干热”地区,氨基酸在干热无水的条件下能消除蛋白质分子合成过程中的水分,从而能聚合成原始蛋白质分子。为了证明这种理论,1958 年,福克斯将甘氨酸溶解于加热熔化了的焦谷氨酸液体后,倒入 160℃～200℃的热砂或黏土中,使水分蒸发、氨基酸浓缩,获得了谷氨酸甘氨酸聚合物——即类蛋白(proteinoids)。1960 年,他又将天冬氨酸和谷氨酸混合在一起加热,又得到了“类蛋白”的高分子聚合物。福克斯认为,这种类蛋白是今天生物体内各种各样蛋白质的始祖。由于福克斯的类蛋白起源于陆地,所以这种观点被称为陆相起源说。

3. 深海烟囱起源说

20 世纪 70 年代，美国的“阿尔文”号载人深潜器在 2 610 米至 1 650 米深的东太平洋海底熔岩上，发现数十个直径约 15 厘米冒着黑色烟雾的“烟囱”，含矿热液以每秒几米的速度喷出。矿液刚喷出时为澄清溶液，与周围海水混合后，很快产生沉淀变为“黑烟”，这些海底硫化物堆积形成直立的柱体及圆丘，被形象地称为“深海烟囱”(图 2－2)。之后，科学家在各大洋先后发现了许多“深海烟囱”，2007 年，我国“大洋一号”科学考察船的科学家在西南印度洋脊也首次发现了“深海烟囱”。

图 2－2　拍摄的“深海烟囱”

大量的海底调查研究发现，“深海烟囱”喷出的矿液温度可高达 350℃，并富含非生物有机合成的 NH_3、CH_4 和 H_2S 以及 CO 等还原气体；同时还发现在“深海烟囱”周围广泛存在着古老硫细菌，这些古老硫细菌极端嗜热，可以生存于 350℃的高温热水及 2 000～3 000 米深的深水环境中。基因组测序表明，这些“深海烟囱”周围的古老硫细菌非常原始，处于生命树源头的位置上。因此，美国霍普金斯大学的地质古生物学家斯坦利(S. M. Stanly)提出了原始生命起源于海底的“深海烟囱”，认为“深海烟囱”的环境非常类似于 40 亿年前早期地球的环境，巨大的热量可以满足各类化学反应，包括形成原始生物化学物质，地球早期水热环境和嗜热微生物可能非常普遍，其早期生命可能就是嗜热微生物。鉴于现代深海形成硫细菌的事实，斯坦利推想，在地壳的太古代绿岩带里面也一定存在类似于现代深海中脊的地质条件，存在着“深海烟囱”，生命的化学合成一系列反应就在那里发生。正因为如此，寻找古老海底“深海烟囱”，将可能为生命演化提供重要的科学证据，图 2－3 是我国科学家在河北兴隆地区发现的 14.3 亿年前古海底“深海烟囱”的硫化物矿石标本。

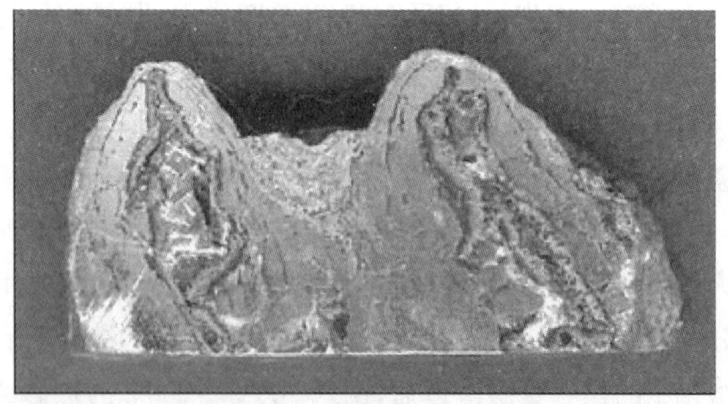

图 2－3　我国科学家发现的“深海烟囱”的硫化物矿石
(标本切面，可见两个完整的烟囱通道)

以上三种假说都被认为是有道理的，只要具有适合生命化学进化的条件，生命的起源过程便是不可避免的。

4. 第二阶段化学进化的实验证明

近年来人工合成蛋白质和核酸的工作已取得了巨大的进展。1965 年，我国科学家在世界上首次人工合成了由 51 个氨基酸组成的结晶牛胰岛素。此后不久，国外学者又先后合成由 124 个核苷酸构成的核糖核酸，以及由 188 个氨基酸构成的人生长激素，而运用基因工程技术则已经人工合成 DNA 片段，这些说明在原始地球条件下合成蛋白质和核酸等有机大分子是合乎规律的事情。

（三）由有机大分子发展为多分子体系

蛋白质和核酸生物大分子并不能独立表现生命现象，而蛋白质和核酸又容易遭受破坏，只有当它们形成了众多的、乃至成百万的以蛋白质分子、核酸分子为基础的多分子体系时，才能表现出生命的萌芽。因此多分子体系的形成是化学进化过程中最复杂、最具有决定性的阶段，也一直是生命化学进化研究的前沿，由此产生众多假说，并为一些实验或证据所支持，其中奥巴林（A. L. Oparin）与福克斯（S. W. Fox）分别提出的两种假说为大多数科学家所接受。

1. “团聚体假说”

“团聚体假说”认为，原始海洋中的蛋白质、核酸等各种有机大分子物质愈积愈多，浓度不断增加，在某种外部条件的作用下，这些有机大分子物质浓缩分离出来，相互作用聚集成小滴，这些小滴的外面包有最原始界膜，使小滴内部与周围的海洋环境分开，形成独立的多分子体系，被称为团聚体（coacervate）。

奥巴林在 20 世纪 50 年代末到 60 年代用各种方式使有机大分子，如蛋白质-蛋白质，蛋白质-核酸，蛋白质-核酸-糖类等组合成各种复杂的团聚体。例如，将明胶（蛋白质）的水溶液与阿拉伯胶（糖）的水溶液混在一起，在混合之前，这两种溶液都是透明的，混合之后，变为浑浊。在显微镜下可以看到，在均匀的溶液中出现了小滴，即团聚体。它们四周与水溶液有明显的界限。用蛋白质、核酸、多糖、磷脂及多肽等溶液，也能形成这样的团聚体。团聚体小滴的外围部分增厚，形成一种膜样结构，与周围介质分隔开来。

团聚体是一种多分子体系，具有原始的代谢特性。例如，将具有化学催化性质的酶包裹在团聚体中时，它能从外部溶液中吸入某些分子作为反应物，在酶催化作用下发生特定的生化反应，反应的产物也能从团聚体中释放出去。奥巴林还模拟了团聚体进行光合作用的实验。他把叶绿素加到团聚体小滴中，把甲基红和抗坏血酸作为“食物”加到介质中，当用可见光照射团聚体小滴时，叶绿素中被激发的电子使甲基红还原，而从抗坏血酸中释放的电子，则用来替换叶绿素中的电子。这一过程，类似于绿色植物进行的光合作用。

奥巴林等认为，在早期地球的原始海洋（有机汤）中会产生这种类似团聚体的前细胞生命结构，团聚体中所发生的化学反应不同于在原始海洋中的有机物，它是在有序水平上进行的，并和外界发生着相互作用。通过这种相互作用，将此类多分子体系维持在一定水平上的稳定状态，从而使其中的蛋白质和核酸等生物大分子不易遭受破坏，并进一步向前演化。由于多分子体系可能起到有机物表面的催化作用，而反过来又作用于各类单体的聚合，促使产生更高级的原始蛋白质和核酸，然后通过有序性逐渐提高的长期进化过程，其结构、机能便日益复杂和完善，由此产生出原始的生命。

但是，奥巴林所研究的团聚体都是利用现有的生物产生的有机大分子或天然胶体物质聚合产生的，因此与产生生命的原始地球条件下的化学进化产物相比差异较大。

2.“类蛋白微球体假说”

福克斯等人把干的氨基酸混合物加热到170℃持续数小时，直到氨基酸干粉变成黏滞的液体，然后把它放入1%的氯化钠溶液中，液体混浊之后形成了无数微球体，或叫类蛋白微球体(microspheres)。在光学显微镜下，微球体直径约在1～2 nm，具有两层膜，使之与环境相隔离成为相对独立的多分子体系。这种微球体能吸收外界物质，可以生长、体积增大，微球体悬液放置一段时间之后以类似细菌分裂的方式出芽生殖。微球体在Mg^{2+}存在情况下，可促使ATP产生少量的二聚体和三聚体。由此，福克斯认为微球体促使产生了最小的密码单元，并认为这是核酸进化的开始。

福克斯的微球体是由氨基酸经过热聚产生的高聚物的胶体物理化学现象，福克斯的“类蛋白微球体”不含核酸，这与生命现象是离不开核酸的已知事实是不相吻合的。另外与团聚体一样，微球体形成也需要很高的反应物浓度，“稀有机汤”或原始大气似乎都不能创造这种条件。

微球体与团聚体的研究为了解生命系统的产生提供了一些启示，至少在目前团聚体和微球体都被看成是生命起源过程中的第三阶段模型。

（四）由多分子体系演化为原始生命

由多分子体系演化为原始生命是生命起源过程中最为复杂、最有决定意义的化学进化阶段，它直接涉及原始生命的诞生。所以，这一阶段的演变过程是生命起源的关键，但目前仅仅是推测，如果能得到证实并能进行模拟的话，那么就意味着能人工合成生命，这将是生命科学上一个重大的突破。

科学家虽不能在实验室里验证这一过程，但多数学者认为像原始生命这样一种复杂的多分子体系，绝不是蛋白质与核酸等大分子体系的简单相加，而是出现了以蛋白质为主的代谢系统和以核酸为主的遗传系统之间的耦联，并在多分子体系内部建立起信息传递、控制与调节的新关系，能有效地利用其他有机物质而繁殖自身的个体，从而才出现了非生命界前所未有的新质，即原始生命。它既能不断自我复制、自我更新，又能进行自我繁殖、自我调节。

信息窗

第十四届生命起源国际大会

生命起源国际大会由国际生命起源协会(International Society on Study of Origin of Life)主办，每三年举行一次，是生命起源研究领域最高级别会议。

第十四届生命起源国际大会于2005年6月在北京清华大学举行。本届大会分十一个主题：1. 原始环境；2. 前生物合成；3. 不对称起源；4. RNA世界；5. 细胞生命的出现；6. 最小生命形式搜寻；7. 生命的历史记录；8. 极端条件下的生命现象；9. 太阳系内的太空生物学；10. 历史与教育；11. 生命起源研究展望。为了激发广大青少年对生命起源研究的热情和兴趣，也为了对广大公众普及生命起源的科学知识，本届大会特别为市民准备了四个包括诺贝尔奖获得者在内的科普演讲："生命的本质是什么"、"前生物合成与生命起源"、"动物世界的黎明与外空生命的展示"、"细胞重建——细胞起源的缩影"。

目前对生命起源与进化的研究成果衍生出许多的新技术，新理论：

1. 以米勒(Miller)为代表的研究人员所从事的无机小分子物质合成有机小分子物质的实验开创了现代生命起源的新纪元，该实验使人类第一次认识到氨基酸等生命物质是怎样由最简单的原始小分子生成的。沿着这一研究路径，人们逐渐理解了碱基、糖、核苷及核苷酸等其他重要生物物质的起源问题。

2. 以美国航空航天局(NASA)科学家为代表的一批科学家在米勒实验的基础上掀起了一波又一波太空生命的探索热潮。NASA不遗余力地对火星发射了一个又一个探测器，并已在火星上找到了水存在的证据；欧盟科学家则对彗星、陨石等天体物质进行了深入探测，并发现氨基酸在以上各天体中存在的证据；而法国等国则对木卫六(Titan)专门发射了探测器并发现了甲烷、氰化氢等150余种分子，对生命起源研究具有极大的推动作用。

3. 以Orgel为代表的一批科学家对核酸的模板聚合反应进行了深入研究，发现在没有酶存在的条件下，核酸单链可制造其互补链形成双链，并进而复制自己。另一批科学家则发现RNA不仅是遗传物质，而且它具有催化功能，由此提出了细胞起源之前的"RNA世界"理论。以上两者结合在一起，科学家们又发展起来了一种试管内进化技术——分子进化工程。现在分子进化工程的结果已经能够回答诸如以D-核糖组成的核酸只选择性把L-氨基酸联接上tRNA这样的困难问题。

4. 以Schopf为代表的科学家已发现最早的生命化石(距今38亿年前)，对地球上生命的年龄进行了初步定义。由此而发展起一整套考古学与地质学研究的新方法，对地球演化，矿物形成理论都具有贡献。

5. 在多肽与核酸的形成机理和其相互关系上，国际上已有一大批科学家做出过杰出贡献。最重要的是先有蛋白质还是先有核酸一直成为生命起源研究中的热门争论课题，对其深入的研究已发现了多肽形成的机制，核酸形成的机制，多肽与核酸形成的能量物质(或推动力)来源等。我国以清华大学赵玉芬院士为代表，提出了磷酰氨基酸为基础的多肽与核酸共同进化的模型，受到世界学术界的瞩目。

生命起源研究内容十分广泛，以上几方面的进展只是沧海一粟。生命起源与进化的研究是当今科学研究的制高点之一，同时也是具有巨大应用前景的交叉学科。

生命在地球上的出现是原始地球条件和各种物质相互作用的结果，在现今的地球条件下，作为生命起源的基本条件已不存在了。随着地球上最早的能进行光合作用的原始藻类(如蓝藻)和以后绿色植物的出现，现代大气已成为含氧丰富的氧化性大气，而不再是生命起源所必需的还原性大气。现今地球的大气层中有臭氧层阻挡了大部分的紫外线，没有了强烈的太阳辐射，也没有频繁的闪电，地球的温度也降低了，把无机物合成为有机物所必需的自然界的高能作用已不复存在。另外，也不再有含有机物丰富、含盐量极少的原始海洋那样的环境。现在的地球上由于存在大量的游离氧(可以氧化有机物)和微生物(可以分解有机物),各种有机物不可能像在原始海洋中那样长期保存和积累。因此,在现在的地球环境条件下,是不可能再产生新的原始生命的。

生命的产生是地球演化史上的一次大飞跃,它使地球演化从化学进化阶段推进到生物进化阶段,并由此引导出漫长的、生气勃勃的生物进化历史。

二、生命起源的宇宙胚种说

(一) 宇宙胚种说的几种代表性观点

生命起源的宇宙胚种说认为地球上最初的生命来源于地球之外的宇宙空间,只是后来才在地球上发展起来的,其代表性观点主要有:

1. 生命的孢子说

早在20世纪初,诺贝尔化学奖得主瑞典化学家阿雷尼乌斯(S. A. Arrhenius)就提出了宇宙胚种说。他推测,宇宙一直就有生命,生命是以孢子的形式穿过宇宙空间游动,不断在新的行星上定居下来。光波产生的压力可能会将孢子从一个星系推向另一个星系,当某颗行星演化到适宜于生命时,这种"生命的种子"便开始表现出生命。他的这种理论得到当时多位著名科学家的支持,其中包括物理学家海姆霍兹(H. V. Helmholtz)和开尔文(L. Kelvin)。此外,有人曾推测陨星可能是孢子作星际旅行的载体,这样,埋在陨星中的孢子在星际之旅中方能免遭辐射的毁灭性打击。

2. 生命云说

20世纪70年代,一些科学家在"宇宙胚种说"的基础上提出了一种"生命云"的理论。这种理论认为星际尘埃中含有的有机化学成分通过反应生成核糖体和蛋白质,当行星穿越这样的云时,生命之种的传播就完成了,一旦行星的环境变得适宜,生命就开始繁盛起来,他们认为地球很可能在35亿年前~40亿年前曾穿越过这样的星云。

3. 陨星带入说

如果原始地球上的海洋是由巨大陨石或微行星的冲撞而形成的,那么这样的撞击一定会产生大量有机物,陨星将大量有机分子带入地球,促进化学进化和生命起源。陨星带入说有一定的根据,因为早期的强力陨击是一个普遍的天文现象,陨击作用所带来的有机分子,有可能加入地球本身的化学进化中。

2002年12月1日出版的《Sceince》杂志上,刊登了美国航空航天局(NASA)科学家的研究成果。他们通过对一颗2000年1月来自太阳系坠落在加拿大名为"塔吉什河"的陨石进行分析,发现这颗陨石含有太阳系形成早期的物质。"塔吉什河"陨石含有非常丰富的水溶矿物和有机化合物,这些水溶物和有机化合物使得科学家们可以从化学的角度来揭示太阳系的起源过程,进而有助于解答地球生命究竟是源自地球本身还是外来自遥远的外太空。美国航空航天局和加州大学的科学家们复制了一种类似太空的环境,在这种环境里没有空气,充满辐射而且还异常寒冷,然后再将太空中通常找到的冰粒子放在这种环境下,这些冰粒子是由水和一些氨、一氧化碳、二氧化碳和甲醇组成的。科学家们发现,这些简单的粒子慢慢地转变成为复杂的化合物并形成像泡沫似的小液滴，小液滴的薄膜是半透性的，水和氧气可以容易地透过这些薄膜，这些小液滴和有生命的细胞很相似。科学家从降落到地球的陨石中也发现了这些小液滴，因此科学家认为，地球上生命的起源是由陨石带来的小液滴产生的，这些小液滴可以利用太阳的紫外线的能量变成更复杂的水泡状的低级生命体。

科学家们此前曾用从澳大利亚 Murchison 陨石中得到的化合物制成了球形膜即小泡，这些小泡提供了氨基酸、核苷酸和其他有机化合物及其形成生命所必需的转变环境，即当陨石撞击地球时产生形成生命所必需的有机物及必需的环境——球状小泡，这是一种新的天外生命起源学说。

4. 彗星带入说

彗星带入说认为，地球上的生命可能来源于进入太阳系内区彗星携带的有机分子。彗星是一种含有很多气体和挥发成分的星体，其成分据光谱分析主要是 C_2、CN、C_3，另外还有 OH、NH、NH_2、CH、Na、C、O 等原子和原子团，说明彗星中富含有机分子。彗星把生命物质带到地球附近时，由于引力的作用，带有生命物质的部分星云可能形成椭圆轨道。它们在接近太阳时就会蒸发而进入星际空间，当它们接近地球时就有可能落入地球大气的上部而最终到达地球表面。1990 年，美国国家航空航天局的科学家提出，白垩纪—第三纪界线附近地层的有机尘埃是由于一颗或几颗彗星掠过地球时留下的氨基酸形成的，在地球形成早期，彗星也能以这种方式将有机物质像下小雨一样洒落在地球上——这就是地球上的生命之源。

（二）宇宙胚种说的依据

“宇宙胚种说”的核心是推断在地球以外的星球上也可能有生命存在。其依据是什么呢？

1. 星际介质及陨石的分析

天文学研究表明，在一个星系中除去恒星以外，还存在着大量的星际介质，它们是由尘埃和气体组成的。20 世纪 50 年代以来，由于红外和射电观测技术及实验波谱研究手段的进步，越来越多的星际介质被探测出来。特别是 1969 年美国射电天文学家斯奈德(L. E. Snyder)观测到有机分子甲醛(HCHO)的 6 cm 谱线，被誉为 20 世纪 60 年代天体物理学的重大发现。现已经发现的星际分子达到 100 种以上，在这些星际分子中有机分子多于无机分子，其中最主要的是甲醛、氰化氢和氢基乙炔分子，而它们恰好是生命前物质中的最主要成分，这表明星际空间有形成生命的物质基础。1996 年，美国伊利诺伊大学射电天文学家利用 6 台射电望远镜组成的天线阵，在距地球 2.5 万光年的银河系“人马座 B2 北”星云中发现了微量的醋酸痕迹。醋酸的生成可能是生命的化学物质形成过程中的最初步骤之一，它与氨反应能生成一种最简单而又极重要的氨基酸——甘氨酸，这一发现使星际介质中的氨分子与醋酸结合形成甘氨酸的观点得到了支持。

除了对星际尘埃作光谱分析外，科学家还对坠落地球的陨石进行分析，结果表明陨石含有多种碳化合物。例如，1969 年 9 月 28 日，一块坠落在澳大利亚名为 Murchison 的陨石，经分析其含有微量的多种氨基酸，这些氨基酸都是没有光学活性的，表明陨石里的氨基酸并未受地球污染，而是通过非生命途径产生的。

2002 年 3 月 28 日的《Nature》杂志，刊登了两组科学家对于在模拟星际空间的低温低压条件下合成氨基酸的研究成果。由德国、法国及荷兰等国科学家组成的科研小组，在实验室中模拟星际尘埃中可能产生的化学反应过程，通过在真空仪器中气化铝块与一些简单的化合物，如水、二氧化碳、氨以及甲醇等，然后在低温条件下进行紫外线照射，光谱测定结果发现了16种氨基酸，其中一部分正是人体的重要组成物质。而另外一个来自美国的研究小组模拟了星际空间的环境，在近似于真空和接近绝对零度的条件下，用紫外线照射冰与几种简单有机物的混合物，结果也生成了4种氨基酸。这两项实验室的研究成果进一步支持了生命起源于星际空间的假说。

有关星际分子的研究不仅对天体演化学、银河系结构、宇宙化学等学科的发展有重要意义，也为人类进一步探索宇宙间生命的起源提供了新的线索。

2. *生命产生与存在的天文学解释*

宇宙中存在着大量与太阳系类似的星系，而星系中又存在着大量的星际介质。既然星际介质中的有机分子是生命早期化学演化中的成分，陨石中的氨基酸形成于远离地球的环境，那么地球外条件合适的星体同样会出现生命，持"宇宙胚种说"观点的科学家认为宇宙中一定存在着大量具备产生生命条件的星体。

美国宇宙空间学家多尔(S. H. Dole)在《人能居住的行星》(1964年)一书中曾经指出，银河系内大约有6亿颗像地球这样的行星。如果6亿颗有生命的行星平均散布在银河系里，则每8万立方光年的空间便有一颗，这意味着距离地球最近的一颗有生命的行星有27光年之遥。距离地球100光年范围内，总共有50多颗。如果考虑到每颗行星上生命演化速度的差异，则到达有智慧生命(人)的时间也有很大差别。若以地球作为标准计算，地球至少在40亿年时间里只存在无智慧的生命，灵长类出现至今只有2 000万年，人类出现至今只有200万年，与40亿年之时间比例分别为1/200和1/2 000。按此比例关系计算，那么在银河系里6亿颗有生命的行星内，可能有300万颗被有智慧生物占有，其中至少有30万颗可能出现人类这样高级的智慧生物(图2-4)。

图2-4　使用工具的智慧生物

虽然生命起源于宇宙此类的观点仍是尚需进一步证明的问题，但通过对陨石、彗星、星际尘埃以及其他行星上有机分子的研究，探索那些有机分子的形成和发展规律，并把它们与地球上的有机分子进行比较，都将为地球上生命起源的研究提供更多有价值的资料。如果能够肯定在宇宙的其他星体上有生命存在，甚至有高级阶段的生命形式(智慧生命)，则还将表明生命的产生是物质运动本身的属性和普遍规律，而不只是地球上仅有的一个特例。随着天文观测手段和科学技术的发展以及航天事业和生命科学的发展，地外生命的研究必然会有较大的发展。

当前关于生命起源的假说主要集中在“化学进化说”和“宇宙胚种说”。虽然目前尚未有科学依据可以完全否定地球生命起源于某个遥远星球的假设，但“宇宙胚种说”同样无法解答生命起源之谜：即使地球上的生命来自于其他星球，那么宇宙中间的生命又是如何起源的呢？

第二节　人类对地球外生命的探索

探索地球外生命已成为天文学、生物学、空间科学和众多的技术领域的交会点。

一、地球外生命的探索意义及存在条件

地球以外是否存在生命？在宇宙中除了人类文明以外，还有其他文明存在吗？这是人类长期所思索的一个问题。1959 年，美国康奈尔大学的两位物理学家菲利普·莫里森(P. Morrison)和朱塞佩·科尼(G. Cocconi)在《Nature》杂志上发表了题为“探索星际通讯”的论文，论述了星际无线电通讯的可能性，从而拉开了人类用射电望远镜进行地球外文明搜索的帷幕。

(一) 探索地外生命的科学意义

1982 年，拥有全世界 7 000 多位职业天文学家的国际天文学联合会成立了第 51 委员会：“生物天文学——寻找地外生命委员会”。其任务是：①搜寻其他恒星系统中的行星；②研究行星的演化及其存在生命的可能性；③探测天外无线电信号；④调查研究宇宙中的有机分子；⑤探测初级的生命活动；⑥搜寻先进文明的信号；⑦同其他的国际机构，比如生物学和航天科学等国际机构合作。

地球外文明探索在整个自然科学中是最兼具科学价值和哲学意义的研究课题之一。其意义在于：

1. 探索生命模式

地球外生命的模式是否与地球生命相同？

若是地外生命与地球生命模式迥然不同，则由于它们所处的环境与地球截然不同，其元素组成、结构方式、遗传密码、新陈代谢类型，肯定与地球生命有很大差别，研究地球生命与地外生命之间的差别，必然会导致生命科学的重大飞跃。

倘若地球外生命的基本模式与地球生命模式并无不同，则可能意味着宇宙生命的基本模式就只有一种，意味着地球生命模式同样可以适合在地球外空间生存，这对于开发地球外空间显然有很大的意义。如果今后人类不得不移居其他星体，人类可能只有两种选择：一是改变居住星体的环境以适应人体的生理特点；另一种则是改变人类自身以适应居住星体的环境。如果人类面临这样的状况，也必然会促进生命科学和相关自然学科的发展。

2. 探讨地球外文明形成、发展规律

探讨地球外文明是自然科学和社会科学紧密交融的一个领域。人类文明发展至今遇到

许多问题，探讨地球外文明将会深化人类对于未来社会面临问题的思考，包括人口、能源乃至战争与和平等问题的研究，以及规划未来。

3. 开发利用

当前，空间探测及开发与利用的一个新领域，首先是月球和火星。进入21世纪后，各空间大国都在准备探测火星的宏伟计划，最终目标将是火星的开发利用，包括移民，所以，对火星的生命研究将无疑是重要的环节。

（二）地球外星体存在生命的基本条件

1. 依照地球生命模式寻找地球外星体

作为具有生命存在的星体，依照地球生命模式至少应具备这样几个基本条件：

(1) 星体温度应适合生物的生存，一般应在 −50℃～+50℃之间。

(2) 要有水，因为生命的新陈代谢与水是密切相关的，没有新陈代谢，也就没有我们所定义的生命。

(3) 具有适当成分的大气环境，尤其是氧和二氧化碳对于生命的存在是极为重要的。

(4) 要有足够的光和热，能为生命体提供能源。

(5) 行星形成的年龄比较老，地球上的生命从简单形式(病毒、细菌)进化为智慧生命须经过相当长的时间。这一过程所用的时间大于35亿年。所以，只有在年龄比较老的行星上才有希望存在智慧生命。地球仅存在45亿年，而作为宇宙开始的大爆发发生在150亿年前，绝大多数星系至少在120亿年前就已存在了，这几乎是地球年龄的三倍。

2. 关于地球外生命的另类思考

以上条件也不是绝对的。要寻找地外生命，可能需要重新思考生命的存在形式和存在条件。

近年来，在地球的极端环境，如最干燥的沙漠里、南极洲的千年冰架下、几千米的深海处、几万米的高空中，发现了许多在完全意想不到的环境下存在的生命。2004年，中美科学家对大陆科学钻探工程中获取的2 000米岩心合作开展了地下微生物研究。通过对岩心的低温冷藏及DNA分析，首次在1 080米深度的岩石中发现了太古菌及细菌，然后又对6个不同的深度、4种不同岩石性质的固体岩心样品及流体样品进行DNA分析，发现了大量极端条件下形成的微生物，有嗜酸菌、嗜铁菌、嗜甲烷菌等，中美科学家设计了一系列培养基，并且分离到两株活着的高温菌株。这些生活在缺氧高温极端环境中的生命依赖铁、镍、甲烷等生存，打破了人们对生命的传统认识。

生命是如此的顽强，在很多恶劣的环境下也能生存。据此，不少科学家认为，地球外生命的存在，并不一定需要具备地球上的种种有利条件，即使在完全不同于地球条件的其他星体上，也有可能存在着生命。地球上的生命都是由核酸和蛋白质组成的，但这是否是生命存在的唯一形式？可以有基于别的化学基础而发展起来的其他生命吗？阿西莫夫(I. Asimov)曾提出了六种生命模式：

(1) 以水为介质的核酸/蛋白质(以氧为基础的)生物是地球的生命模式，也是人类目前唯一所认识的生命模式。

(2) 以氟化硅酮为介质的氟化硅酮生物。

(3) 以硫为介质的氟化硫生物。

以上两种可能是存在于高温星体上的生命模式。

(4) 以氨为介质的核酸/蛋白质(以氮为基础的)生物。

(5) 以甲烷为介质的类脂化合物生物。

(6) 以氢为介质的类脂化合物生物。

以上三种可能是存在于寒冷星体上的生命模式。

二、人类对地球外生命的探索

(一) 对太阳系生命的探索

人类对宇宙生命的探索首先开始于地球周围的星体。

1. 月球

月球是人类对地外生命探索的第一个目标,因为它离地球最近——月球距离地球不足 40 万公里,近于地球赤道周长的 10 倍。1969 年 7 月 21 日,美国宇航员乘坐"阿波罗 11 号"宇宙飞船首次登上月球。之后,包括前苏联的"月球号"在内又有多艘宇宙飞船登上了月球。对月球观察和样品分析的结果表明:月球上几乎没有大气,昼夜温差很大,白昼为 200℃～300℃,夜间则为 - 220℃,而且毫无液态水痕迹,因此月球是一个无生命的世界。

2. 太阳系

人类对地球外生命的实地或近距探测,目前仅限于太阳系内。

① 水星　水星是太阳系中较小的行星,通过观测早已认识到它的表面情况应与月球相似,而且它又是最靠近太阳的行星。无大气的状况导致水星昼夜温差悬殊,向阳时表面温度高达 300℃～400℃,而夜晚温度骤降至 - 200℃;况且由于太靠近太阳,太阳释放的各种各样射线不时地轰击它的表面,因此水星上不可能存在生命。

② 金星　金星是离地球最近的一颗行星,其物理参数与地球最接近,因此人们曾倾向于认为金星上应有生命或者高级生命形式(人)存在。自 1961 年以来,前苏联和美国先后向金星发射了十多个星际探测器,其中 1978 年有 4 个探测器到达金星,发出 7 个着陆舱降落到金星表面。探测表明金星是一颗高温、缺氧、缺水、有着强烈阳光辐射的行星。金星的大气非常稠密,可达地球大气压的 90 倍,大气中二氧化碳占 97%以上,二氧化碳所产生的温室效应使金星表面温度高达 465℃～485℃,极高的温度使金星上不存在液态水,这些严酷的自然条件显然也难有生命存在。

③ 火星　太阳系中除地球外,生命最有可能繁盛过并延续至今的星体是火星(尽管可能性仍很小),因为火星与地球有不少相似之处:

地球自转一周为 23 小时 56 分,火星是 24 小时 37 分;火星由于其自转轴与其公转轨道不相垂直,因此同地球一样既有昼夜、又有春夏秋冬的季节变化;火星表面有一层稀薄的大气;火星的南北极也像地球那样,覆盖着白色的极冠(图 2 - 5),它们或许就是冰,有冰就应该有水,而水正是生命的源泉。

人类对火星的探索大致经历了这几个阶段：a. 发射环绕火星轨道飞行的探测器。20 世纪 60 年代起，前苏联和美国多次发射“火星号”和“水手号”系列空间探测器，并拍摄了大量火星照片；2004 年正在环火星轨道上运行的“火星快车号”探测器发现火星南极存在部分裸露的冰冻水，没有被由 CO_2 凝固形成的干冰全部覆盖。b. 发射在火星表面着陆的探测器，其中美国发射的海盗 1 号和海盗 2 号于 1976 年 7 月和 8 月先后在火星表面着陆，探测器在对火星表层土壤分析和测试后，未能检测到有机分子，在火星表土取样的培养中也未发现有微生物存在；1997 年在火星成功着陆的“火星探路者”是一个遥控的火星车，在火星表面有一个较大的移动范围，可以对火星进行移动考察；2004 年着陆的“勇气号”(图 2-6)和“机遇号”火星车分别发现火星上曾经有过液态水的确凿证据。c. 发射能自动取样并能返回地球的飞行器，俄罗斯和美国国家宇航局都有能把火星多种样本带回地球供地面实验室分析的发射计划。d. 实现人类登陆火星，像当年阿波罗飞船登月一样，对火星进行实地考察。2005 年，俄罗斯政府通过的俄罗斯未来十年太空发展计划中，包括向火星发射一艘载人太空飞船。

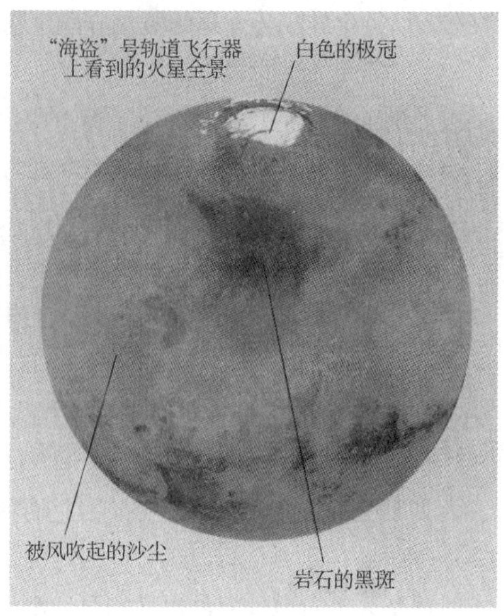

图 2-5 “海盗号”探测器拍摄的火星全景

图 2-6 “勇气号”火星车

2007 年 3 月中俄两国共同签署了《中国国家航天局和俄罗斯联邦航天局关于联合探测火星－火卫一合作的协议》，确定双方于 2009 年联合对火星及其卫星“火卫一”进行探测。据协议，俄方的“火卫一土壤样品返回空间飞行器”(“福布斯探测器”)与中方小卫星由俄运载火箭同时发射，中方小卫星将由“福布斯探测器”送入绕火星的椭圆轨道，其后，中方小卫星将自主完成对火星空间环境的探测任务，并与“福布斯探测器”联合完成对火星环境的掩星探测；“福布斯探测器”将着陆在火卫一表面对火卫一进行探测，并提取火卫一土壤样品并返回地球；由香港理工大学研制的火卫一行星表土准备系统将装载在“福布斯探测器”上，用于其火卫一表面物质的现场热力分析。

资料窗

火星曾有水存在的证据

美国“机遇”号火星探测器使用穆斯堡尔光谱分光计拍摄的火星岩石光谱照片显示，在探测器所收集一块名为 El Capitan 的岩石中，存在一种名为黄钾铁矾的含铁矿物质。这块 El Capitan 岩石位于“机遇”号火星探测器着陆坑边缘的裸露岩层内。下图中的数据是通过使用红外探测器分析岩石和泥土的矿物质而得到的。光谱图显示，El Capitan 岩石中包含了三种主要矿石成分。

左图中间 2 个黑色的波峰确切表示黄钾铁矾的相位。作为黄钾铁矾构造的一部分，水以羟基(氢氧基)的形式存在其中，这些数据显示在火星上曾存在水流动的痕迹。

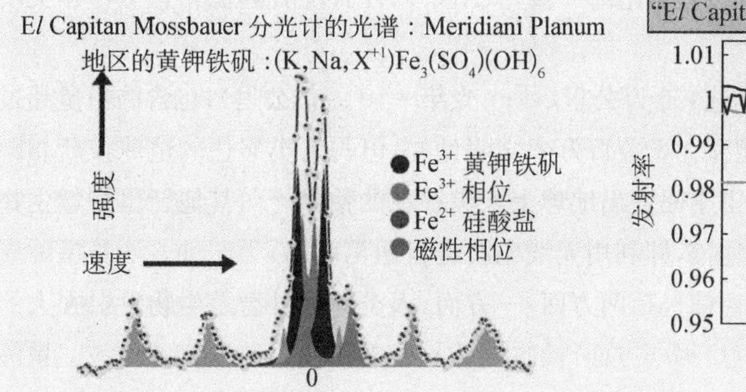

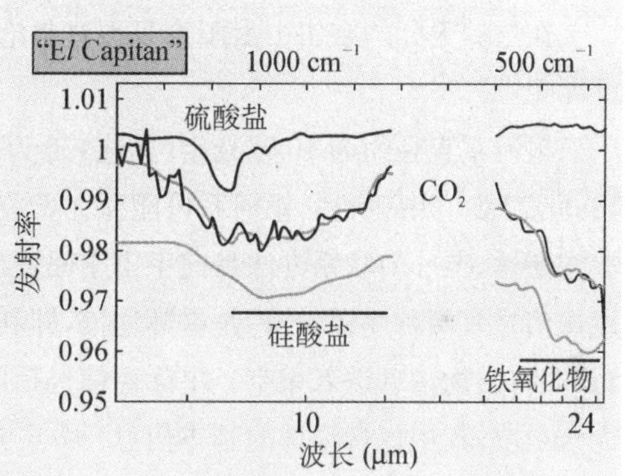

右图中最高的曲线是平均硫酸盐矿物质的光谱曲线。中间两条曲线是 El Capitan 的光谱曲线和最佳的模拟匹配曲线。底部的曲线表明岩石主要包含硅酸盐和氧化物，而不包含硫酸盐成分。位于光谱中间的波长为 24 毫米的光谱表示有铁氧化物的存在。在 8～12 毫米的碗状光谱区间则表示硅酸盐矿物质。在 8～9 毫米的陡斜坡光谱区间则表示 El Capitan 岩石包含数量可观的硫酸盐。

④ **其他星体** 至于木星、土星、天王星和海王星由于离太阳很远，它们表面温度一般都在 −140℃以下，尽管在这些行星上由液态氢、氨和甲烷构成的“海洋”中或许存在着某种生命形式，但可能性不大。

在太阳系中除了火星之外，其他较有可能孕育生命的是木星的卫星(木卫二、木卫四和木卫三)以及土星的卫星(土卫六)。

知识窗

太阳系八大行星的基本状况

	距离	与地球的相对半径	与地球的相对质量	轨道倾角（度）	轨道偏心率	倾斜度（度）	密度（克/厘米^3）
太阳	0	109	332 800	—	—	—	1.41
水星	0.39	0.38	0.05	7	0.2056	1	5.43
金星	0.72	0.95	0.89	3.394	0.0068	177.4	5.25
地球	1.0	1.00	1.00	0.000	0.0167	23.45	5.52
火星	1.5	0.53	0.11	1.850	0.0934	25.19	3.95
木星	5.2	11.0	318	1.308	0.0483	3.12	1.33
土星	9.5	9.5	95	2.488	0.0560	26.73	0.69
天王星	19.2	4.0	17	0.774	0.0461	97.86	1.29
海王星	30.1	3.9	17	1.774	0.0097	29.56	1.64

（二）对银河系生命的探索

在浩瀚无际的宇宙中太阳系只不过是沧海一粟，太阳系以外有没有其他智慧生物和文明世界呢？

银河系直径约为 10 万光年（光速：30 万公里/秒；1 光年 = 10 万亿公里），包含的恒星超过 1 000 亿颗。如前所述，银河系可能存在着数百万个文明世界，但与人类居住的地球彼此相距非常遥远，唯一的联系办法是向宇宙空间发出地球上人类存在的信息。向其他行星智慧生物发送信号有两种途径：一种是星际通信，即利用无线电波进行通信联络；另一种方法是星际航行，即将实物信息送入太空。星际通信包括两方面，一方面，人类向地外智慧生物发射强大的无线电波，其中包含地球的基本信息；另一方面，接收地球外智慧生物可能发来的电波。星际航行则是通过宇宙飞船探测器或将航天员直接送到可能存在生命的星体去探索。显然，这两种途径各有优势和不足。星际通信耗费较少，只需建造强大的发射设备和灵敏的接收设备；其缺点是只能局限于地球人与智慧生物之间的通信，因为低级生物既不可能接收地球人发来的信号，也不可能给地球人发信号。星际航行耗资巨大，对运载飞船和探测设备的技术要求都非常高，而且载人的星际航行只能限于太阳系内。试想如果飞到距离太阳系 5～10 光年的另一个行星系去寻找地外生命，就算宇宙飞船的速度已达到 20 个马赫数（即飞船的速度为声音传播速度的 20 倍），人类发射的飞船到达那个行星需要 15 万年至 30 万年。实际上，人类在探测地外生命和地外文明的努力中，对星际通信和星际航行两种手段都尝试和采用过了。

1. 星际通信

① 监听信号　外星文明探索简称为 SETI（Search for Extra-Terrestrial Intelligence），美国科学院院士、SETI 研究所所长德雷克（F. Drake）是 SETI 的奠基人。SETI 已经实施的计划主要有：

奥兹玛（Ozma）计划：1960 年，德雷克使用了当时美国最大的 NRAO 25 米望远镜，用来接收来自宇宙的 21 cm 波段的信号，该研究项目被命名为“奥兹玛计划”(“奥兹”是神话故事中一个非常奇异、遥远和难以到达的地方，在那里居住着一位“奥兹玛”公主，该计划的含义是“寻找遥远的地外文明”)。德雷克选择了与太阳类似的两颗最近的恒星，鲸鱼座 τ 星(距地球 11.9 光年)和波江座 ε 星(距地球 10.7 光年)，进行了 200 小时的观测，没发现真正来自天外的“人”工信号。1972—1975 年进行第二期计划对太阳附近的 650 多颗恒星观测，也没发现真正来自天外的“人”工信号。虽然如此，奥兹玛计划毕竟开创了人类寻找外星文明的新纪元。

太空多通道分析（META）计划：在美国哈佛大学天体物理学家保罗·霍洛威茨(P. Horowitz)领导下，分别于 1985 年和 1992 年开始了 META-1 与 META-2 计划。由于每仔细侦听 20 万颗星体才能发现一个有价值的信号，所以必须采用“太空多通道分析技术”。META 技术每秒可自动分析 10 000 个频道上的电波频率，并自动找出可能有价值的信号，通过 800 多万个不同频率，高强自动化探测外星文明。由于波段增加了上万倍，相应的工作量也增加了，普查一次太空需要 200～400 天。除了美国，前苏联、澳大利亚、加拿大、德国、法国、荷兰等国家都先后参加了这一探索计划。META-2 计划由 5 至 7 年“全天搜索”和 6 至 7 年“定点搜寻”两个项目组成，以开展长期的外星文明探索工作。在 META 计划实施中，发现了少量值得研究的信号，尽管这些信号没有重复出现，但初步研究结果表明，所有 5 个最强的信号源都位于银河平面上，这种排列的概率仅为 0.5%左右，天文学家认为值得对这些信号源作进一步探测。

凤凰(Phoenix)计划：1995 年，天文学家利用澳大利亚新南威尔士的 Parkes 64 米射电天文望远镜观测，这次观测持续了长达 2 600 小时。随后该计划又返回到北半球的美国国家射电天文台。截止 1995 年底，在 S 波段对 105 颗星进行了 13 000 次观测，在 L 波段对 206 颗星进行了 10 000 次观测，仍然未有地外文明信息被检测到，但该计划仍然在持续进行。

SETI@home 计划：SETI@home 意为在家里寻找外星文明，这是一项由美国加州大学伯克利分校开展的旨在利用连接因特网的成千上万台计算机闲置能力搜寻地外文明的巨大计划。SETI 计划因为缺乏足够强大的计算能力而无法及时完成对收集到的信号分析，而个人电脑经常会有空闲的时间被闲置，在这样的背景之下诞生了 SETI@home 计划。该计划从 1999 年 4 月开始进行，任何人只要到 SETI 网站下载并安装一个 SETI@home 屏幕保护程序，当个人电脑运行屏幕保护程序(空闲)的时候，世界上最大的射电望远镜获得的数据会被送至进行分析处理，就可以帮助科学家寻找地外生命，目前有数百万网民为该计划无偿工作。SETI@home 计划的大致流程是：a. 政府或者研究部门将一项需要巨大运算量的任务以程序和数据形式提交给服务器；b. 服务器将数据和程序代码分成更小的部分，也称“子任务”；c. PC 机安装一种特殊的客户程序，它们能自动同服务器联络，自动下载和处理子任务；d. 子任务处理完后的结果被送回服务器，继而客户程序下载新的子任务，继续处理；e. 一旦所有的子任务处理完毕，服务器就将各种结果汇总形成最后报告，并把最终结果发回提交人。SETI@home 的资料来源于波多黎哥 Arecibo 的无线射电望远镜所收集的信息，每天收集约 35G 资料，资料再分割成每单位约 350K，透过因特网传送到参与者的电脑，借分散运算来处理庞大的资料。虽然到目前为止尚未找到外星文明信息，但是，SETI@home 计划确实是行之有效的，它不仅充分利用了分布在世界各地计算机的力量，而且节约了很多经费。

目前，人类与外星文明通讯的频率范围有两个：第一是1 400至1 700兆赫，它被认为是检测外星文明讯号最有前途的频域，这个频域位于H和OH的射电发射的自然频率之间，因为H和OH都是水分子的组成部分，所以一些外星文明的探索者戏称这一频域为“水洞”。由于水在地球生命中起着重要的作用，而且这一频率区域内相对来说自然射电比较平静，从而在该频域内的人工信号便于检测和认证。第二是“微波窗”，即宇宙微波射电噪声较小的频域，这一频域在1 000兆赫到100 000兆赫，无线电的FM(调频)波段、电视和雷达的频率以及上述“水洞”都在这个频域内。2001年，SETI研究所联合加利福尼亚大学和天文台尝试在可见光波段寻找外星文明。可见光的波长比无线电波短，能量更高，而且沿直线传输，因此，外星文明更有可能用强大而短暂的可见光脉冲的方式来传达信息。科学家使用3个高精度光电倍增管，装在一架口径约1米的望远镜上，这一装置能探测到持续时间仅为十亿分之一秒的光脉冲，用可见光望远镜扫描一些可能拥有行星系统的恒星，以寻找这类光脉冲。

目前地球上已建立了若干个监听站进行外星文明探索活动，德国、美国、俄罗斯的一些射电望远镜参与了监听工作。至今为止，所有的搜寻监听工作都未获正面结果，人类尚未发现任何外星文明信号的痕迹。

② 发送信号　在与外星文明通讯联络中，除了监听来自地球外的信号外，人类同时还向地球外太空发送信号。1974年，康乃尔大学的阿雷西博(Arecibo)天文台，用300米射电望远镜向武仙座M31球状星团发射了3分钟脉冲信号，信号表示的是一幅全部用二进制编码的二维图像。内容包括数字1～10、化学元素的原子数、DNA分子示意图、人的形体和地球上的人口数、太阳系外貌和Arecibo的射电望远镜示意图等。根据无线电电波的速度，若从球状星团M13得到回答，可能要过48 000年。

图2-7　安设在Arecibo的射电望远镜

以发送信号的方式与外星文明进行通讯联络，其效果较之监听信号更难以预测。因为发出的信号必须使接受者能理解其意义，而且只有当有意给予回音才能取得双向联络的效果，因此这种方式的通讯联络至今也尚无正面结果。然而诚如致力于外星文明探索的科学家所言：“成败很难预料，但是，如果我们永远不去寻找，那么成功的机会就是零。”

2. 星际航行

至今，人类已向太空发出了四个太空探测器，其主要使命就是进入星际空间去寻找外星文明。

(1)“先驱者号”探测器

美国于1972年和1973年分别发射了“先驱者10号”和“先驱者11号”两个探测器。“先驱者 10 号”和“先驱者 11 号”在探测器天线的主柱之下装嵌了一块用特殊工艺处理的镀金铝板，板长 229 毫米，宽 152 毫米，镀金铝板上刻着地球人所传递的以下信息(图 2-8)：

① 氢原子内自旋跃迁符号　在镀金铝板左上角的位置，刻有两个表示氢原子内自旋跃迁的圆形符号，两原子用连线表示氢分子。连线之下有一条短的直线，用以表示二进制里的“1”。氢原子内，电子由自旋向上到自旋向下可以指明一个长度(其波长等于 21 厘米)以及一个时间长度(频率是 1 420 兆赫)。这两个由此而衍生出来的单位，是用以计算板上其他符号含意的。

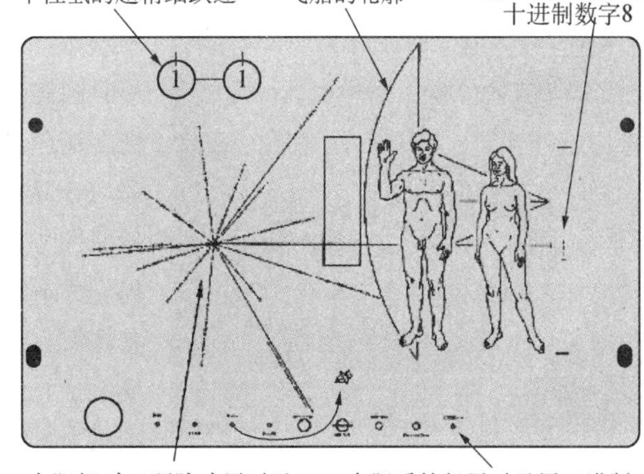

图 2-8 “先驱者 10 号”镀金铝质饰板

② 一男一女画像　在镀金铝板右方，用裸体男女显示人类的基本特征。在女性画像旁绘有以二进制方式表示的“8”，利用从左方的氢原子内自旋跃迁计算出来的长度：8 个单位×21 厘米 = 168 厘米，表示女性的平均身高约 168 厘米左右。另外，男性画像的右手上举以示友好，虽然这个手势并非整个宇宙通行，但至少仍能表示人类的拇指和手臂是可以活动的。

③ 探测器的轮廓　在人类画像的后方绘有先驱者探测器的轮廓，轮廓的大小表示了人类相对于这艘探测器的大小。

④ 太阳相对于银河系中心及 14 颗脉冲星的位置　在镀金铝板的左方绘有一个放射状的图形，表明太阳系在银河系中所处的位置。一条向右延伸的直线指出了银河系的中心方向，表示太阳与银河系中心的相对距离；其他 14 条线代表 14 颗脉冲星(中子星)，线条的长度表示了那些脉冲星相对于太阳的距离。14 条线都有一列以二进制形式写上的数字，表示了银河系中 14 颗脉冲星(中子星)的脉冲讯号周期，每段线条尾部的记号则表示了其交错于银河系平面上的 Z 坐标。根据它们的坐标和周期，外星人可以判断出太阳系的位置，甚至可能推算出“先驱者”飞行器发射的时间。

⑤ 太阳系　在镀金铝板的底部绘有太阳系的图示，刻着太阳及太阳系 9 大行星的编码，每个行星旁的一组二进制数字，是每个行星距离太阳的相对距离。从第 3 颗行星划出一条线指向探测器，表明了“先驱者”的出发地——地球。美国航空航天局最后一次收到“先驱者 10 号”发回信号的时间是 2003 年 1 月 22 日。当时它距离地球 100 亿公里，在 31 年间为人类发回许多非常宝贵的宇宙探测资料，包括首次详细的木星和土星的照片，目前正继续向距地球约 65 光年的金牛座飞去。而“先驱者 11 号”的最后一丝信号是在 1995 年 9 月 30 日接收到的，目前它正继续朝着天鹰座的方向飞去。

(2) “旅行者号”探测器

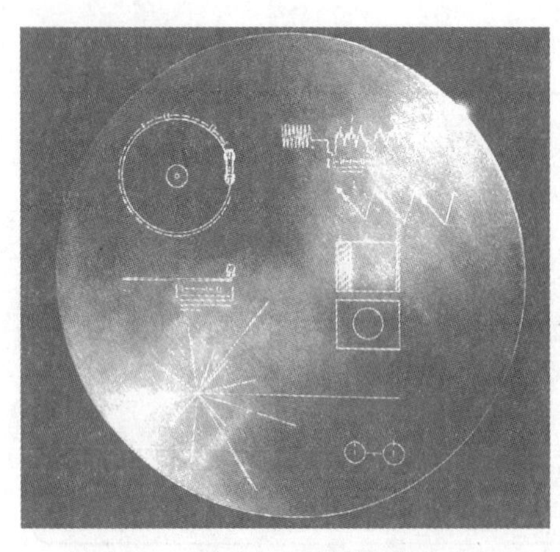

图2-9 “地球之音”的镀金铜色光盘

美国于1977年分别发射了“旅行者2号”和“旅行者1号”探测器。这两个探测器里都携带有一只圆铝盒，盒里放有一张被称为“地球之音”的镀金铜色光盘(图2-9)及一枚金刚石唱针。“地球之音”录制了长达两个小时，能够代表地球的自然条件与人类情况的所有信息：有用图像信号编码形式录制的116幅图片，描绘了太阳系概况及其在银河系的位置、地球及其大气层的化学成分，展示了人体结构、地球上各种景观、花虫鸟兽及各国风土人情、科学和文明的成就等，其中有八达岭长城雄姿和家宴场面的两张有关中国的照片；录有35种自然界的声音，如海浪声、风声、雷声以及鸟类和鲸及其他各种动物的声音；地球人用55种语言向外星文明发出的简短问候，其中包括中国的普通话、广东、福建等地的方言；选录了27部长达90分钟的世界各国声乐作品，其中有中国的京剧和用筝演奏的古曲“高山流水”；此外还提供了如何使用这套音像的指南。“旅行者”探测器携带的“地球之音”还有时任美国总统卡特签署发给外星人的一份电文和联合国秘书长瓦尔德海姆的口述录音：“作为联合国的秘书长，一个包括地球上几乎全部人类的许多个国家组织的代表，我谨向你们表示诚挚的敬意。我们走出太阳系进入宇宙，只是为了寻求和平友谊。我们知道，我们的星球和它的全体居民，只不过是浩瀚宇宙中的一小部分。正是带着这种善良的愿望，我们采取了这种方式和你们联系。”

“旅行者号”探测器在近30年的星际旅行中，它们先后向地球传回了木星、土星、天王星和海王星的大量照片。“旅行者1号”探测器已于2003年11月离开太阳系，而“旅行者2号”也已于2007年飞出太阳系，漂往宇宙深处。然而人类却无法知道，“旅行者号”与“先驱者号”所携带的地球人信息何时才会遇上“知音”。

尽管20世纪人类探索地外生命和外星文明的尝试尚未取得令人激动与鼓舞的成果，但人类并未放弃在浩瀚宇宙中寻觅“知音”的努力，21世纪初，人类对火星的探测，反映了新一轮探索地外生命的继续。

第三节　人类的演化

人类是从哪里来的？

在科学尚未昌明之时，对于人类自身来历说法颇有神秘色彩。我国古代就有盘古开天辟地和女娲抟土造人之传说，在西方较有代表性的是“上帝造人说”，认为上帝是自然与人类的主宰。然而，神学思想并没有禁锢人们对自然的探索。早在17世纪，一些博物学家在对动物化石研究中逐渐认识到生物是可以演变的，包括人类自身也是发展变化的。1863年，赫胥黎(T. H. Huxley)在《人类在自然界中的位置》一书中第一次系统和科学地阐述了人类起源，采用大量令人信服的比较解剖学证据，提出了“人猿同祖论”。1871年，达尔文(C. R. Darwin)发表了《人类起源及其性选择》著作，认为类人猿是与人类最近的亲属，人类有可能源于旧大陆的一种古猿。之后，大量不同地域古猿及不同时期人类化石的发现，证实了人类起源于古猿的思想。由于研究人类起源及其发展的早期历程并没有史籍可供查询，而早期类人猿和古人类化石以及文化遗迹往往是零星和残缺不全的，因此，人们对人类起源的探索是极其艰难、缓慢的。虽然科学家们凭借着比较可靠的年代测定技术对已经发现的化石进行研究，已能够较为完整地展示人类演化的历史全过程，但一些进化历程仍存在缺环，尤其是古猿类化石的证据尚未能证明人猿分离确切的阶段和时间。

一、人类起源

现代人类起源理论认为，人类和现代类人猿的共同祖先是1 000万～2 000万年前生活在热带森林中的森林古猿，由森林古猿演化出腊玛古猿。这类古猿生活在距今大约1 400万～800万年前之间，距今800万年前，腊玛古猿几乎全部灭绝。之后，大约300多万年前出现了南方古猿，南方古猿属于人科成员，被认为是最古老的人类，这类古猿一方面仍保留了若干由人、猿祖先主干继承下来的原始特征，同时又已经进化出与猿有所区别的人科特征。

从古猿进化至人是一个漫长过渡时期。在20世纪90年代以前，所发现的最早的人类化石是距今大约340万年前的南方古猿阿法种。直到1994年，在非洲埃塞俄比亚发现了距今440万年前的南方古猿始祖种，随后又在肯尼亚发现了距今420万年前的南方古猿湖畔种，之后在2000年又在肯尼亚发现了距今约600万年前的“千年人”(Orrorin tugenensis)。基于这些远古的人类化石以及分子人类学、古生态学等方面的研究，一般估计人类最早起源于距今大约700万年前。

2002年7月《Nature》杂志以封面文章形式刊登了关于“托迈”的论文：2001年7月，人类学家在中非乍得北部沙漠地区发现了一个距今700万年前的头骨化石，命名为“托迈”(Toumai)(图2－10)，这是至今发现的最古老的人类化石。“托迈”头骨化石显示其是一个男性。大脑容量很小，仅有350毫升(现代人平均脑容量为1 400毫升，而现代非人灵长类中，长臂猿为130毫升，黑猩猩为345毫升，猩猩为400毫升，大猩猩为420毫升)，面部构造与人类祖先非常接近，由于头部以外的骨骼化石没有发现，因此无法确认他是否能直立行走。“托迈”化石的发现，无疑对人类最早起源于距今大约700万年前的理论提出了挑战。

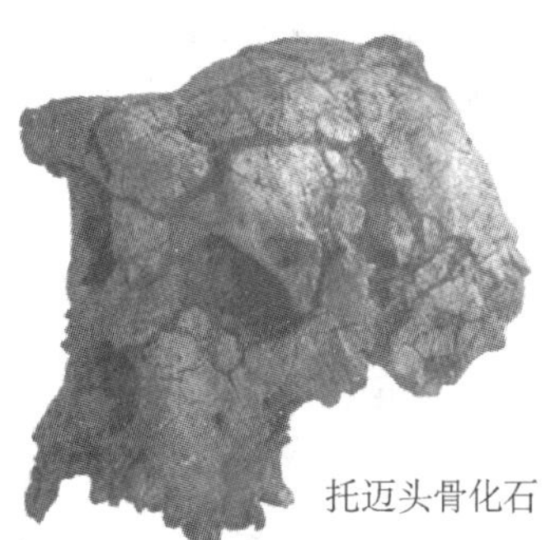

图2－10 “托迈”头骨化石

目前，人类学家基本同意人类演化过程中曾经历了南方古猿这个历史阶段，从古猿到人的最后飞跃是在这一阶段实现的，其演化轨迹是从南方古猿阿法种至能人，然后经直立人进化到智人。能人在地球上的出现，是人类进化史上的一个极其重要的分水岭。如果说，在这之前的猿类，从腊玛古猿到南方古猿都只能称作类人猿的话，那么，在这之后的人类则可以称作原始人了。

（一）人类演化历程

长期以来，对于人类起源及其早期演化的具体细节一直处于不断的争论、修改之中，但多数科学家认为人类的演化过程可基本分成四个渐进阶段。

1. 早期猿人阶段

距今约 150 万～250 万年前，南方古猿的其中一支进化成能人，也就是所谓的早期猿人，最早在非洲东岸出现。能人意即能制造工具的人，是最早的人属动物。旧石器时代开始，后经过数十万年的演进，能人最终被直立人所取代而消亡，能人与后代直立人曾共存过一段时间。

早期猿人已具有人的基本特点，不仅能直立行走，而且能制造简单的砾石工具。化石现场勘察的生活遗迹中有许多被宰杀的动物遗骸，表明早期猿人已具有狩猎的能力。站起来直立行走是人类发展的第一步，大脑的扩大和制造石器等工具则是从猿过渡到人最重要的中间环节。能人的石器包括，可以敲碎骨头的石锤，可以割破兽皮的石片，可以猎杀动物的带刃的砍砸器等。这些石器的出现，也说明能人对肉食的需求增大。

能人能够依靠某种简单的方式组织起来，具有相对稳定的群体和相对固定的住处，并且能互相合作，集体狩猎，分享猎物，即开始形成人类社会的雏形。

早期猿人的代表是在坦桑尼亚发现的“能人”化石（图 2－11，距今 190 万年前）和在肯尼亚发现的化石编号为“1470 号人”（距今 190 万年前）。我国云南发现的距今 175 万年前的元谋人化石亦属于早期猿人。

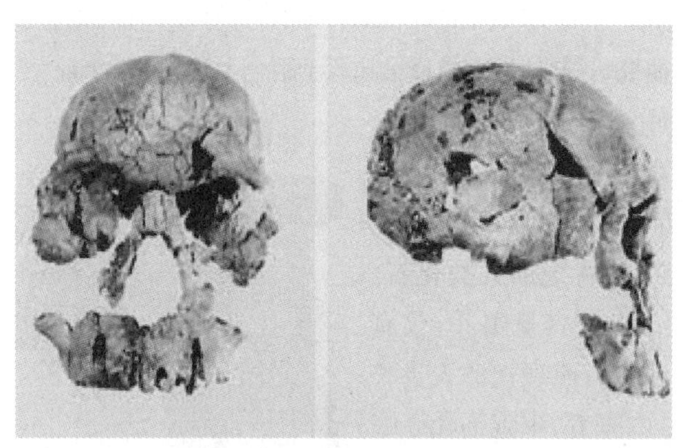

图 2－11　坦桑尼亚“能人”化石

图 2－12　直立人头骨

2. 晚期猿人阶段

晚期猿人又称直立人，生活在距今约 150 万～30 万年之前，该时期的化石和文化遗物在亚洲许多国家，以及非洲、欧洲都有大量发现。

晚期猿人具有比能人更接近现代人的特征：身材比能人高；脑容量较大；面部和牙齿相对较小；行为活动更为复杂，已经完全用两足直立行走，但晚期猿人的眉嵴厚且凸起，口部前突，仍带有一些原始的特征（图 2－12）。

晚期猿人的代表有德国海德堡人，印尼爪哇人和北京猿人。这一阶段猿人以我国北京周口店北京猿人遗址的材料最为丰富，对于晚期猿人的体质、形态、物质文化、生产活动、生活环境、社会形态的了解，许多资料取之于该遗址。

北京猿人生活在距今50万～60万年前，高约1.6米，其体质特征基本与现代人相似，部分原始性特征与现代猿人相近。从北京猿人遗址中挖掘出几万件石制工具，石器类型有多种，形式比较固定，某些加工部分较为精致，表明北京猿人的生产能力有所提高。更为重要的是，在洞穴里发现成堆的灰烬，有的厚达6米，其中还发现木炭。据资料表明，北京猿人是人类最早用火者，尽管当时尚不能制造火，但已能利用天然火并加以保存，这在人类文化发展史上是十分重要的。用火来烧煮食物，这是任何其他动物无法办到的。经过烧煮的食物，容易消化，便于咀嚼，不仅可以改变摄食习性，而且可使体质大大增强。此外，摄食习性的变化，又影响到身体结构的改变，如人的牙齿和颌骨尺寸进一步缩小。

北京猿人过着群居生活，两性出现分工，男性狩猎，女性采集。狩猎一般是群体合作，需要很好的组织、计划能力以及语言的沟通，这些活动都可以促进大脑的发育。现代人的语言中枢，在大脑两半球的左侧，由于语言中枢的发育，大脑的两半球是不对称的。周口店第5号北京猿人的头骨，两侧有明显的不对称，说明直立人已经有了语言功能。此外，在法国的一个直立人的遗址中，发现在一根牛肋骨上刻有一些抽象符号，一般认为，抽象思维能力在语言能力之后出现，这也证明直立人已经有了语言能力。语言是人类思维和表达的手段，是人类最重要的交流工具，也是人类区别于其他动物的本质之一。因此，北京猿人在距今50万年前的原始社会里，在改造自然环境的同时，也改造了自身；在创造远古文化的同时，也使猿人自身得到了不断繁衍和发展。

旧石器时期的早期文化主要是直立人创造的，像(欧洲)石斧、(亚洲)大型砍砸器和刮削器等都是直立人最常使用的工具。

3. 早期智人阶段

早期智人又称古人，生活在距今25万～5万年前，约在旧石器时代中期。

1856年，在德国的尼安德特河谷发现的尼安德特(Neandertals)人化石(化石年代在10万～5万年前)，是最早发现的早期智人的化石(图2-13)，简称尼人，后来即作为早期智人的通称。早期智人化石在亚洲、非洲、欧洲等许多国家都有发现。

图2-13　尼安德特人的头骨化石

早期智人的形态特征介于直立人和现代人之间：身高160厘米左右，眉嵴突出，额明显后倾，脑容量约在1 100～1 300 ml左右，基本上与现代人相等，表明他们的智力已相当发达。智人意谓能利用工具进行劳动、创造文化的人。早期智人的生产技术显得更为复杂和规范化，所制的石器类型比较规整，用途明确，显示出劳动技能有很大的提高，这个阶段制造的三角形石器是早期智人文化的特点之一(图2-14)，之后所用的矛头和箭头，皆是由此演变而来。早期智人发明、完善和改进了许多新的工具和武器，因而将人类抵御自然环境的能力又大大地往前推进了一步。早期智人不仅会使用天然火，而且已能人工取火，并出现祭祀活动，这标志着早期智人的

图 2-14　尼安德特人的石器手斧

精神生活质量已经大为提高。

我国广东的马坝人、陕西的大荔人、湖北的长阳人和山西的丁村人等皆属于早期智人阶段。

4. 晚期智人阶段

晚期智人又称新人，约 1 万～5 万年前，也就是所谓的现代人的祖先。晚期智人阶段的化石代表是法国的克罗马农(Cro-Magnon)人。我国的山顶洞人、河套人、柳江人都属于晚期智人。

晚期智人在形态上与现代人非常类似：头部前额隆起，眉嵴不明显，颌部收缩，下颏出现，脑容量也与现代人相同(图 2-15、图 2-16)。

图 2-15　山顶洞人

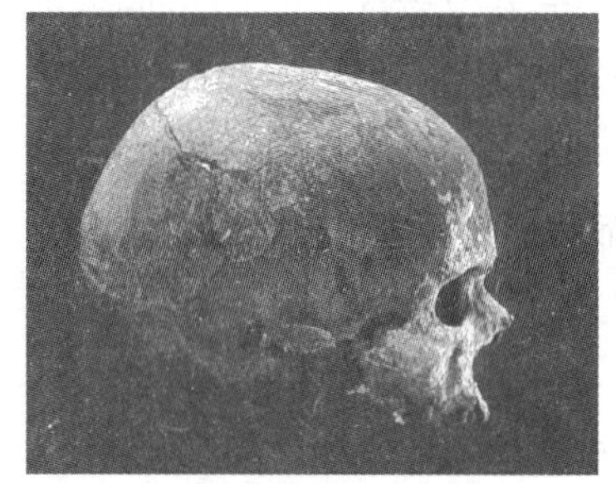

图 2-16　克罗马农人

在文化上，晚期智人已有雕刻与绘画的艺术，并出现了用兽牙、石珠、鱼骨进行穿孔而制成的装饰品。例如，山顶洞人已进入母系社会，能摩擦生火；会用大兽皮搭建简单的房屋，也有埋葬死者的习俗，并且已形成了宗教。

图 2-17　晚期智人的母系社会

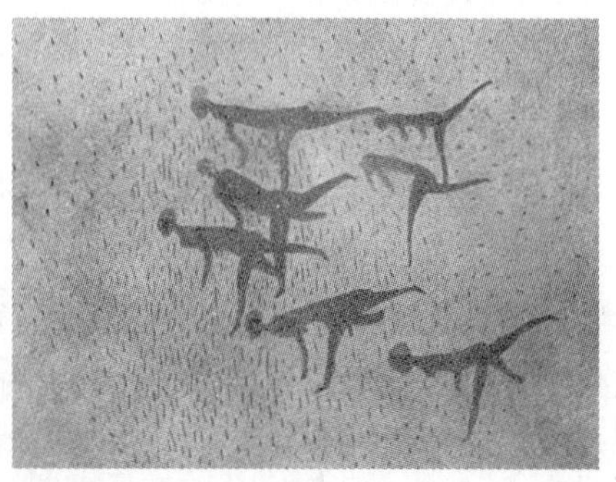

图 2-18　岩石画上表现种植谷物的情景

从南方古猿到晚期智人，脑容量从 400 毫升左右增加到近 1 400 毫升，这说明在人类的发展过程中，脑容量是不断增加的。脑容量增加的主要部分是前脑中的大脑，而大脑是人类高级神经活动的最重要的部分。智人大脑的迅速发展，是和他们的行为方式的逐步复杂密不可分的，而劳动则是其中主要的原因。当他们逐步掌握了制造工具的手段以后，行为方式日趋复杂，大脑接受外界事物刺激的信号也越来越多，判断分析综合能力也越来越强，这正是促进大脑不断发展的动力(图 2-19、图 2-20)。

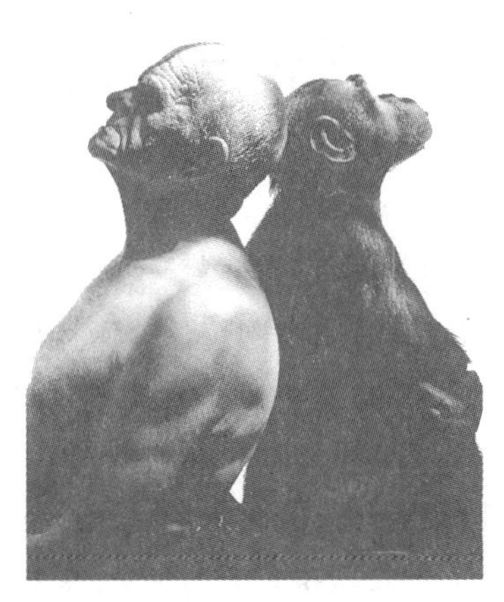

图 2-19　人脑与黑猩猩脑的比较

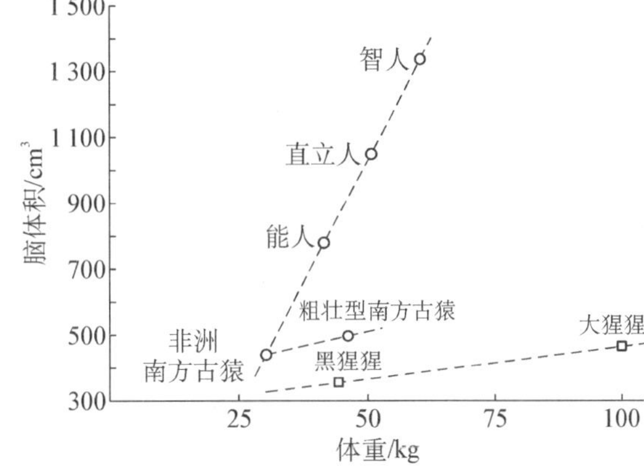

图 2-20　人科和猿科脑重/体重的比较

在人类演化史上，学者们普遍认为早期古人类存在两个种群，即“能人”和“直立人”，并且由前者进化成后者直至演化成现代人。然而，最近由九位科学家联合组成的国际研究小组，在 2007 年 8 月 9 日出版的《Nature》杂志上发表封面文章，根据对在肯尼亚图尔卡纳湖附近新发现的一块源于 144 万年前“能人”下颚骨化石的研究(图 2-21)，“能人”和“直立人”这两个种群其实并非呈直线进化关系，他们曾相互并存长达 50 万年，而只有其中一个才是人类的祖先。这项研究结果令科学家颇为惊讶，因为上述数据表明，“能人”持续活动的时期要比早前科学家们认为的晚 20 万年，同时该数据也显示“能人”和“直立人”曾同时存在，推翻了直立人是由智人进化而来的理论。如果这一新的发现获得确认，意味着“能人”和“直立人”都是由生活在 200 万年前到 300 万年前的共同原始祖先进化而来。而这个人类更遥远的祖先到底是谁？由于现有的化石非常稀少和零散，目前还是一个谜。

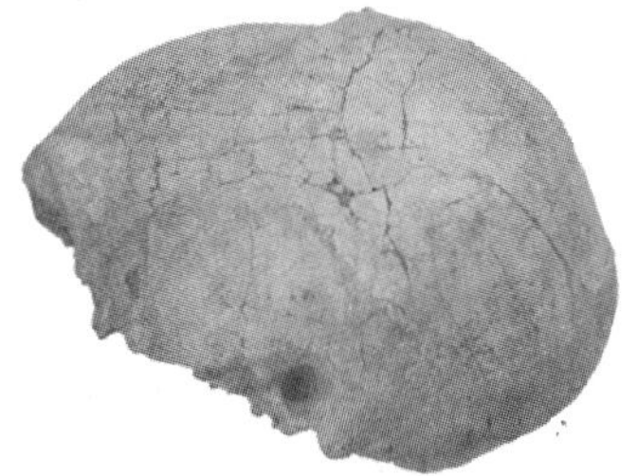

图 2-21　左图为头骨发现现场；右图为距今 144 万年前“能人”下颚骨化石

（二）现代人种的起源

1. 现代人种的划分

现代科学一般认为人种是在早期智人阶段加快形成的。全世界现有肤色为黄、白、黑和棕的四大主要人种，各现代人种之间存在着许多呈渐变状态分布的特征，每个主要人种又可分为更多的小种族。

黄种人又称蒙古人种(Mongoloid)，肤色黄、头发直、脸扁平、鼻扁、鼻孔宽大，中国人、东亚人和美洲的印第安人属于黄种人；白种人又称高加索人种(Caucasoid)，肤色白、鼻子高而狭，眼睛颜色和发型多种多样，欧洲、北非和南亚住的是白种人；黑种人又称尼格罗人种(Negroid)，肤色黑、嘴唇厚、鼻子宽、头发卷曲；棕种人又称澳大利亚人种(Australoid)，皮肤棕色或巧克力色，头发黑色而卷曲，鼻宽，胡须及体毛发达。

对人种的判定是采用一种综合的体征标准，以达到确实的亲缘关系。这种标准包括颅面骨骼的各部分形态、发质发色、虹膜色泽，以及其他一些遗传体征。单一的特征都很难判定人种，因为其变异和交流可以造成不同原因的相同表现。在所有体征中，颅面形态相对来说是最好的分种依据，因为其受环境影响比较小，变化范围大，变化以后不易回复祖先群体的形态。一般来说，黑人整个头颅较圆，额部较突；白人较侧扁，面部凹凸不平，眶骨深，鼻根低；黄种人前后较扁，面部较平整，鼻根高；棕色人种颅型略偏圆柱形，面部起伏也较大。另外，从发型上看，黄种人多直发，棕种人多窄波发，黑种人多旋发，白种人多宽波发。这些特征一直被体质人类学界用以分析人种。

2. 现代人种的起源

关于现代人种的起源学说目前主要有两大学派。

(1)“多地区起源假说”(独立起源假说)

“多地区起源假说”认为现代人种起源有四个或五个演化中心，他们从直立人阶段起基本上是独立演化的，即在100万至200万年前，直立人由非洲扩展到其他大陆后，分别独立演化为现代非洲、亚洲、大洋洲、欧洲人。现代人可出现于任何有直立人群体的地方，但长期来互相有基因的交流，即附带了少量与境外人群的杂交。

现代人种多地区起源的证据存在于欧洲、非洲、东南亚、东亚等地区。以中国为例，目前发现的古人类化石，有200多万年前的巫山人、湖北建始人、170多万年前的元谋人、115万年前的蓝田人、50万年前的北京人、35万年前的南京人、30万年前的和县人、十几万年前的长阳智人、2万多年前山顶洞人等古人类遗迹。时间跨度从200万年到1万多年的化石证据大部分都没有间断过，从原始人类到现代人类的演化进展基本上是连续的，以此证明中国人是自己演化而来的。另外，中国到现在为止所发现的人类化石，有一些共同特征：即中国人类化石头骨脸比较扁；鼻梁比较塌，不像欧洲人那么高；另外眼眶是方形的，不像欧洲人多是圆形的；具铲形门齿。中国发现的十几个化石都是铲形的，即使是现代人也有百分之八九十是铲形的，而欧洲现在的白种人绝大多数都是平的。从这点上来说，中国人属于连续进化，如果中间换了种的话，那么这些共同的特征就不会延续那么久。

(2)“走出非洲假说”

“走出非洲假说”认为现代人类起源于20万到15万年前的非洲，然后在大约10多万年前走出非洲后，并完全取代了其他地区的古人种，这一取代过程未伴随明显的与原住人群的基因交流。即使移民与当地人群之间的杂交存在的话，其程度也只是很小的。由此，非洲以外的直立人和早期智人都是人类演化树上的旁枝，地球上所有现代人群均为非洲晚期智人的后裔。

1987年，美国埃摩里大学的道格拉斯·华莱士(Douglas Wallace)和加利福尼亚大学伯克利分校的阿伦·威尔逊(Allan Wilson)等人，对全世界100多位妇女身上提取的线粒体DNA进行研究后，在《Nature》杂志上提出了著名的“线粒体夏娃假说”，即今天地球上所有人的线粒体都是从大约15万年前非洲的同一位妇女传下来的，她的后代在约13万年前走出非洲，来到了欧亚大陆。

在人类受精过程中，由于卵细胞中含有大量线粒体而精子中含量极少，因而个体细胞中的线粒体可以认为仅来自母亲，故可用线粒体DNA来研究母系遗传(Y染色体是人类23对染色体中决定男性的性染色体，男性专有，因此传递方式只能从父亲到儿子，故可用于研究父系遗传)。华莱士和威尔逊分别带领的两个实验室通过检测细胞线粒体DNA发现，接受测试人群的线粒体DNA的结果是彼此相同，指向一个共同的、较近的起源。如果曾经发生过现代人和远古智人之间的遗传混合，则有些人就会具有显示其有古老起源的与现代人存在很大差别的线粒体DNA。迄今共有来自世界各地的4 000多人接受过测试，但没有发现这样的古老的线粒体DNA。检验过的现代人群的所有线粒体DNA类型的起源，都在较近的年代，这意味着现代的新来者完全地取代了古老的人群。线粒体DNA在经母系遗传过程中会产生突变，遗传过程的时间经历越长，突变积累得就越多，变异也就越多，从提取的线粒体DNA中发现非洲人的变异最多。根据突变发生的频率，计算出非洲现代人历史大约为20万年，欧亚大陆现代人历史最多13万年，进而推论全世界现代人有一个共同的始祖。

2005年3月的《Science》杂志上发表了英国剑桥大学的三位研究人员的研究结果，他们对现代人类从非洲大陆向世界其他各洲迁徙的地理位置和相应的人口基因进行了分析研究后，结果发现埃塞俄比亚(非洲东部国家)周边的人与埃塞俄比亚人之间呈现出很小基因变异性。现代人类开始由非洲大陆向世界其他各洲迁徙的路线上，基因多样性的特征表现不明显，没有出现大量的基因中断。这成为进一步证明现代人“走出非洲假说”的证据。

“走出非洲假说”引起学术界的激烈争论，不少学者支持该理论。因为人类学家通过对均匀分布在染色体上并且有多个位点存在的基因多态性研究表明，非洲人等位基因数目最多，而其他地区的人相对较少，况且从人类群体遗传学理论角度来讲也比较可信。然而，该理论尚难解释从非洲扩展到其他地区的晚期智人是怎样取代当地原有人类的。看来现代人种的起源问题并未真正解决，还需要更多的人类化石和更深入的研究。

目前学术界关于中国人的起源也有“多地区起源假说”和“走出非洲假说”之争。“多地区起源假说”认为直立人进入中国后，中国的古人是连续进化的，同时附带了少量与境外人群的杂交，如上文所述。然而也有一些证据支持“走出非洲假说”。例如，在最重要的考古化石证据上，中国迄今为止没有发现5万～10万年前的人类化石，这恰好是地质史上最后一个冰川期，较合理的解释是第四纪冰川期结束后，来自非洲的移民便乘虚而入。另外，国内学者通过对涵盖我国各省、市、自治区的近一万个男性的 Y 染色体进行检测，结果在所有的样本 Y 染色体上都发现了一个突变位点 M168G，而这个突变位点大约在不早于 7.9 万年前产生于非洲，是一部分非洲人特有的遗传标记。因此，对于中国现代人的起源问题实际上远还没有达成统一观点，需要做的工作还有很多很多。

二、人类早期演化的主要特点

人类与动物最根本的区别之一是动物只能顺应它们生存的环境，然而人类的创造力和物质文化的发展大大增强了人类自身的适应能力。在人类发展中，制造工具和对火的利用被认为是人类演化早期阶段两个最重要的里程碑。

（一）制造工具

使用天然工具并非是人类所专有，埃及的秃鹰会用喙咬住石块扔在鸵鸟蛋上，以便砸碎蛋壳从而取食内含物；非洲的黑猩猩也会用草梗从泥穴中钓食白蚁；加利福尼亚沿海的海獭会利用石块敲开牡蛎壳。然而，制造工具却是特有的人类文化，在人类进化的同时，人类的工具也在进化。

据已有的化石考证，人类开始制造工具大约是在 300 多万年以前，原始人类最早加工的工具之一是石器。在当时，由于原始人类认识能力和技术水平的低下，他们制作工具最现成的原料是石块，将河床里的砾石或石块互相敲击，利用石块的锐缘切割动物的肉块、敲击坚果等食物，同时利用石器进一步制作其他工具和进行自卫，这种打制简单工具的技术叫做第一模式。大约到 170 万年前出现了第二模式，第二模式制作的石器就比较规矩了，根据需要所制的石器具有不同的形状。到 20 万年前，在非洲又出现了第三模式，即打制工具的方法有一套规程，所制工具也非常讲究。大约 3.5 万年前，除了石器以外，人们还会用骨头做很精致的骨器，包括有倒钩的鱼叉，可以叉鱼；用骨头磨成针，可以缝衣服；以及绘画、雕塑等，称为第四模式。制作工具不仅是依靠手的灵巧，而且需要大脑的支配和神经系统的协调，由此必然会促进脑结构和智力的发展。

当人类祖先利用石块等天然物制作工具，成为生存必不可少的手段时，实际上也意味着人类文明曙光的出现。此时，人类祖先对自然界的适应已不单纯为生物性的适应。人类有目的地制造和使用工具，进行有计划、有预期效果的生产活动，这是自然界除了人类而不复存在的活动，它是人类超越自然，登上人类历史新的台阶的动力。

（二）利用火

利用火是人类提高环境适应能力的关键一环，也是古代人类征服自然的重要手段之一。火可以促使人类祖先由吃生食转为吃熟食，这种生活方式改变不仅扩大了可食食物品种的范围，而且由于不再需要强大的咀嚼肌和犬齿来加工生、硬、粗糙的食物，促进了一些原始猿类特征的退化，如吻部后缩、犬齿缩小等，这对人类面部特征的改观起到了积极作用。火可以取暖，不仅帮助人类抵御严冬的气候环境，而且也扩大了人类栖身的地域范围。火可以驱散猛兽，不仅增强了人类的自卫能力，而且还可被用来狩猎；同时，火可以起到照明的作用，延长了人类活动的时间。对火的利用，给原始人类的发展带来了诸多摆脱原始生活的益处，利用火是人类发展中一个显著的文化特点，尤其是当人类用人工方法取火后标志着人类文明的又一进步。

在地球现有生物中，人类是最具智慧、最高等的种类，人类进化不同于其他生物。将近10亿年来，动物仅仅是通过突变和自然选择而进化，但人类在演化中除了依靠生物学的遗传和优化外，更重要的是依靠社会和文化的继承，这是一种独一无二的人类文化，将知识和传统传给后代。人类文化的发展速度较之生物进化时程快得多，从旧石器时代、新石器时代进入铜器和铁器时代，仅仅几百万年的光景。随着语言、文字、科学技术的飞速发展，人类的发展愈来愈有别于其他动物，可以说任何物种都还不能像人类那样使遗传进化退居到次要的地位。由此可见，人类在控制自身变化方面所取得的成就仅次于生命起源，这也是人类之所以能主宰地球的根本原因(图2-22)。

磁悬浮列车

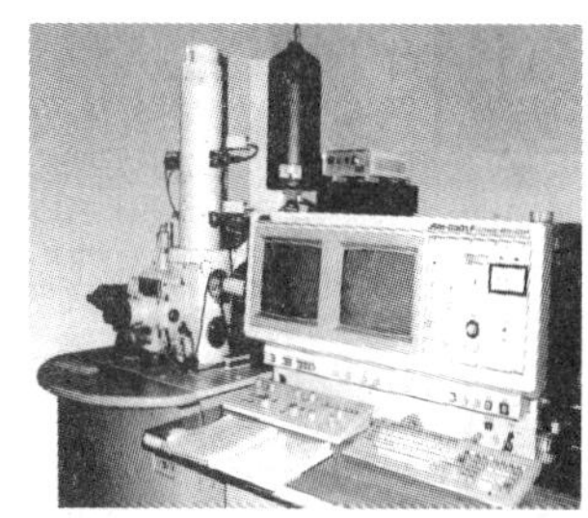

扫描电子显微镜

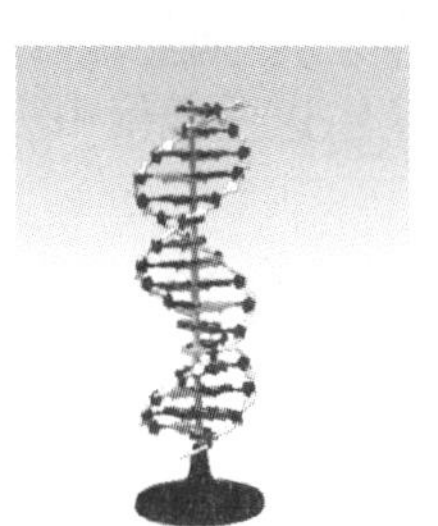

DNA分子双螺旋结构模型

发射卫星

图2-22　人类的文化

三、揭示人类演化需多学科交叉研究

人类学家研究人类演化历程的科学方法主要涉及考古学，人体解剖学、胚胎学、古生物学和生理学，体质人类学，以及在研究人类起源和演化中显现出独特作用的基因学和分子生物学，还有物理学、化学及人文学科、心理学等。总之，要揭示人类起源和进化历程需要多学科交叉研究，综合分析。

例如，人类学家主要是根据出土的骨骼化石来研究和判断人类的进化历史的，涉及到考古学，人体解剖学和生理学。他们主要根据以下三个特点来确定人类与灵长目亲族的不同以及在不同的历史阶段人类的生理和行为特征：第一个特点是牙齿的形状和式样；第二个特点是双足的直立行走；第三个特点是颅骨的大小和形状。根据这些特点和人体的其他特点进行推论，并把人类祖先的化石骨骼与现代人及现代猿的相同骨骼进行比较，就能找出人类演化方式的许多重要线索。

又如，各种新技术和数理统计方法的应用，提出了多种人类行为的新的证据，从牙齿的显微擦痕的研究，可以得知所吃食物的种类。微量元素和放射性同位素的分析，有助于了解史前人类的食物结构和营养状况，如测定锶、镁、铜、铁等元素以及一些放射性同位素如碳、氮含量的比例，可以了解史前人类的生活方式和经济形态，对于了解农业的起源和新石器时代的发展具有特别重要的作用。骨骼的生长发育状况和所遗留的创伤与病灶，有助于了解某群人或某一阶层人口的营养条件、劳动分工和强度，常见病以及死亡率和平均寿命。

再如，考古学家是根据什么知道各种化石的形成年代，以确定它们在进化系统中的位置的呢？测定化石年代方法一般可分为两种，即绝对年代测定法和相对年代测定法。所谓绝对年代法主要是根据岩石中放射性同位素的蜕变情况，测定岩石形成距今年龄，所得年代即是绝对地质年代；而相对年代法则是根据古生物发展和岩石形成的顺序，把地壳历史划分为与生物发展相对应的一些自然阶段，它只能说明其先后关系，而不能说明距今有多少年代，因此称为相对地质年代。

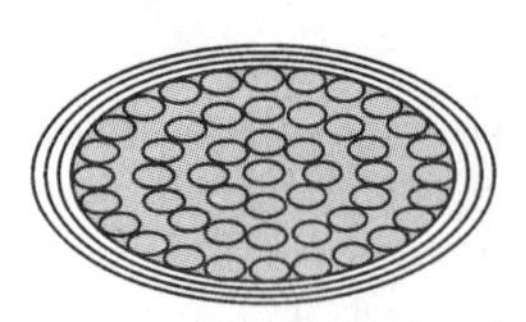
0年——动物或植物的死亡

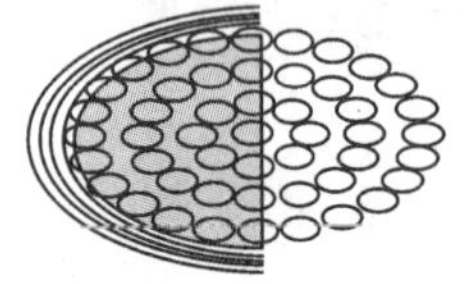
5730年——剩下1/2

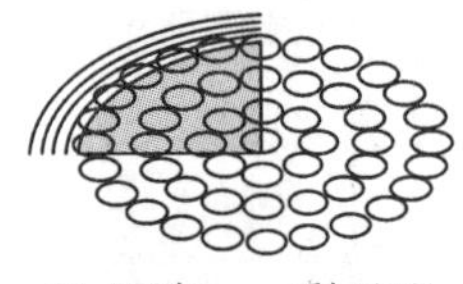
11 460年——剩下1/4

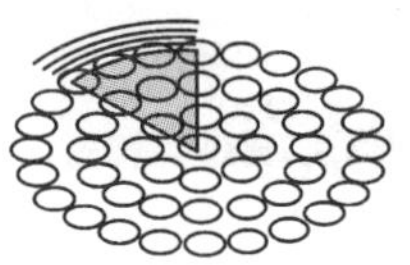
17 190年——剩下1/8

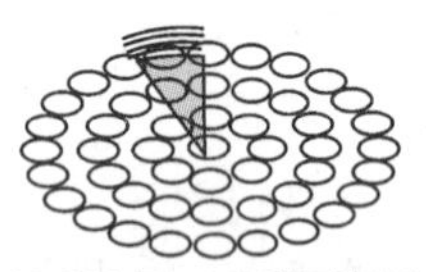
22 920年——剩下1/16

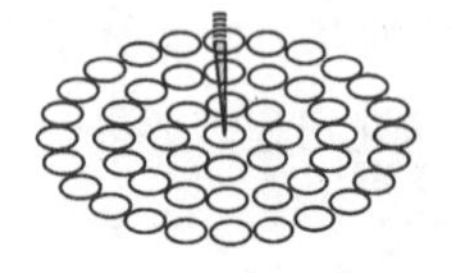
60 000年——剩下约1/1 000

图 2－23　碳的半衰期

为什么可以利用天然放射性元素来测定地层的年龄呢？组成地球物质的各种元素一般都有几个同位素，即这些元素在周期表中的原子序数是相同的，但原子量不同。例如，铀的原子序是 92，而原子量却有 235、238 之分，而且在这些元素中有属于放射性的同位素，亦有属于稳定的同位素。

放射性同位素具有一个不稳定的原子核，在发生自然的放射性衰变时，它们的原子有规则地分解成其他的元素，如钾 40 逐渐衰变成氩 40、铀 235 衰变成铅 207、碳 14 衰变成氮 14 等等。放射性同位素的这种衰变速度不受温度、压力、磁场、宇宙射线和化学环境等外界因素的影响，始终是恒定的。这样，经过一定的时间某种放射性元素其原先的原子只剩下一半了，这个时间称为“半衰期”，该元素剩下的一半经过一定时间后又去掉一半，只留下原先的 1/4，如此等等。因此，只要能确定某块化石中剩余的不稳定同位素量，再确定衰变产生的元素量，得出它们的比例，然后根据该元素已知的半衰期，便可算出化石的绝对年代。不同放射性同位素其半衰期是有差异的，利用它们的半衰期可进行不同年代的测定。例如，碳 14 半衰期是 5 730 年（图 2－23），就目前测量仪器的灵敏度，碳 14 年代测定的最大范围可达 5 万年；而钾 40 的半衰期为12.65亿年；铀 238 的半衰期长达 45 亿年。

本章思考题

1. 地球上生命的发生是偶然的吗？你认为无限时空（宇宙）中生命有没有发生的可能性？

为什么？

2. 如果在地球以外的空间发现了生命的存在，那么对于我们人类的生命观以及宗教信仰会带来什么样的冲击？对人类社会可能带来什么样的改变？

3. 在现在的地球自然环境条件下，生命起源的化学进化阶段是否还在进行？为什么？

4. 你认为具备什么样特征的原始生命才能称之为真正生命？原始生命新陈代谢类型为什么最可能是异养厌氧型？

5. 人类不惜花费大量人力、物力和财力积极主动寻找地外生命和地外文明，试从多角度讨论这样做的目的和意义。

6. 人类探索地外生命和地外文明的途径有哪些？并分析各方法的优缺点。

7. 语言的产生和工具的制造在人类进化过程中起着决定性作用，你认为语言和工具是怎样促进人类进化发展的？

8. 现存的类人猿有四种，你认为存在于自然界的现代类人猿以后有可能演化为人类吗？为什么？

9. 为什么可以利用某些放射性同位素来测定地质年代？你还能举出放射性同位素技术在生命科学其他领域应用的事例吗？

10. 在生物学中有很多假说，有的甚至针锋相对，例如生命起源问题、现代人种起源问题等，对于这些假说，你采取什么样态度？

第三章　人类生命的质量

生命对于人生只有一次，具有无比珍贵的价值。提高生命质量，延长人类寿命，这是现代文明社会的标志。

第一节　人 类 的 健 康

对个人而言，健康的身体是最大的财富而长寿是追求的目标；对人类而言，健康和长寿是社会发展的重要标志和潜在的动力。因此，健康和长寿不仅是人类最基本的需要和权利，也是人类最为关注的问题。世界卫生组织曾指出："每个人的健康和寿命60%取决于自己，15%取决于遗传因素，10%取决于社会因素，8%取决于医疗保健，7%取决于气象因素。"因此，人的健康和长寿主要掌握在自己的手中。

一、健康与亚健康

（一）健康

1. 健康的定义

联合国世界卫生组织(WHO)在《世界保健大宪章》中对健康下了如下的定义："健康是身体的、心理的及社会的完全良好状态，而不单是没有疾病或虚弱。"这个定义揭示了身心健康与社会状态的统一性，它表明健康在生物属性方面，不仅人体没有疾病，还反映人在气质、性格、情绪、智力等心理方面的完好状态；在社会属性方面，体现人在社会活动、人际关系、生活方式等方面处于正常状态。

2. 健康标准

世界卫生组织规定了十大标准，以衡量一个人是否健康：

第一，有充沛的精力，能从容不迫地担负日常生活和繁重工作，而且不感到过分紧张与疲劳；第二，处事乐观，态度积极，乐于承担责任，事无大小，不挑剔；第三，善于休息，睡眠好；第四，应变能力强，能适应外界环境的各种变化；第五，能够抵抗一般性感冒和传染病；第六，体重适当，身体匀称，站立时，头、肩、臂位置协调；第七，眼睛明亮，反应敏捷，眼睑不易发炎；第八，牙齿清洁，无龋齿，不疼痛，牙龈无出血现象；第九，头发有光泽；第十，肌肉丰满，皮肤有弹性。

世界卫生组织曾在公布的题为《2002年世界卫生报告：减少威胁和促进健康生活》中指出，在立项研究的25种对人类健康主要威胁中：体重不足、不安全性交、高血压、烟瘾、酗酒、不洁饮水、胆固醇过高症、室内烟尘、缺铁症、肥胖症等是人类健康的十大威胁。全世界每年有

5 600万人死亡，其中40%与这十大威胁密切相关，如果战胜这些威胁，人们可以多活5～10年。

（二）亚健康

1. 亚健康概念和现状

1999年，世界卫生组织（WHO）提出实行“预防性健康策略”，将疾病与健康之间的过渡状态称为亚健康状态（the state of sub-health）或次健康状态，并指出世界人口的70%处于亚健康状态，希望世界各国政府予以重视。如果我们将从健康到疾病视为一个过程，则健康位于一端，疾病为另一端，那中间的过渡状态即为亚健康，即偏离了健康但尚未到病态的一种似病非病第三状态。它是人体处于健康和疾病之间的过渡阶段，在身体上没有疾病，但主观上却有诸多不适的症状表现和心理体验。亚健康状态处理得当，则身体可向健康转化；反之，则患病。

“亚健康”是一个新的医学概念。20世纪70年代末，医学界依据疾病谱的改变，将过去单纯的生物医学模式，发展为生物-心理-社会医学模式。亚健康概念的提出是国际医学界20世纪80年代后半期的医学新思维，是现代人关注健康，重在病前防范的文明新意识的充分体现。对亚健康状态的关注，是21世纪生命科学医学研究的组成部分。美国已将亚健康和艾滋病列为21世纪人类健康的最大敌人。

在“2002年中国国际亚健康学成果研讨会”上，专家指出：我国目前有70%的人处于亚健康状态，15%的人处于疾病状态，只有15%的人处于健康状态。随着我国经济的快速发展，上海、北京、广州、深圳等地都出现了亚健康与日俱增的情况。上海市卫生局国际医学交流中心于1998年为6 000名表征健康的人作了全面系统的检查，发现72%的人处于亚健康状态。2001年北京的一项调查显示，接受体检的1866名知识分子中，亚健康状态率高达96%，其中40～50岁组“亚健康”状态率高达90.4%。中年人由于工作节奏快，精神压力大，长期超负荷工作，所以是亚健康的高发人群。调查显示，高级知识分子、企业家、艺术家的亚健康发病率高达70%以上；城市中新兴行业如高新技术产业、电子信息、IT业、新材料业、广告设计、新闻及行政机关等行业或部门人群中也高达50%。

大学阶段是人生发展的关键时期，大学生心理活动复杂多变，心理矛盾和冲突强烈，能否处理好各种矛盾，调节好自己的心理，将直接影响到大学生的成长和成才。1998年原国家教委对12.6万名大学生进行的调查发现，近40%的大学生有体虚、易疲劳、失眠、注意力不易集中、情绪不稳定等亚健康状况；清华大学对1988—1998年休学学生的分类统计发现，其中近50%是由于精神或神经方面的原因造成的；另据上海医科大学精神学教研室对前来咨询的大学生病例分析，以神经症性障碍者为大多数，占69.4%（抑郁、失眠、强迫、焦虑等），人际问题和适应环境问题占14.5%。总之，高校每年因承受能力差、情绪脆弱、神经衰弱等原因退学、休学的学生不断增加，轻生自杀现象也时有发生，给国家、学校、学生家庭及个人都造成了很大的损失。

机体的亚健康状态严重地影响了人们的生活、学习和工作，已经成为普遍的社会问题和社会发展的制约因素。

2. 亚健康的表现

亚健康状态是机体在无器质性病变情况下发生了一些功能性改变，因其主诉症状多种多样，也被称为“不定陈述综合征”。虽然由于人们在年龄、适应能力、免疫力和社会文化层次等方面存在差异，亚健康状态的表现常错综复杂，但主要表现在以下3个方面：

临床表现：常觉得心慌、气短、浑身乏力、头痛、头晕等。

心理表现：精神不振、情绪低落、反应迟钝、失眠多梦、白天困倦、注意力不集中、记忆力衰退、烦躁、焦虑、易惊等。

生理表现：疲劳、活动时气短、出汗、腰酸腿疼、心律不齐等。

在大学生群体中，亚健康状态主要体现在：

(1) 神经衰弱　这是大学生中最常见的一种心理“亚健康”状态，一、二年级是大学生产生这一问题的高发期。它主要表现为脑功能减退，经常出现伤感、烦恼、焦虑等情绪体验，用脑稍久便感到十分疲惫，严重者甚至一用脑或翻书阅读就感到头昏脑胀，注意力难以集中，记忆力减退，入睡困难，多梦，还表现出消化不良。尤其是从小生活在父母羽翼下的学生，他们的心理成熟往往滞后于生理成熟。拥挤、狭小的宿舍环境，使他们感到不适，在餐厅、图书馆、教室、宿舍都有利益上的冲突，诸如同宿舍同学的脾气、性格的不同，物品的摆放、行李存取是否方便等都可能使其感到焦虑、烦恼。另外，大学的学习方式与中学又有不同，解决不好也会造成神经衰弱。此外，脑力劳动过于持久繁重，缺乏劳逸结合或者生活没有规律，例如开“夜车”也容易导致神经衰弱。对于这部分学生，除严重者要临床治疗外，程度较轻的应提倡教育治疗。

(2) 心理抑郁　这是大学生心理冲突常呈现出来的另一种过度的、持久的心境低落的“亚健康”状态。表现为对生活兴趣明显减退，甚至丧失了业余爱好；感到精力不足，学习、生活缺少信心；自我评价低，对个人前途悲观失望，严重者甚至感到活不下去进而产生自杀的意念。自卑、孤独、悲观、易激动、情感脆弱等性格缺陷，容易导致他们处于“亚健康”状态。

(3) 偏执人格　主要指人格发展的偏离，在情感、意志和行为活动方面的“亚健康”状态。表现为性情怪僻、冷漠与孤僻；情绪不稳定、行为鲁莽、易趋向极端，缺乏对后果的考虑，易与他人发生冲突，有时极会伤害自身，并易向恶性发展，纠正起来也比较困难。另外，快节奏的生活方式及激烈的竞争，致使部分学生心理和精神上局促与压抑，特别是在遇到一些难以解决的问题时，很固执，对问题的看法偏激不易改变，对不符合个人信条的事物表现出激烈的对立情绪和对立行为，有时还爱猜疑，具有苛刻等特征。

(4) 情感偏差　主要指将同学友情错当爱情的单相思的心理“亚健康”状态。这部分同学错误理解同学关系，单方面开始爱情体验，造成烦恼、悲伤、痛苦而不能自拔，致使精神压抑。应该说爱情存在于大学校园有其合理性，大学生正值情窦初开、春心骚动的时期，爱情意识日趋强烈，产生爱人和博得人爱的渴求，是生理和心理发展的必然。但大学阶段是人生中非常宝贵的时光，主要精力应放在学习上，特别是对于处在单相思恋情中的同学，更应让他们懂得友谊作为爱情的基础，具有发展为爱情的可能性。但是友谊和爱情毕竟是两种各具内涵的不同感情，要学会控制感情发展的分寸。特别是有单相思的同学，又无诉说对象，最终感情会受到一定程度的伤害，处理不当轻者影响学业，重者会发生恶性事件，甚至酿成悲剧。

3. 亚健康的诱因

造成亚健康状态的原因是多方面的，医学界目前尚无明确一致的说法。但大多数医学专家认为以下几方面的因素是造成亚健康状态的主要原因：

(1) 不良生活方式和行为习惯　世界卫生组织1992年在一份报告中指出：发达国家70%～80%、发展中国家40%～50%、全球60%的死亡是由不良生活方式造成的。由于现代社会工作和生活节奏加快，负荷加重，经常违反生物钟的运转规律，影响人体正常的新陈代谢，久而久之，就有可能使人处于亚健康状态。此外，作息没有规律、不良娱乐休闲、缺乏体育锻炼、体力劳动匮乏、看电视太久、玩电脑游戏成瘾、过量饮酒、吸烟等等，对身心均造成不良影响。其中，亚健康发展成疾病的重要诱因是长时期超负荷工作、学习或睡眠不足，使机体生理性疲劳发展成病理性过劳。近些年来，中年知识分子体质普遍下降，慢性病多发，主要原因是长期工作、劳累过度、不能及时缓解疲劳，致使积劳成疾或导致死亡。我国"英年早逝"的悲剧大都发生在45～55岁年龄段的中年知识分子之中，"过劳死"成了中年知识分子早逝的主要原因，已经成为我们必须严肃面对的社会问题了。国家体改委公布的一个专项调查结果表明，我国知识分子平均寿命仅为58岁，低于全国平均寿命10岁左右。据统计，1994年上海地区科技人员的平均死亡年龄为67岁，比全市各类职业人群低3.26岁，其中15.6%发生在35～54岁的早死年龄段。分析其原因是复杂的，其中的一条是生活节奏不规律，经常不间断地工作，极易产生疲劳。疲劳是亚健康的一种最为常见的表现，也是导致疾病发生、发展的重要因素，主要表现为躯体慢性疲劳。疲劳已严重影响了人们的工作和生活，它虽然不像癌症、心脏病那样直接而迅速地造成死亡，但它作为一种危害现代人健康的隐形杀手，需要引起高度重视。

(2) 精神压力过大，心理状态失衡　在当今快节奏、高效率的现代社会，常常使人们长期处于竞争激烈、心理压力大的紧张状况之中。如高考、考研、留学考试；执业考试、职称考试与评定接踵而至；求职、就业、失业压力增大；不断加班以完成过重的工作任务；等等。在这种情况下，一个人如果心理承受和自我调节能力较差，不能够及时调整自己的心态、随时化解压力，就会使自己心理压力过大，思虑过度，精神长时间处于紧张状态。这样不仅会引起睡眠不良，还会影响人体的神经调节和内分泌调节，进而影响机体各系统的正常生理功能。

(3) 不合理膳食结构和不良饮食习惯　高热量、高脂肪或传统的低蛋白高热量膳食结构；暴饮暴食、不重视早餐、为减肥而长期节食或有偏食嗜好等不良饮食习惯，都会影响到营养素和能量的摄入，进而影响到生命的质量。

(4) 环境污染日趋严重，人们生存空间过于狭小　无处不在的大气污染、噪声污染、水污染、光污染、电磁污染等对人体心血管系统和神经系统都会产生许多不良影响。城市里高层建筑林立、交通拥挤、住房紧张、房间封闭、工作办公场所里个人空间过于狭小等，容易使人感到心情烦躁、郁闷。长期处在这种生存空间中，会影响到人体的正常生理功能。

4. 亚健康的预防

亚健康是众多现代疾病的先导。临床研究表明，大多数疾病其实都有一个缓慢的发生、发展过程，因此，关注人体亚健康状态，就是关注人体自身的生命质量。健康生存，文明生活，从而预防和消除亚健康，是世界卫生组织21世纪一项预防性的健康策略。防治亚健康状况，应从心理、行为、生活方式等各个环节切入，使心身交互作用，阻断亚健康向临床病变的发展，从真正意义上提高个人的生命质量。

(1) 生活节奏有规律　生活节奏要有规律是预防和消除疲劳的一个重要方面，疲劳是人体的一种生理性预警反应。短时间的过度活动所产生的疲劳，经过休息可以很快恢复。但长时间的超负荷工作，再加上夜生活过多，休息不好，就会产生疲劳的积累——过劳。过劳会损害身体健康，是健康的"透支"，长期下去必引发疾病。因此，要养成良好的生活习惯，注意合理安排工作、学习和生活，劳逸结合，保证睡眠，防止疲劳的积累，避免走向亚健康状态。

(2) 营养要全面均衡　任何一种食物都不能提供人体需要的全部营养素，合理的膳食必须由多种食品组成。控制总热量，减少动物脂肪和甜食的摄入；增加豆制品、蔬菜、水果等富含钾镁的食物；多进食富含多不饱和脂肪酸的食物，尤其是鱼类食物中含丰富的多不饱和脂肪酸，有降脂、降黏和抗血小板聚集等作用；减少钠盐量可直接降低高血压的患病率。一日三餐要定时、定量与平衡。

(3) 有规律的体育锻炼　保持脑力和体力协调的适量运动，是预防和消除疲劳，保证健康的一个要素。强度适宜的体育活动可提高大脑唤醒水平，使人精神振奋，消除疲劳，摆脱烦恼，对精神不振、心境很差的人具有很好的治疗和调节作用。经常进行体育活动，可以锻炼人的意志，增强自信心，并具有减轻应激反应以及降低紧张情绪的作用。尤其是通过群体体育活动，增加人与人之间的接触，使社会交往增加，身心欢愉，有助于消除孤独感，从而实现对人生物功能与社会功能间的调控。体育锻炼贵在坚持，重在适度。

(4) 培养良好的个性，保持健康的心态　正视压力和困难，克服精神紧张和心理压力，自我调节、平衡心理。

(5) 定期体格检查　亚健康是一种危险的威胁身心健康的信号，应及早寻找原因，及早检查防治，以达到"未病防病，已病防变"的作用。

总之，健康—亚健康—疾病这三者间是可以相互转化的。只要对亚健康状态及早预防，以健康乐观的心情去面对它，就不会被亚健康所困扰，尽早脱离亚健康状态。知识分子以极其认真、顽强的精神工作，也应该以这种精神去追求健康，因为只有他们健康才能为国家和社会做出更大的贡献。

二、平衡膳食与健康

(一) 营养素

食物的营养作用是通过它所含有的营养成分来实现的，食物中具有营养功能的有效成分称之为营养素。科学研究表明，维系人体正常生命过程所需的营养素有六类：蛋白质、脂肪、碳水化合物、无机盐、维生素和水。

1. 蛋白质

(1) 蛋白质的作用　蛋白质在机体内所起作用主要表现在两个方面，一是参与细胞结构组成；二是作为生物大分子发挥功能性作用。几乎所有的生命现象都直接或间接地与蛋白质有关，如肌肉收缩、新陈代谢中酶催化、氧气运输、激素调节、对外来病原体的免疫效应等等。遗传虽然是核酸的作用，但机体对基因的表达和调控依然需要蛋白质。

(2) 蛋白质的营养价值　蛋白质的营养价值一方面反映在食物中蛋白质的含量和机体对

它的消化率，更主要是体现在蛋白质的生物学价值（BV）和机体对它的利用率，而机体对蛋白质利用率的高低与氨基酸模式直接相关。氨基酸模式是指蛋白质中各种氨基酸之间的相互比例，对于某种蛋白质，其氨基酸模式越接近人体的需要，则该蛋白质利用率就越高，其营养价值也就越大。因为，无论是植物性还是动物性食物所含有的蛋白质类型与人体是不同的，食物蛋白质进入人体后被消化分解成氨基酸，机体根据人体蛋白质固有的模式利用这些氨基酸原料重新合成蛋白质，而对人体不需要的那些氨基酸则通过其他途径被摒弃。任何一种食物，其蛋白质所含的氨基酸种类、数量和比例都不可能与人体完全相似。因此，几种含有不同蛋白质的食物混合食用，可以取长补短，为人体提供比较全面的氨基酸种类，机体对蛋白质的利用率也可随之提高。

资料窗

几种主要食物蛋白质的生物学价值（BV）

鸡蛋:94	牛奶:85	鱼:83
牛肉:76	猪肉:74	虾:77
大米:77	小麦:67	大豆:73

（3）蛋白质与健康关系　蛋白质的营养不仅关系到个体的生长与发育，而且还维系机体的健康。例如，青少年对蛋白质的营养需求具有两个特点，第一是生长发育本身需要大量的蛋白质供给。无论是形态发育还是功能发育，青少年对蛋白质需要量都较之个体其他年龄段来得大，因为机体的生长归根到底主要就是细胞数目增加和细胞体积增大，蛋白质作用之一是参与了细胞结构组成。同时，伴随着生长发育，机体内许多参与功能活动的物质成分也大大增加，如酶、激素、抗体等物质主要是由蛋白质构成，所以保证青少年有足够量蛋白质供给是生长发育的营养学基础。青少年蛋白质营养不良者，其血浆蛋白含量降低，表现为低蛋白营养不良性水肿、体格生长迟缓、智力发育滞后、机体抵抗力下降，最终影响生长发育的质量。第二是青少年正值求学接受知识的阶段，而学习过程是一个脑力活动过程。脑科学研究表明，脑细胞的新陈代谢、神经细胞间信息的传递以及信息储存需要蛋白质的参与，蛋白质营养与学习、记忆等智力活动具有密切的关系。因此，保证蛋白质营养供给对于青少年智力的发展，由此全面提高身体素质显然具有非常重要的意义。

2. 脂肪

（1）脂肪的作用　脂肪在机体内的主要作用是参与细胞的构成、储存和提供热量、促进脂溶性维生素的吸收。

（2）脂肪与健康关系　脂肪对人体作用不仅体现在供给能量上，而且在个体生长发育中，作为一种不可替代的营养素在机体的结构组成和功能体现上起着重要作用。如细胞膜的基本成分是磷脂，无论是细胞体积增大，抑或是细胞数量增加所导致的生长都有脂质参与；又如神经组织中含有大量类脂，它们参与了神经组织结构的发育和代谢，对于中枢神经系统尤其是大脑的发育和代谢是有益的；而且作为脂溶性维生素吸收的载体，食物中脂肪将促进人体肠道对脂溶性维生素的吸收。虽然临床研究已表明，成年肥胖以及一些成年性疾病（如糖尿病、心脑血管疾病）的发生与儿童少年时期摄入过多的脂肪有一定的相关性，然而，对于青少年生长发育而言，膳食中完全排斥脂肪是不科学的，问题是如何科学、合理选择脂肪。膳食中过多摄入饱和脂肪酸显然不利于今后的健康；而不饱和脂肪酸大多属于人体自身不能合成的必需脂肪酸，后者具有维持机体上述正常功能的作用。

资料窗

饱和脂肪酸与不饱和脂肪酸

脂肪是由脂肪酸和甘油组成，脂肪酸分饱和与不饱和脂肪酸两类，两者区别在于碳链上是否含有双键。饱和脂肪酸碳链上每一个碳原子为氢原子所饱和而不含双键；不饱和脂肪酸碳链上含有1～6个不等的双键，其中含一个双键的为单不饱和脂肪酸，含两个或以上双键的则为多不饱和脂肪酸。

饱和脂肪酸：$CH_3(CH_2)_{16}COOH$（硬脂酸）；

单不饱和脂肪饱酸：$CH_3(CH_2)_7CH{=\!=}CH(CH_2)_7COOH$（油酸）；

多不饱和脂肪酸：$CH_3(CH_2)_4CH{=\!=}CH{-}CH_2CH{=\!=}CH(C_2H_2)_7COOH$（亚油酸）。

脂肪酸化学结构上的这种细微差异对血液中胆固醇水平变化有着重要影响，因为胆固醇在血液中转运依赖与多不饱和脂肪酸的结合，而这种结合具有降低血液中胆固醇水平的作用；血液中若缺少多不饱和脂肪酸，则胆固醇与饱和脂肪酸结合就容易在血管壁上沉积，导致血管管壁结构和功能发生变化（图3-1）。因此，从心脑血管的保健角度来说，应尽量减少富含饱和脂肪酸食物的摄入量。

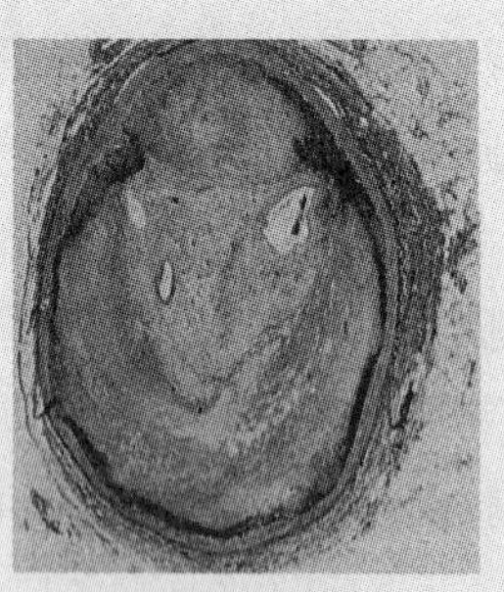

动脉粥样硬化血管

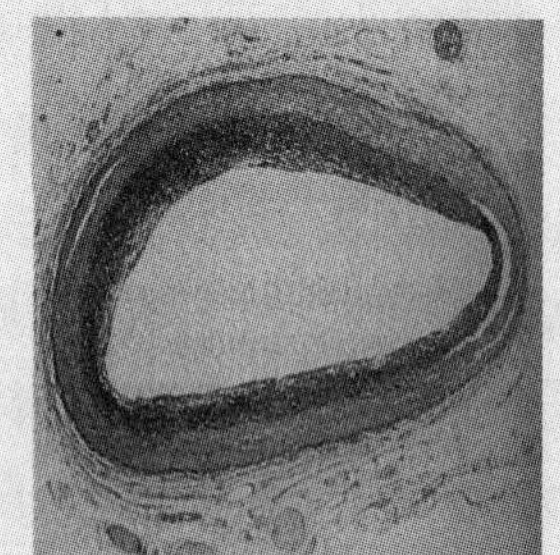

正常血管

图3-1　脂肪与动脉粥样硬化

3. 碳水化合物

（1）碳水化合物的种类　营养学上的碳水化合物又称糖类，包括食物中的单糖（葡萄糖、果糖等）、双糖（蔗糖、乳糖、麦芽糖等）和多糖（淀粉、纤维素、半纤维素、果胶等）。

（2）碳水化合物的作用　碳水化合物在机体内的作用主要是提供热量，在中国人的饮食结构中粮食占据了相当大的比例，人体所需热量的70%来自于碳水化合物。我国青少年的主食是碳水化合物，因此作为一种营养素并不缺乏。但是在实际生活中，如何利用碳水化合物节约蛋白质的作用则是一个应引起注意的问题。例如，由于种种原因很多青少年早餐质量并不高，有的以鸡蛋、牛奶等高蛋白为主，以为营养质量很高，其实并不然。动物实验研究分析表明，当碳水化合物与蛋白质一起被摄入机体后，在体内储留的氮比单独摄入蛋白质时要多，原因是蛋白质经消化分解为氨基酸而被吸收后，在组织细胞内重新合成蛋白质以及进一步代谢都需要能量。当蛋白质与碳水化合物一起被摄入机体后，这部分的能量就可由碳水化合物来提供。由于碳水化合物的存在可免于过多蛋白质作为机体的热能来源而消耗，有利于发挥蛋白质特有生理功能，这种作用被称为碳水化合物节约蛋白质作用。

(3) 膳食纤维　膳食纤维是指纤维素、半纤维素、果胶等多糖类物质，其中以纤维素为主要成分。纤维素与淀粉一样皆由葡萄糖分子所组成，但组成纤维素的葡萄糖分子彼此通过β-1,4糖苷键相连接，人体消化液中不存在β-1,4糖苷键酶，故不能消化分解纤维素。然而，纤维素对人体健康却具有重要的保健作用。

第一，它能增进胃肠道的运动，预防便秘和降低结肠癌的发病率。纤维素进入胃肠道后可以吸收和保留水分，使食物残渣变得松软而容易排出。而且纤维素经肠道细菌分解所产生的乙酸、乳酸等有机酸能刺激肠道运动速度加快，使食物残渣、肠道内的细菌及其代谢废物及时排出，这样既能防止便秘的发生，同时又可降低结肠癌的发病率。调查显示，欧美一些国家每人每天从食物中摄入的膳食纤维量是非洲人(居住农村的)的1/6，而每年结肠癌的发病率却是非洲人的14倍之多。

第二，可预防高血糖和高血脂的发生。高膳食纤维食物比低膳食纤维食物容易使人产生饱腹感，这是因为纤维素在胃内充分吸水后其体积膨胀，这样可以减少进食量，而不会由于过多摄入淀粉、脂肪而造成高血糖和高血脂。同时，纤维素能与肠道内的胆酸结合，进而促进胆固醇进入肝脏后经过代谢形成胆酸，由此起到降低血液中胆固醇含量的作用。

但由于纤维素分子结构中的醛糖残基能与食物中钙、铁等无机离子结合，从而导致机体对这些无机离子的吸收率降低，所以在强调膳食纤维保健作用的同时，也要注意它的负面效应。

4. 热量

(1) 生热营养素　蛋白质、脂肪和碳水化合物是产生热量的营养素，所以又称生热营养素。热量单位有两种表示方法：以前用卡(cal)或千卡(kcal)来表示，而现在则采用焦耳(J)或千焦耳(kJ)表示。两种热量单位的换算关系为：1卡≈4.18焦耳。

表3-1　三种生热营养素在体内的热量值

生热营养素	千卡/克	千焦耳/克
碳水化合物	4	16.7
蛋　白　质	4	16.7
脂　　　肪	9	37.5

(2) 人体对热量的利用　人体从食物中获取热量主要用于这几方面：

基础代谢：基础代谢是维持生命基本活动所必需的热量，以基础代谢率表示，其单位是千卡/(平方米·小时)。人体基础代谢率与年龄、性别密切相关：年龄越小其基础代谢率越高；同龄人男性高于女性；前者的原因与细胞新陈代谢能力有关，后者是由于男性骨骼肌在全身中所占比例大于女性，而骨骼肌的能量代谢最为显著。

体力活动：包括工作、体育锻炼等所消耗的热量，这部分热量在机体一日热量总需要量中占主要比例，其热量消耗的大小与体力活动的强度、持续时间等有关。

食物特殊动力作用：指机体由于摄食所引起的一种额外热量消耗，机体摄入任何食物后向外界散发的热量比进食前都有所增加。

生长发育：青少年在生长发育期间所需要的热量。

三种生热营养素在机体内的代谢中既各有特殊生理功能又相互影响，特别是碳水化合物与脂肪之间可相互转化，它们对蛋白质也有节约作用，故三者在总热能来源中应有一个恰当的相互比例。根据中国人的膳食结构、饮食习惯和经济水准，青少年以总热量的 12%～15%来源于蛋白质、25%～30%来源于脂质、55%～65%来源于碳水化合物为宜。

(3) 热量与健康　机体的基本生命活动以及各种活动是以热能作为基础的，青少年对于热能供给不足极其敏感。热能不足可影响蛋白质、维生素和矿物质的有效利用，可造成低体重和营养缺乏；而热能供给量过多又可造成热能蓄积而引起肥胖。每日摄入的热能若超出需要 80 kcal，一年之后就将增加 3 kg 体脂，热能摄入越高，超重/肥胖的患病风险越高。因此，必须重视热能对健康的影响。

5. 无机盐(矿物质)

食物中除碳、氢、氧、氮 4 种元素主要以有机化合物形式存在外，其余元素都构成无机盐，它们通常都呈离子状态(如 Ca^{2+}、PO_4^{3-})。无机盐中根据机体对其需要量的大小又可分为常量元素与微量元素。

机体对无机盐的需要量虽然远远少于三种生热营养素，但它们却是构成机体组织和维持正常生理功能所必需的。如果由于膳食不平衡、或机体代谢不平衡、或生理需要量增加而导致体内无机盐不足或缺乏时，均容易发生相应的营养缺乏症。通常容易发生营养缺乏症的无机物是钙、铁、碘和锌。

(1) 钙　钙在机体内 99%是以羟基磷灰石结晶($Ca_{10}(PO_4)_6(OH)_2$)形式，集中分布在骨骼和牙齿中。因此，机体缺钙主要影响到骨骼的发育，成人则易患骨质疏松症(图 3-2)。钙在人体肠道内吸收受许多因素制约，如食物中的植酸、草酸及脂肪酸等中的阴离子与钙离子结合后形成不溶性的钙盐；膳食纤维分子中的醛糖残基容易与钙离子(以及铁、锌等离子)结合；等等，这些因素都会导致食物中钙难以被机体所吸收。反之，食物中也存在促进钙吸收的一

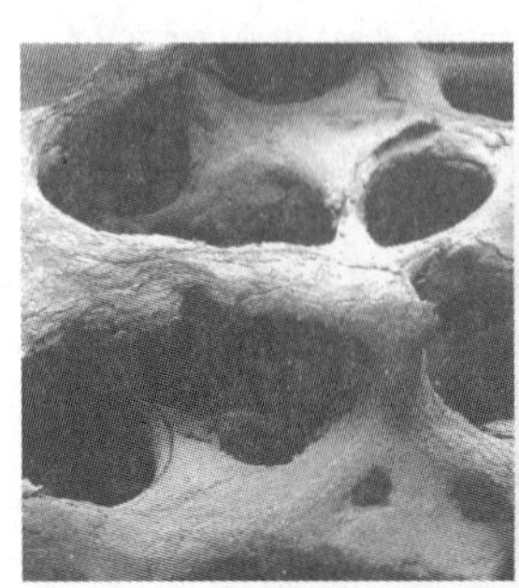

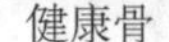

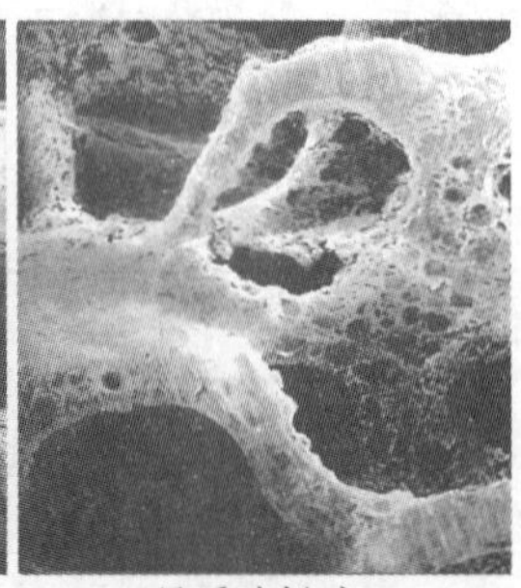

健康骨　　骨质疏松症

图 3-2　钙与骨的生长

些因素，如维生素D通过诱发肠黏膜细胞膜生成钙结合蛋白从而促进钙的吸收。由于牛奶中富含钙(120 mg/100 ml)与乳糖(4.8～6.8 mg/100 ml)，而牛奶中的乳糖能与钙结合形成可溶性络合物有利于吸收，因此是一种很好的补钙食品。高蛋白食物也有利于钙的吸收，原因是氨基酸与钙结合后形成可溶性的钙盐，所以有高蛋白膳食习惯的人一般不会发生缺钙现象，而以谷类为主的膳食结构则比较容易发生缺钙现象。青少年正值骨骼快速生长发育的关键时期，所以注意钙的营养是十分重要的。

含钙量比较丰富的食物中以奶及奶制品为最好，不仅含量丰富，而且吸收率高；蔬菜、豆类和油脂类种子中含钙也较高，尤其是黄豆及其制品；此外，小虾米、海带等海产品含钙量也特别丰富。

(2) 铁　铁在机体内的主要作用是参与血红蛋白的合成，因此缺铁势必影响血红蛋白的生成量，继而影响机体对氧的利用，最终影响机体的新陈代谢。缺铁引起血红蛋白含量降低在临床上称为缺铁性贫血，这是世界各国普遍存在的一种营养性缺乏病。缺铁性贫血产生的原因有多方面。其一是与缺乏高蛋白膳食有关，因为铁主要存在于动物性食物中；其二是与机体对铁吸收的特点有关，因为食物中的铁是以三价高铁(Fe^{3+})形式存在，它在胃中必须被还原成二价亚铁(Fe^{2+})后才能被肠道吸收，而这个还原过程需有胃酸以及食物中的维生素C的参与。青少年的生长发育是一个新陈代谢非常旺盛的过程，氧在血液内的运输主要依赖与血红蛋白的结合，因此保证膳食中铁的供给，提高食物中铁的吸收率，是预防缺铁性贫血发生的关键措施。

含铁量比较丰富的食物是动物肝脏、动物全血、肉类、鱼类以及白菜、荠菜、菠菜等蔬菜。

(3) 碘　碘在机体内的主要作用是参与甲状腺素的合成。甲状腺素由甲状腺所分泌，其主要功能是调节机体的物质和能量代谢、促进机体的生长发育。碘对机体生长发育的影响主要表现在对脑和长骨的发育和生长上，尤其是在胚胎发育后期至出生后的头4个月内影响最大。在青少年时期，若由于种种原因导致甲状腺素分泌不足，不仅影响机体的物质和能量代谢，使生长发育迟缓，而且还会降低神经系统的兴奋性，导致反应迟钝、记忆力衰退等智力功能障碍。

碘缺乏病是当今世界分布最广泛、侵害人群最多的一种微量元素缺乏病。据统计，我国1 017万智力残疾人中，因缺碘造成智力障碍的约占80%，充分说明了缺碘的严重性。2004年，卫生部等部门制定的《全国重点地方病防治规划(2004—2010年)》提出，到2010年，全国各省、自治区、直辖市及95%以上的县(市)实现消除碘缺乏病的目标。

含碘量比较丰富的食物是海带、紫菜等海产品，市场上销售的加碘盐也是补充碘来源的一条重要途径。

(4) 锌　锌在机体内主要以参与生物大分子合成的形式存在于蛋白质和各种含金属离子的酶中，由此影响蛋白质、糖和脂肪的代谢过程，以及核酸的合成。调查与研究表明，青少年缺锌将会引起发育迟缓、生殖器官和第二性征发育不良、智力低下、机体抵抗力降低、严重缺锌可能会导致丧失生育能力。由于锌在动物性食物中含量相对较高，而我国又是以谷类食物为主，因此青少年缺锌的现象也较为普遍。

含锌量比较丰富的食物是肉类、鱼类、动物内脏等。

6. 维生素

维生素是一类在机体内不能合成或合成量很少，而必须从食物中摄取的生理调节性物质。它们多数是以酶的组成成分形式参与人体的新陈代谢，当某一种或几种维生素缺乏时，会导致人体新陈代谢发生障碍而致病。根据维生素的溶解性质可将其分为两类：水溶性维生素（维生素 B_1、B_2、B_6、B_{12}、维生素 C、烟酸、泛酸、叶酸、生物素等）和脂溶性维生素（维生素 A、D、E、K 等）。

（1）维生素 B_1 与 B_2　维生素 B_1（硫胺素）与 B_2（核黄素）在机体内的作用与能量代谢有关。维生素 B_1 通过在体内转变为 TPP（硫胺素焦磷酸酯），参与糖类代谢的关键环节而影响整个代谢过程；而维生素 B_2 则通过参与各种黄素蛋白的组成，继而对物质和能量代谢发生作用。

人体缺乏维生素 B_1 容易患脚气病。脚气病使神经发生疼痛性的变性，严重的病例可引起瘫痪和充血性心力衰竭，现在只以精米为主食的地区有时仍然可以见到这种病症。维生素 B_1 在谷类、坚果中的含量都很高。

人体缺乏维生素 B_2 容易造成角膜炎、口角炎、舌炎、皮肤炎等症状。维生素 B_2 在动物性食物中含量比较高，如肝、肾等；其次是蛋、奶类。

（2）维生素 B_{12}　维生素 B_{12} 在机体内主要作用是促进红细胞发育和成熟，缺乏维生素 B_{12} 易患巨幼红细胞性贫血（即恶性贫血）。患者面色泛黄，身体疲惫，血液中红细胞数仅为正常人的 1/3，甚至更少。维生素 B_{12} 在人体肠道内的吸收需要一种黏膜分泌的“内因子”物质帮助，因此当胃液分泌功能不好的人，尽管平时摄入的食物中富含维生素 B_{12}，但仍会发生维生素 B_{12} 缺乏症状。维生素 B_{12} 主要来源是动物性食物，如肝和肉类等都富含维生素 B_{12}。

（3）维生素 C　维生素 C 又称抗坏血酸，它在机体内的最主要作用是促进胶原蛋白合成。胶原蛋白由羟脯氨酸和羟赖氨酸合成，它们分别由脯氨酸和赖氨酸转变而来，而这个过程必须要有维生素 C 的参与，换言之，没有维生素 C 就不可能有胶原蛋白的生成。一旦机体合成胶原蛋白发生障碍，会使伤口、溃疡不易愈合，毛细血管通透性增大，引起牙龈和皮肤毛囊及其四周出血，甚至皮下、黏膜、肌肉和关节等处内出血，呈现坏血病症状。

随着对维生素 C 生理作用的进一步研究，人们认识到除了防治坏血病以外，它还能促进抗体形成，增强白细胞的吞噬能力，所以能增强机体对传染病的抵抗力。此外，维生素 C 具有很强的还原性，在体内它可以直接与过氧化物作用，因而可以保护细胞的结构和有效成分免于氧化破坏。近年来，动物实验、肿瘤流行病学调查和临床观察也提示维生素 C 具有一定的抗肿瘤作用。

（4）维生素 A　维生素 A 对人体最主要作用是维持眼在暗环境中的正常适应能力。眼视网膜上存在着两类感光细胞，一类是对昼光刺激敏感并能形成色觉的视锥细胞；另一类是对弱光刺激敏感的视杆细胞。视杆细胞内感光色素是视紫红质，它是在黑暗环境中由视黄醛与视蛋白合成，视黄醛是由维生素 A 转化而来。显然，机体若缺乏维生素 A，在黑暗环境中就不能形成视紫红质，势必影响眼在暗环境中的感光能力，严重者会导致夜盲症。

维生素 A 的另外一个重要作用是维持机体上皮组织结构的完整性。缺乏维生素 A 将会导致呼吸道、消化道、尿道等部位上皮组织发生角质化，进而导致这些部位功能发生异常，使机体消化吸收能力下降、易患呼吸道疾病及肾炎等。

含维生素 A 的食物主要是动物的肝脏，另外，经常食用富含胡萝卜素的蔬菜也是补充维生素A的重要途径，因为胡萝卜素进入机体后会转变成维生素A。

(5) 维生素D　维生素D在机体内的主要作用是促进肠道对钙的吸收和肾脏对磷的重吸收，使血钙、血磷浓度增加，有利于钙、磷在骨中沉积，从而促进骨的钙化。因此，维生素D对骨骼的生长和发育起着非常重要的作用，人体若需补钙其前提是体内必须要有一定量的维生素D才会奏效。

机体内维生素D的来源有两条途径：一是从食物中摄入；二是体表皮肤细胞内的7-脱氢胆固醇(由胆固醇氧化而来)经阳光中的紫外线照射生成，所以经常接触日光的人在一般膳食条件下是不会发生维生素D缺乏症的。

人体婴幼儿期若缺乏维生素D则容易患佝偻病；成年人则容易发生骨质疏松症。佝偻病是由于营养缺乏和日光照射不足所引起的。佝偻病会使骨质软化，在身体重量的影响下，形成鸡胸、弓形腿或膝内翻。当成年人患骨质疏松症时，全身产生疼痛，尤其是脊柱或骨盆处疼痛，兼有长期性疲劳。19世纪，鱼肝油已经被用于治疗和预防佝偻病。除了鱼肝油含有丰富的维生素D外，动物肝脏、蛋类等食物中均含有一定量的维生素D。

(6) 维生素E　维生素E又名生育酚，以抗不孕而闻名。临床上发现，妊娠时母体对维生素E的需要量增加，如供应不足则有可能引起正常胚胎发育受阻，同时维生素E也用来治疗习惯性流产、先兆性流产、女性不孕症等。

自从维生素E被发现以来一直是人们研究的重点，20世纪70年代由于生物化学和细胞学的发展，对维生素E的作用有了进一步认识，其中维生素E抗氧化和改善血液循环的作用尤其引起人们的关注。

机体内脂质在代谢过程中如氧化不完全则会形成过氧化脂质，过氧化脂质不仅影响细胞的结构与机能，而且会进一步形成脂褐素。脂褐素是造成老年性色斑的原因，同时也会附着于血管壁上而导致动脉粥样硬化及糖尿病等多种疾病。维生素E具有很强的抗氧化作用，它不仅能阻碍过氧化脂质的产生，而且对已形成的部分具有消除作用，因此它对推迟机体细胞老化进程和保持血液循环通畅起到了积极的作用。所以，维生素E与维生素C同被人们称为抗衰老营养素。

(二) 平衡膳食

1. 平衡膳食定义

平衡膳食指从膳食中所摄入的各种营养素，其种类、数量和质量与机体需要相平衡。平衡膳食意味着：

第一，在热量和营养素上达到了生理需要量；

第二，在各种营养素间建立起一种生理上的平衡：包括三种生热营养素作为热量来源比例的平衡；与物质和能量代谢有着密切关系的维生素之间的平衡；蛋白质中必需与非必需氨基酸之间的平衡；饱和脂肪酸与不饱和脂肪酸之间的平衡；可消化的碳水化合物与膳食纤维之间的平衡；无机盐中各元素之间的平衡；等等。

2. 平衡膳食组成

平衡膳食包括以下几类食物：

粮食类：粮食类在膳食结构中占主导地位，是机体热量的主要来源。

高蛋白质类：瘦肉、鱼、禽、蛋、牛奶、豆制品等。

蔬菜水果类：维生素和无机盐的主要来源，应保证每天摄入500g（指可食部分），其中绿叶蔬菜应占50%。

烹调油类：脂质的主要来源。

表3-2 成年人每日膳食中营养供给量

类 别	热能(kcal)	蛋白质(g)	钙(mg)	铁(mg)	视黄醇当量(μg)	维生素B_1(mg)	维生素B_2(mg)	维生素C(mg)	维生素D(μg)
成年男子（18～40岁）	2 600	75	600	12	1 000	1.3	1.3	60	10
成年女子（18～40岁）	2 400	70	600	15	1 000	1.2	1.2	60	10

注：1国际单位维生素A=0.3 μg视黄醇；1 μg胡萝卜素=0.167 μg视黄醇

膳食由多种食物组成，每种食物都含有不同的营养素。在上述平衡膳食基础上，需要膳食中食物的品种尽可能多样化，为机体提供比较全面、合理的营养；同时需要控制高热量、高脂肪和高胆固醇食物的摄取量，以预防肥胖、心脑血管病和糖尿病的发生；在饮食习惯上坚持不偏食、不饱食，合理分配一日三餐的热量。

三、现代"文明病"与健康

20世纪以来，人类以前所未有的速度建设了现代物质文明，人类在享受这种高度物质文明的同时也给自身带来不少弊端。生活水平的提高使人们的膳食结构发生了极大的变化，食物越来越精细，高脂肪、高糖食物所占比例过大；住房的现代化装饰带来了于身心不利的各种污染；家用电器的普及使人从繁重家务活中解放出来的同时却失去了体力劳动的机会；抽烟及过量饮酒给身体带来了潜在的危害；高度发达的工业所造成的环境污染影响着人类的健康；等等。伴随而来的肥胖、高血压、冠心病、糖尿病、脑血管病、电脑病、空调病等一些与贫困病不同的现代"文明病"发病率逐年上升，发病群体的平均年龄越来越低；个体同时患几种病的也呈现越来越多的趋势。现代文明病既反映了居民生活水平的提高和工作节奏的加快，也表明居民膳食结构不尽合理，而且与吸烟、酗酒、缺少运动等行为相关。这种现代文明病诚如世界卫生组织所指出的那样：营养过剩和生活方式疾病已成为威胁人类健康的头号杀手。由卫生部、科技部和国家统计局联合组织完成的2002年"中国居民营养与健康状况调查"结果也显示，膳食高能量、高脂肪和体力活动少与超重、肥胖、糖尿病和血脂异常的发生密切相关。

（一）肥胖

1. 肥胖的发生率

肥胖是一种现代文明社会的流行性疾病，正成为世界性医学和公共卫生学研究热点之一。在我国，随着经济增长和人民生活水平提高，尤其是城市市民的肥胖率在逐年增长。据2002年"中国居民营养与健康状况调查"报告，我国居民超重率为17.6%、肥胖率为5.6%，两者之和为23.2%，已接近总人口的1/4，其中18岁及以上成年人超重率为22.8%、肥胖率为7.1%。2002年我国居民的超重率比1992年上升了38.6%，肥胖率上升了80.6%，其中18岁及以上人群分别上升了39.0%和97.2%。由于超重基数大，预计今后我国肥胖患病率会有较大幅度增长，从而成为一个日益严重的公共卫生问题。该报告同时也指出，与1992年相比，2002年我国城乡学龄儿童少年超重率增加了19.4%，肥胖率增加了5.9%，青少年的肥胖发展趋势令人担忧，如任其发展后果不堪设想。

2. 肥胖的危害

早在20世纪30年代，人们就已经认识到肥胖对人体的危害，国外人寿保险公司的统计资料显示，肥胖的保险客户通常是风险客户，而且随着体重增加其保险的风险也越大。1997年6月，世界卫生组织将肥胖症定义为疾病，并指出肥胖是全球性的公共卫生问题，被世界卫生组织列为严重危害人类健康的五大疾病之一，足见肥胖的危害性。

（1）引发心脏病和高血压　脂肪组织中有血管，脂肪过多引起心脏的输出量增加，从而增加心脏的负担，容易导致心脏肥大，体重愈重，心脏的负荷就愈大；同时，由于血管外脂肪沉积导致血管不易扩张，使血压升高。

（2）容易导致动脉硬化　肥胖者血液中血脂含量明显高于正常者，而且肥胖程度愈高血脂含量也愈高，血脂容易在血管壁上沉积，从而导致动脉发生粥样硬化，继而诱发高血压、冠心病和中风。

（3）增加糖尿病的发生率　由于体内脂肪量过多会影响糖类的代谢，表现为糖耐量降低和胰岛素升高，这是造成成年人糖尿病的潜在因素。

我国肥胖患者群中呈现两个特点：一是人数大幅度上升，特别是青少年肥胖比率逐渐增高；二是由于肥胖引起心血管病死亡的人数，已占到城市死亡总人数的63%。肥胖不仅使人体外观显得臃肿、行动迟缓，而且医学研究证明，肥胖和糖尿病、高血压、高血脂症、动脉粥样硬化等多种疾病有关系，这些疾病又被统称为“代谢综合征”。虽然在青少年时期，代谢综合征的表现一般并不严重，但是青少年时期的肥胖，可以使发生代谢综合征的各种危险因素聚集，给他们成人以后的健康带来不良后果。调查表明，青少年时期的肥胖者到成年人时约有60%～80%仍为肥胖者，肥胖的青少年长大成人后，高血压、高血脂症、动脉粥样硬化、糖尿病的发病率比一般人要高几倍至几十倍。因此，青少年的超重、肥胖问题，是关系到人一生生命质量的问题。

3. 肥胖的成因和预防

（1）肥胖的成因　按肥胖发生的原因可分为症状性（继发性）和单纯性肥胖两种，单纯性肥胖占所有患者的95%以上，由儿童时期发生的肥胖绝大多数属于单纯性肥胖。导致单纯性肥胖发生的原因既有环境因素又有遗传因素。

① 环境因素　导致肥胖的环境因素是非常复杂的，与膳食结构、饮食习惯、生活习惯、缺乏体力活动等有着密切的关系，是多种综合因素作用的结果。在这些因素中营养与体力活动，尤其是营养的因素对于单纯性肥胖的作用更大。近年来，由于人民物质生活水平的提高，饮食结构中增加了脂肪、蛋白质和糖类的摄入量，加之膳食结构不合理，体力活动减少等原因，使肥胖发生率呈上升的趋势。因为能量代谢在体内是处于动态之中，若饮食中摄入的热量超过机体的需要量，多余的热量即转化为脂肪储存而发生肥胖。此外，运动量不足使得能量消耗减少，容易导致肥胖的发生，而肥胖者往往是不喜欢运动的，两者可互为因果。

2002 年“中国居民营养与健康状况调查”结果表明：我国居民食物消费结构出现不良的偏离，导致“营养失衡”。偏离主要表现在两个方面：一方面，城市居民甚至富裕农村居民膳食偏离了平衡膳食的“适量动物性食物”和脂肪量的要求，脂肪供能比急剧上升；另一方面，谷类和蔬菜消费减少，居民膳食的谷类供能比已低至 48.5%，大城市竟低至 41.4%，大大低于平衡膳食的合理比例。这种偏离平衡膳食原则的食物消费模式以及城市生活静态化造成了我国城市居民中超重和肥胖率迅猛上升，同时也直接增加了高血压、血脂异常以及糖尿病的危险性。另外，上述调查报告也表明，静态生活方式与肥胖、高血压、糖尿病和血脂异常的患病危险密切相关：每天看电视 4 小时以上者，超重/肥胖、高甘油三酯、高胆固醇、糖尿病和高血压的患病风险比每天看电视不足 1 小时者分别增加 89%、69%、66%、46%和 19%。

② 遗传因素　流行病学调查已表明肥胖症具有家族遗传倾向，双亲均为肥胖者其子女 70%～80%为肥胖者；若双亲之一（尤其是母亲）为肥胖者则其子女 40%为肥胖者。这说明，肥胖一方面与遗传有密切关系，同时表明后天环境因素也起着重要作用。一般来说，双亲均为肥胖者，其子女应作为重点的预防对象。为什么肥胖能遗传呢？遗传一方面是体型的遗传，另一方面是酶活性的遗传。机体中三种生热营养素转变成热能需要很多酶的参与，不同的人其机体酶的活性效能不同。研究表明，肥胖者脂肪形成的速度比正常人要快，而且他们的基础代谢水平较低，热量利用效率较高，因此即使平时吃得不是很多，能量的储存量仍然是大于消耗量。

从基因水平看，体重调节是由一个相对庞大的基因组决定的。基因筛选的结果表明，与肥胖相关的主要基因位于 2、10、11 和 20 号染色体上，科学家们已经识别出十几种或多或少与肥胖有关的基因。例如，2001 年 1 月的《Genes & Development》杂志报道了 Pfizer 公司和哈佛医学院的两个研究小组各自独立发现了一个脂肪细胞发育的关键基因，有一种编码 PPARγ 受体蛋白的基因可能就是人们寻找的肥胖基因，这种基因与脂肪生成以及脂肪细胞的生成发育有直接的关系。而英国科学家在 2007 年 3 月出版的《Science》杂志上，则首次阐明肥胖与 FTO 基因的清晰关系。研究发现，FTO 基因有两个变种，每个人都会遗传这一基因的两个副本。当某人遗传的两个副本都是一个变种时，肥胖概率将比遗传两个不同变种的人高 70%，这样的人在欧洲人群中占 17%。对于肥胖基因的确定，往往通过两条途径加以证实，一是通过研究基因所表达的蛋白产物，检查该蛋白的生物功能，以确定是否与肥胖有关；二是观察人体或动物模型在这类基因的功能遭到破坏时，是否会导致单基因缺陷而产生肥胖。由于肥胖是一个十分复杂的综合征，发病过程复杂，许多问题还有待于进一步研究。

（2）肥胖的防治

肥胖症发生的根本原因在于长期机体热量摄入超过消耗而导致脂肪在体内沉积，因此其预防的中心环节是通过调节机体的营养素摄入和能量消耗而达到维持能量代谢平衡的目的。肥胖症的预防应从幼年开始，加强健康教育和环境干预，在合理营养同时坚持体力劳动和运动锻炼。

① 控制饮食　通过严格限制热量摄入使膳食供热量低于机体实际消耗量，以造成机体能量的负平衡，肥胖者保持长期的营养均衡对减重的维持并恢复其正常的生理功能大

有裨益。肥胖者控制饮食的基本原则为低能量、低脂肪、适量优质蛋白质、含复杂碳水化合物(如谷类);增加新鲜蔬菜和水果在膳食中的比重。一般认为,控制饮食减轻体重应每周减轻不超过500克为宜,最初1～2周控制饮食体重则常常不见下降,原因是减少的脂肪为水分所取代,2周后如坚持控制饮食,那么体重一般即可逐渐下降。青少年肥胖者在减少脂肪和热量摄入量的同时,要保证其他营养素的正常供应,因为生长发育和学习需要全面营养。

② 适度运动　运动是减轻体重有效和有益的措施,它不仅增加能量的消耗从而达到减轻体重之目的,而且能增强体质,改善器官的功能状态。但需注意的是只有在控制饮食的基础上,适度运动才能取得实效,而且要持之以恒。

资料窗

体重指数(BMI)

目前判断肥胖的依据主要是采用体重指数,该指数及其标准是1995年美国国立卫生研究院与美国卫生基金会发布的指导标准,也是目前国际上广为采用的公认的客观指标:

$$体重指数(BMI)=\frac{体重(kg)}{身高^2(m^2)}$$

评价标准:BMI＜18.5为体重过轻;18.5≤BMI＜24.0为体重正常;24.0≤BMI＜28.0为“超重”;BMI≥28.0为“肥胖”

(二)糖尿病

糖尿病是由于人体内胰岛素绝对或相对缺乏而引起的血中葡萄糖浓度升高,进而糖大量从尿中排出,从而出现多饮、多尿、多食、消瘦等症状,进一步发展则引起全身各种严重的急、慢性并发症的一种常见内分泌疾病。

1. 糖尿病的发生率

过去认为糖尿病是中老年的疾病。近年来发现在全球范围内,随着儿童及青少年肥胖病的增多,儿童及青少年的糖尿病患病人数亦迅速增多。2002年,我国大城市、中小城市和农村18岁居民糖尿病患病率分别为6.1%、3.7%和1.8%,与1996年糖尿病抽样调查资料相比,仅仅6年时间,大城市人群患病率即上升40.0%。目前我国已经确诊的糖尿病患者人数有2 000多万,糖尿病患者人数仅次于印度,位居世界第二位,可以预见我国糖尿病患病率将呈不断上升趋势。世界卫生组织预测,到2025年全球糖尿病患者将上升到3亿人,新增加的糖尿病患者将主要集中在中国、印度等发展中国家,届时中国糖尿病人数将达到5 000万人以上。

2. 糖尿病的类型

糖尿病在临床上分两种类型:

(1) 胰岛素依赖型糖尿病(即Ⅰ型糖尿病)　Ⅰ型糖尿病多发生于青少年,其胰岛素分泌缺乏,必须依赖胰岛素治疗维持生命。此型患者起病较晚,病情较重,容易出现酮症酸中毒,重者昏迷。有些病人通过胰岛素治疗后，胰岛β细胞功能有不同程度的改善，个别病人甚至在一段时间内可以不用胰岛素治疗。

（2）非胰岛素依赖型糖尿病（即II型糖尿病） 多发于成年人或老年人，其胰岛素的分泌量并不低甚至还偏高，病因主要是机体对胰岛素不敏感（即胰岛素抵抗）。此型患者起病较慢，病情较轻，体型多肥胖，血浆胰岛素水平可稍低、正常或偏高，II型糖尿病发病率很高，约占糖尿病发病人数的90％左右。

胰岛素抵抗是指体内周围组织对胰岛素的敏感性降低，组织对胰岛素不敏感，外周组织如肌肉、脂肪组织对胰岛素促进其葡萄糖摄取的作用发生了抵抗。临床上针对II型糖尿病患者的药物主要是胰岛素增敏剂，使糖尿病患者得到及时有效及根本上的治疗。胰岛素增敏剂可增加机体对自身胰岛素的敏感性，使自身的胰岛素得以“复活”而充分发挥作用，这样就可使血糖能够重新被机体组织细胞所摄取和利用，使血糖下降，达到长期稳定和全面地控制血糖的目的。

3. 糖尿病的病因

糖尿病病因及发病机制十分复杂，目前尚未完全阐明，通常认为糖尿病是由遗传和环境因素相互作用而引起的一种常见病。

（1）遗传因素

遗传学研究表明，糖尿病发病率在血缘亲属中与非血缘亲属中有显著差异，前者较后者高出5倍。在I型糖尿病的病因中遗传因素的重要性为50％，而在II型糖尿病中其重要性达90％以上，因此引起II型糖尿病的遗传因素明显高于I型糖尿病。

目前科学家认为糖尿病是由几种基因受损所造成的：I型糖尿病——人类第六对染色体短臂上的HLA-D基因损伤；II型糖尿病——胰岛素基因、胰岛素受体基因、葡萄糖溶酶基因和线粒体基因损伤。例如，1992年在国际上首先报道的线粒体基因突变糖尿病是少数已知几种单基因突变糖尿病中最多见的一种，用分子生物学技术发现线粒体DNA上第3243位核苷酸由A突变为G，就会引起线粒体基因突变糖尿病，而且该病具有特殊传递方式，即家系内女性患者的子女均可能传得此突变基因而得病，但男性患者的子女均不得病。

（2）环境因素

① 肥胖因素 目前认为肥胖是糖尿病的一个重要诱发因素，约有60％～80％的成年糖尿病患者在发病前均为肥胖者，肥胖的程度与糖尿病的发病率呈正比。肥胖时脂肪细胞膜和肌肉细胞膜上胰岛素受体数目减少，对胰岛素的亲和能力降低、体细胞对胰岛素的敏感性下降，导致糖的利用障碍，使血糖升高而出现糖尿病。另外，饮食过多而不节制，营养过剩，使胰岛β细胞功能原已潜在低下则负担更重，而诱发糖尿病。现在国内外亦形成了“生活越富裕，身体越丰满，糖尿病越增多”的概念。

② 感染因素 感染在糖尿病的发病诱因中占非常重要的位置，特别是病毒感染是I型糖尿病的主要诱发因素。在动物研究中发现许多病毒可引起胰岛炎而致病，包括脑炎病毒、心肌炎病毒、柯萨奇B4病毒等。病毒感染可引起胰岛炎，导致胰岛素分泌不足而产生糖尿病。另外，病毒感染后还可使潜伏的糖尿病加重而成为显性糖尿病。

除了上述主要因素外，其他如精神紧张、妊娠次数、体力活动减少等因素也会诱发糖尿病。

4. 糖尿病的症状和危害

糖尿病是一种终生性疾病，迄今为止尚无特效药可以根治。而且存在着比正常人高出4倍的心脑血管病发生概率、高出10倍的中风危险、高出17倍的患尿毒症的可能和高出25倍的致盲概率，是当今世界上危害人类健康仅次于恶性肿瘤、心脑血管病的第三大疾病。

(1) 糖尿病的主要症状　糖尿病的主要症状是多尿、多饮、多食及体重减轻，即所谓“三多一少”。了解糖尿病的主要症状，有助于患者及早发现患有糖尿病。

① 多尿　由于胰岛素分泌减少，或虽有足量胰岛素，但不能充分发挥作用，使血糖不能有效利用而浓度升高，形成高血糖。正常时，血糖随血液经肾脏被肾小球滤过进入肾小管后被全部重新吸收回到血液，因此尿中不含葡萄糖。当血糖超过10 mmol/L(180 mg/dL)时，被肾小球滤过的过高浓度的葡萄糖超过肾小管重新吸收能力时，则葡萄糖随尿排出，即出现尿糖。尿中排出的葡萄糖有利尿作用，因而血、尿糖增高，则排尿次数增多，尿量增加。

② 多饮　多尿使人体丢失水分过多，导致口渴多饮。

③ 多食　糖尿病患者血糖虽高但不能利用，因而能量缺乏。作为生理补偿损失，患者易饥而食量大增，因葡萄糖不能充分利用，反而使血糖更高，尿糖更高，反复形成不良循环。

④ 消瘦　因血糖不能利用导致体内能量不足，原来储存的脂肪、蛋白质被动员作为能量来源进行消耗，逐渐出现全身虚弱无力，劳动能力减退，精神萎靡不振，且严重多饮多尿可扰乱日常生活及睡眠规律，进一步加重症状。

(2) 糖尿病的并发症　糖尿病的危害不仅在于其疾病本身，更在于各种急慢性并发症，已成为危及人类生存质量的罪魁祸首。

① 糖尿病性肾病　糖尿病性肾病是糖尿病的重要并发症之一，其中糖尿病性肾小球硬化症是糖尿病特有的肾脏并发症。由于肾功能损害，引起全身浮肿(下肢、脸部尤为明显)，容易发展成为尿毒症。糖尿病性肾病是导致糖尿病患者死亡的一个重要原因。

② 糖尿病性眼病　眼底视网膜血管病导致眼底出血，视力减退，引起白内障、青光眼等。其中最常见的是糖尿病性视网膜病变，它是糖尿病致盲的重要原因，其次是糖尿病性白内障，也是糖尿病破坏视力最常见的并发症。

③ 糖尿病性心脏病　发生高血压、冠心病、冠状动脉硬化变形、狭窄和堵塞导致心绞痛、心肌梗塞甚至发生猝死。

④ 糖尿病足(肢端坏疽)　糖尿病足是由于糖尿病血管、神经病变引起下肢异常改变的总称，糖尿病肢端坏疽是糖尿病足发展的一个严重阶段。

⑤ 糖尿病性神经病变　糖尿病性神经病变，是糖尿病在神经系统发生的多种病变的总称，其中糖尿病性周围神经病变是糖尿病最常见并发症。

可见糖尿病并发症包含内外科常见病的总和，治疗不及时和治疗不当，都可能造成不良的后果，重者甚至危及生命，严重地影响着人类的生命健康。

根据2002年一项11城市的调查结果推算，我国用于糖尿病治疗的花费中，治疗糖尿病及并发症的直接医疗费为188.2亿元人民币，占总卫生费用的3.95%，其中治疗并发症的直接医疗费为152.4亿元人民币，占81%；治疗无并发症的医疗成本为35.8亿元人民币，占19%，这也就预示着在中国糖尿病治疗将成为社会巨大的负担。

5. 糖尿病的预防

步入21世纪，包括中国在内的发展中国家正面临II型糖尿病患者迅速增多的危险；与此同时，还有同样多的糖耐量受损(IGT)人群徘徊在糖尿病大门外，如果不及时有效干预，其中约1/3将不可避免地转变为II型糖尿病。在全球范围内积极开展糖尿病预防研究已成为各国政府和卫生医疗部门面临的严峻课题，对此，国际上完成了多项II型糖尿病一级预防临床试验。

强化生活方式干预是对IGT人群的首选干预措施。在芬兰糖尿病预防研究(DPS)、美国糖尿病预防项目(DPP)以及我国大庆中日友好医院的研究中，都采用了饮食和运动干预措施。结果表明，对IGT人群进行有效的强化生活方式干预，可以预防和延缓II型糖尿病的发生。在DPS研究中，为预防1例糖尿病事件，需要对8人进行强化生活方式干预(为避免出现1例新发病例，需要接受干预的人数(NNT)为8)，在DPP研究中NNT为7，充分说明了饮食干预和运动锻炼的重要性。

我国大庆的研究中，饮食和(或)运动锻炼干预可以显著降低IGT人群进展为II型糖尿病的危险(NNT为4)，证明对中国IGT人群开展强化生活方式干预同样有效。

知识窗

糖耐量受损(impaired glucose tolerance，IGT)

糖耐量受损是指血糖介于正常人血糖值与糖尿病人血糖值之间的一种中间状态。

1999年WHO与国际糖尿病联盟(IDF)将空腹血糖小于7.0 mmol/L(126 mg/dL)，口服75 g葡萄糖2小时后血浆血糖在7.8～11.1 mmol/L(140～200 mg/dL)之间的状态称为糖耐量受损，是预示II型糖尿病的高风险因素，其发展为II型糖尿病的危险性比一般人群高。在此阶段积极治疗，可以大大降低糖尿病的发病率。

目前预防糖尿病的基本共识是：改变生活方式是预防糖尿病的关键，即要有科学、合理的膳食结构，控制富含热量食物(如脂肪、碳水化合物)的摄取量；其次要坚持体育锻炼，防止体重过重；再则要改善精神状态，减少外来紧张刺激带来的负面效应。当然，定期的健康检查使得糖尿病更容易被及早发现，从而得以及早治疗。

(三) 心脑血管疾病

心脑血管疾病是心脏血管性疾病和脑血管性疾病的总称，其中冠状动脉粥样硬化性心脏病(冠心病)和脑中风对人类的危害最大。

1. 心脑血管疾病流行现状

据2000年世界卫生组织报告，目前全球每年有1 700万人死于心脑血管疾病，约占全球死亡人数的三分之一，预计到2020年这个数字将有可能突破2 000万。我国心脑血管病患者人数呈逐年上升趋势，年龄呈年轻化趋势。据统计，我国每年因心脑血管疾病造成死亡的人数约260万，我国15岁以上人群高血压患病率约为14%，比30年前增加了一倍。最令人担忧的是，30 岁左右发生心肌梗塞、脑梗塞和脑溢血的患者越来越多。

据北京安贞医院历时 10 年、在 70 万人群中进行的心脑血管疾病流行病学调查，发现 60 岁以下的患病人群增长迅速：急性冠心病男性 45 岁至 49 岁年龄组增加了 50%；女性 55 岁至 59 岁年龄组增加了 32%；脑梗塞、脑出血等急性脑卒中在 35 岁年龄组的发病率分别增加了 136%和 220%。

据流行病学研究表明，造成心脑血管疾病上升和年轻化趋势的主要原因，与社会的发展和人们生活水平的提高是分不开的。从社会层面来看是经济发展带来生活水平提高后，整个社会尚未形成一种健康的生活方式；从个人层面来看主要与不良的生活习惯和不合理的膳食结构有关。现已明确导致心脑血管疾病的主要危险因素有：高血压、高血脂、吸烟、不平衡膳食、糖尿病、肥胖、缺少运动和精神压力等。

2. *动脉粥样硬化*

心脑血管疾病的主要病理基础是动脉粥样硬化，其特征是颗粒状的脂质在有弹性的动脉管壁上沉积，尤其在动脉分叉处沉积物最多。同时动脉管壁结构成分发生质的变化，逐步发展形成动脉粥样硬化性斑块，结果使动脉管壁增厚硬化而弹性降低，管腔变狭窄。病情进展到一定阶段，血流受到限制，在这种情况下就有形成血凝块的危险，而极细小的凝块都可以将血管完全堵塞。大多数心脏病的发作和中风都是粥样硬化的动脉里有了血凝块而造成的：如果供血给心脏的血管发生这种循环中断，其结果便是心脏病发作；血凝块发生在脑部血管其结果便是中风。

动脉粥样硬化的发生被认为与血脂过高，特别是一种叫做低密度脂蛋白—胆固醇（LDL-C）的物质含量过高有关，也与生活方式、营养和遗传因素有关。如吃进的食物中含脂肪（肥肉、油脂）、碳水化合物（糖、淀粉等）过多；体力活动过少；肥胖、有高血压、糖尿病及其家族史等。最新的研究发现，动脉粥样硬化与载脂蛋白等基因突变有关，后者是与脂肪代谢有关的蛋白质。

动脉管壁脂质的沉积是个渐进过程，通常需要数十年，所以通常被认为是一种老年病。但是研究表明，儿童时期即可有动脉壁脂质沉积，具有特征性的斑块形成通常在 30 岁左右。例如，从在朝鲜战争中死亡的美军尸体解剖中发现，这种病的病变过程在青年时期便已开始，这对于目前我国居民膳食结构已从温饱型转向小康型的人群，尤其是青少年人群来讲是应该引起重视的。

3. *心肌梗塞*

心肌梗塞是指在冠状动脉病变的基础上，冠状动脉的血流中断，使相应的心肌出现严重而持久的急性缺血，最终导致心肌的缺血性坏死。心肌梗塞的原因，多数是冠状动脉粥样硬化斑块或在此基础上形成血栓，造成血管管腔堵塞所致。由于冠状动脉病变引起管腔狭窄或闭塞的临床症状，在时间长短、程度轻重上不尽相同，因此可表现为隐性心脏病、心绞痛、心肌梗塞、心肌硬化和心源性猝死等多种形式。

发生急性心肌梗塞的患者，在临床上常有持久的胸骨后剧烈疼痛、发热、白细胞计数增高、血清心肌酶升高以及心电图反映心肌急性损伤、缺血和坏死的一系列特征性演变，并可出现心律失常、休克或心力衰竭，属冠心病的严重类型。

凡是各种能增加心肌耗氧量或诱发冠状动脉痉挛的体力或精神因素，都可能使冠心病患者发生急性心肌梗塞，常见的诱因有过劳、情绪变化、暴饮暴食、寒冷刺激等。

多数患者在发病前数日至数周有乏力、胸部不适，活动时心悸、气急、烦躁、心绞痛等前期症状，其中以新发生心绞痛（初发型心绞痛）或原有的心绞痛加重（恶型心绞痛）最为突出。许多中年知识分子的病死是猝发的，但病因却是积累的、渐成的。因此，有了冠心病、心绞痛或者有患冠心病危险因素的人，要尽力预防心肌梗塞的发生，千万不要牵一发而动全身。

第二节　癌与健康

癌在现代医学术语中是一切恶性肿瘤的总称，如胃癌、肝癌等。此外，血液细胞的癌变叫白血病；肌肉或骨内的恶性肿瘤称肉瘤；而骨髓或淋巴结血细胞所形成的恶性肿瘤则特称为淋巴瘤。人类文字记载肿瘤的历史足有3 000年以上。我国殷墟出土的甲骨文中就有“瘤”字的记载，然而，人类对肿瘤的科学研究则是近百年的事情。

一、癌细胞的生物学特征

“癌”一词源于“蟹”的希腊语，从现代解剖学角度来看，这一词义却十分形象而又直观地表现了癌在其发生部位呈浸润性生长的特点。在人体内，正常细胞分裂增殖存在着接触抑制的机制，即细胞增殖到一定密度时就停止增殖，而癌细胞则失去了这种调节控制。当体内某些部位细胞发生癌变后，癌细胞大量消耗体内营养，逃避人体免疫系统的监控，无限制地分裂增殖、膨大、扩散，并侵入其他正常组织，所以这是一种在不该增殖的部位上、不该增殖的时候而疯狂增殖的细胞。

（一）脱分化

脱分化是指分化细胞失去特有的结构和功能变为具有未分化细胞特性的过程。在成年人体内大部分组织器官中细胞已处于完全分化状态，具有特定的形态和生理特性，执行特定功能，并且大部分已失去或暂时失去分裂增殖的能力。但是，当细胞癌变时会失去分化后的特性。例如，癌变细胞可恢复分裂增殖的能力；又如，已知肿瘤细胞中表达的胎儿同功酶达20余种，胎儿甲种球蛋白（甲胎蛋白）是胎儿所特有的，但在肝癌细胞中表达，因此可做肝癌早期检定的标志特征。

（二）无限增殖

正常细胞经过一定次数分裂后就走向衰老和死亡，癌细胞却能无限增殖，在体内表现为长成肿瘤，在体外培养中能无限地传代下去（图3－3）。例如，在世界各地实验室中广泛使用的Hela细胞系，来自1951年一名患宫颈癌的黑人妇女病人。

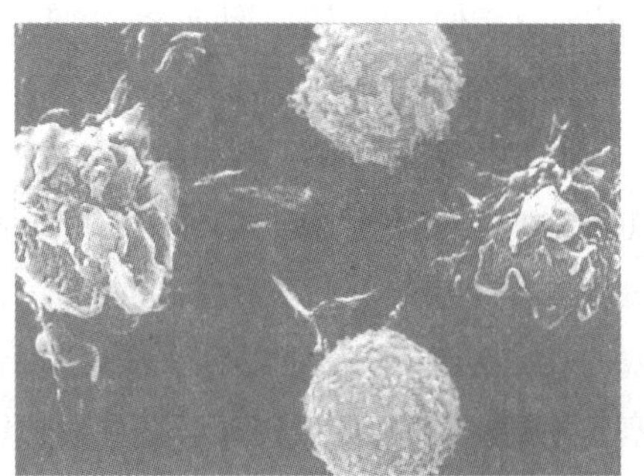

图3－3　刚刚分裂的癌细胞
（左右两个细胞）

（三）失去接触抑制现象

正常细胞生长到与邻近细胞相互接触时，其运动和分裂都停顿下来，这称为接触抑制现象，但癌细胞在体内生长或体外培养时均不具有这种现象（图3－4）。

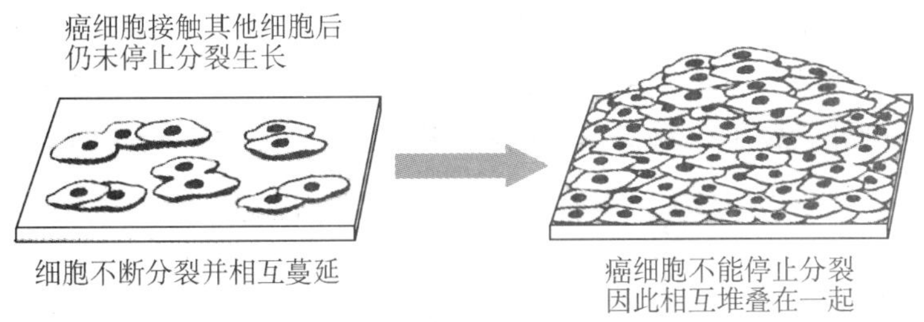

图 3-4　癌细胞丧失接触抑制现象

（四）细胞表面和粘附性质改变

癌变后的细胞其表面发生了很大的变化：

1. 粘着性下降

癌细胞表面的糖蛋白和糖脂成分与正常细胞有别，其细胞表面粘附分子——上皮性钙黏素(E-cadherin)表达减少，致使细胞间的粘连性下降，易与其他正常细胞接近，可能是癌细胞侵入正常组织的原因之一；也是癌细胞容易转移扩散的重要原因(图 3-5)。转移是指肿瘤由原发部位扩散到远处器官的过程。肿瘤在发展过程中，除了向周围不断浸润扩散，直接侵犯周围组织外，癌细胞还通过各种途径(如血液、淋巴液转移等)脱离原发病灶，向远处转移，可在人体各个部位形成新的同一病理类型的肿瘤。

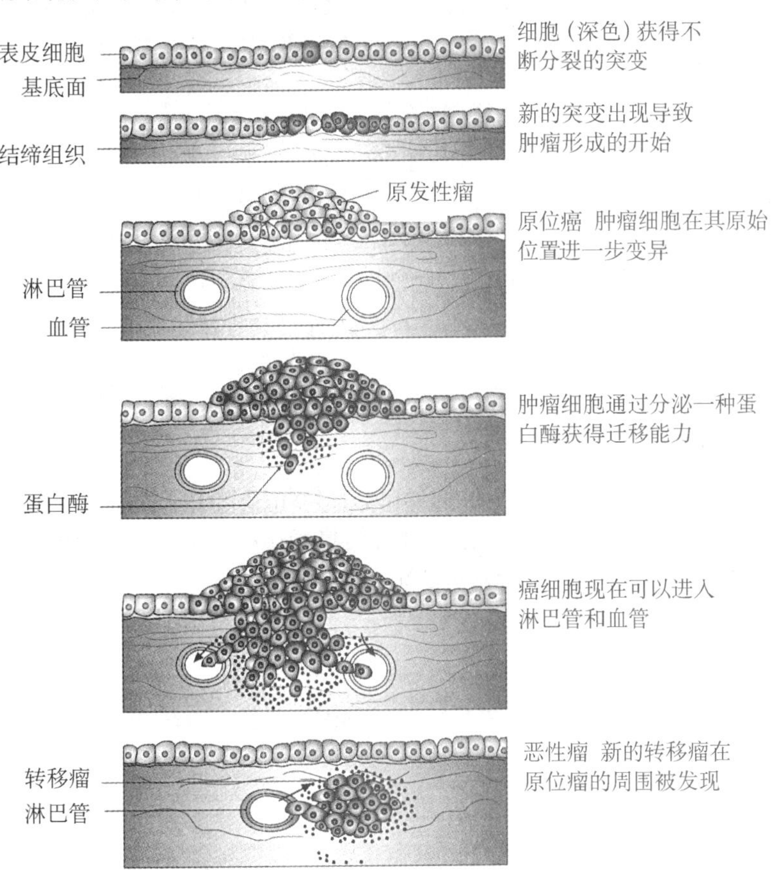

图 3-5　癌细胞迁移

2. 产生新的膜抗原

癌细胞失去了质膜上原有的主要组织相容性抗原(MHA),而出现一些新的表面抗原。如在人类黑色素瘤、结肠癌、乳癌、肺癌等肿瘤细胞表面检测到肿瘤特异性抗原的存在。

知识窗

人类肿瘤抗原

肿瘤细胞在免疫学上的突出特点是出现某些在同类正常细胞中看不到的新的抗原标志。现已陆续发现的肿瘤抗原包括肿瘤特异性抗原和肿瘤相关抗原。前者为肿瘤细胞所独有;后者大多指胚胎性抗原。胚胎抗原是在胚胎发育阶段由胚胎组织产生的正常成分,在胚胎后期减少,出生后消失或极微量。出生后当细胞发生癌变时,这类抗原可重新出现在血液中,故可作为一种较为常见的肿瘤标志物而成为诊断肿瘤的根据。

主要的胚胎抗原有以下几种。

- 甲胎蛋白(alpha-fetoprotein, AFP)是一种分子量为 70 kdal 的糖蛋白。用放射免疫分析法可测出正常人血清中 AFP 含量极微,患原发性肝癌时,病人血清中含量又复增高,可达正常人的 100 倍。我国 1970 年即开始 AFP 的研究,1971 年起在临床推广应用,采用测定血清中 AFP 作为普查早期肝癌的手段,目前 AFP 诊断原发性肝癌的阳性率高达 90%以上,AFP 增高也见于睾丸癌或卵巢癌、胃癌等。
- 癌胚抗原(carcinoembryonic antigen, CEA)是一种分子量为 200 kdal 的糖蛋白。CEA 多见于消化道肿瘤如结肠癌、胰腺癌、直肠癌、食管癌、胃癌。其他如乳腺癌、肺癌、尿道癌亦可检出。CEA 特异性虽然不强,但连续检测结肠癌的 CEA 动态水平,对其疗效和预后判定有一定参考价值。
- 胚胎硫糖蛋白抗原(fatal sulfoglycoprotein antigen, FSA)是一种含硫酸性蛋白,可从癌性胃液或患者血清中检出,胃癌病人阳性率高达 98%。胃溃疡胃液阳性率 14%,其他胃病阳性率 9.4%。因此,对胃癌的诊断有一定帮助。

3. 凝集性增强

细胞膜脂质双分子层结构发生改变,糖蛋白的糖链结构变化,在膜中运动性能增强,所以癌细胞容易被凝集素凝集,即容易在低浓度外源凝集素存在下发生凝集现象,而正常细胞则需要高出癌细胞数倍乃至几十倍浓度凝集素才会发生凝集。

二、致癌因子

肿瘤学家认为,人类的癌症 80%由环境的致癌因素引发。致癌的环境因子有很多,大致可以归纳为三个方面:

(一) 物理致癌因子

1. 物理致癌因子

物理致癌因子主要是辐射致癌,包括紫外线、电离射线等。辐射引起的恶性肿瘤有:白血病、乳腺癌、甲状腺肿瘤、肺癌、骨肉瘤、皮肤癌、多发性骨髓瘤、淋巴瘤等。

辐射可引起人类恶性肿瘤最明显的事例是，在日本广岛、长崎原子弹爆炸后的幸存者中，数年之后白血病、乳腺癌、肺癌、骨肉瘤、甲状腺癌、皮肤癌等发病率较之其他地区高，而且发病率与原子弹爆炸时的放射暴露量成正比。1986 年，前苏联切尔诺贝利核电站四号核反应堆发生爆炸，导致大量放射性物质外泄，事后除了引起不少人因急性放射病死亡外，受查人群中的癌症发病率要比普通人群高 7 倍。受辐射危害可以来自环境污染，也可以来自医源性。例如，多次反复接受 X 射线照射检查或放射性核素检查可使受检人群患肿瘤几率增加；若用放射疗法治疗某些疾病也可诱发某些肿瘤，在那些因治疗而接受大剂量放射的人群中，白血病的发病率也较高。

近年来不少研究表明，阳光中的紫外线与人的皮肤癌有密切关系，尤其是臭氧层的破坏，使得紫外线辐射更强，由此全球皮肤癌的发病率急剧上升。电磁辐射的致癌作用也已受到广泛的关注。

2. 物理因子致癌的可能机理

辐射线（X、α、β、γ 和快中子等）能穿透生物体，射线可直接击中 DNA 链，能量被 DNA 分子吸收，引起染色体内部的辐射—化学效应，导致 DNA 发生断裂、分子间交联、染色体畸变。

紫外线照射使 DNA 上形成嘧啶二聚体是引起突变的主要原因，嘧啶二聚体影响 DNA 复制中正常碱基的配对，使 DNA 复制突然停止或错误复制而诱发突变。

（二）化学致癌因子

1. 化学致癌物

大多数人类癌症的发生与化学致癌物质有关。目前已知的化学致癌物质约 1 100 种以上。在有致癌作用的化学物质中，亚硝胺类、苯并芘和黄曲霉素是公认的三大致癌物质，它们都与饮食有密切关系。

(1) 亚硝胺类　这是一类致癌性较强，能引起动物多种癌症的化学致癌物质，其中尤以消化道癌最为常见。亚硝胺类化合物普遍存在于谷物、干酪、烟酒、熏肉、烤肉、海鱼、罐装食品等中，腌制食物、不新鲜食物（尤其是煮过久放的蔬菜）内亚硝酸盐的含量较高。有些化合物原先并非是致癌物，一旦与其他物质反应便转变为致癌物。如亚硝酸钠本身是一种非致癌物，它被广泛用于某些肉类产品上，如使火腿等呈现悦目的粉红色，但一旦其进入人体胃后，便在酸性环境中与仲胺发生反应生成强致癌物——亚硝胺。

(2) 多环芳香烃类　苯并芘、甲基胆蒽、沥青、煤焦油等。苯并芘主要产生于煤、石油、天然气等物质的燃烧过程中，脂肪、胆固醇等在高温下也可形成苯并芘，如熏烤食物中的 3,4 -苯并芘。长期接触苯并芘，除能引起肺癌外，还会引起消化道癌、膀胱癌、乳腺癌等。

(3) 黄曲霉素　黄曲霉素是由黄曲霉菌产生的真菌毒素。黄曲霉素主要存在于被黄曲霉菌污染过的粮食、油及其制品中，以黄曲霉污染的花生、花生油、玉米、大米、棉籽中最为常见。在干果类食品如胡桃、杏仁、榛子、干辣椒中，在动物性食品如肝、咸鱼中以及在奶和奶制品中也曾发现过黄曲霉素。一些肝癌高发区，人们常食发酵食品如豆腐乳、豆瓣酱等，这类食品在制作过程中如方法不当，容易产生黄曲霉素。黄曲霉素主要引起肝癌，还可以诱发骨癌、肾癌、直肠癌、乳腺癌、卵巢癌等。

(4) 烷化剂类:如甲醛、硫酸二乙酯、氯乙烯和氮芥等可引起多种癌症。

世界卫生组织2004年6月15日发布的第153号"甲醛致癌"公报,是世界卫生组织(WHO)的国际癌症研究机构(IARC)汇集了10个国家的26位科学家针对甲醛致癌评议的结果。而此前甲醛一直是可疑致癌物质。IARC的专家小组指出,甲醛不但能导致鼻腔癌和鼻窦癌,并有强烈但尚不充分的证据显示可以引起白血病。因为,目前白血病方面的证据还仅限于流行病学方面的发现,尚未能分析白血病的癌变机理。甲醛在世界范围内被大规模地运用于生产生活当中,如塑料和涂料的制造、纺织物和工业化学品的生产。通常的污染源如车辆气体排放,胶合板和类似的建筑材料、地毯、油漆和清漆等都含有大量的甲醛,是装修和家具的主要污染物。

(5) 芳香胺类:如乙萘胺、联苯胺、4-氨基联苯等。广泛应用于橡胶、制药、染料、塑料等行业,可诱发泌尿系统的癌症。

(6) 氨基偶氮类:主要存在于纺织、食品的染料中,可诱发肝癌。

(7) 某些金属:如铬、镍、砷等也可致癌。

(8) 生活嗜好物:香烟、槟榔等。烟草烟雾中存在着20余种化学致癌因子,可造成肺、喉、口腔、胰腺、膀胱、胃、肝、肾和其他类型的癌症,临床研究表明肺癌87%与吸烟有关。

2. 化学致癌的机理

化学致癌物根据它们在致癌过程中的作用可分为:

(1) 直接致癌物　少数化学致癌物质进入人体后可以直接诱发肿瘤,这种物质称为直接致癌物。

(2) 间接致癌物　大多数化学致癌物进入人体后,需要经过体内代谢活化或生物转化,成为具有致癌活性的最终致癌物,才能引起肿瘤发生,这种物质称为间接致癌物。

直接致癌物和最终致癌物可与DNA、RNA、蛋白质等生物大分子中的某些基团发生作用,引起碱基置换、缺失,DNA交联、断裂,染色体畸变等,还有可能激活某些原癌基因等,最终使细胞癌变。所以,直接或间接导致DNA发生突变的致癌物统称为基因毒性致癌物(genotoxic carcinogen)。有些致癌物并不损伤基因,但能促进细胞分裂,称为非基因毒性致癌物(non-genotoxic carcinogen),如乳腺癌、前列腺癌和子宫膜癌的致癌物是有激素活性的甾体类化合物,雌二醇可引起卵巢癌和乳腺癌。

(三) 病毒致癌因子

确定病毒致癌作用必须具备五个条件:(1)病毒感染在肿瘤发生之前;(2)在肿瘤内找到病毒或病毒抗原;(3)体外培养的瘤细胞能产生相应病毒的抗原;(4)病毒能使正常细胞转化为恶性细胞,并能在实验动物中诱发癌症;(5)用免疫措施预防病毒感染能降低肿瘤的发生率。

1. 病毒致癌因子

1911年,美国病理学家劳斯(F. P. Rous)将鸡肉瘤组织匀浆后的无细胞滤液皮下注射于正常鸡,成功地诱发了鸡的肉瘤,1947年,Claude等观察到该病毒颗粒,命名为劳氏肉瘤病毒((Rous sarcoma virus, RSV)。Rous肉瘤病毒是第一个被证实的肿瘤病毒,对于肿瘤病毒与宿主细胞相互关系的研究,逆转录酶的发现和第一个癌基因(src基因)在病毒基因中的定位等,都是在这一系统研究中获得的具有重要意义的结果。

之后，在20世纪50—60年代，陆续发现了许多能导致哺乳动物得病的肿瘤病毒。目前已有比较可靠的证据表明，人宫颈癌是由人乳头状瘤病毒(human papilloma virus，HPV)引起的，HPV有50余种亚型，与生殖道肿瘤的发生有密切关系，并与口腔、咽、喉、气管等处的乳头状瘤和皮肤疣等良性病变有关；乙型肝炎病毒(hepatitis B virus，HBV)可以激活肝细胞中的myc，ras，erbB等原癌基因，从而引发肝癌；EB病毒(epstein barr virus，EBV)是一种疱疹病毒，与儿童的Burkitt淋巴瘤和成人的鼻咽癌有密切关系，等等。

2. 病毒致癌的机理

肿瘤病毒可在动物界以潜伏状态广泛存在，通过直接接触感染或通过胎盘、乳汁感染子代。病毒诱发肿瘤与很多因素有关，如宿主的遗传特征、性别、内分泌状况、免疫状态、年龄以及病毒的致癌强度等等。

肿瘤病毒有两种类型，即DNA病毒和RNA病毒。

(1) DNA病毒　DNA病毒由DNA核心及外围的蛋白衣壳所组成，通常它首先附着在宿主细胞表面，接着将其DNA注入细胞内，并渗入到宿主细胞的基因组内，此过程称为“整合”(integration)。随着病毒DNA整合于宿主细胞DNA中，使后者发生遗传性改变，即转化。于是，一个正常细胞便可能转变为癌细胞。例如，在宫颈癌细胞中HPV的DNA序列已经整合到宿主细胞的基因组中，宫颈癌的发生与原癌基因c-ras和c-myc的变异有关。人肝癌细胞DNA中发现有HBV病毒的碱基序列，HBV整合到人肝细胞DNA中后导致肝细胞DNA发生缺失、插入、转位、突变或易位等改变。

(2) RNA病毒　引起人类T淋巴细胞白血病的人T淋巴细胞白血病病毒(human T-cell leukemia virus HTLV)等属于RNA病毒。RNA病毒引起肿瘤的过程比较复杂一些，即它们需要逆转录酶的帮助先合成DNA，再由这种DNA插入到细胞的基因组内，引起细胞的癌变。RNA病毒感染机体后，一般情况下受到正常细胞的调节控制，病毒处于静止状态，但受到化学致癌物、射线辐射等因素的作用后，可能会激活病毒的表达而在体内诱发肿瘤。

三、细胞癌变的机制

(一) 癌与基因

环境致癌因素又是如何导致正常细胞癌变呢？细胞癌变的基本机制是“原癌基因”被激活成“癌基因”。

1. 原癌基因与癌基因

(1) 癌基因来源于原癌基因的突变　在正常情况下，细胞内存在着与癌症有关的基因，这些基因的正常表达是个体发育、细胞增殖、组织再生等生命活动不可缺少的。这些基因只有发生数量或结构上的轻微变化时才有致癌作用，变成癌基因(oncogene，onc)，这些具有引起细胞癌变潜能的基因称为原癌基因(proto-oncogenes)。原癌基因属于显性基因，等位基因中的一个发生突变，就会引起细胞癌变，原癌基因的这种变化称为原癌基因的激活。正常细胞中虽然存在着原癌基因，但是原癌基因的活动受到严格的精密调控，其编码产物是细胞生长和分化所必需的，不会引起癌变。

原癌基因的蛋白质产物都是对在功能上涉及到细胞增长和分化具有调控作用的蛋白质，根据它们编码的蛋白质在细胞中的位置及其生理功能大体上可分成以下几类：①以 ste 为代表的酪氨酸酶类；②以 ras 为代表的 G 蛋白类；③以 myc 为代表的核蛋白类；④以 sis 为代表的生长因子类；⑤以 erb 为代表的生长因子受体类等。

细胞原癌基因是相当保守的 DNA 顺序，从酵母、果蝇到人，同一种原癌基因的 DNA 顺序十分相似，故亦称为"管家基因"。原癌基因在个体发育或细胞分化的一定阶段十分重要，但在成体或平时却不表达或表达受到严格的控制。然而外界因子可以激活处于休眠状态的原癌基因，使它们突变成为活化的癌基因，从而大量转录出有致癌信息的 mRNA，合成超量的转化蛋白，并通过蛋白激酶信息传递系统，使细胞发生癌变。

（2）原癌基因激活机制　原癌基因被激活的机制可能有以下四种：

① 点突变　ras 类癌基因家族的激活多数属于这种方式，在结肠癌、肺癌、乳腺癌和膀胱癌中通常都可以发现有 ras 基因的特殊点突变，即在某一特定位点上单个碱基的改变。例如将膀胱癌基因与正常细胞中的原癌基因相比较，仅发生一个脱氧核苷酸的突变：编码 $p21^{ras}$ 蛋白的基因在第一个外显子的第 12 个密码由正常的 GGC 转变为 GTC，导致甘氨酸被缬氨酸替换，降低了 RAS 蛋白的 GTP 酶活性，结果使细胞癌变。胃癌分离得到的活化癌基因，也仅有一个碱基发生了改变。

② 基因插入　20 世纪 80 年代初，有人提出了启动子插入模型，他们认为正常原癌基因附近插入了病毒或其他基因启动子被激活从而表达。例如某些 RNA 病毒本身不含有癌基因，但其逆转录的 DNA 序列整合于宿主细胞基因组后，其长末端重复顺序（LTR）是一个很强的启动子，一旦 LTR 插入或同时伴有增强子同时插入宿主细胞原癌基因的内部或相关基因附近，则使原癌基因被激活。激活的原癌基因虽无质的变化，但由于产生过量与肿瘤形成有关的蛋白质可导致细胞的恶性转化。如 Burkitt 淋巴瘤的 c－myc 瘤基因由 8 号染色体易位到 14 号染色体的免疫球蛋白重链基因附近，易位使 c－myc 置于免疫球蛋白 H 链基因的启动子控制之下，由于免疫球蛋白基因是一个十分活跃的基因，其启动子特别活跃，因而易位的 c－myc 基因转录活性明显增高。增多的 myc 蛋白质使一些控制生长的基因活化，导致细胞恶化。

③ 基因扩增　大多数正常细胞中的原癌基因只有 1～2 个拷贝，基因扩增将原癌基因扩增几十倍甚至几百倍，基因的扩增无疑会产生一种量变结果。在肿瘤细胞中有时会见到中期染色体的匀染区（homogenously stained region，HSR）和非常小的成双的无着丝粒染色体，后者称为双微体（double minute chromosomes，DMS），这是扩增的基因在细胞水平上的表现。例如在某些肿瘤细胞中 c－myc 癌基因可扩增数百至数千倍。细胞癌基因数量的增加或表达活性的增加，是癌基因大量扩增的结果，使得其转录水平比正常细胞中高得多，也是导致细胞癌变的原因之一。如在某些肿瘤中常见 3 种 ras 或 c－myc，表达蛋白质量升高几十倍至上百倍。白血病、结肠癌细胞，由于原癌基因的扩增、转录、翻译出过多的 RNA 和蛋白质，以致过多的蛋白信号持续作用于细胞核，引发细胞快速、持续增殖。

④ 基因重组　这种基因的激活方式是由于染色体易位后发生基因重排，使癌基因的调控系统发生改变而引起的异常表达。例如在慢性粒细胞白血病患者细胞中由于 22 号染色体与

9 号染色体之间易位形成 ph 染色体，而使癌基因的 c－abl 可能由于位置的改变而导致表达异常，其编码的蛋白质能促成细胞的恶性转化。

2. 抑癌基因

抑癌基因（antioncogenes）是指在肿瘤发生过程中，其功能可抑制细胞增殖或促进细胞分化、从而拮抗癌基因作用的一类基因，所以也称为肿瘤抑制基因（tumorsuppressorgenes）。在正常细胞中，原癌基因与抑癌基因协调配合，共同维持细胞的正常增殖活动。抑癌基因与原癌基因另外一个重要不同点是，抑癌基因是隐性基因，需要两个等位基因都突变失活，于是细胞失去生长控制，才能引起细胞癌变。

抑癌基因的发现较癌基因晚，相对于癌基因，迄今克隆到的抑癌基因数目较少。在已发现的 30 多种抑癌基因中，编码成视网膜母细胞瘤（Retinoblastoma, Rb）蛋白的基因和编码 P53 蛋白的基因研究得比较清楚。成视网膜母细胞瘤是在儿童眼中发生的一种罕见的肿瘤，研究表明 Rb 基因位于 13 号染色体长臂上（13q14.1），Rb 基因的主要功能是通过其编码的 Rb 蛋白对正常细胞分裂周期进行调节，有抑制细胞增殖的作用。Rb 蛋白失活或 Rb 基因缺失可以致癌，杂合子（Rb^{+}/Rb^{-}）则易被诱变而失活。P53 基因是比 Rb 基因更为重要的抑癌基因，人类 P53 基因定位于 17 号染色体长臂上（p13.1），全长约 20 kb，由 11 个外显子和 10 个内含子组成，转录成 2.5 kb mRNA，编码 393 个氨基酸的蛋白质，分子量为 53 kD。P53 蛋白的功能为转录因子，生物学功能为在 G1 期检查 DNA 损伤点，监视基因组的完整性。如有损伤，P53 蛋白阻止 DNA 复制，以提供足够的时间使损伤 DNA 修复；如果修复失败，P53 蛋白则引发细胞凋亡；如果 P53 基因的两个拷贝都发生了突变，对细胞的增殖失去控制，导致细胞癌变（图 3－6）。人类肿瘤中 P53 基因突变主要在高度保守区内，以 175、248、249、273、282 位点突变率最高，不同种类肿瘤其突变类型不同。另外，P53 变化形式还有缺失，基因重排与肿瘤病毒癌蛋白结合而失活。

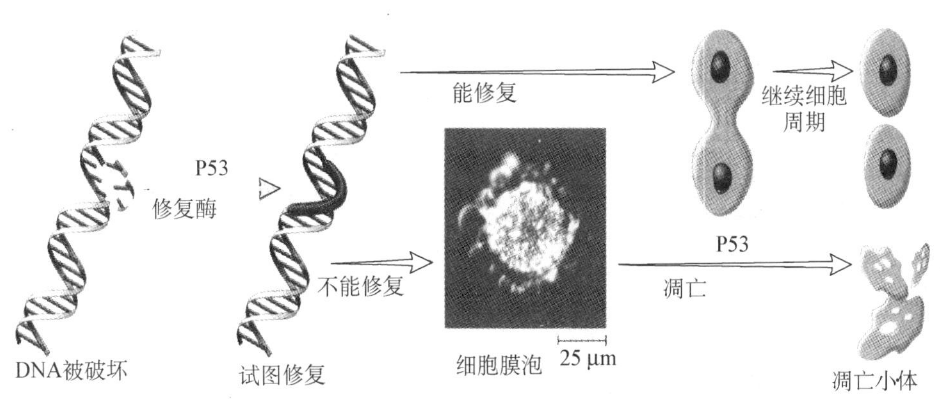

图 3－6　P53 的功能

自从 20 世纪 80 年代初第一个癌基因被确认后，寻找与肿瘤相关的基因，特别是新的抑癌基因已是近年来肿瘤基因研究的热点。过去的 20 多年硕果累累，不但推动了癌变机制研究，也大大提高了细胞生物学领域对基本的细胞生长、分化的分子调控的认识。

（二）癌症的发生过程

人体恶性肿瘤的发生发展是一个多基因参与、多阶段演进的过程，往往涉及多个基因的改变，与原癌基因、抑癌基因突变的逐渐积累有关。肿瘤学家对肿瘤的发生提出了三步假说，即肿瘤的形成经过启动、促进、进展三个阶段，这三个阶段既有区别又有联系。

1. 启动阶段

当人体细胞受到某些化学因素（如联苯胺、烯环烃、黄曲霉素、亚硝胺等）、物理因素（如放射线、紫外线等）和某些微生物（如一些致癌病毒）的影响时，原癌基因发生基因突变，这可看作是癌症发展的启动阶段。如膀胱癌细胞中的癌基因与正常细胞中的原癌基因相比，仅发生一个脱氧核苷酸分子的突变。但是突变发生后如果没有适当的环境则不会发展为肿瘤，此阶段称为潜伏期。

近年来不少事实证明单一活化的癌基因是不能转化为癌细胞的，至少两种功能不同的癌基因先后表达且协同作用才能使正常细胞发生恶变。国外有学者经过对人类常见的结肠、直肠癌变过程大量病理标本的细胞遗传学的分析，总结出一套结肠直肠癌变的多阶段性遗传学模型。在肿瘤发生发展的过程中，既有肿瘤抑制基因的丢失，也有癌基因的活化，而且不止一种。在直肠癌的发生过程中，就有多个基因的异常，这包括 ras 癌基因的激活，和 APC、DCC 和 P53 等几个抑癌基因的突变或丢失（图 3－7）。

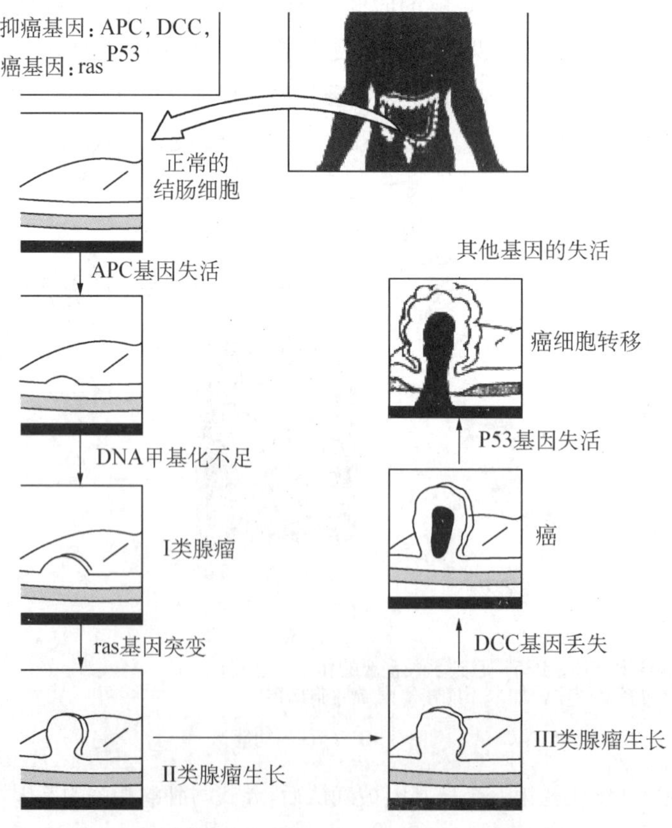

图 3－7　直肠癌的发生是多次突变积累的结果

2. 促进阶段

癌变细胞在促癌因子(如苯酚等)作用下发生脱分化现象而恢复分裂增殖能力，通过进一步增殖使其数量增多。促癌因子的作用是可逆的，如果去除，则引起扩增的克隆就会消失。

3. 进展阶段

进展是指癌变细胞增殖速度加快，出现抗药性、形成新的表面抗原、转移扩散等特性，这个过程通常是不可逆的。正常细胞经致癌物引发癌变后，癌细胞不断增殖发展到临床上可以检查出的肿瘤需时很长，一般需 15～30 年。在此过程中，恶性转化细胞的内在特点(如肿瘤细胞倍增时间)和宿主对肿瘤细胞或其产物的反应(如肿瘤血管形成)共同影响肿瘤的生长与演进。

虽然癌症可能起始于一个细胞突变，但是这个突变细胞的后代必须经过几次突变，才能形成癌细胞。癌症的渐进发生过程非一日之寒，需要数年时间，在此期间既有内因的作用，也有外因的诱发，致癌因子需要有剂量累积效应。癌症的发生要有许多因子的共同作用。体内还有免疫监控系统，可以随时消灭癌细胞。因此，许多癌症不是不可避免的。

四、癌的流行与危害

(一) 癌的流行

世界上许多国家恶性肿瘤的发病率和死亡率都在逐渐增加，2000 年全球新发癌症病例约 1 000万，死亡 620 万，现患病例 2 200 万。在 2005 年全世界 5 800 万因病死亡总数中，因癌症死亡的为 760 万(占 13%)。世界卫生组织国际癌症研究中心 2003 年公布的研究报告指出：根据目前癌症的发病趋势，2020 年全世界癌症发病率将比现在增加 50%，全球每年新增癌症患者人数将达到 1 500 万人，死亡 1 000 万，现患病例 3 000 万。癌症严重威胁着人类的生命与健康，在世界范围内其发病率与死亡率已居各类疾患第一、第二位，癌症正在成为新世纪人类的第一杀手。

20 世纪 70 年代以来，我国癌症发病及死亡率一直呈上升趋势，至 90 年代的 20 年间，癌症死亡率上升 29.42%。2000 年癌症发病人数约 180～200 万，死亡 140～150 万，在城镇居民中，癌症已占死因的首位(卫生部《中国癌症预防与控制规划纲要 2004—2010》)。随着社会经济的发展，癌症的主要危险因素并未得到相应控制。当前在我国肝癌、胃癌及食管癌等死亡居高不下的同时，肺癌、结直肠癌及乳腺癌等又呈显著上升趋势，且发病年龄趋于年轻化(表 3-3)。目前我国每死亡 5 人，即有 1 人死于癌症；而在 0～64 岁人口中，每死亡 4 人，即有 1 人死于癌症。癌症不仅严重影响劳动人口健康，而且成为医疗费用上涨的重要因素。据有关部门估算，每年用于癌症病人的医疗费用达数百亿元。此外，由于中晚期癌症患者治疗效果尚不满意，其不良预后往往波及亲友及家庭，影响社会稳定。

表 3-3　临床恶性肿瘤的死亡率

恶性肿瘤	胃癌	食管癌	肝癌	宫颈癌	肺癌	肠癌	白血病	鼻咽癌	乳腺癌	其他恶性肿瘤
死亡率(%)	23.03	22.34	15.08	7.56	7.43	5.29	3.77	2.81	2.00	10.69

(二) 癌的危害

癌症发病率高峰年龄段多在幼年期和老年期，这固然与机体处于生命两极、免疫水平较低有关，但癌症实际上可以侵犯任何年龄的人。而且尽管有些器官和组织比较容易患上癌症，但没有哪一个器官和组织能免于癌症的侵袭。

癌以多种有害方式生长，最常见的是通过物理方式挤压正常细胞，或掠夺过多的养分而损害机体正常细胞。恶性肿瘤由于生长较快，浸润破坏器官的结构和功能，因而对机体的影响严重。恶性肿瘤除引起局部压迫和阻塞症状外，发生于消化道者更易并发溃疡、出血、甚至穿孔，导致腹膜炎；肿瘤浸润、压迫局部神经还可引起顽固性疼痛等症状。恶性肿瘤的晚期患者，往往发生恶病质（cachexia），可致患者死亡。恶病质是指机体严重消瘦、无力、贫血和全身衰竭的状态，其发生机制尚未完全阐明，可能由于缺乏食欲，进食减少、出血、感染、发热或因肿瘤组织坏死所产生的毒性产物等引起机体的代谢紊乱所致。此外，恶性肿瘤的迅速生长，消耗机体大量的营养物质，以及由于晚期癌症引起的疼痛，影响患者的进食及睡眠等，也是招致恶病质的重要因素。癌的更大危险是原发癌可以蔓延到其他部位，局限于一处的癌可以治疗或切除，可是，癌细胞一旦进入血液便随着循环蔓延开来，最后变得无法治疗或控制。

五、癌的治疗与预防

（一）癌的治疗

癌症是一种常见的多发病，人类认识它已有上千年的历史，尤其是近 20～30 年来对于癌症的研究，无论在理论上或临床诊治方面都取得了突出的进步。由于癌细胞不但生长旺盛、增殖能力强，而且能逃避机体免疫系统的监控，并能极快地产生抗药性，加之癌的发病机制非常复杂，至今尚没有全部研究清楚，所以，癌症的治疗十分困难。但是，癌症并非是一种不治之症。据世界卫生组织统计，目前人类治疗癌症的技术水平使 1/3 癌症患者可望治愈，其余疗效不好的主要原因是病情发现太晚，诊断和治疗也不及时。其实，癌细胞在人体中生长，有较长发育和演化的过程，倘若在细胞癌变的早期就发现它、治疗它，其预后将大大好转。目前临床上癌的治疗方法主要有：

1. 常规疗法

常规治疗方案是手术切除恶性肿瘤，放疗、化疗抑杀癌细胞。针对产生原因不同的肿瘤，治疗方法也不同。

（1）手术疗法　这是目前许多早期癌症治疗的首选疗法。许多早期癌症可以通过成功的手术达到根治的目的。恶性肿瘤具有浸润和远处转移的生物学特性，手术范围比较广泛，破坏性较大，手术中要充分估计到可能会出现癌细胞的远处扩散和局部种植等。

（2）化学疗法　即用化学药物治疗癌症，一般都是指西药抗癌药。这些药物能在癌细胞生长繁殖的不同环节抑制或杀死癌细胞，达到治疗目的。例如，利用癌细胞分裂快的特点将核酸类似物如 GTG、5BudR 等渗入癌细胞，导致被渗入的癌细胞 DNA 不正常而使细胞死亡，以达到杀灭癌细胞的目的。目前，化疗主要用于各种类型的白血病以及用于无法手术而又对放疗不敏感的病人，但现有的化学药物通常在杀伤癌细胞的同时对正常人体细胞也有损害。因此，进行化疗时往往出现不同程度的副作用，如恶心、呕吐、脱发等。近年来，用抗癌细胞的单克隆抗体与放射性同位素、化学药物或毒素结合，注入体内同癌细胞结合，药物绝大部分集中在癌细胞上，化疗药物可以最大限度地杀死癌细胞，对正常细胞影响小，因此疗效高，副作用小。这种以单克隆抗体为主的综合性药物好比专攻癌细胞的“导弹”，人们把这种治疗方法形象地比喻为“导弹”疗法。

(3) 放射疗法　放射治疗是利用各种射线(如X线、β线和γ射线)以及高速发射的电子、中子和质子等照射恶性肿瘤，产生电离或激发作用，使癌细胞的DNA分子遭到破坏死亡。除射线的直接作用外，射线还可使机体内环境的水分子电离产生不稳定的、化学活性很强的自由基团，也可对癌细胞起抑制和杀灭作用。放疗可以有效地杀死癌细胞，可以避免手术造成的组织缺损和畸形。当癌细胞已向周围组织蔓延或转移到别处，手术无法彻底切除，就可以用放疗来杀死癌细胞。目前，无创性立体定向放射是世界医学界治疗恶性肿瘤的领先技术，具有疗效好、准确、安全、无创伤、将患者痛苦减低至最低程度的特点。立体定向放射疗法的精确度非常高，是将所有放射线集中在恶性肿瘤组织上进行精确治疗，对正常组织的损伤极其微小。另外，立体定向放疗可以避免癌细胞种植性转移和血液转移。

然而，并非所有恶性肿瘤都适合用放疗。有些癌症对放疗效果好，或称对放疗敏感，例如霍奇金病、非霍奇金淋巴瘤、白血病等；而另一些恶性肿瘤则对放疗不敏感，例如胰腺癌、结肠腺瘤、软骨肉瘤及黑色素瘤等。与化疗一样，放疗也对人体正常细胞造成损伤，所以会产生一系列副作用。

2. 免疫疗法

临床上利用癌细胞表面特异抗原，进行免疫治疗。例如，通过大量植入巨噬细胞、细胞毒T淋巴细胞、自然杀伤细胞等免疫细胞来杀灭肿瘤细胞。利用单克隆抗体，补充白细胞介素、干扰素、免疫球蛋白等免疫因子来杀灭癌细胞或抑制癌细胞的生长(图3-8)。

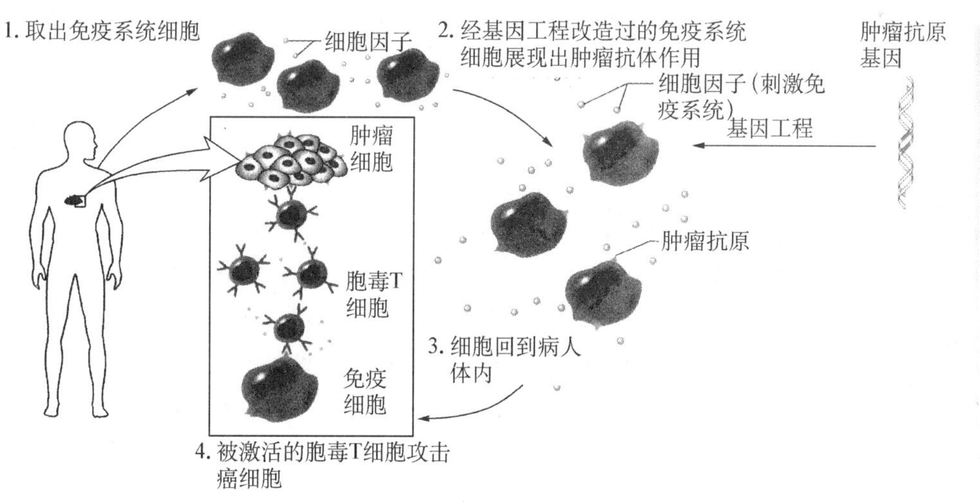

图3-8　癌症免疫疗法

3. 冷冻疗法和加温疗法

低温(-40℃以下)和高温(45℃以上)都可以将癌细胞杀死。因此人们开展了用液氮冷冻治疗浅表皮肤癌和某些良性皮肤肿瘤，以及局部加温治疗皮肤癌、四肢癌和膀胱癌。加温方法有短波、超短波、微波及激光等手段。

4. 中医疗法

传统中医药以整体观为指导，对恶性肿瘤进行辨证施治。通过望、闻、问、切，将纷纭复杂的症状加以分析、综合、归纳、判断为某种性质的症候，确定治疗原则。根据中药四气五味，升降沉浮及脏腑归经等原理选药组方，使药症相符，做到纠正机体阴阳失衡，脏腑失和，调整整体机能，从而抑制恶性肿瘤生长的作用，收到了一定的效果。

5. 精神疗法

精神疗法对癌症有一定的疗效。当一个患者被确诊为癌症时，常常会陷入绝望，导致精神崩溃而加速病情的恶化。因而调整心理状态，建立积极人生观，在疾病发生、发展、治疗中起了重要的作用。心身医学的研究发展，精神、心理、行为疗法在防病治病中的作用得到广泛的重视。近年来越来越多的癌症俱乐部的成功经验揭示：精神心理因素对于肿瘤病人有着非常重要的作用。社会和家庭如果能一如既往地给以鼓励、温暖，就能使病人建立战胜疾病的信心，配合治疗，最后得到康复，或延长生存时间和提高生存质量。

知识窗

世界上第一个癌症疫苗

2006 年，由美国默沙东公司(Merck)研制成功的一种专门针对人乳头状瘤病毒(HPV)的疫苗——“加德西”(Gardasil)，获得美国食品及药品管理局(FDA)的上市批准。这是世界上第一个，也是唯一获准上市的用来预防由 HPV 6、11、16 和 18 型引起的宫颈癌和生殖器官癌前病变的癌症疫苗。

1977 年，美国科学家在电镜中观察到宫颈癌活检组织中存在人乳头状瘤病毒(HPV)颗粒，有人据此提出了 HPV 与宫颈癌发病可能有关的假设。1995 年，多国科学家根据以往的大量研究和实验，将宫颈癌的致癌“元凶”锁定为 HPV 感染。流行病学资料结合实验室的证据都强有力地支持 HPV 感染与子宫颈癌之间的因果关系，其相对危险度或危险度比值高达 250。

HPV 是一种常见病毒，目前已发现有 100 多种亚型，大约 35 种亚型涉及生殖道感染，其中约 20 种与肿瘤相关。依据 HPV 亚型与癌症发生危险性的高低，分为低危险型 HPV 和高危险型 HPV，高危型 HPV 包括 13 种亚型，如 HPV16、18、31、33 等与宫颈癌及子宫颈上皮内瘤变有关。来自世界范围的宫颈癌组织标本的研究发现，HPV16 和 18 型感染率最高，有 70％的宫颈癌是由 HPV16 和 HPV18 这两种亚型病毒引起的。

该病毒(HPV)主要通过性接触传播，25％的青少年和年轻男女随时都可能感染这种病毒。HPV 在人体内有大约 13 年的潜伏期，这就是为什么青少年和二十出头的年龄段是感染 HPV 的高峰期，而宫颈癌的多发期往往是在女性 30 岁以后。

研究证明，接种者需要在 6 个月时间内打完三针“加德西”疫苗，此后人体内 HPV 抗体的水平将比平常高出数百倍，并在至少 3 年半的时间内持续保持这种高水平状态。美国华盛顿大学流行病学研究小组对 6 000 名注射过“加德西”疫苗的女性进行跟踪调查后发现，她们在 17 个月后仍然可以对 HPV 免疫；而另外 6 000 名没有注射过“加德西”的女性中有

21人出现了病理变化，其中部分人的症状很有可能发展为癌症。研究小组由此确认，“加德西”对于预防这两类病毒感染的有效率达到了100%。

过去半个多世纪，对于宫颈癌主要依靠早诊早治，不断地筛查病人和治疗病人，但这属于二级预防。现在有了宫颈癌疫苗，其重要意义在于在人类历史上率先实现了用疫苗来消除癌症的一级预防，从源头上“遏制”住了宫颈癌，从而有效地降低了宫颈癌的发病率。

（二）癌的预防

尽管现代医学进展很快，但目前对多数并非早期发现的恶性肿瘤还难以获得满意的治疗效果。在现有的人类癌中，直接与遗传有关、与职业相关的癌为数不多，而大约80%癌的病因则是与人类的生活方式或是生活中的行为有关，故肿瘤学家将这种与生活方式密切相关的癌称之为“生活方式癌”。有学者曾对瑞典、芬兰和丹麦的总共89 576对双胞胎进行了研究，结果表明，基因的相似并不能决定一切；而诸如抽烟、饮食习惯不良、缺乏锻炼，或者接触到辐射、污染和致癌性化学品这些因素，更容易引起癌症。人们的食物、生活环境、职业以及特定的一些坏习惯，包括抽烟和过量饮食在内，都比恶性肿瘤家族史更能够影响恶性肿瘤的发病率。因而重视癌的预防不仅重要，而且是可行的。

世界卫生组织指出：应用现代医学知识和医疗技术，有1/3癌症可以预防；1/3可以治愈；1/3可以延长生命。对于癌应“防胜于治”。保持良好的心理健康，杜绝吸烟酗酒等不良生活习惯，注意合理饮食，减少有害物质的接触，当发现有癌变前兆时应及时诊治，就有可能预防癌症的发生，减缓癌症的发展。相信随着医疗技术水平的不断提高和人们对癌症认识的进一步深入，癌症完全能变成一种可治之症，相信进入21世纪后，闻癌色变的时代必将结束。

第三节　病毒性疾病

一、艾滋病

艾滋病是获得性免疫缺陷综合征(acquired immunodeficiency syndrome，AIDS)的简称，由人体免疫缺损病毒(human immunodeficiency virus，HIV)引起。

世界卫生组织对艾滋病下的定义是：由逆转录酶病毒感染所引起的机体免疫功能缺损，特别是细胞免疫功能缺损，并以辅助性T淋巴细胞减少为基本特征的继发感染，即以原虫、霉菌、病毒、细菌等的机会感染症和卡波济氏肉瘤并发症为特点的一种新型传染病。获得性免疫缺陷综合征可从三部分来理解：“获得性”意味着艾滋病是后天获得的；“免疫缺陷”：免疫反应是人体抵抗外来病原体的一条非常重要的途径，主要是由免疫系统内的白细胞来完成的，当外来病原体入侵人体后，免疫系统通过细胞免疫和体液免疫产生免疫反应，而艾滋病病毒能够入侵白细胞，使白细胞丧失免疫反应能力，机体不能对其他的病原体入侵发生有效的免疫反应，这称为免疫缺陷；“综合征”：综合征是几种疾病的综合，因此艾滋病往往是几种疾病共同危害机体的综合表现。

HIV感染与AIDS之间具有本质的区别，但两者之间没有断然的界限，是一个渐进的过程。HIV感染只指HIV进入人体后的带毒状态。HIV感染是终生的，感染者终生都具有感染性。AIDS是HIV感染最后的也是最危急的状态。因此，艾滋病(AIDS)病人必然是艾滋病病毒(HIV)感染者，而感染者不一定都是病人。大多数感染者在感染病毒后很多年内没有任何症状，也不发生任何疾病。但是随着时间的延长会有更多的人发生艾滋病。大约50%的艾滋病病毒感染者在10年内会发生艾滋病。

(一) HIV

1. HIV类型

目前发现的HIV有两型：HIV-1型和HIV-2型。HIV-1型可分成10个不同的亚型，HIV-2型则可分成5个亚型，这表明HIV的遗传变异水平在所有RNA病毒中是最高的。因此理论上推测，任何HIV疫苗如若只是根据一种HIV亚型来生产，而由于不同亚型病毒间的高度遗传差异性，则该疫苗是不可能对其他亚型有免疫保护作用的，这就使得艾滋病的疫苗研究非常困难。

从临床角度看，HIV-1型和HIV-2型区别主要在三个方面：

在流行病水平上：世界范围内流行的主要是HIV-1型，并且为HIV的主要流行型；HIV-2型的流行主要局限于非洲的少数几个国家，尤其是西非。

在传播效率上：无论是母婴垂直传播还是水平传播，HIV-1型都较HIV-2型有更强的传播能力。

在临床表现上：一般来讲，HIV-1型比HIV-2型感染的临床潜伏期要短，而感染HIV-2型的病人平均寿命要比HIV-1型的病人长，但是感染HIV-1型和HIV-2型病人的临床表现基本上没有明显区别，即无论是HIV-1型还是HIV-2型的感染均可同样造成艾滋病。

2. HIV结构

HIV呈球形颗粒状，直径约为100～140 nm。病毒最外层为包膜，包膜上有72个刺突，组成立体对称的20面体(图3-9)。包膜含有两种主要糖蛋白(glycoproteins，gp)，即表面糖蛋白gp120和镶嵌于病毒包膜上的膜内蛋白gp41，gp120与跨膜蛋白gp41以非共价键相连。gp120位于病毒外面，含有与细胞表面受体结合的位点以及主要的中和抗体结合位点。gp41与靶细胞融合，具有促进HIV-1进入宿主细胞的作用，实验表明，gp41亦有较强抗原性，能诱导产生抗体反应。包膜之内为病毒的蛋白质衣壳，蛋白质衣壳含有基质蛋白p17，此蛋白在维持病毒颗粒的结构和组装中起重要作用。病毒核心呈圆柱状，内由两条完全同源的单链RNA、逆转录酶、整合酶、蛋白酶和结构蛋白等组成(图3-10)。

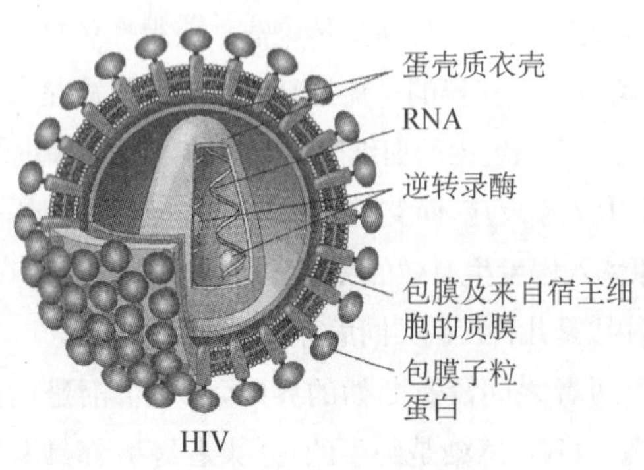

图3-9 HIV剖面图

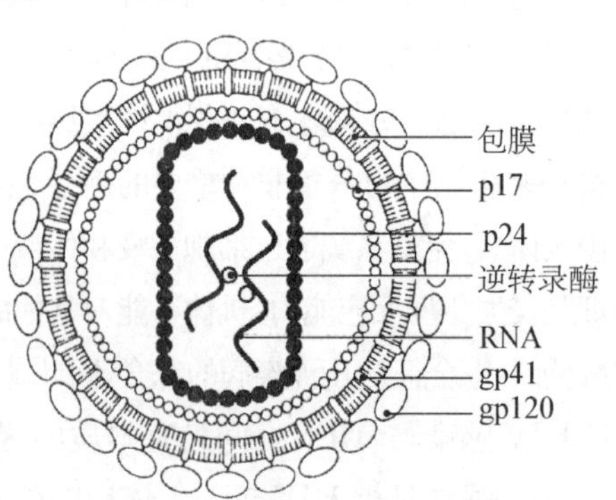

图3-10 HIV基本结构

逆转录酶、蛋白酶和整合酶：这三种酶为 HIV－1 的主要酶，这三种酶在病毒繁殖周期不同时期起不同的作用。逆转录酶(RT)作用于病毒复制早期，促进病毒 RNA 逆转录为双链 DNA；整合酶促进病毒 DNA 在宿主细胞核内整合入染色体的 DNA 中；蛋白酶促进病毒颗粒成熟，此作用发生于细胞表面或病毒从细胞中释放时。

基因组：HIV－1 的 RNA 由两条长约 9.2～9.7 kb 的 RNA 组成二倍体基因组，其中一条作为病毒逆转录的模板，而另一条则通过重组来修复病毒基因组的损伤。HIV－1 基因组有 9 个基因，包括 gag、Pol、env 3 个结构基因，及至少 6 个调控基因(Tat、Rev、Nef、Vif、VPU、Vpr)，并在基因组的 5′端和 3′端各含长末端序列(图 3－11)。HIV 的 LTR 含顺式调控序列，它们控制前病毒基因的表达，已证明在 LTR 有启动子和增强子并含负调控区。

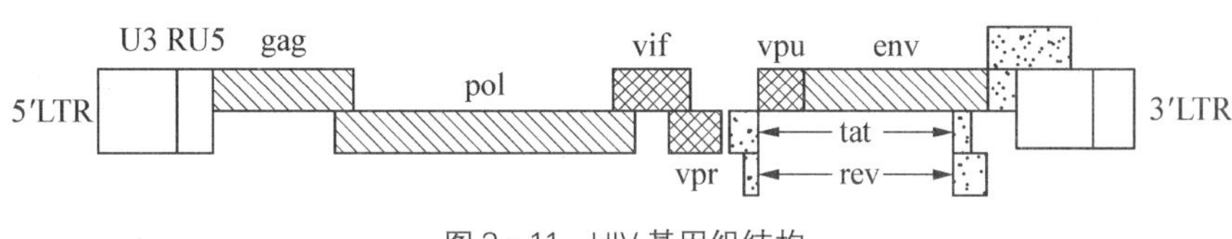

图 3－11　HIV 基因组结构

(1) gag 基因能编码约 500 个氨基酸组成的聚合前体蛋白(P55)，经蛋白酶水解形成 P17，P24 核蛋白，使 RNA 不受外界核酸酶破坏。

(2) Pol 基因编码聚合酶前体蛋白(P34)，经切割形成蛋白酶、整合酶、逆转录酶、核糖核酸酶 H，均为病毒增殖所必需。

(3) env 基因编码约 863 个氨基酸的前体蛋白并糖基化成 gp160，gp120 和 gp41。gp120 含有中和抗原决定簇，已证明 HIV 中和抗原表位在 gp120 V3 环上。

(4) Tat 基因编码蛋白(P14)可与 LTR 结合，以增加病毒所有基因转录率，也能在转录后促进病毒 mRNA 的翻译。

(5) Rev 基因产物是一种顺式激活因子，能对 env 和 gag 中顺式作用抑制序列(Cis-Acting repression sequance, Crs)起到去抑制作用，增强 gag 和 env 基因的表达，以合成相应的病毒结构蛋白。

(6) Nef 基因编码蛋白 P27 对 HIV 基因的表达有负调控作用，以推迟病毒复制。该蛋白作用于 HIV cDNA 的 LTR，抑制整合的病毒 DNA 转录。

(7) Vif 基因对 HIV 并非必不可少，但可能影响游离 HIV 感染性、病毒体的产生和体内传播。

(8) VPU 基因为 HIV－1 所特有，与 HIV 的有效复制及病毒体的装配与成熟有关。

(9) Vpr 基因编码蛋白是一种弱的转录激活物，在体内繁殖周期中起一定作用。

HIV－2 基因结构与 HIV－1 有差别：它不含 VPU 基因，但有一功能不明 VPX 基因。核酸杂交法检查 HIV－1 与 HIV－2 的核苷酸序列，仅 40％相同。env 基因表达产物激发机体产生的抗体无交叉反应。

3. HIV 理化特性

HIV 对外界抵抗力较弱，离开人体后不易存活。HIV 对热敏感，56℃时 30 分钟即能灭活；冻干的血液制品加热至68℃、72小时可灭活病毒。HIV对消毒剂也敏感，50%乙醇、10%家用漂白粉、0.3%双氧水、0.5%煤酚皂液等经10分钟均能达到消毒目的；HIV在未稀释的家用漂白液中1分钟内即可被灭活。但是，HIV对紫外线、γ射线不敏感。

4. HIV攻击的靶细胞

细胞膜上具有CD4受体（又称HIV-1受体，cluster of differentiation的简称）的细胞称为HIV的靶细胞，因为病毒的表面糖蛋白gp120与CD4受体有强大亲和力。

HIV的靶细胞主要是T_4淋巴细胞（辅助性T淋巴细胞），T_4淋巴细胞是T细胞的辅助细胞，它占T细胞总数的65%，在人体免疫系统中具有举足轻重的作用，它可以帮助巨噬细胞发挥非特异吞噬功能；帮助B细胞制造抗体。T_4淋巴细胞表面的CD4受体分布密度很高，因此最容易附着艾滋病病毒。

此外，HIV的靶细胞还包括10%～20%大单核-巨噬细胞、5%～10%的B淋巴细胞、中枢神经系统的胶质细胞、神经元、骨髓干细胞等。

5. HIV侵染周期

HIV是逆转录病毒，它的RNA进入宿主细胞，通过逆转录酶迅速合成双链DNA，然后再插入到宿主细胞的DNA中。由于HIV的基因已整合到T_4淋巴细胞的基因组中，因此，当T_4淋巴细胞复制时，会导致病毒基因同时复制，从而使HIV无限制地增长，并被释放出来，然后再去入侵其他T_4淋巴细胞。这样一来，随着HIV在T_4淋巴细胞中不断被复制和增殖，导致人体免疫系统形同虚设，患者已无法抵抗其他各种微生物的入侵。

HIV侵染T_4淋巴细胞的基本过程（图3-12）：

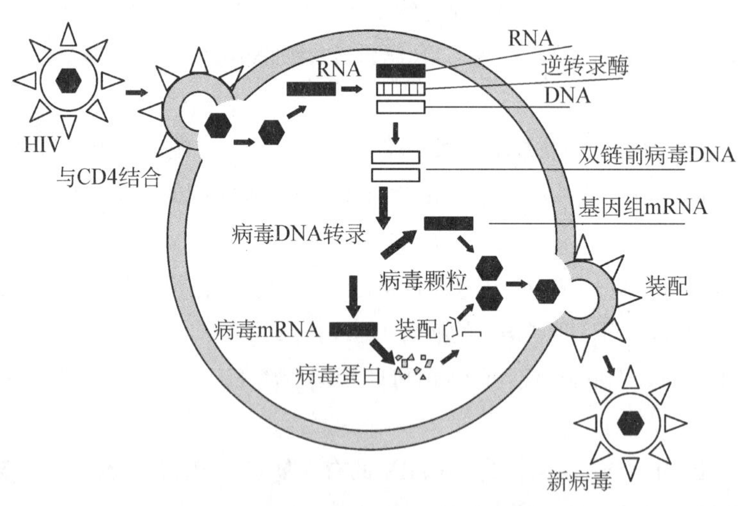

图3-12 HIV侵染宿主细胞

(1) 与CD4受体结合　当HIV进入人体后，HIV通过其表面糖蛋白gp120与T_4淋巴细胞膜上CD4受体结合。

(2) 融合与侵入　HIV上的P120与CD4分子结合后，在病毒gP41协助下，病毒包膜与T_4淋巴细胞膜融合，侵入后脱去衣壳，病毒RNA进入宿主细胞内。

(3) 逆转录和整合　宿主细胞内，在逆转录酶的作用下以病毒RNA作为模板各自合成一条互补的 DNA(cDNA)链，然后被运送至细胞核。在核内经自身携带的 DNA 多聚酶作用合成为双链 DNA，通过病毒自身携带的整合酶作用，病毒的 DNA 与宿主基因组整合，一旦和宿主基因组整合即不可分离。由于 HIV 进入人体细胞后可将其基因组整合到体细胞内，因而该感染者将终身携带病毒，同时成为终身传染源。

(4) 早期合成　病毒基因整合后即开始小量的转录，以整合的病毒 DNA 为模板合成全长病毒 mRNA，然后通过一系列处理之后，编码 HIV 结构蛋白的病毒 mRNA 被转运到细胞质内以备晚期合成之用。

(5) 晚期合成　在进入细胞质内的病毒 mRNA 指导下翻译成病毒相应的酶和蛋白，以供组装病毒颗粒。刚合成的病毒蛋白经修饰后和酶在浆膜上形成病毒核心，此病毒核心转运至细胞膜，通过芽生获得含有病毒表面 gp120 和 gp41 的病毒包膜。

(6) 病毒颗粒的释放　病毒颗粒以芽生形式从细胞中释放而进入血液(图 3－13)，释放出来的大量 HIV 再侵犯新的靶细胞。

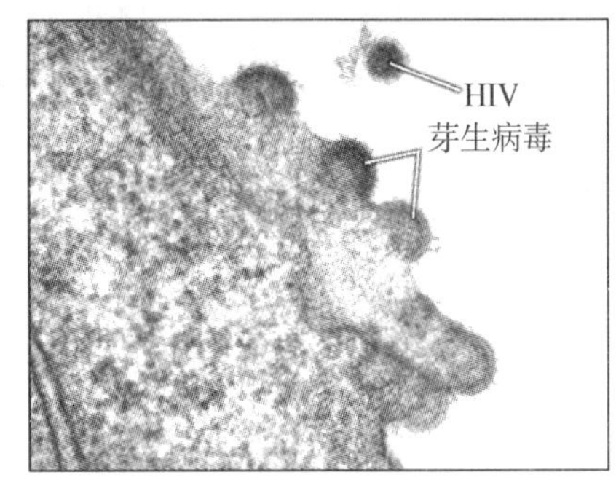

图 3－13　HIV 以芽生形式释放

据计算，HIV－1 在人体血浆内的半衰期只有 6 个小时，即平均 6 小时人体内的 HIV－1 就死亡一半。同时 6 小时之间，体内产生相当于另一半数量的新病毒。根据人体内血浆与细胞数量，可以推算出人体实际上每天要产生 10 亿个左右的新病毒，并释放到细胞外液内，然后被清除。伴随着这种高速的 HIV－1 产生与清除，每天有 2 亿左右的 CD4T 淋巴细胞被杀死。因此，为了保持稳定的 CD4T 淋巴细胞数量，人体必须每天产生相当于人体 CD4T 淋巴细胞总量的 5%的 2 亿 CD4T 淋巴细胞。进一步研究发现，HIV－1 从细胞内释放到感染另一细胞，再从此细胞中释放共需约两天半时间。也就是说，HIV－1 在感染者体内每年要繁殖 140 个周期，大量病毒的复制可直接导致 CD4T 细胞大量破坏、解体。

(二) 艾滋病感染途径

到目前为止，已从 HIV 阳性者的血液、精液、阴道分泌液、尿液、脑脊液、唾液、泪水、乳汁和伤口渗出液中分离到了 HIV。从理论上来讲，接触任何这些液体均有感染人类免疫缺损病毒的可能，但唾液、泪水、汗液、尿、粪便等在不混有血液和炎症渗出液的情况下，HIV 的浓度非常低，同时至今也未发现任何 HIV 是由接触这些体液等传播的。

因此，目前公认的 HIV 传播途径主要有 3 条：性传播、血液传播和母婴传播。

1. 性传播

性接触是主要的传播途径，据世界卫生组织公报指出，75%～85%的艾滋病例是通过性接触感染上 HIV 的。性接触包括同性恋和异性恋，目前经异性性传播已成为世界 HIV 流行的普遍规律。如非洲卢旺达，妓女带毒率达 80%，嫖客带毒率为 28%；泰国近年来异性性传播的 HIV 感染以每年 5～10 倍的速度递增，其全国妓女平均感染率为 30%。我国周边国家的统计资料表明，泰国、印度、越南、缅甸、柬埔寨近年都以异性性传播成为 HIV 主要感染途径。鉴于国外性病感染人数的多少是艾滋病流行的重要指标，而我国卖淫、嫖娼活动和性病患者正逐年增加，并且他们的流动性很强，所以应引起足够的重视。

性传播 HIV 是一个相当复杂、而又不易在人体内研究的课题，目前尚不清楚哪些因子起重要作用。但现在已知正常精液内含有相当多的淋巴细胞，当生殖道或肛门黏膜受损后，精液中带有 HIV 的淋巴细胞通过破损的黏膜而进入体内，所以 HIV 既可在异性间传播，也可在男同性恋间传播。

人体体外实验已经表明，阴道及子宫颈的上皮细胞可以被 HIV－1 感染。动物实验也表明，用 SIV(猴免疫缺损病毒)感染雌猴的阴道后，用原位杂交法检查 SIV 基因发现 SIV 可能通过上皮细胞，进入淋巴系统，再转入血液形成全身感染。据此推断，传播者精液细胞中的 HIV－1 可能是通过阴道上皮细胞进入新宿主。临床流行病学调查显示，通过性传播可能增加 HIV－1 感染机会的因素有：生殖道疾病、生殖道创伤、生殖道溃疡病、肛门直肠创伤、传播者精液中病毒含量等。

2. 血液传播

通过血液感染上 HIV 者占 5％～10％，血液传播主要有静脉注射、输血、血制品及其他经血传播等四种形式。

(1) 静脉注射　注射器具消毒不彻底，受到污染，特别是为感染了 HIV 的患者做肌肉注射或静脉输液后，针头上难免沾上微量残血和针筒内可能有少量的回血。如果这种注射器未经过彻底的清洗，又给健康人使用，这少量的血液就可能经注射器进入到人体内造成 HIV 感染。

目前我国使用一次性注射器的人数还不到接受注射人数的 10％，特别是在一些农村地区连基本的消毒环节也未能保证。因此，一旦有 HIV 传入，就很容易在人群中传播。

在静脉注射毒品成瘾者身上通过注射器传播 HIV 最为常见，因此静脉吸毒是最危险的血液传播途径，而静脉注射毒品成瘾者常常又是同性恋者或异性恋者，这些人传播 HIV 的危险更大。吸毒人群是艾滋病泛滥重要场所，艾滋病传入我国并在云南西部流行的主要因素就是吸毒。云南是我国艾滋病重灾区，到目前为止，90％以上的 HIV 感染者是吸毒人群。

(2) 输血传播　1983 年，HIV 的发现就是从艾滋病患者血管末梢的血液中分离出来的。1984 年至 1985 年期间，法国出现过某血液中心由于工作失误造成 1 200 名受血者感染、5 000 名血友病人受害的事故，为此，法国当时的卫生部部长和血液中心主任受到渎职起诉。

我国目前也多次发现 HIV 感染的供血者，这些供血者大多为个体流动献血人员。据调查，我国的献血员中个体献血者(职业卖血)占 54.6％，而个体献血员大多是来自农村的卖血者，这部分人员其暴露于 HIV 感染的各种危险因素要高于义务献血员。如在供输血过程中不按规程操作或消毒不严，则经输血造成 HIV 传播的危险性就不容忽视。输入了 HIV 污染的血，可以使受血者感染 HIV 的机会高达 95％～100％，且一旦感染后潜伏期也相应缩短。

我国目前每年献血人次达 300 万左右，估计每年受血者不少于 500 万人。不论在管理、机构、设备条件、技术上都需要从社会的角度来考虑，认真加以对待。尤其在我国有些地区，供血员将卖血作为职业，如何妥善处理这类问题，同样具有极强的社会性。

在 HIV 感染率高的地区，对献血人员做抗 HIV 抗体测定仍会漏掉少数艾滋病病毒携带者。因为在“窗口期”期间患者体内淋巴细胞中有 HIV，但血清抗 HIV 抗体却检测不出来。由于条件限制不可能对所有 HIV 抗体阳性的人都作抗原测定或 HIV 分离。故有人建议，可采用两次检测法，如果均为阴性，这份血才能输给他人。

知识窗

“窗口期”

“窗口期”是指 HIV 最初进入机体到产生可检测出病毒抗体的时间，通常为 1～3 个月(平均 45 天)。即一个献血者在感染病毒的窗口期内献血，这份血液的筛查试验将出现“未感染”的假性结果。为了解决窗口期的问题，根据 HIV 感染的临床过程，有人试图在窗口期中直接检测病毒蛋白(即 P24)抗原。但研究实践证实，这种检测方法不仅不能达到完全检出的目的，而且花费极高。如在美国筛查 600 多万名献血员样本，费用估计至少要增加 5 000 万美元，却只能查到 1 例用常规 HIV 抗体检测方法查不出的 HIV 感染血液，所以，该方法难以推广。从全局来看，采用目前 HIV 抗体检测方法还是既科学又经济的，如果结合献血者自我回避的措施，则可大大避免窗口期带来的困惑。最近不少试剂公司研制出同时可测抗体和抗原的方法，其效果还有待于今后进一步评估。

(3)血制品传播　由于有些供血者病毒呈阳性但抗体始终呈阴性或抗体还未产生，以及实验室的漏检率，所以用供血者的血浆制成血制品传播 HIV 的可能性始终存在。大多数的血浆制品由 2 000～30 000 供血者的血浆制成，使用后感染 HIV 的可能性高于单个供血者提供的血液制品。因此，用血液制成的一些产品也会让使用者成为艾滋病病毒的受害者。法国、德国、日本等发达国家都发生过带病毒血液制品流入市场，导致多人被感染的恶性事故，血友病患者即是例子。血友病是一种遗传性疾病，患者体内先天性缺少一种凝血酶，因而凝血功能有障碍，患者的身体一旦受到创伤就会出血不止，治疗的方法是常年不断地向患者体内输入其缺少的凝血酶，才能控制病情的发展。而每一份浓缩血制品一般需要 5 000～12 000 个不同供血者的血浆才能制成，每一名血友病患者一年中大约需注入 10 万个供血者的血浆或血制品才能显示疗效，这使血友病患者经常处于 HIV 的危险之中。日本调查的 1 800 名血友病患者中，HIV 感染者有 720 人，约占 40%。原联邦德国的 4 000 名血友病患者中，有一半人被感染，600 多人已死去。1985 年，我国浙江省也发现了 4 名血友病人因使用美国生产的血液制品而感染了 HIV。

需指出的是，并非是所有血制品都有可能成为 HIV 的传染源，这与血制品加工方法有关。例如白蛋白和血浆蛋白因使用高浓度的冷乙醇抽提和巴氏消毒法，所以它们是不会传播 HIV 的。

(4) 其他经血传播途径　例如不小心接触艾滋病患者的血液，国外这方面已有报道；或通过使用受污染而又未经严格消毒的针器文身、穿耳、针灸，与患者和感染者共用剃须刀、牙刷等传播。

3. 母婴传播

HVI－1型阳性的母亲约有30%可导致新生儿感染HIV－1。母婴传播的途径主要有3条：

(1) 胎儿出生前在子宫中被感染，即HIV从母体血液经胎盘进入胎儿血液。

(2) 分娩过程中婴儿与母体皮肤、黏膜接触或脐带剪断处理都可能使婴儿感染。

(3)在非洲和美国已被证实，感染HIV或患艾滋病的母亲可通过哺乳将HIV传给婴儿。

母婴传播的情况在世界各国不尽相同。在全世界范围内，母婴传播的病例大约占艾滋病病毒感染者总数的5%～10%。在我国，早期艾滋病感染者中通过母婴传播的比例仅为0.2%。自1995年首次发现母婴传播以来，母婴传播的比例逐年增长。

表3－4　中国17 316例HIV和艾滋病病例的传播方式(报告统计资料截止1999年底)

传播方式	静脉毒品注射	异性性传播	血液/血制品	同性恋	母婴	传播途径不详者
百分比(%)	72.4	6.6	0.4	0.2	0.1	20.4

(三) 艾滋病的诊断标准

1993年，经美国疾病诊断控制中心修改后的艾滋病检测标准规定，如果符合以下两点中的任何一点即可诊断为艾滋病：①实验室确诊有人类免疫缺损病毒感染，并伴有每立方毫米血CD4T细胞数少于200个或者CD4T细胞低于14%；②实验室确诊人类免疫缺损病毒感染，并伴有若干免疫缺损综合征表现。

因此CD4T细胞也是药物及各种疗法的有效考核指标，任何药物或疗法只要在治疗8周后使患者的CD4T细胞数量每微升外周血液中增加50个以上定为有效，否则为无效。

(四) HIV感染和艾滋病的临床表现

一般来说，从感染HIV到发生艾滋病有四个发展阶段。

1. 急性感染阶段

又称感染早期。在HIV侵入到人体血液后，开始向CD4T细胞发起攻击。大约经过2周～6周，患者出现轻微症状，可能发烧、嗓子痛、颈淋巴结肿大，但这往往为患者所忽视。一般经过10天左右，不治疗也会消失。但是，4周～8周后患者的血清抗体已为阳性。

2. 无症状潜伏感染阶段

在这个阶段其基本特征是无症状，其潜伏期通常为9～10年，潜伏期的长短与人体免疫功能及感染的病毒数量有关。如母婴传播的儿童50%不到2岁因机会性感染而夭折，约80%活不到5岁，这与幼儿免疫功能尚不健全及其母亲分娩时的艾滋病严重程度有关。

潜伏期并非是静止期，HIV在不断复制并不断地消耗人体的免疫功能，而人体的防卫系统也不断地向HIV进行攻击。由于免疫系统受损程度较轻，对各种疾病的抵抗功能基本正常，患者可能毫无症状或只有轻微的不适感。但此时患者病毒抗体已呈阳性，且潜伏期极具传染性，本人却不知道。在这种情况下，患者很可能因为没有症状而贻误检查，不仅延误了治疗，还加大了传染他人的危险。

3. 持续性全身淋巴腺病阶段

持续性全身淋巴腺病阶段也被称为艾滋病中期。无症状的潜伏期过后，患者的正常生活就结束了，经受着各种各样病症的折磨。主要表现为全身淋巴结肿大，患者自己很容易在颈部、大腿根部、腋窝下等处触摸到。这些淋巴结的肿大可以持续好几个月，最多不超过一年。与此同时，还会出现口腔和生殖器炎症和溃疡，而且很不容易愈合。血液化验还会发现不明原因的贫血和白细胞、血小板减少，因而患者皮肤上，特别是大腿部分会出现紫斑。在这个阶段，患者体重减轻，明显消瘦，有时体重会减轻10%以上。

4. 艾滋病阶段

这时，HIV感染者发生了质的变化，艾滋病病毒在血液淋巴细胞中大量繁殖。淋巴细胞遭受破坏，数量大大减少，免疫系统防卫功能严重下降，致使各种感染接踵而来，而且容易发作，经久不愈，最后，一系列机会性感染和卡波济氏肉瘤将吞噬艾滋病患者的生命。

HIV-1病毒攻击目标是人体免疫系统的主力——T淋巴细胞，它使人体丧失抵抗各种疾病的能力。病毒感染人体后有最长达14年的潜伏期，随后病毒数量急剧增加，人体免疫系统崩溃，导致各种严重症状发生，如淋巴瘤、鳞状细胞癌、卡波济氏肉瘤等，最终死亡。

艾滋病患者容易发生多种恶性肿瘤，比如少见的卡波济氏肉瘤、淋巴瘤、白血病以及常见的肺癌、肝癌等，这在普通恶性肿瘤患者中是非常少见的。

（五）艾滋病的流行

二十多年来，艾滋病流行规模之大，罹患人数之多，造成人类生命与社会经济损害之大均已超过了历史上任何一种传染病。由于艾滋病是一种目前尚无有效治愈办法、病死率极高的传染病，它在全世界已成为严重的公共卫生问题和社会问题。

1. 全球性HIV感染及艾滋病的现状

艾滋病自1981年发现以来，尽管世界各国均投入了大量的人力物力，使用各种方法进行控制，但仍然遏制不住其迅猛增长的势头，几乎世界上所有国家都有报道发现HIV感染者。

联合国艾滋病规划署（UNAIDS）和世界卫生组织（WHO）2006年11月21日联合发布《2006年世界艾滋病报告》指出，2006年，全球有290万人死于艾滋病，有430万人感染上艾滋病病毒。全球感染人数已达3 950万人，其中230万是15岁以下的儿童。根据报告发布的数据，亚洲在过去一年中估计有约96万人感染艾滋病，63万人死于同艾滋病相关的疾病。感染艾滋病的亚洲人总数比2004年上升了10%，新病例则增长了12%。在亚洲，艾滋病感染率最高的国家集中在东南亚，其最主要的传播途径是未采取保护措施的有偿性服务和男性间性行为，以及共用针头的静脉毒品注射。与世界其他国家和地区相比，尽管HIV感染传入亚洲较晚，但目前该病在亚洲一些国家的发展之快十分惊人。因为世界人口的一半以上居住在亚洲，发病率的微小变化将导致绝对数显著的差别。

2. 中国HIV感染及艾滋病流行现状。

随着艾滋病全球性的传播蔓延，目前HIV感染在中国呈现快速增长的趋势。据卫生部通报，从1985年中国发现第一个HIV感染病例以来，截止2006年10月31日，全国历年累计报告艾滋病183 733例，其中艾滋病病人40 667例；死亡12 464例。

卫生部2006年1—10月报告的感染者中，吸毒和性传播是主要途径，分别占37.0%和28.0%；经既往采供血途径传播占5.1%（均是20世纪90年代感染，2006年检出并报告）；母婴传播占1.4%。在注射吸毒过程中被感染的艾滋病人中，有90%的感染者分布在云南、新疆、广西、广东、贵州、四川和湖南这7个省。在新疆、云南、四川的个别地区，吸毒人群中超过50%的人感染了艾滋病病毒，且吸毒人群的感染速度正在加快。调查表明，注射吸毒人群中49%都曾使用未消毒的注射工具。经性途径而被感染的也呈上升趋势，哨点监测资料显示暗娼中的艾滋病病毒感染率1996年为0.02%，2005年有9个哨点暗娼的感染率超过1.0%；对男性同性恋人群的调查数据显示，目前该人群艾滋病病毒感染率在1%～4%。部分高发地区的孕产妇和婚检人群监测表明，艾滋病病毒感染率已经达到或超过1%，达到较高流行水平。

中国近年来艾滋病感染人数每年以相当快的速度增长，说明中国已经进入了快速增长期。根据艾滋病在一个国家的流行规律，开始为传入期和扩散期，一旦进入增长期，就会呈现感染加速度增长的趋势，如果在这个阶段防治措施不力，就会迅速进入泛滥期。鉴于报告病例数远不能代表实际感染人数，卫生部2002年10月16日通报，估计我国实际累计感染HIV总人数已达100万人，如再不采取强有力的控制措施，到2010年则有可能超过1 000万人，将对我国人民健康和经济建设造成严重威胁。基于目前我国正处于艾滋病传播的增长期，艾滋病疫情进一步蔓延的危险因素仍然存在。由卫生部等国家有关部门制定的《中国预防与控制艾滋病中长期计划（1998—2010年）》总目标中确定，到2002年，阻断艾滋病病毒经采供血途径的传播，遏制艾滋病病毒在吸毒人群中迅速蔓延的势头；力争性病的年发病增长幅度控制在15%以下。到2010年，实现性病的年发病率稳中有降；把我国艾滋病病毒感染人数控制在150万以内。

（六）艾滋病的危害

艾滋病既是一个健康问题，同时也是一个社会问题。艾滋病在全球的蔓延，给人类社会带来无穷的灾难，它直接影响了社会经济的发展和产生严重的社会问题，对个人、家庭和社会都造成不可忽视的危害。

1. 重大的经济损失

艾滋病的流行必将造成大量医疗费用的增加。在美国，一名艾滋病患者最终的医疗费用累计达85 333美元，这超过以往任何一种疾病的个人医疗花费，美国曾为第一批一万名艾滋病病人支出的医疗费用高达15亿美元。为了控制艾滋病在全球范围的流行，各国政府以及国际上各种组织机构投入了大量的经费用于艾滋病的预防、控制和治疗。联合国艾滋病联合规划署发表《2004年全球艾滋病报告》称，尽管自1996年以来，全球每年用于艾滋病防治的费用从3亿美元提高到50亿美元，然而这还不到发展中国家所需金额的一半。报告呼吁，到2005年，将全世界用于防治艾滋病的费用增加到每年120亿美元。到2007年，每年需要200亿美元解决发展中国家的艾滋病相关问题，这些经费将用于为600万人提供药品，为1亿成年人进行艾滋病检测，在学校进行艾滋病教育，以及照顾2 200万"艾滋病孤儿"。

我国艾滋病患者医疗费用昂贵，HIV/AIDS患者所处的疾病病期不同，其求医行为及费用存在很大的差别。病人所处病期越晚，病情越重，消耗卫生资源越多，医疗费用也就越高。据有关调查报告，HIV/AIDS 患者每年平均门诊费用为 6 971 元，住院费为 47 577 元。若按 100 万艾滋病病毒感染者或病人计算，每年总的医疗费用可达 5 000 亿元。

目前我国政府每年用于艾滋病的拨款达 8 亿人民币，加上地方政府的投入，总计为 10 亿～12 亿人民币。基于目前艾滋病在我国的流行速度，假如不迅速采取有效措施，中国将成为世界上艾滋病感染人数最多的国家之一，艾滋病的流行将成为国家性灾难。随之而来的社会经济损失据测算可达人民币 4 600 亿元到 7 700 亿元，将会破坏改革开放以来辛勤建设的成果。

2. 严重的人力资源破坏

HIV/AIDS 患者中 90％左右是 20～40 多岁年龄段的人，而这些成年人是社会的生产者，正值社会中最强壮的劳动力。由于这部分人群发病和死亡人数的急剧增加，必将造成大量劳动力的损失，削弱了社会生产力，减缓了经济增长。

3. 沉重的家庭和社会负担

一个家庭若出现艾滋病患者后，一方面为了治疗需要花费大量的费用，给家庭带来沉重的经济负担；另一方面，家庭成员为了照顾病人，不得不花费大量的时间和精力，并承受着巨大的精神压力。另外，90％左右的 HIV/AIDS 患者是成年人，他们承担抚养子女和赡养老人的义务，但由于他们的早逝，孤儿和孤老将成为社会的负担。在艾滋病流行较早的一些地区，很多艾滋病病毒感染者已经发展成为艾滋病患者，增加了这些地区医疗卫生系统的负担，若出现大规模的 HIV/AIDS 患者，医院同样无力额外承担这一压力。

4. 影响社会稳定

艾滋病的广泛传播及其目前尚不可治愈的危险性，造成人类社会的“恐艾症”，也加剧了人们对艾滋病患者的歧视和偏见。而且，一旦患上艾滋病后，可能面临着失业、家庭离散等问题。这些歧视和所面临的问题很容易将许多艾滋病人及感染者推向社会，激发 HIV/AIDS 患者对社会的不满和报复情绪，诱发犯罪案件，造成社会的动荡和不安。

鉴于目前的流行现状以及艾滋病给社会和经济带来的灾难性后果，联合国于 2000 年 6 月 27 日首次将艾滋病列为“安全危机”。联合国将艾滋病列为“安全危机”，旨在提高人们对艾滋病危害性的认识，加强各国政府的危机感和紧迫感，抓紧现在有利时机，加大防治力度，及早有效遏制艾滋病在全球范围内的迅速蔓延。

信息窗

中国对艾滋病人及感染者实行“四免一关怀”政策

四免：

1. 对农村居民和城镇未参加基本医疗保险等医疗保障制度的经济困难人员中的艾滋病患者免费提供抗病毒治疗药物；

2. 在全国范围内为自愿去进行艾滋病咨询和检测的人员免费提供咨询和初筛检测；

3. 为感染艾滋病病毒的孕妇免费提供母婴阻断药物及婴儿检测试剂；

4. 对艾滋病致孤儿童免收义务教育阶段学费。

一关怀：

将生活困难的艾滋病患者纳入政府救助范围，按照国家有关规定给予必要的生活救济；积极扶持有生产能力的艾滋病患者开展生产活动，增加其收入；加强艾滋病防治知识的宣传，避免对艾滋病病毒感染者和患者的歧视。

（七）艾滋病的预防

由于 HIV 主要通过性接触、血液途径传播，因此，预防艾滋病对于普通人群来讲应做到：

1. 洁身自爱、遵守性道德是预防经性途径传染艾滋病的根本措施

性自由的生活方式、婚前和婚外性行为是 HIV 得以迅速传播的温床，而卖淫、嫖娼等活动是 HIV 传播的重要危险行为，性接触者愈多，感染 HIV 的危险愈大。因此，提倡遵纪守法，树立健康积极的恋爱、婚姻、家庭及性观念是预防和控制艾滋病的治本之路。

正确使用质量合格的避孕套可以有效减少感染 HIV、性病的危险，除了正确使用避孕套，其他避孕措施都不能预防 HIV。虽然使用避孕套预防 HIV 和性病的效果并不是 100%，但远比不使用避孕套安全。

2. 拒绝毒品，减少 HIV 感染可能性

共用注射器吸毒是传播 HIV 的重要途径，吸毒成瘾者往往采用静脉注射方式获得最大享受，而与他人共用注射器吸毒的人感染 HIV 的危险特别大。远离毒品可以最大限度地避免因吸毒感染 HIV，因此要拒绝毒品，珍爱生命。

3. 避免接触受血液污染而未经严格消毒的器具

凡在公共场所接触易刺破或擦伤皮肤的未经严格消毒的器具，均有可能感染 HIV。因此，应少接触诸如文身、穿耳、修面等使用共用器具的服务。

知识窗

世界艾滋病日

1988 年 1 月，世界卫生组织在伦敦召开了一个有 140 个国家参加的“全球预防艾滋病”部长级高级会议，会上宣布每年的 12 月 1 日为“世界艾滋病日”；1996 年 1 月，联合国艾滋病规划署（UNAIDS）在日内瓦成立；1997 年，联合国艾滋病规划署将“世界艾滋病日”更名为“世界艾滋病防治宣传运动”，使艾滋病防治宣传贯穿全年。世界艾滋病日的标志是红绸带。

世界艾滋病日自设立以来，每年都有一个明确的宣传主题。围绕主题，联合国艾滋病规划署、世界卫生组织及其成员国都要开展各种形式的宣传教育活动。

二、禽流感

禽流感是高致病性禽流行性感冒(highly pathogenic avian influenza,HPAI)的简称,是由A型流感病毒引起禽类的一种从呼吸系统到严重全身败血症等多种症状的综合病症。

(一)禽流感病毒的分类和形态结构

1. 禽流感病毒的分类

流行性感冒一般分为三种,即A型、B型和C型。B型和C型流行性感冒一般只在人群中传播,很少传染到其他动物。A型流感病毒的亚型有145个,其中能引起人类流感的主要为H1~H3型,且H1N1、H2N2、H3N2曾在人间造成流感大流行。其他多数亚型的自然宿主为禽类、猪、马等多种动物,特别是水禽类,而且所有的H1~H15、N1~N9亚型抗原都可以从禽类中分离到。

禽流感病毒属正黏病毒科,流感病毒属的A型流感病毒。按病原体类型的不同,禽流感可分为高致病性、低致病性和非致病性禽流感三大类。非致病性禽流感不会引起明显症状,仅使染病的禽类体内产生病毒抗体。低致病性禽流感可使禽类出现轻度呼吸道症状,食量减少,产蛋量下降,出现零星死亡。高致病性禽流感最为严重,发病率和死亡率均高,感染的鸡群常常“全军覆没”。

知识窗

禽流感病毒的H和N是什么意思?

H和N都是指病毒的糖蛋白(蛋白质),分别代表血凝素(hemagglufinin,HA)和神经氨酸酶(neuramidinase,NA)。由于这两种糖蛋白容易发生变异,故根据糖蛋白变异的情况,HA分为H1~H15十五个不同的亚型,NA分为N1~N9九个不同的亚型。其中H5与H7为高致病亚型。

禽流感病毒目前已分离到包括H1~H15,N1~N9等多种亚型。

2. 禽流感病毒的形态结构

禽流感病毒颗粒呈球形、杆状或长丝状(图3-14),直径80~120 nm。病毒囊膜表面有一层10~12 nm的密集棒状和蘑菇状蛋白质纤突(图3-15),棒状的蛋白质纤突对红细胞有凝集性,被称为血凝素(HA),蘑菇状的蛋白质纤突能将吸附在细胞表面的病毒颗粒解脱下来,被称为神经氨酸酶(NA),病毒囊膜内有螺旋形核衣壳。

(二)禽流感病毒的生物学特性和感染机理

1. 禽流感病毒的生物学特性

禽流感病毒没有超常的稳定性,可在加热、极端pH值、非等渗和干燥的条件下失活。例如:

(1) 禽流感病毒在凉爽和潮湿的条件下存活时间长达30~50天,20℃时为7天。在低

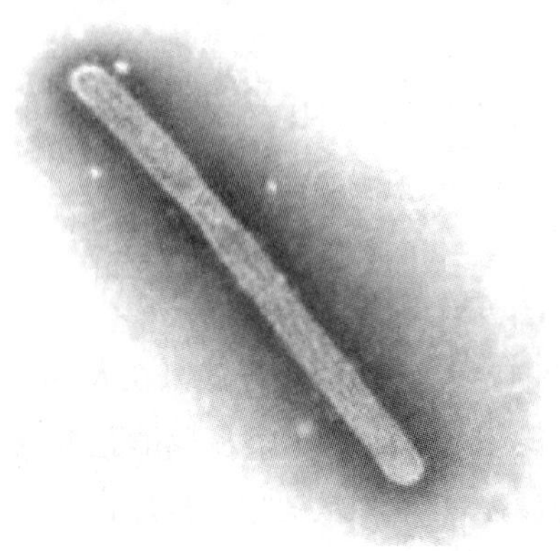

图 3-14　电镜下的 H5N1 型禽流感病毒(放大 15 万倍)

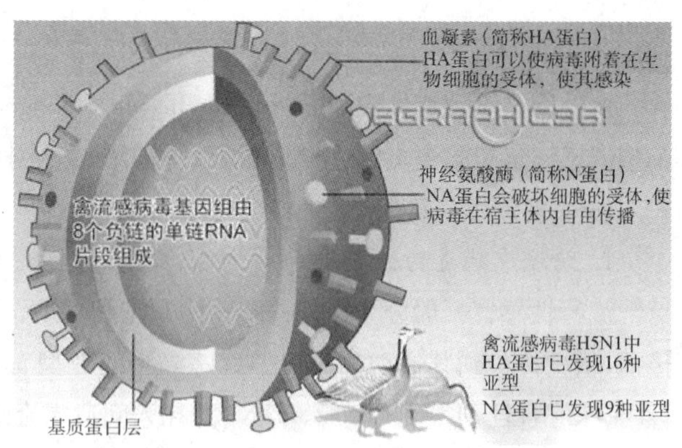

图 3-15　H5N1 型禽流感病毒的剖面图

温、干燥以及甘油中可保持活力达数月至一年以上。在干燥的尘土中，病毒能存活 14 天。在较低的温度下，病毒在污染的粪便中存活至少 3 个月。在水中，22℃时存活长达 4 天，0℃时可超过 30 天。在冷冻的禽肉和骨髓中，可存活 10 个月。

(2) 禽流感病毒厌光、怕热，对普通消毒剂很敏感。在直射阳光下，40～48 小时即可被灭活。通过加热(60℃30 分钟，100℃1 分钟)或普通消毒剂(福尔马林、碘复合物等)即可杀灭病毒。

2. 禽流感病毒的感染机理

禽流感病毒侵染宿主细胞，需经过两个过程：第一，宿主蛋白酶将 HA 裂解为 HA1 和 HA2；第二，裂解后的 HA2 暴露出疏水区并与宿主细胞膜磷脂双分子层相互结合。禽流感病毒 HA 裂解为 HA1 和 HA2 是其致病的重要因素，在病毒入侵细胞及决定病毒致病力方面起着关键作用。高致病力禽流感病毒在 HA 裂解位点具有多个碱性氨基酸，可被机体大多数组织细胞内的蛋白酶识别并裂解，具有广泛的嗜细胞性。所以，一旦高致病力禽流感病毒进入机体就会迅速全身扩散，导致全身多种组织发病并死亡。

2006 年 1 月的《Science》杂志网络版发表了美国科学家的研究成果，一种名为 NS1 的蛋白质可能是导致 H5N1 型禽流感病毒高致死率的关键。该研究小组分析了 2 196 个流感病毒基因和 169 个病毒全基因组，共 370 万个碱基对序列。其中不仅涉及禽流感病毒，也包括了人类和猪流感病毒。流感病毒的基因组拥有 8 个片段、共编码 11 种蛋白质。研究人员发现，除了编码血凝素和神经氨酸酶的基因之外，编码 NS1 蛋白质的基因也变异频繁。在不同的流感病毒中，编码这三种蛋白质的基因序列变异最大，这表明它们决定了病毒的致病性。NS1 蛋白质只在病毒侵入机体细胞后才生成，因此研究人员认为，血凝素和神经氨酸酶两种蛋白质，是流感病毒破坏机体免疫系统感染细胞的关键，而 NS1 蛋白质则决定了病毒在宿主细胞内的破坏作用。研究人员还发现，H5N1 型禽流感病毒的 NS1 蛋白质有一段特征序列，能使这种蛋白质与多个细胞受体结合，破坏细胞内的关键信号传导通道，使宿主细胞死亡。这可能是 H5N1 型禽流感病毒高致死率的关键所在，而普通的人类流感病毒则没有这段特征序列。这一发现不仅揭示了禽流感病毒感染人类的机制，也为未来研制抗流感药物提供了线索。

（三）禽流感的流行

1. 禽流感的传播途径

禽流感病毒广泛存在于许多家禽（如火鸡、鸡、珍珠鸡、鹅、鸭等）以及野禽（如天鹅、海鸥、野鸭等）之中，而迁徙的水禽特别是野鸭，排出禽流感病毒的机会最多。因此，野禽和野鸭是非常巨大的禽流感病毒储存库，它们不但成为其他禽类以及人类、低等哺乳动物的病毒来源，而且可通过基因突变和遗传重组为保持和出现新的潜在高致病力毒株提供条件。

1976 年美国发生猪、禽流感病毒在人间流行，而在欧洲的猪群中又发现了禽源的流感病毒毒株；1989 年有学者证实马流感病毒 H3 基因来源于禽流感毒株。这些现象提示 A 型流感病毒有可能在一定程度上发生于不同宿主，即在人、禽、马、猪等动物之间直接或间接的相互传播。目前普遍认为，造成人间大流行的 A 型流感病毒新亚型毒株，是间接或直接由人与禽流感病毒通过基因重组而来的，而猪是发生这种基因重组的重要场所。

病毒的感染还需要细胞上特异性结合位点，人类与禽类细胞膜上的结合位点有很大的不同，而猪的种间障碍较低，猪体内存在人和禽流感病毒的 2 种受体，人与禽流感病毒均可感染猪，禽流感病毒在中间宿主（如猪）中与人流感病毒杂交，从而获得人类细胞特异性结合位点，形成了人流感的新毒株。

可以认为猪在人流感和禽流感之间充当了混合器，并产生了能感染人的新流感病毒。

2. 禽流感在人类社会的流行和危害

世界上最早发现禽流感是 1878 年在意大利，此后的 100 多年中，北美、南美、北非、中东、远东、欧洲和前苏联等都有禽流感的暴发和流行，并引起了家禽的大量死亡和产量严重下降。我国 1992 年才发现有禽流感，主要是具有低等到中等致病性的禽流感病毒。

禽流感暴发后不易控制，而易造成巨大的经济损失。例如，1983—1984 年在美国宾夕法尼亚和弗吉尼亚，禽流感暴发造成 4 000 万美元的损失；墨西哥在 1994 年 5 月发生了低致病力 H5N2 的流行，1995 年 1 月突变成高致病力毒株，首先在 2 个州流行，并迅速波及 12 个州，为了控制疫情，扑杀了 1 800 万只鸡，隔离了 3 200 万只鸡，对 13 000 万只鸡紧急接种疫苗，直接经济损失达 10 亿美元；1997 年和 2001 年在中国香港暴发的禽流感，特区政府先后耗资 1.8 亿港元，两次共扑杀了 270 万只鸡。

人类第一次发现禽流感病毒直接从鸟向人传播是在 1997 年的中国香港。在这次暴发的疫情中，H5N1 禽流感病毒不仅感染了鸡，而且破天荒地感染了人。据世界卫生组织报道，自 2003 年以来截至 2006 年 10 月 11 日，全球累计报告高致病性禽流感 H5N1 病例 253 例，其中 148 人死亡。我国目前已累计报告 H5N1 确诊病例 21 例，其中 14 例死亡（包括卫生部追溯诊断的 2003 年初北京病例）。在亚洲地区，H5N1 型禽流感病毒传染给人类已造成 100 多人感染，其中 60 多人死亡，发生禽流感疫情的国家在过去几年间扑杀了上亿只家禽，旨在控制疫情蔓延，减少疫情波及人类的风险。

世界卫生组织对自 2003 年 12 月至 2006 年 4 月 30 日各国官方报告的所有 H5N1 实验室确诊病例进行了分析，结果表明，半数病例发生在 20 岁以下，90％的病例发生在 40 岁以下；总病死率为56%;病死率在所有年龄组中均高,但是在10～39岁年龄组中最高。

目前感染H5N1病毒患者的死亡率高达60%。由于禽流感病毒致病力变异极为复杂,人们对其变异机制迄今知之甚少,加之目前没有很好的疫苗、药物及被动免疫防控技术,卫生专家担心,如果病毒通过变异获得在人际传播的能力,那么全世界将面临一场新型流感大暴发的威胁。疫情一旦暴发,研究人员至少需耗时数月才能研制出有效疫苗,而在此期间,病毒可能已在全球范围内造成数百万人丧生。世卫组织亚洲地区禽流感预防事务负责人曾指出:禽流感病毒暴发的最初阶段很难控制,甚至不可能控制,这种病毒在地理上的传播范围将史无前例。

知识窗

流感病毒容易发生变异的原因

禽流感病毒基因组由8个负链的单链RNA片段组成,由于不同毒株间基因重组率很高,流感病毒抗原变异频率很快。其变异主要以两种方式进行:抗原漂移和抗原转变。

基因重组发生于流感病毒的同一类型病毒不同毒株间,其结果是抗原漂移,可引起HA和(或)NA的次要抗原变化,每隔2～3年出现一次,不会造成流感大流行。

基因重排发生于流感病毒的不同类型之间,其结果是抗原转变。当一个宿主(人或猪)感染了两种不同类型的病毒,两类病毒的8个基因组片段可以随机互相交换,发生基因重排。基因重排的结果是抗原转变,而抗原转变可引起HA和(或)NA的主要抗原变化。单一位点突变就能改变表面蛋白的结构,因此也改变了它的抗原或免疫学特性,导致产生具备新抗原的变异体,有可能产生新的高致病性病毒,通常10～40年出现一次。由于人对新的高致病性病毒毫无免疫力,故很容易造成流感的大流行。

这也就是为什么流感病毒容易发生变异的原因。

(四) 人禽流感的临床症状

人禽流感一年四季均可发病,多见于冬春季节。人感染禽流感病毒后的潜伏期一般7天以内,急起高热,临床表现类似普通感冒,主要为呼吸道症状。发热多于1～2天内达高峰,体温大多持续在39℃以上,热程1～7天,一般2～3天,半数患者有肺部实变体征。单纯型禽流感与其他流行性感冒一样,通常2～7天内会自然痊愈。少数患者病情发展迅速,出现进行性肺炎、急性呼吸窘迫综合征,肺出血、胸腔积液、全血细胞减少、肾功能衰竭、败血症、休克及Reye综合征等多种并发症导致死亡,目前尚无特效治疗药物。

(五) 人禽流感的防范

由于禽流感病毒具有高突变性,所以各国都禁止使用常规弱毒疫苗,大多数国家发生禽流感还是采取隔离疫区,扑杀和净化等措施。作为个人来讲,可以采取以下主要防范措施。

1. 避免与患病禽类接触

发生疫情时,应尽量避免与禽类接触,远离家禽的分泌物。

2. 保持室内空气流通

应每天开窗换气两次，每次至少10分钟。尽量少去空气不流通或人群聚集的如商场、影院等公共场所。

3. 打喷嚏或咳嗽时应掩住口鼻

禽流感的水平传播效率极高，接触禽类喷嚏飞沫和排泄物及人员流动都是传播途径。打喷嚏或咳嗽时用过的纸巾须放在有盖的垃圾桶内，全日用盖盖好，每日要清理一次。

4. 吃禽肉要煮熟煮透

由于禽流感病毒对热不稳定，进食禽肉前彻底煮熟就不会造成感染。

5. 保持双手清洁

外出回来之后应洗手，禽流感病毒用1‰高锰酸钾或1‰碘酒处理3分钟、75％酒精处理5分钟即可灭活。

6. 加强体育锻炼

平时应加强体育锻炼，多休息，避免过度劳累。

目前我国在CDC系统建立了较为完备的流感与人禽流感监测网络，监测覆盖全国31个省、自治区、直辖市。这一监测网络拥有63家网络实验室、197家哨点监测医院。63家网络实验室均可以进行流感病毒的分离，省级实验室除西藏外，均可完成流感与人禽流感病毒的核酸检测。

三、SARS

SARS(severe acute respiratory syndrome，SARS)即“严重急性呼吸系统综合征”，我国称为传染性非典型肺炎，系由冠状病毒的一个变种感染人体所致。

(一) 冠状病毒的分类和形态结构

1937年，冠状病毒(Coronavirus)首先从鸡体内分离出来。1965年，分离出第一株人的冠状病毒。由于在电子显微镜下可观察到其外膜上有明显的棒状粒子突起，使其形态看上去像中世纪欧洲帝王的皇冠，因此命名为“冠状病毒”。

1. 冠状病毒的分类

根据病毒的血清学特点和核苷酸序列的差异，目前冠状病毒科分为冠状病毒和环曲病毒两个属。在2002年冬到2003年春，肆虐全球的SARS病毒就是冠状病毒科冠状病毒属中的一种。2003年3月，香港大学科学家率先宣布从患者鼻咽标本中分离培养得到SARS病毒。2003年4月16日，世界卫生组织宣布，在中国、德国、加拿大等10个国家和地区的13个实验室正式确认冠状病毒的一个变种是引起非典型肺炎的病原体，并将其命名为“SARS病毒”。

2. SARS病毒的形态结构

SARS病毒颗粒呈不规则形状，直径约60～220 nm(图3-16)。病毒颗粒外具包膜，膜表面有三种糖蛋白：刺突糖蛋白(图3-17：S)是受体结合位点、具溶细胞作用和主要抗原位点；小包膜糖蛋白(图3-17：E)是一种与包膜结合的蛋白；膜糖蛋白(图3-17：M)起物质的跨膜运输、新生病毒出芽释放与病毒包膜形成作用。少数冠状病毒种类还有血凝素糖蛋白(图

3－17：HE）。

SARS病毒为单链单节段（＋）RNA病毒，全长29.725 kb，具有11个ORF（open reading frames），分别编码：依附于RNA的RNA聚合酶、4种结构蛋白（S，E，M，N蛋白）、5种未知蛋白（图3－18）。具有正链RNA特有的重要结构特征：即RNA链5′端有甲基化“帽子”，3′端有PolyA“尾巴”结构。这一结构与真核生物mRNA非常相似，也是其基因组RNA自身可以发挥翻译模板作用的重要结构基础，从而省去了RNA—DNA—RNA的逆转录过程。

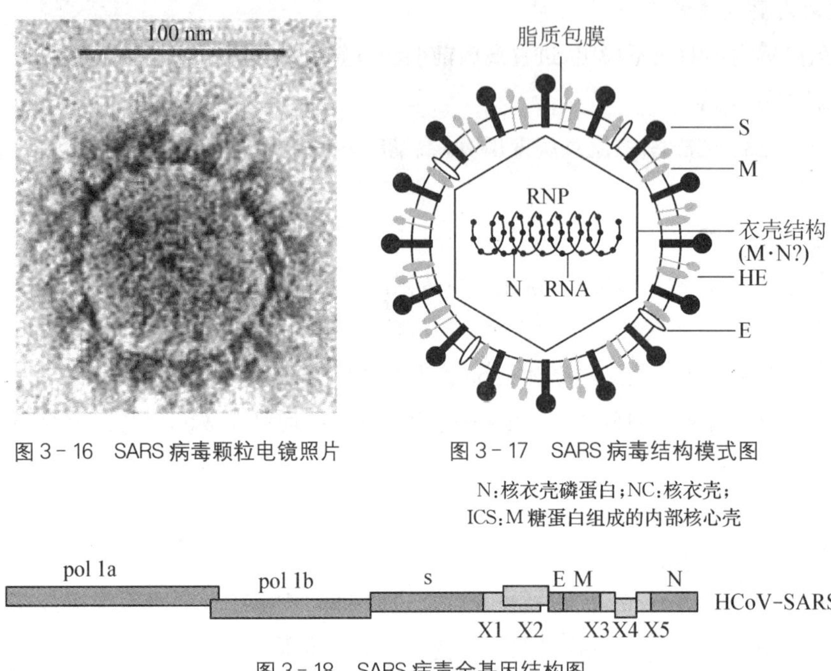

图3－16　SARS病毒颗粒电镜照片

图3－17　SARS病毒结构模式图

N：核衣壳磷蛋白；NC：核衣壳；
ICS：M糖蛋白组成的内部核心壳

图3－18　SARS病毒全基因结构图

（二）SARS病毒的感染机理

冠状病毒成熟颗粒中，并不存在RNA病毒复制所需的RNA聚合酶，它进入宿主细胞后，直接以病毒基因组RNA为翻译模板，表达出病毒RNA聚合酶。继而通过此酶完成负链亚基因组RNA的转录合成、各种结构蛋白mRNA的合成，以及病毒基因组RNA的复制。冠状病毒各种结构蛋白成熟的mRNA合成，不存在转录后的修饰剪切过程，而是直接通过RNA聚合酶和一些转录因子，以一种“不连续转录”（discontinuous transcription）的机制，通过识别特定的转录调控序列（transcription regulating sequences，TSR），有选择性地从负链RNA上，一次性转录得到构成一个成熟mRNA的全部组成部分。结构蛋白和基因组RNA复制完成后，在宿主细胞内质网处装配生成新的冠状病毒颗粒，并通过高尔基体分泌至细胞外，完成其生命周期。

（三）传染性非典型肺炎的流行

1. 传染性非典型肺炎的传播途径

SARS病毒对温度很敏感，冬季和早春是该病毒性疾病的流行季节。SARS病毒通过呼吸道分泌物排出体外，经唾液、喷嚏、接触传染，并通过空气飞沫传播。

2. 传染性非典型肺炎在人类社会的流行

冠状病毒感染在全世界非常普遍，人群中普遍存在冠状病毒抗体，成年人高于儿童。各国报道的人群抗体阳性率不同，我国人群以往冠状病毒抗体阳性率在30%至60%，前苏联的抗体阳性率则在53%至97%。到目前为止，大约有15种不同冠状病毒株被发现，能够感染多种哺乳动物和鸟类，有些可使人发病。冠状病毒引起的人类疾病主要是呼吸系统感染(包括严重急性呼吸综合征，SARS)。

在21世纪初，SARS病毒对人类发动突然袭击。2002年底首先在我国广东省出现，其后迅速蔓延至全国24个省区及全世界32个国家和地区，流行到2003年7月终止。此外，在2004年初广东省出现了零星散发病例。在这次传染性非典型肺炎流行中，全球共有32个国家发现非典病例，共感染8454人，死亡792人。

表3-5　中国大陆2003、2004年SARS疫情统计

年份	发病数	死亡数	病死率
2003	5327	349	6.55%
2004	10	1	10.00%
合计	5337	350	6.56%

(四) 传染性非典型肺炎的临床症状

世界卫生组织公布的SARS初步临床症状为：SARS感染潜伏期通常在2到7天，多数病人在发病最初出现超过38度的高烧，全身发冷，有时还出现头痛、全身不适、肌肉酸痛，以及轻微的打喷嚏、流鼻涕等症状。

发病3到7天时，下呼吸道病变症状开始出现，病人不断干咳、呼吸困难，严重者可出现体内血液含氧不足。其中百分之十到二十的病人，下呼吸道的病变会急剧恶化，胸部X光照片可以显示病人肺部深处出现阴影，肺叶肺泡隔膜坏死，发生液体渗透，面积不断扩大。到病变晚期，局部肺叶甚至出现纤维状硬化，造成永久性损伤。

据香港临床资料表明，过度的免疫反应可能是导致SARS患者死亡的决定性因素。世界卫生组织(WHO) SARS疫情首席科学家Klaus Stohr也指出，SARS感染者在第一个星期时，病毒会在上呼吸道大量地复制，进而造成患者高烧与干咳；至第二个星期，临床上可以发现免疫系统发生过度反应。患者免疫系统过度反应的结果是，释放了细胞素(cytokines)、肿瘤坏死因子(tumour necrosis factor)等物质，不仅杀死了被病毒感染的细胞，连周围的组织也都遭受攻击，对正常的器官组织造成大量"附带损害"，感染后患者体内免疫系统高度紧张，大约有20%的患者因此导致非常严重的病情。在广州地区和北京地区的尸检肺组织标本感染的Vero-E6细胞中均查见大量的病毒颗粒，多呈圆形，直径在80nm左右。

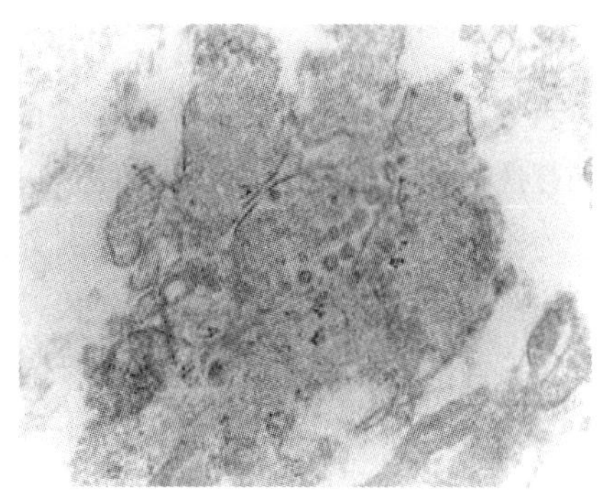

图3-19　SARS病毒感染的肺组织切片电镜照片

病毒颗粒主要分布在胞浆的内质网池、胞浆空泡内和细胞外，多聚集成堆。感染病毒的细胞可见内质网扩张，线粒体肿胀、嵴溶解(图 3－19)。

(五) 传染性非典型肺炎的防范

作为个人来讲，可以采取以下主要防范措施。

1. 流行期间应注意避免接触传染

在流行期间，与人交谈应保持一定距离；打喷嚏、咳嗽时，要用纸巾捂住口鼻；不随地吐痰；去医院、人员密集场所或自己有咳嗽等症状时应戴口罩。

2. 勤洗手

外出回来之后应洗手。正确的洗手方法是：水龙头下把手淋湿；擦上肥皂或洗手液，两手交叉并互相摩擦，两手搓揉手掌及手背，作拉手姿势以擦洗指尖，注意洗净指甲内部；用清水将双手冲洗干净；捧水将水龙头清洗干净；用擦手纸、干净的毛巾或手帕将手擦干净。

3. 保持室内空气流通

室内经常通风换气，定期喷洒消毒剂，以保持环境空气清新。

4. 勿过度疲劳

平时应加强体育锻炼，多休息，避免过度劳累。

21 世纪初的这次传染性非典型肺炎流行给人类的启示之一是，面对传染病的挑战，需要全球卫生协作，实现信息共享。例如，20 世纪 80 年代，用 2 年的时间才找出 HIV 是 AIDS 的病因，而破译其遗传密码更是花了数年的时间。然而当人类面临 SARS 病毒突袭时，世界各国科学家表现出了惊人的快速反应能力和高度的合作精神。他们抛弃对名利的追求，不计个人得失，密切合作。从 WHO 发出“SARS”疫情警报到发现病原体并完成其基因组测序仅用了短短一个多月，WHO 建立的全球实验室合作网络(10 个国家，13 个实验室)，2 周内就识别出 SARS 病毒，并在随后的 2 周内完成了病毒的基因测序工作。在此次抗击 SARS 的战役中，科学家们的联合行动和无畏精神给全世界留下了深刻的印象，让人们不仅了解了科学技术在人类社会生存和发展中的重要性，同时也表明人类社会通力合作才是战胜新疾患的惟一办法。

第四节　人体器官移植

当人体的某一器官由于疾病或损伤而丧失功能并且已经无法通过药物或其他治疗方法进行挽救时，可经由手术以保持活力的健康器官(来自自体或其他个体)替换原有器官，此过程称为器官移植。所移植器官的提供者称为“供体”，接受者称为“受体”。

器官移植始于 20 世纪 40 年代，至今已成果卓著。1990 年诺贝尔生理学或医学奖授予在世界上首次成功地进行肾移植和骨髓移植的美国医学家约瑟夫·默理(J. E. Murray)和唐纳尔·托马斯(E. D. Thomas)，就是对器官移植的最大肯定。

一、器官移植的现状

1954 年 12 月在美国波士顿，约瑟夫·穆理医生为一对同卵双胞胎兄弟进行了肾移植，作为受体的哥哥成功存活8年，后因心脏病突发去世，弟弟则一直生活至今。1990年的诺贝尔生理学或医学奖授予穆理医生，表彰他在器官移植领域做出的突出贡献。1954年的这次手术是器官移植历史上一次划时代的成功，而其成功的一个重要原因就是巧妙地避开了免疫排斥——同卵双胞胎由同一个受精卵分裂而来，具有完全相同的遗传基础，发生排斥的机会非常小。但之前与之后许多异体移植的失败也清楚地告诉人们，如果免疫排斥的问题不能解决，器官移植术的临床意义将非常有限。

在之后的很多年中，包括穆理在内的很多人都尝试使用一些抑制人体免疫系统的方法来增加没有相同遗传基础的异体移植成功率，包括使用大剂量放射线照射或者用硫唑嘌呤类药物。使用这些方法的结果是对人体免疫系统的全面破坏，很容易使患者死于失去抵抗力的感染或诱发癌症。1976年，瑞士山德士药厂(即今天的诺华公司)宣布发现一种新的抗淋巴细胞药物，即环孢素(又称新山地明、CsA)，能够对移植排斥反应中起主要作用的淋巴细胞进行高度特异性的强效抑制。环孢素的发现成为了器官移植历史上最大的突破，它使移植受体的成活率由20世纪80年代之前的20%多一跃达到80%以上，此药物于1983年投放全球市场且一直使用至今。环孢素以及之后一些相关新药物的开发为器官移植打开了宽广的新天地。

截止2000年底，全世界各国所施行的人体器官移植已超过50万例，其中心脏移植3.5万余例(心脏移植病人的长期生存率：1年为78%，5年为67%，10年为53%)，肺移植4 000余例，肝移植4万余例，肾移植35万例(5年以上存活率达95%，存活时间最长的已达31年)，胰腺移植3万余例，骨髓移植6.6万余例。肾移植的成功率最大，达80%以上，而其他器官移植的成功率约占60%。这些数字充分表明，器官移植已被公认为是一种新的医疗方法，它正处于一个飞跃的发展时期。

与国外相比，我国器官移植的工作起始于20世纪70年代末，到90年代时已能开展心、肝、肺、肾、胰肾联合、肝肾联合、心肺联合等器官移植手术。截至2006年，中国目前已累计开展器官移植85 000多例，已成为仅次于美国的第二大器官移植大国，国外能开展的所有器官移植手术国内都能开展，中国器官移植总体上已居于世界先进水平。在我国开展的85 000多例移植手术中，开展的最多的是肾移植，已累计开展74 000多例，肾移植一年存活率已达86.6%，存活时间最长已达19年；肝移植已超过1万例，1年存活率达85%～90%，存活时间最长的达12年；心脏移植手术400多例，存活时间最长的接近14年。

二、器官移植的免疫学基础

(一) 器官移植排斥的现象

通常，每个人的身体都有一套与生俱来的完善的防御系统，这就是医学上所讲的免疫系统。这一系统时刻都在发现并对抗侵入人体的细菌、病毒等外来病原体，同时也监控并清除人体内老化、变异的细胞，因此它对每个人的健康都起到至关重要的作用。然而，当实施移植手术时，正常的免疫系统将植入器官或组织视作外来的入侵物，对其进行强烈的攻击，致使其迅速破坏，这在医学上称为“宿主抗移植物反应”(HVGR)；同样，被植入的器官自身原有的免疫系统也会将新“主人”的机体视为异己从而发起攻击，引起“移植物抗宿主反应”(GVHR)，严重时甚至导致宿主死亡。这些现象都属于移植排斥。

宿主抗移植物反应的类型，通常是按照反应发生与实施手术时间间隔的长短、反应的剧烈程度以及发生机理来进行划分的。以肾移植为例，可以分为下列四种类型：

1. 超急性排斥反应

发生于植入肾脏血流恢复后的几分钟、几小时至24小时内。这种反应来势凶猛、反应剧烈，往往形成不可逆的破坏。

2. 急性排斥反应

这是各类排斥中最常见的一种，在肾移植中发生率约占40%～65%。急性排斥是移植后的任何时间都可能发生的反应，最常见于术后第五周。通过免疫抑制剂治疗大多可以逆转。

3. 加速性排斥反应

这种排斥反应大多发生在术后3到5天，绝大多数发生在四周内。反应的剧烈程度介于超急性反应和急性反应之间，多数人将其归于一种不可逆排斥。

4. 慢性排斥反应

这种反应一般在实施移植后数月到数年中发生。虽然环孢素等免疫抑制剂的使用已经大大降低急性排斥的风险，但移植器官是否能实现长期存活(2年以上)关键还是取决于慢性排斥反应。

(二) 器官移植排斥的基本机制

1. 组织相容性抗原

器官移植排斥反应属于人体免疫反应的一种，它的整个过程涉及了多种复杂的免疫应答机制。而其发生的根本原因就在于组织相容性。所谓组织相容性是指不同个体之间的组织或器官进行移植时，供、受双方互相接纳的程度。接纳程度越高，则移植越容易成功，植入器官越容易成活，否则植入器官将遭到排斥。

在所有哺乳动物各自的基因组中都有特定的基因编码一类蛋白质，这类蛋白质分布于相应的细胞表面，就像为细胞打上了特殊的标记，对不同的人来说，这样的“标记”极少相同——它们就是特定的组织相容性抗原，一旦进入异己的环境(当器官被植入受体体内)，这些“标记”很快被新的免疫系统识别，随即引发免疫应答，产生排斥反应。决定组织相容性的抗原有多种，其中决定能力最强，对同种异体移植排斥影响最大的，称为主要组织相容性抗原(MHC抗原)，为它编码的基因称为主要组织相容性复合体(MHC复合体)。此外还有次要组织相容性抗原(引发的反应程度较轻，速度较慢)，ABO抗原系统(存在于血管内皮细胞的重要移植抗原)和组织特异性抗原(特异地存在于机体某些组织器官的一类抗原)。

人类的主要组织相容性抗原首先在白细胞表面被发现，所以人类MHC抗原被称作HLA(白细胞抗原)，为其编码的基因群被称作HLA复合体，位于6号染色体的短臂上。这些基因在人与人间彼此互异，也成了免疫系统辨识你我的标记，就像每人的身份证一样。同卵的孪生子因承袭相同的染色体，因此HLA系统也相同，故彼此间的器官移植不会排斥。MHC是随着人们对器官移植排斥反应的研究而发现的，当器官移植进入“环孢素时代”后，人们曾一度认为供受体之间 HLA 的配合已经不再重要。但在对大量长期存活案例进行返回研究后发现，HLA 配型对于器官的存活，尤其是长期存活起着关键性作用。

2. 组织配型与防治器官移植排斥

既然移植排斥的问题从根本上影响到器官移植的成败，因此，如何能够避免和减轻排斥自然成为人们一直以来都重点关注的领域。目前器官移植排斥的防治方式主要有三大类：移植前的组织配型、进行免疫抑制、诱导移植免疫耐受。

这里所说的配型通常指 HLA 配型，即对主要组织相容性抗原的配型。而在器官移植中，组织配型是由一系列配型工作组成的，HLA 配型是其中的重要组成部分。以肾移植为例，组织配型主要有以下四个方面：

第一，ABO 血型配型。ABO 系统与移植关系密切，术前必须通过严格的血型检测保证供受双方血型吻合。第二，淋巴细胞毒交叉配合实验。通常此项试验结果呈阳性时，肾脏或心、肺的移植是万万不可进行的，否则将发生强烈的排斥。第三，HLA 配型。前面已经说过，人类编码 HLA 抗原的是一个基因群，因此对应产生的 HLA 抗原也是一个系列，被认为是人体内最复杂的抗原系统。器官移植的最理想状态是能使整个 HLA 抗原系统配合，但这样的几率极小，人们通常只能尽量保证那些对移植影响最大的 HLA 抗原配合。第四，群体反应性抗体测试。此项测试目的是检测受体血清中的 HLA 抗体存在情况，以判断受体的免疫状态和致敏程度。

除了不断提高组织配型的精确程度(主要是提高 HLA 分型技术)，为患者寻找一致的配型外，人们也在免疫的抑制方面投入了大量的研究。现在主要有以下三方面的免疫抑制途径：第一，使用免疫抑制药物，如环孢素等；第二，使用对特定免疫细胞有针对性对抗作用的球蛋白，如抗胸腺细胞(人体的一种免疫细胞)球蛋白或抗 T 细胞单克隆抗体；第三，输血效应。很多研究发现，对受体进行移植前的输血可以起到延长移植物存活的作用，尤其在亲属之间的肾移植前多次输入供体血液(供体特异性输血)的效果尤为明显。输血效应何以产生，其原因目前还不十分清楚。

如果说组织配型与免疫抑制乃是通过“外部”的努力减轻排斥反应的措施，那么诱导免疫耐受则是人们试图从受体身体“内部”解决排斥反应的措施。每个人的免疫系统都有一种神奇的识别能力：即只攻击外来入侵物却不会对自身组织发生反应(若免疫系统攻击自身组织，则发生自身免疫病)，这就是天然自我耐受。同时，人体中还存在一种天然特异性免疫耐受，这方面最典型的例子就是当女性怀孕时，母体和胎儿之间并不发生排斥。而且人体似乎也对体内的某些有益菌形成耐受，这些也是天然的特异性耐受。人们研究免疫耐受的诱导，就是希望能够在受体的免疫系统中为植入的器官作一个“专有的申请”，这样免疫系统会对植入器官产生特异性耐受，而又不影响免疫系统正常的防御功能。成功的免疫耐受应该达到这样的效果：不需使用免疫抑制剂、不会发生排斥反应、不会因免疫功能不全而发生感染。

移植排斥的发生机理有非常复杂的免疫学和遗传学基础，虽然通过努力，人们在这一领域的知识正不断增长，但新的谜题也在不断涌现，等待着人们去开启。

三、器官移植的种类

人体器官移植目前主要在三个层次上进行：人体自身器官移植、异种器官移植和人造器官移植。

（一）人体自身器官移植

临床上人体自身器官移植主要有两种方式：一是同系移植，即移植器官取自遗传基因与受体完全相同或基本一致的供体，例如同卵双胞胎或血亲之间的器官移植。通常，在人体中成对存在（如肾脏）或有较强再生能力（如肝脏）的器官可以实施活体移植，供体不会因捐献部分器官而丧失生命活力；二是同种移植，即移植器官取自与受体同一物种但遗传基因有差异的供体，例如无亲缘关系的两个体之间的器官移植，通常所说的器官移植都是同种异体移植。

临床器官移植所面临的最大问题是器官的来源。目前人体器官来源主要有这几条途径：

1. 遗体捐献

临床上，习惯地以心脏停止搏动或停止呼吸作为死亡的标准。但近年随着器官移植的进展，死亡的标准有了改变，即所谓的"脑死亡"，脑死亡一般发生在心脏停止跳动之前。脑死亡之后，人体的各种反射活动消失，但此时体内的脏器仍然保持着生命力，其代谢活动仍在进行，如果此时立刻进行切取脏器，就能供临床器官移植所用。例如，以肾移植为例，心脏停跳和器官无供血时间必须非常短暂，在恢复灌注之前肾脏只能存活 30～45 分钟，肾移植的一年存活率约 80%。而通常脑出血和严重脑损伤被诊断为脑干死亡的患者是最合适的供体，这些供体通常在 ICU 病房继续治疗而且需要辅助呼吸，虽然一系列的检查都显示所有脑活动消失，然而脏器仍在工作。大多数国家的学者认为，75 岁以下的供体可以利用其肾脏、肝脏；65 岁以下供体可以捐献心脏；对角膜和组织而言一般认为没有年龄限制。

为了解决器官移植的来源问题，一些国家建立了相应的器官捐献管理制度，大致有三种形式。

（1）推测同意　除非患者特意申请死后不捐献器官，一般患者在诊断脑死亡后就自然地成为供体。但是，在大多数推测法律同意的国家中，医生仍然需要得到亲属的同意。例如，欧洲一些国家如德国、英国、荷兰、瑞典等国采用非强制性的法律手段而作出相应规定，只要死者生前志愿或家属同意，就可以取用死者的器官救助他人。奥地利、西班牙等国则规定，只要死者在生前未提出书面反对，就允许利用他的器官进行移植，家属无权反对。

（2）指定同意　这是志愿捐献器官体系。亲属在患者死亡时允许捐献器官，通常是已经表达捐献意愿的患者。例如，在一些欧美国家中，有不少人在身上佩带着证件，声明一旦遇到意外死亡，在判定脑死亡之后，愿意将他们自己的脏器，捐献给需要移植器官的病人。

（3）请求捐献　在美国，负责器官捐献的医生有责任向家属表达器官捐献的请求。

中国人口有 13 亿，可作为供体的器官虽然数量非常大，但由于传统的观念，或因缺乏相应的法律法规明确规定公民捐献器官的方式和途径，致使一些有捐献意愿的公民不了解应该如何实现这一愿望，不能及时捐出器官。根据卫生部统计，中国每年约有 150 万人因终末期器官功能衰竭需进行器官移植，但每年仅1万人左右能够得到移植治疗，而大多数活体器官捐献都是来自于父母、兄弟姐妹、子女或者其他近亲属。据报道，中国目前约有100万尿毒症患者，同时以每年12万人的速度递增，约50%的尿毒症患者适合肾移植，但实际每年实施的手术只有5 000多例。又如，我国有500万左右的盲人，其中约80%是因为角膜疾病而失明，即有近400万盲人可以通过角膜移植手术重见光明。而国内能提供的捐赠角膜数量非常少，每年只有700名左右的盲人能接受角膜移植，占全部有复明希望的盲人总数的2‰都不到。捐献器官数量同需要器官移植治疗的患者数相比，两者之间存在着巨大差距。

根据一些发达国家的经验，对脑死亡认定进行立法(包括对脑死亡患者器官捐献的立法)，能够在一定程度上拓宽供体来源，使得一些脑死亡病人的功能仍然健全的其他器官能够得到有益的利用。但必须强调的一点是，对脑死亡的倡导乃是因为人类对自身认识程度加深之后产生的对待生命更为文明理性的态度。它是人类认识自然的一项必然产物，而它又在客观上对器官移植起到了推动作用，决不是医疗界为了发展器官移植而刻意发明和鼓吹的概念。因此，无论是对脑死亡的判定还是脑死亡患者的器官捐献，都必须在严格的法律及相关操作标准之下进行，这是我们对每个人、对生命都应有的尊重！

知识窗

脑死亡判定标准

1968年，美国哈佛大学医学院脑死亡定义专题委员会首次提出脑死亡的定义：当病人的心脏仍在跳动但包括脑干在内的全脑功能不可逆性终止时，即为脑死亡(uniform brain death act，UBDA)。1980年，美国统一法律委员会在"统一死亡判定法"(Uniform Determination of Death Act，DDA)中对死亡的判定作出明确规定：1. 循环和呼吸功能不可逆性终止，或2. 包括脑干在内的全脑功能不可逆性终止，死亡的判定必须符合公认的医学标准。此法规于1981年得到美国总统医学和生物医学及行为研究伦理委员会的批准。从此，死亡的判定出现双轨制，即心、肺死亡和脑死亡，任何一种死亡均可判定为死亡。

1973年国际脑电图及临床生理学会议的脑死亡定义：脑死亡包括小脑、脑干直至第一颈髓功能不可逆性终止。

英国皇家医学会于1976年将脑死亡定义为"脑干功能的不可逆性终止"；澳大利亚(1999)及新加坡(2000)的脑死亡定义均为全部脑功能不可逆性终止；欧洲大多数国家采用全脑功能不可逆性终止的定义。

以脑干死亡作为人体死亡的标准已被世界许多国家所采用。

我国卫生部《脑死亡判定标准》(第三稿，2003年)

一、先决条件

1. 明确昏迷原因；

2. 排除各种原因的可逆性昏迷。

二、临床判定

1. 深昏迷；

2. 脑干反射全部消失；

3. 无自主呼吸(靠呼吸机维持，自主呼吸激发实验证实无自主呼吸)。

以上三项必须全部具备。

三、实验室检查

1. 脑电图(EEG)呈电静息；

2. 经颅多普勒超声(TCD)无脑血流灌注现象；

3. 正中神经短潜伏期体感诱发电位(SLSEP)N20 和 P14 消失或 N20 和 N18 消失；

以上三项中一项阳性即可。

四、脑死亡观察时间及判定

临床判定和实验室检查结果均为阳性者可首次判定为脑死亡，首次判定后，观察 12 小时以上复查，结果仍为阳性者最终判定为脑死亡。

2. 活体供体

大多数活体供体捐献的是肾脏或肝脏，通常是在具有血缘关系的亲属之间进行，在某些国家，在感情密切的人之间也可以进行(比如，在夫妻之间)。目前，人们正在进一步探索活体提供肺、胰腺、小肠的可能性。

知识窗

骨髓移植与白血病治疗

骨髓是人体的造血组织，干细胞由骨髓大量生成，其中少量的干细胞被释放到血液中，这就是外周血干细胞(PBSC)。骨髓移植是把骨髓中的造血干细胞从一个人体内移植到另一个人体内(一般是通过静脉输入)，实际上就是造血干细胞移植。国际上 20 世纪 60 年代开始就将骨髓移植运用于白血病的治疗，并取得了良好的效果；80 年代起，干细胞移植术在临床应用中获得了成功，是目前世界上先进的根治白血病的医疗手段。

骨髓移植的过程：

1. 患者到中国造血干细胞捐献者资料库中检索，初配成功后，通知捐献者进行身体检查、并做高分辨。常规的骨髓移植前，只需 HLA－A、B、DR 相同即可。由于 HLA－AB 的多样性最明显，一般对志愿者先做 HLA－AB 分型，待检索供、受体 HLA－AB 相配后，再对供体作 HLA－DR 分型检测。如果供、受体的 HLA 完全相配，同时供体健康检查合格，就可以着手准备移植手术。

2. 供体在采集日前五天进入医院，在四天内，每天静脉注射一针动员剂，即重组人粒细胞集落刺激因子注射液(rhG－CSF)，第 5 天采集。rhG－CSF 是利用基因重组技术生产的，可选择性地作用于粒系造血祖细胞，促进其增殖、分化，并可增加外周血中性粒细胞的数目和功能。

3. 同时，使用化学药物和放射治疗以摧毁受体体内的癌细胞。由于受体的正常造血细胞也被杀死，机体免疫力下降，易发生感染，因此必须在无菌病房（层流室）中接受移植。

4. 采用从外周血中采集造血干细胞。方法是：将骨髓中的造血干细胞大量动员到外周血中，从供体手臂静脉处采集全血，通过血细胞分离机提取造血干细胞，同时，将其他血液成分回输供体体内。由于整个采集过程是在一个封闭和符合医疗安全要求的环境中进行，因此是极为安全的。一般采集量是50～100毫升，造血干细胞大约为10克，含部分血液成分。供体捐献造血干细胞后，可刺激骨髓加速造血，1～2周内，血液中的各种血细胞可恢复到原来水平。因此，捐献造血干细胞不会影响健康。移植过程中会出现不同程度的排异反应，可采取适当的免疫抑制措施进行治疗。当植入的造血细胞在受体体内繁殖，重建造血和免疫系统时，病人则可逐渐恢复健康。骨髓移植对白血病的有效治愈率可达到75%～80%。

根据流行病学的统计，白血病的发病率为十万分之三，我国每年约400万名各类疾病的患者等待着骨髓移植，每年新增4万名白血病患者，其主要发病年龄在30岁以下，儿童占50%以上，其中大多数需做骨髓移植手术。

3. 利用死亡胎儿组织

由于种种原因而死于腹中胎儿的组织，如大脑、骨髓组织作移植，在临床上可用来治疗早老性痴呆、震颤性麻痹、白血病、多种癌症、糖尿病等。俄罗斯生物医学研究所在这方面的工作开展比较多。他们将流产掉的胎儿的脑、脑垂体、肺、肝、脊髓、胰腺、皮肤、肌肉、骨和胎盘等都切成细小的组织切片，置于-196℃的液氮中冷冻储藏。该研究所拥有近4 000个标本，可供给病人各种胎儿器官和组织进行移植。然而，由于利用胎儿组织和器官在伦理上争议很大，而且容易引起堕胎和买卖胎儿器官与组织的活动的泛滥，因此这一方式在大多数国家都难于被普遍接受。但是如果能制定并遵照一些严格的法规获得胎儿器官，则胎儿组织和器官应当是供体器官较丰富的来源。

资料窗

美国医学伦理和司法事务委员会关于利用胎儿组织和器官移植的规定

1. 遵守美国医学伦理和司法事务委员会关于临床研究和器官移植的准则；

2. 供给胎儿组织所交换的经济价值不超过必需的合理费用；

3. 胎儿组织的受体不由供体指定；

4. 流产的最后决定是在讨论将胎儿组织供移植用之前；

5. 用于人工流产的技术和关系到胎儿妊娠年龄的流产时间根据孕妇的安全来决定；

6. 参与终止妊娠的卫生保健人员不得参加该妊娠流产组织的移植，也不得从这次移植中收取任何费用。

4. 脐带血(胎盘血)

用脐带血作为骨髓移植供体是目前获得重要进展的一项成果,脐带血已作为一种价廉物美、取之不尽的新供体进入器官与组织移植领域,并崭露头角。脐带血含有丰富的造血干细胞,在临床上被用来代替骨髓移植治疗癌症、白血病、某些遗传病及血液病(如贫血)。我国目前已掌握了脐带血干细胞分离、纯化、冷冻以及复苏的技术,北京、山东、广东等地已开始建立脐带血干细胞库,我国目前已有多例脐带血混合移植治疗中晚期癌症取得成功。欧洲目前已组建了西欧各国脐带血库联合体。在临床应用中,脐带血的所有权问题(属于生母还是孩子或是实验室)以及各种技术问题,如 HLA(人白细胞抗原)配型问题等,都需要彻底解决,在将来才有可能大量而广泛地使用脐带血,以代替或补充骨髓移植去治疗多种疾病。

5. 利用死囚器官

利用死囚器官是扩大供体器官的来源之一。目前我国台湾和东南亚一些国家都采用这种方法。但是利用死囚器官也可能引起伦理之争,因此管理部门必须解决"脑死亡"是否合法的问题、处决犯人的方式问题(如枪决还是注射药物)以及量刑问题(只能在判处死刑后对犯人提出要求,而不能以捐赠器官来减轻其罪行)。

6. 克隆人体器官

人体器官克隆已是得到国际科学界鼓励的研究方向,哺乳动物克隆的成功使培育出为人类器官移植提供器官来源的特殊动物品种成为可能,甚至直接利用克隆技术"生产"出人体的心脏、肝脏、乳房、耳朵等器官或组织,供临床器官移植所用。

(二)异种器官移植

1. 异种器官来源

利用动物器官作移植是重要的发展方向,许多国家正在进行异种器官移植的研究,我国高科技"863 计划"和国家自然科学基金委员会都把异种器官移植列为重大研究项目。

从理论上讲,动物器官是一个取之不尽、用之不竭的源泉,但开展异种器官移植研究的首要任务是选择什么动物作为器官的供体。从动物同人类亲缘关系和生理解剖角度来看,选用灵长类最易在临床上获得成功,但面临的问题也不少。首先,灵长类在国际上被大多数国家列为受保护动物,用它们作为临床器官移植供体容易遭社会舆论的反对;其次,绝大多数灵长类为一胎一仔,怀孕周期长、饲养成本高,作为器官移植来源受到限制,因此移植费用非常昂贵;第三,灵长类的病原体基本与人类共有,作为器官供体容易传染疾病,不利于在临床上推广。目前比较理想的异种器官供体是猪,因为猪的器官在形态大小、解剖、生理上与人基本相似;利用猪作为器官移植的供体也不大会引起动物权益保护者的抗议,因为猪原本就是供人食用的;加之猪的饲养比较经济,繁殖率高、生长速度快,可以保证有充足的临床器官来源。

2. 异种器官移植的排斥反应

临床上使用动物器官所面临的主要问题是移植后容易发生排斥反应。例如,猴子和狒狒,从生物进化角度来说与人的亲缘关系最接近,因此发生免疫排斥反应的程度也最小。1992年,美国加利福尼亚大学医学院的研究人员将猴子的肝脏移植到一名女孩体内,尽管移植手术非常成功,但女孩还是在移植手术几个月后因免疫排斥反应而死亡。之后,美国另一些研究人员与临床医生将狒狒的肝脏移植到病人体内，虽然手术获得了成功，但为了维持病人的生命，必须经常使用免疫抑制剂。猪的器官移植到人体内，会先后出现前述多种性质不同的器官排斥反应。目前只有采用转基因猪的办法来克服超急性排斥等反应，这在国外的动物研究中已证实是切实可行的。

3．转基因动物的器官移植

利用动物器官作为人体器官移植的供体需要将动物器官的基因进行改造，基因工程在这方面发展非常迅速，而且完全能解决技术上的难题。利用猪作为器官供体的异种器官移植研究，主要内容为改造猪的基因型，目前主要局限在与人的补体反应有关的抑制因子以及去除猪的血管内皮细胞上的 α-半乳糖基转移酶基因。此外，也有研究内皮细胞活化抑制因子，阻断 B7 因子，制备可溶性的补体反应因子，等等。

猪器官的细胞表面含有一种被称为 α-半乳糖基转移酶的物质，在长期的生命进化中，这种物质在灵长类包括人中已经消失。因此，如果将猪的器官和组织移植入人体内，人的内在抗体与外来组织器官细胞表面的半乳糖基转移酶相结合产生抗原—抗体反应，能够在几十分钟到数小时之内将外来移植物杀死，这就产生了所谓的超急性排斥反应，解决超急性排斥反应成为异种器官移植的关键。虽然人们试图通过一般的转基因技术生产能降低或掩盖 α-半乳糖基转移酶活性的转基因猪，并取得一些成功，但并未解决根本问题。在我国留美学者的积极参与下，美国密苏里大学一项始于 1998 年的研究终于在 2001 年通过基因敲除技术和核移植技术相结合，培育出“删除”了产生 α-半乳糖基转移酶基因的克隆猪，从根本上消除排斥反应的根源。科学界普遍认为，这是向异种器官移植迈出的关键一步。

异种器官移植是人们由来已久的梦想，假使异种器官移植最终能够成功，几乎就为人类打开了取之不尽的器官来源。然而异种器官移植同样也引来巨大的争议：一是目前的技术并不能完全排除因为异种器官移植而使人类感染新的动物病毒的可能——那将可能给人类带来巨大的灾难；二是现在已经出现一些同种心脏移植后受体性格习惯发生类似于供体的改变的报道，若此种可能性真的存在，那么将动物的器官移植给人将会意味着什么呢？这些疑问都是异种器官移植中难以回避的。

（三）人工脏器

人工脏器是一种模拟天然内脏器官功能的人工装置。由于外伤或疾病导致器官缺失或功能衰竭时，可用其来替代患者的器官或补偿其生理功能，而不去追求结构上的外形与相应的人体器官相像。其研究发展过程为：由体外进入体内；由大型变为小型、微型；由暂时应用到长期应用；功能由简单到复杂和完善。

1．人工心脏

人工心脏治疗的对象主要是因各种原因引起的终末期心力衰竭病人，帮助准备移植心脏的患者度过等待期；帮助严重心衰的患者度过危险期至心脏功能恢复；完全或部分替代患者心脏的泵血功能，达到终生治疗。

人工心脏根据所起作用和应用时间主要分为短期性人工心脏和长期性人工心脏。目前在欧美国家，短期性人工心脏治疗多用于因心脏手术、急性期心梗、暴发性心肌炎、顽固性室颤等用药物难以控制的心源性休克,病例逾万,成功率最高达80%,最低也能达到30%~50%。长期性人工心脏治疗多用于种种原因导致的心肌病或慢性心衰终末期或等待心脏供体的病人,最长支持时间已超过3年半。终生性人工心脏技术尚在进一步临床试验中。如今,无论短期性还是长期性的部分人工心脏都趋向微型化、智能化和人性化。

我国开展人工心脏研制工作虽有二十多年历史,但尚达不到临床应用要求,个别医院引进国外技术设备,已有成功病例报道,但此类进口医疗产品价格高昂。随着科学技术的发展,人们不仅希望人工心脏安全耐用、低耗高效、生物性能好、体积小,而且还希望它成本低廉、价格下降。所有这些,都是今后人工心脏研究发展的方向。

2. 人工肝

人工肝,又称人工肝支持系统,它借助体外机械、化学或生物性装置,暂时及部分替代肝脏功能。人工肝是重要的"权宜之计",比如急性重症肝炎患者肝功能丧失,可用其暂时顶替。如果效果不佳,也可为肝移植争取时间。血浆置换是目前临床最常用的人工肝支持技术之一。其作用原理是:利用血液净化技术置换出肝衰竭患者的血浆,补充正常人的冰冻血浆,清除患者体内的胆红素等有毒物质,减轻肝脏的炎症。与此同时,作为置换的新鲜同型血浆补充了血浆蛋白、各种凝血因子、调理素等生物活性物质,既可减轻患者水肿、出血等症状,又可减少机体感染,有利于肝细胞的修复和再生。

近几年,人工肝技术在国内外得到迅速发展和广泛应用,已成为重症肝炎、肝衰竭及其他一些疾病最重要的治疗方法。

3. 人工肾

近年来,尿毒症患者的人数以每年高于10%的速度增长。由于受肾源的限制,多数患者不能做肾移植,于是透析疗法成了目前治疗尿毒症的主要方法。透析包括血液透析(血透)和腹膜透析(腹透),俗称"人工肾"。

血透是通过透析机净化血液。透析机有个特殊装置即透析膜,透析膜是用万根非常纤细的脉管捆扎而成的"中空丝状"物,其作用是清除因肾衰在体内蓄积的毒素和多余的水分,但不能完全替代肾脏功能。血透时病人的血液通过一个管道引入透析膜,血液被净化后通过另一个管道引回病人体内,通常每周要进行3次左右。血液透析常用于治疗急性肾功能衰竭、慢性肾功能衰竭和药物中毒,配合肾移植治疗。目前全世界每年有数十万肾衰病人在依赖透析维持生命,血透的长期存活率不断提高,5年存活率已达到70%~80%,其中约一半病人可恢复劳动力。

腹透是一种不同于血透的透析方式。两者的区别是腹透不用人造过滤膜而是用人体的腹腔和包围腹腔的腹膜。腹透时将一定量的无菌液体即腹透液,灌入腹腔内,体内蓄积的毒素和多余的水分通过腹膜进入腹透液,腹透液在腹腔内保存一段时间后,和毒素及多余的水分一起排出体外。同时将新的腹透液灌入腹腔内,开始新的一轮透析。同样,腹透前应建立腹透液进出腹腔的通路。把一根柔软有韧性的管即腹透管通过手术放入腹腔,这个管路可终生使用。以目前应用最普遍的腹膜透析方式——持续不卧床腹膜透析(CAPD)为例,在通过小手术将透析管放入患者腹腔后,即可像输液那样,利用重力将透析液送入腹腔,并通过定时换液达到不间断透析的目的。

目前在我国，血透是治疗尿毒症的最普遍方式。腹透，特别是持续性不卧床腹膜透析，也是一种有效治疗尿毒症的方法。其治疗费用较低、操作简便、病人可在家自行透析，适合大多数尿毒症病人。如在我国香港，80%以上的透析患者选择腹透治疗。

（四）组织工程

“组织工程”指利用自体细胞在实验室培育出人体自己的器官组织，比人工材料制造的器官更胜一筹。组织工程培育的“人造器官”不但可以解决器官短缺问题，移植后不会发生排异反应，不需要辅助其他的药物治疗，也不涉及复杂的伦理问题。其基本方法是：用生物可降解和相容性强的材料制造一种符合需要的器官或组织形态的支架，吸附在支架上面的干细胞按照特定的方式逐渐成长为所需要的器官组织（图3-20、图3-21），2001年，我国科学家已经成功地培养出“人耳老鼠”——小鼠背上生长着一只人类的耳朵（图3-22）。目前应用组织工程制造单一结构的组织、软骨、表皮、角膜等已经较为成熟。器官组织工程面临的主要挑战就是在临床上如何使培育出的细胞组织可以形成特定的器官形状，以及再生器官如何培育出血管、让新器官得到充足的血液供应。

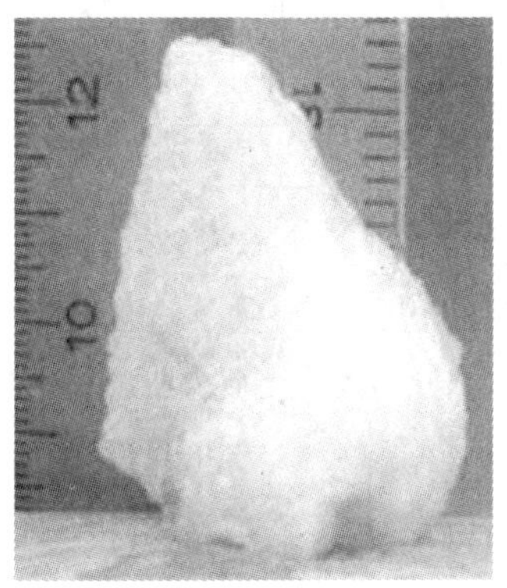

图3-20　组织工程人鼻软骨

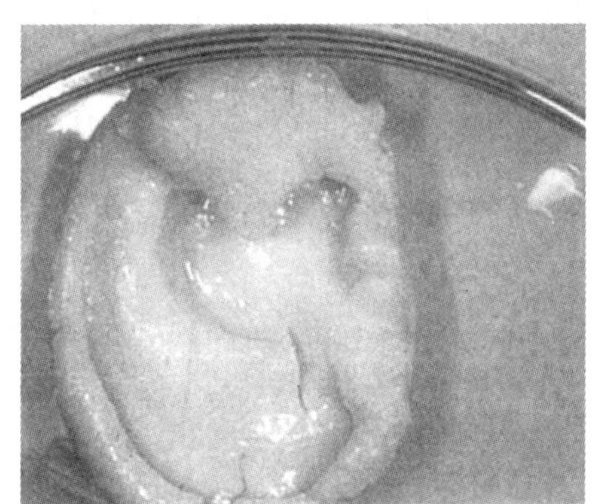

图3-21　组织工程人耳软骨

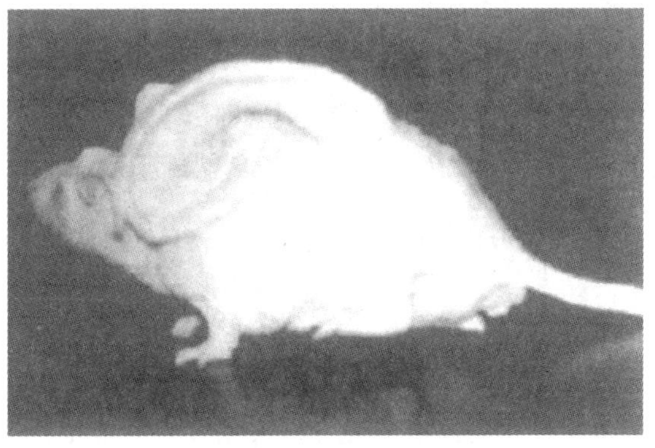

图3-22　组织工程人耳鼠

“组织工程”是近20年来兴起的制造人体组织和器官的一种高新技术，有着广阔的发展前途。不久的将来，科学家将用这种技术制造出软骨、关节、血管、膀胱、乳房、耳朵、鼻子等，造福于人类。

近几年来，我国在器官移植领域取得了令人瞩目的进步。这不只表现在每年实施的移植手术量的增长和一些高难度手术的成功，也表现在一些相关的政策性措施上。如 2001 年 3 月 1 日，《上海市遗体捐献条例》开始实施，这是我国第一部关于遗体捐献的地方性法规；2006 年 11 月，全国人体器官移植技术临床应用管理峰会在广东省召开，会议发表了六点声明作为中国医务工作者开展人体器官移植工作必须奉行的准则。这一切都表明，我们对于器官移植的认识已经不仅局限于对科学技术发展的追求，也在以人类的理性与道德构筑使用先进技术的平台。

即便如此，器官移植作为一项科技成果，其本身仍然摆脱不了与生俱来的科学伦理性争议。首先必须承认，移植行为本身就是反自然性的。自然界中极少出现一个独立个体的一部分移往或者生存于另一独立个体这样的事件；而在器官移植中出现的移植物抗宿主病这样棘手的病症可以说也是纯粹的人造疾病。另外，移植行为也是反生理性的。生物在进化过程中形成了每个个体天然的保护机制，其最重要的意义就是避免外来物侵袭。但是移植行为及其前后的各种治疗措施都在对这个保护机制发起激烈的挑战，因此对免疫系统的破坏在所难免。而进行移植也并非意味着患者必然得救，同时还可能令其死于排斥或感染。这些问题都是无法回避的。也许在很长的未来，人类还是难以找到解答，但这至少提醒着我们：在将热情投注于科技进步的时候，不能失去对自然、对生命、对我们自身的那一眼人文的凝望。

本章思考题

1. 以自身求学的经历，你认为当前“应试教育”转向“素质教育”对青少年身心保护有何积极意义？

2. 何谓平衡膳食？你如何理解膳食组成中各要素间的平衡？

3. “肥胖”的标准是什么？面对减肥的热潮，特别是一些女性大学生以“瘦”为目标，你对这种现象有什么看法？

4. 导致人体正常细胞癌变的因子有哪几类？对此我们在日常生活中应采取哪些相应的对策？

5. HIV 的传播途径有哪些？作为个人预防 HIV 感染应注意哪些方面？

6. 中国是一个拥有 13 亿人口的大国，AIDS 若在中国流行将会对个人、家庭和社会造成哪些方面的危害？

7. 假若你周围人群中有 HIV 感染者或 AIDS 患者，你将如何对待之？

8. 同种异体器官移植时为什么会出现排斥现象？

9. 器官移植的来源主要有哪些？你对器官移植涉及的伦理问题有什么看法？

10. 面对禽流感、非典等病毒性传染病我们应该在日常生活中注意些什么？我们如何才尽可能远离这些疾病？

第四章　人类生命的延续

第一节　人类生殖发育的基本过程

生殖指的是人类生育后代的各种生理过程，它包括生殖细胞的形成、受精、着床、胚胎发育和分娩等生理过程。

一、生殖细胞的发生

人类生命延续的过程始于精子与卵子的结合，精子和卵子分别是由精原细胞和卵原细胞演变而来，这个过程就是生殖细胞的发生。人类生殖细胞发生过程实质上就是减数分裂过程。

（一）精子的发生和精液的组成

1. 精子的发生

青春期时在脑垂体促性腺激素作用下，睾丸曲细精管生殖上皮中最原始生殖细胞即精原细胞进行活跃的有丝分裂，经过多次有丝分裂后，其中一部分细胞停止分裂，吸收营养体积增大成为初级精母细胞，其核内的染色体与精原细胞相同，仍然是二倍体数目为 46，XY。初级精母细胞随后进行第一次成熟分裂产生两个次级精母细胞，其染色体数目已经减半为 23，X 或 23，Y，成为单倍体。次级精母细胞随即进行第二次成熟分裂，形成 4 个精子细胞，精子细胞经过变形成为精子。上述两次成熟分裂过程中，染色体只复制一次而细胞分裂两次，结果所形成的精子细胞染色体数目减少了一半，因此这两次成熟分裂合称为减数分裂。精子的发育、成熟是一个连续不断的过程，通常从精原细胞发育成精子大约需时 60 余天。

男子睾丸能终生产生精子，由于男子年龄越大精原细胞分裂次数就越多，因此发生基因突变的几率也就越高。如果发生了单基因显性突变，则在下一代患这种显性遗传病的风险就会显著增大，这在遗传学上称为父亲的年龄效应。

2. 精液的组成

精液由前列腺液、精囊液和尿道球腺分泌的少量液体共同组成，其中前列腺液占 2/3、精囊液占 1/3 左右，加上精子组成精液。精液中 90％以上是水，其余是果糖、山梨醇、白蛋白、胆固醇、钠、钙、锌、镁、钾、氯等及维生素、酶类。精液是输送精子的必需间质，并为精子提供了能量和营养物质，是保证精子生存、活动的物质基础。

（二）卵子的发生和月经周期

1. 卵子的发生

当女性胚胎发育到 3 个月时卵巢生殖上皮增生，其中部分大细胞称为卵原细胞，每一个卵原细胞与其周围的单层扁平的卵泡细胞形成原始卵泡。当胚胎发育至7个月时所有的卵原细胞变大，称初级卵母细胞，其染色体数目为46，XX。初级卵母细胞随即进入第一次成熟分裂，并长期停滞于分裂前期(12～50年不等)。直到女性发育至青春期(12～13岁)时，部分初级卵母细胞在垂体促性腺激素作用下，完成第一次成熟分裂而形成两个大小不等细胞，大的是次级卵母细胞，小的是第一极体，它们染色体数目已经减半为23，X，均为单倍体。次级卵母细胞排卵前开始进行第二次成熟分裂，但停止在分裂中期等待受精。一旦受精立即完成第二次成熟分裂，形成卵子和第二极体。

在每一个月经周期开始时，约有20多个原始卵泡同时生长，通常仅一个原始卵泡发育为成熟卵泡，而其他卵泡均逐渐退化。成熟卵泡逐渐向卵巢表面移动并突出于卵巢表面，成熟卵泡随着内压增大而破裂，次级卵母细胞随即排入腹膜腔，这一过程称为排卵。

2. 月经周期

女性从青春期开始，子宫内膜受卵巢激素的直接影响而出现周期性变化，每隔28天出现一次子宫内膜的脱落与出血，称月经，子宫内膜这种周期性变化称月经周期。月经周期开始出现的年龄一般在13～14岁左右，由于青春期卵巢功能处于不稳定状态，故刚来月经的头几年周期可能不准，出现月经紊乱现象。之后，除妊娠或哺乳期外月经一直有规律地周期性出现，直到绝经期(或更年期)卵巢功能逐渐退化。

月经周期可以根据子宫内膜的组织学变化分为三期：

(1) 月经期　排卵前，在雌激素作用下子宫内膜增厚、血管增生。排卵后卵泡所形成的黄体分泌激素，在雌激素和孕酮的作用下子宫内膜继续增厚，血管继续增生，同时子宫腺细胞开始分泌，为受精卵的着床做好准备。如果排出的次级卵母细胞未受精，黄体就逐渐退化，由于孕酮和雌激素分泌量急剧减少，子宫内膜血管发生持续性收缩，致使内膜功能层缺血引起组织坏死，坏死的内膜脱落并与血液一同排出。每次月经量50～200 ml，月经期一般持续2～7天，大多数人持续3～5天(从月经开始为第1～5天)，由于月经期子宫内膜脱落造成的子宫内膜创面易感染，故要特别注意保持经期卫生。

(2) 增生期　增生期又称排卵前期或卵泡期，持续约8～10天(第6～14天)。月经后子宫内膜的子宫腺上皮细胞分裂增生移向破溃的创面，逐渐修复和形成新的上皮层。此时卵巢内又有一些初级卵泡开始生长发育，内膜受生长卵泡产生的雌激素影响逐渐增厚达2 mm左右，同时子宫内膜增厚，血管也增生。到此期末卵巢内卵泡成熟而排卵。

(3) 分泌期　又称排卵后期或黄体期，持续约10～14天(第15～28天)。此期卵巢内黄体形成，在黄体分泌的孕酮和雌激素作用下，子宫内膜继续增厚达5 mm左右。若卵受精植入子宫内膜后，子宫内膜继续生长，同时在妊娠黄体的作用下，子宫内膜不脱落故无月经。若卵未受精，则黄体退化，内膜又重新发生周期性变化，形成下次月经。

(三) 两性生殖细胞发生的特点

卵子的发生与精子不同之处主要表现为：

第一，卵原细胞的增殖期在女性胚胎4～5个月时完成，此后经过生长期变为初级卵母细胞，初级卵母细胞一经形成后即进入减数第一次分裂，并长期停滞在第一次成熟分裂的前期，直至排卵前才完成减数第一次分裂。由于女性在进入青春期时才开始第一次排卵，这种每月排卵一次的生理现象一直持续到绝经期，这就意味着初级卵母细胞处于减数第一次分裂前期可能经历 12～50 年不等的时间，这与初级精母细胞连续完成两次减数分裂是截然不同的。

在卵子发生过程中，第一次成熟分裂经历时间很长，假若一名女子在 35 岁时才怀孕，那意味着受精的是经历了 35 年才完成了减数分裂的次级卵母细胞。有资料表明，这种老化的卵母细胞很容易导致染色体不分离，形成染色体数目异常的次级卵母细胞，受精后容易发育成染色体数目异常的胚胎，最常见的有先天愚型(21-三体综合征)，这种风险在遗传学上称为母亲的年龄效应(图 4-1)。

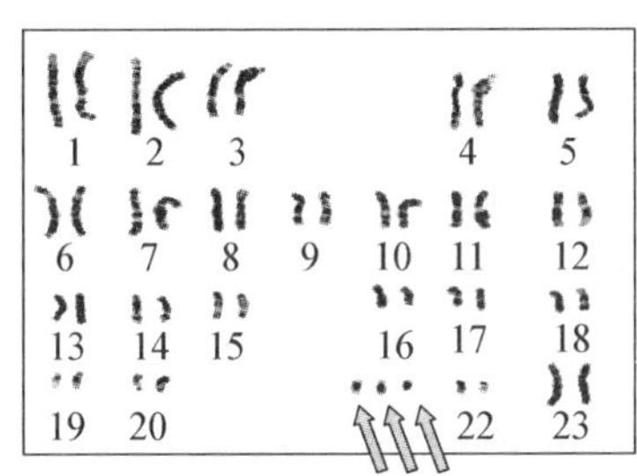

先天愚型病患者有3条21号染色体

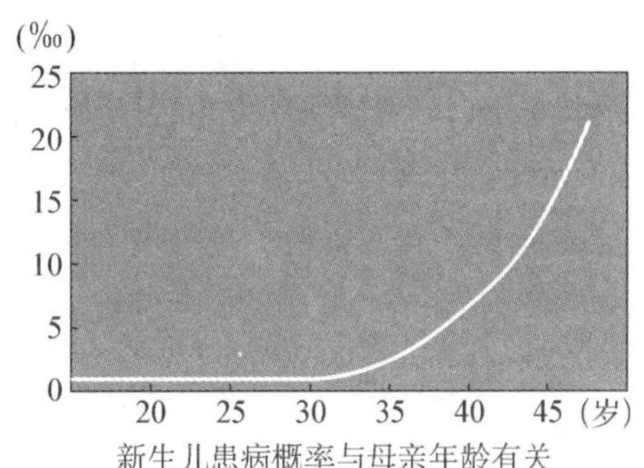

新生儿患病概率与母亲年龄有关

图 4-1　母亲的年龄效应

第二，由于出生之前或出生后不久女婴卵巢内全部是初级卵母细胞，无卵原细胞，因此初级卵母细胞就有可能随着年龄增长而逐渐被耗竭。事实上，初生女婴两侧卵巢共有 70 万～200 万个初级卵母细胞，到了青春期时只剩下 4 万个左右。以后在每次月经周期中约有 15～20 个初级卵母细胞生长，但其中的绝大多数都会退化，一般只有一个能发育成熟而被排出卵巢，到了绝经期后就不能再排卵了。这样，正常女性从青春期至绝经期 30～40 年生育期间内，一生中只能排出 400～500 个左右的卵子，而男性睾丸内精原细胞可不断增殖，精子发生的过程能一直持续到老年。

第三，一个初级卵母细胞经过减数分裂的两次分裂，形成一个卵子和三个极体；而一个初级精母细胞经过减数分裂则形成四个具有繁殖意义的精子。

二、受精

两性生殖细胞结合的过程称为受精，形成的受精卵也称合子。受精是两性生殖细胞相互激活和双亲遗传物质相互融合的严格有序的生理过程，它起自于精卵的接触(图 4-2、图 4-3)，终止于两原核的融合。受精一般发生在输卵管壶腹部，在计划生育中应用避孕套、输卵管堵塞或输精管结扎等措施，可阻止精子与卵子相遇从而达到避孕目的。

(一) 受精的过程

1. 精子的获能

精子进入子宫和输卵管后首先同这些管道分泌物中的各种酶发生反应，使其表面的特异性糖蛋白(即抗受精素)显露出来从而获得受精能力，此现象称为精子的获能。抗受精素能同

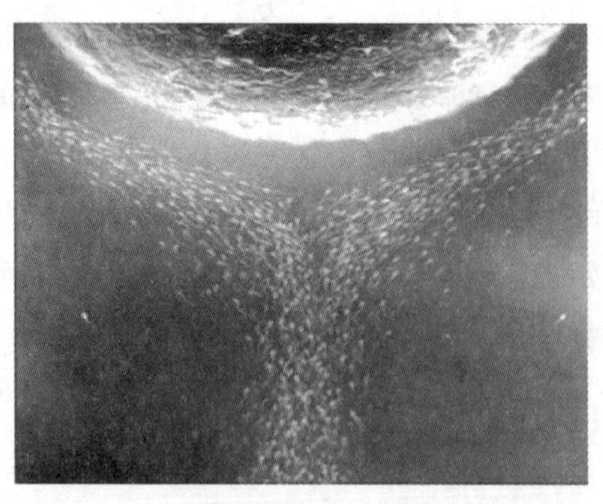

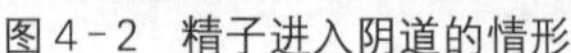

图 4-2　精子进入阴道的情形

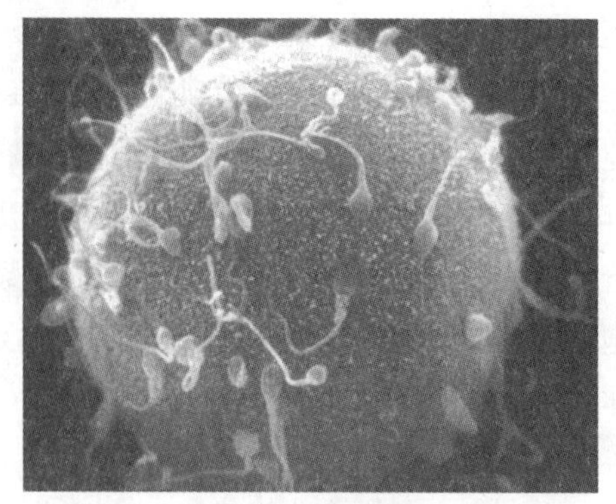

图 4-3　精卵接触

卵子表面的特异蛋白(即受精素)发生特异性免疫反应,相互识别吸引,这是受精的先决条件。

2. 精子的顶体反应

当获能的精子与卵子相遇时,它首先与卵子周围的放射冠接触,此时精子顶体的前膜即与卵子表面的细胞膜融合,继而破裂释放各种酸性水解酶,这个过程称为顶体反应(图 4-4)。

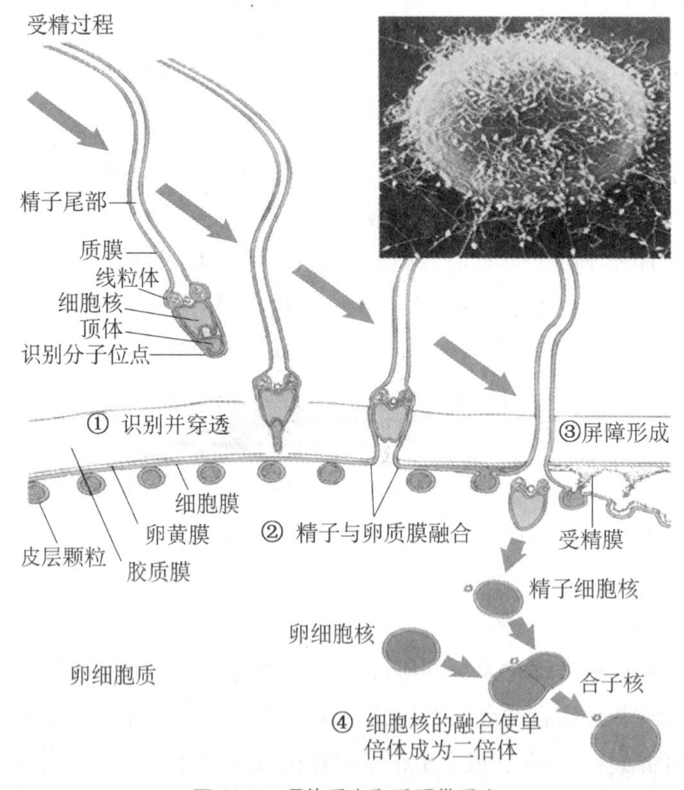

图 4-4　顶体反应和透明带反应

3. 精卵接触后的透明带反应

精子借顶体酶的作用穿过放射冠和透明带,进入并附着于卵膜表面,随即精子的细胞核和细胞质进入卵内。精子进入卵内后,卵子浅层细胞质内皮层颗粒立即释放酶样物质,使透明带结构发生变化,此称为透明带反应(图 4-4),其作用是阻止其他精子与卵子接触,即阻止多精受精。

4. 原核的融合

精子入卵后，次级卵母细胞在精子的刺激下完成第二次成熟分裂，形成一个卵子和一个第二极体。此时精子和卵子的核分别称为雄原核和雌原核。两个原核逐渐在细胞中部靠拢，核膜随即消失，染色体混合，形成两倍体的受精卵(图4－5)，此时受精即告完成。整个受精过程约需24小时。

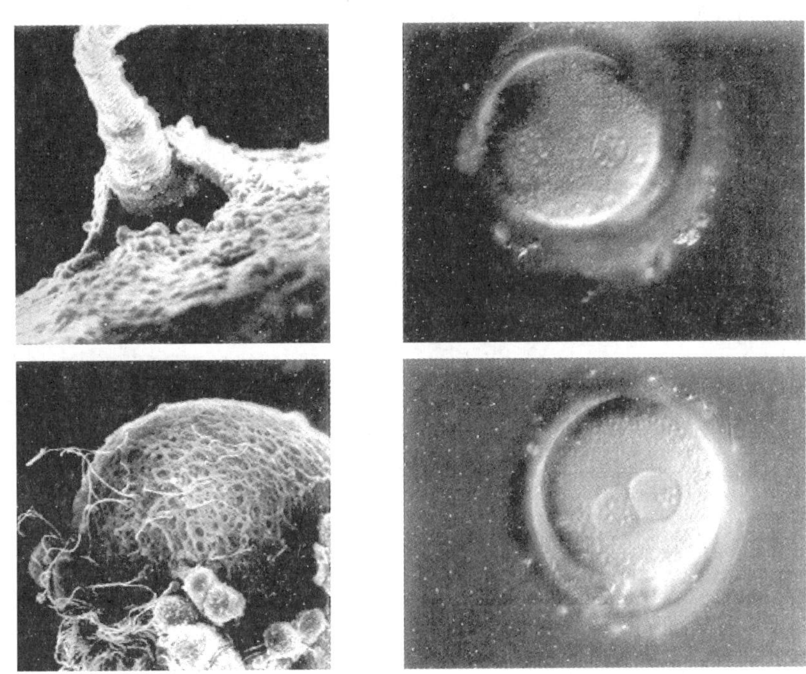

图4－5　受精过程

(二) 受精的必备条件和生物学意义

1. 受精的必备条件

(1) 男方能产生健全和活跃、并有一定数量的精子，具有与卵子相遇的机会。精液中若无精子，应作睾丸活检；若精子数低于2 000万/ml，称为少精症，可作内分泌测定；若精子活动力低于60%，则受精能力亦降低。

(2) 女方能从卵巢排出健康且成熟卵子进入输卵管中，具有与精子相遇的机会。成熟卵子受精能力一般不超过24小时，而精子在女性生殖道内的存活时间是1～3天，所以受精机会只有在射精后的3天内或排卵后的24小时内，错过了这个时机就难以受孕。

(3) 要有适合受精的生殖道环境，阴道环境呈酸性(pH约为6～7)不利于精子的生存，而宫颈黏液pH为7～8可以中和阴道酸性，对精子有保护作用。

2. 受精的生物学意义

(1) 受精使卵子的缓慢代谢转入旺盛代谢，从而启动细胞的不断分裂。

(2) 精子与卵子的结合，恢复了二倍体，以维持物种的稳定性。

(3) 受精决定性别，带有Y染色体的精子与卵子结合发育为男性(XY)，带有X染色体的精子与卵子结合则发育为女性(XX)。

(4) 受精卵的染色体来自父母双方,加之生殖细胞在减数分裂时曾发生染色体联会和片段交换,使遗传物质重新组合,结果新个体具有与亲代不完全相同的性状。

三、胚胎发育

从受精卵开始发育到胎儿出生需时约280天,大致可分为受精后8周内的胚胎期和第9周~第40周的胎儿期。

(一) 胚胎期

1. 卵裂和胚泡形成

(1) 卵裂　受精卵的分裂特称为卵裂,所产生的早期细胞群称为卵裂球(图4-6)。卵裂是一种特殊的有丝分裂,其特点是受精卵随着分裂细胞数不断增加,细胞体积逐渐变小。受精卵第一次卵裂大约在受精后的30小时左右,至第3天(72小时)已发育为具12~16个细胞形似桑椹的卵裂球,故名为桑椹胚(图4-6),其外周包有透明带。

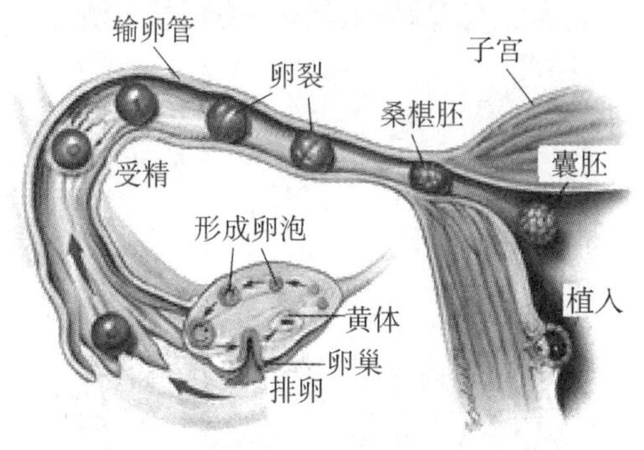

图4-6　受精卵早期卵裂和囊胚的形成

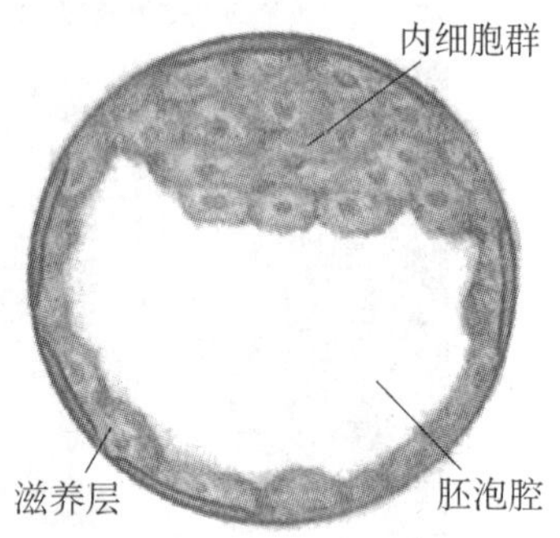

图4-7　胚泡

(2) 胚泡形成　桑椹胚在受精后的第三天开始进入子宫,随着宫腔分泌液渗入桑椹胚细胞间逐渐形成一些小腔隙,最后融合成一个大腔,此时的桑椹胚转变为中空的胚泡(图4-7)。胚泡外表的扁平细胞层称为滋养层,中间的空腔称为胚泡腔,腔内一侧的一群细胞称为内细胞群。以后,内细胞群发育为胚胎的主体,而滋养层以后则发育为胎盘等非胚胎主体结构。内细胞群通常发育为一个胚胎,若由于某种原因导致内细胞群分隔形成两个独立的细胞群,则每个内细胞群以后发育为一个完整胎儿,这种孪生称之为单卵孪生;如果内细胞群分隔不完全,以后可能发育成联体双胎。

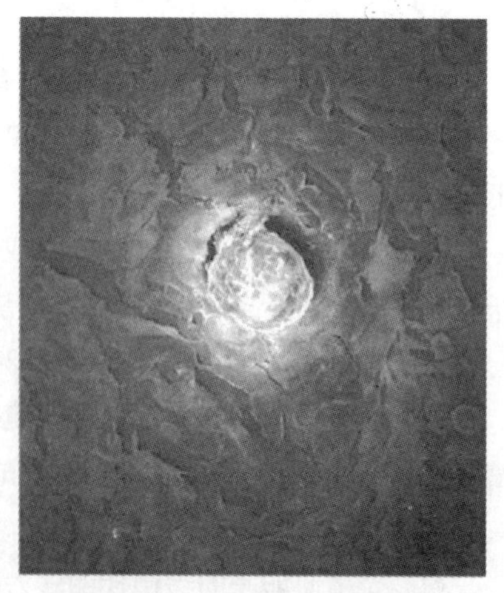

图4-8　受精后8天的胚泡嵌入子宫内膜

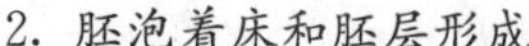

2. 胚泡着床和胚层形成

(1) 着床　着床又称植入,是指胚泡通过与子宫内膜相互作用而进入子宫内膜的过程(图4-8)。着床前胚泡外周透明带逐渐消失，其滋养层分泌蛋白水解酶溶解子宫内膜使之形成一个缺口，胚泡得以与子宫内膜接触并开始植入，以后缺口周围的内膜上皮分裂增殖，将缺口修复，植入完成。胚泡着床开始于受精后第1周的周末，终止于第2周的周末。由于胚泡完全植入子宫内膜中胚胎才能进一步发育，因此在子宫腔内放置节育环就可以干扰胚泡着床从而达到避孕之目的。胚泡若植入子宫以外的部位，称宫外孕，常见部位是在输卵管。

(2) 三胚层形成　胚泡在植入子宫内膜的同时，其内细胞群在第2周初期增殖，并分化为两部分，沿胚泡腔排列成一层立方形细胞称为内胚层，靠近滋养层的一层柱状细胞称为外胚层，两个胚层相贴，形成一个椭圆形盘状结构的二胚层胚盘。大约到第三周，在内、外胚层之间形成一层新的细胞层，即中胚层。

(3) 致畸敏感期

胚胎受致畸因子作用后最易发生畸形的阶段称致畸敏感期。一般受精后两周内正值卵裂或胚泡植入，此时致畸因子可损伤整个胚胎或大部分细胞，造成胚胎死亡流产。怀孕第3～8周为各器官原基分化时期，最易受致畸因子的干扰而产生器官形态异常，属于致畸高度敏感期。第9周以后，胎儿生长发育快，各器官进行组织分化和功能分化，受致畸影响减少，一般不会出现器官形态畸形。

3. 胚层分化

人体各器官的原基皆是由三个胚层逐渐分化而来。

(1) 外胚层的分化　外胚层分化形成皮肤、神经系统、感觉器官的一部分、唾液腺等。

(2) 内胚层的分化　内胚层分化形成消化管、呼吸上皮、泌尿器官的一部分、胰腺和肝脏细胞等。

(3) 中胚层的分化　中胚层分化形成结缔组织、骨骼肌、心脏血管、泌尿生殖器官等。

(二) 胎儿期

胚胎在第2个月时已初具人形；第4个月时体长为15～20 cm，开始出现心脏搏动；第5个月时肌肉发育，胎儿开始活泼动作，母体能感到胎动；第6个月时体长已达30 cm；第8个月时各种组织和器官大体上已经长成；其后到出生前的2个月内主要属于生长阶段。

(三) 胎盘

胚泡着床后，其滋养层与母体子宫的蜕膜(由子宫内膜演变而来)互相连接以后发育形成胎盘。胎盘中央有脐带附着，脐带另一端与胎儿脐部相连，胎盘是母体与胎儿进行物质交换的特殊器官(图4-9)。脐带内有两条脐动脉和一条脐静脉，通过血液循环，脐动脉将含有废物的胎儿血液送到胎盘，然后进入母体血液循环中；母体血液中的氧气和营养物质通过胎盘经脐静脉进入胎儿的血液循环。因此，在胎盘中母体与胎儿的血液是互

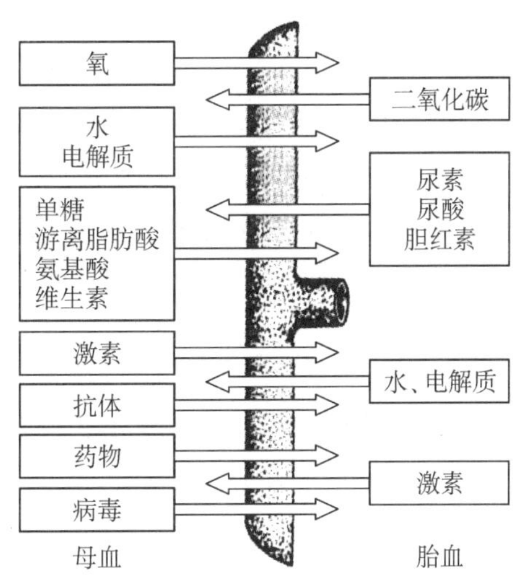

图4-9　胎儿通过胎盘与母体进行物质交换

不相混的。

胚胎发育至第8周末时已形成各器官、系统的雏形，此时期的胚胎发育对来自环境因素的作用十分敏感，某些有害因素（病毒、药物等）易通过母体影响胚胎发育，导致发生某些严重的先天性畸形。通过胎盘影响胎儿的因素主要包括：

大多数药物能通过胎盘，其中像氯丙嗪、酞胺哌啶酮（一种镇静剂）、庆大霉素、可的松、利血平等都是一些已知或可能使胎儿致畸的药物，故孕妇用药需慎重；有些病毒如风疹病毒、脊髓灰质炎病毒以及梅毒螺旋体等对胎儿发育的毒害作用已是确凿无疑；酒精、烟草、海洛因等化学物质也能通过胎盘对胎儿产生不利的影响。

四、孪生、多胎和联胎

（一）孪生

孪生是指母体子宫内同时形成两个胎儿，有单卵孪生和双卵孪生之分（图4－10）。从胚胎发生角度来看，单卵孪生是由同一受精卵分裂形成的两个个体，两个孪生胎儿可以同在一个羊膜腔内，也可以各在一个羊膜腔内发育。由于单卵孪生之间的遗传物质彼此相同，所以他（她）们之间许多性状如性别、面貌、血型和组织相容性抗原等相同，其组织器官可相互移植而不被排斥，如有某些差异可以认为是环境因素影响的结果。双卵孪生则是女性在一个月经周期中同时排出两个成熟的卵子分别与精子受精，这两个受精卵经过胚胎发育以后形成的是“异卵双生”。这种孪生，两者之间的遗传性状关系若同普通兄弟姐妹，其性别可能相同，也可能不同。

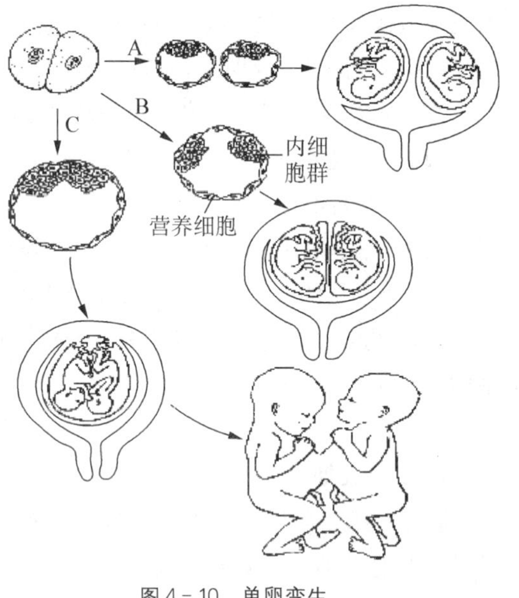

图4－10　单卵孪生

孪生群体发生频率约低于2%，但不同种族间存在明显差异。例如美国黑人孪生发生频率明显高于美国白人，尼日利亚的孪生发生频率最高（1/2～1/3），日本最低（1/50）。在这些孪生中单卵孪生与双卵孪生之比，在白人人群为30∶70。因胚胎在子宫内发育时双胎不如单胎发育有利，故双胎之一为死胎者高达20%～50%，而单卵孪生的胚胎受影响更大，其双胎之一为死胎者比双卵孪生又高2～3倍，所以人群中单卵孪生发生率低于1%。

（二）多胎

一次分娩生下两个以上的新生儿称为多胎。多胎如果来自多个受精卵称为多卵多胎；如果来自一个受精卵，称为单卵多胎。多胎发生的机理与孪生的发生机理相同，但有的多胎在发生过程中不仅有多个排卵，而且有单卵孪生的发育情况，这种多胎称为混合性多胎。

（三）联体畸胎

联体畸胎就是两个孪生胎儿的某一部分连在一起。如胸部相连、腹部相连、背部相连、头部相连等，相连的面积和深浅程度不相同(图 4-11)。

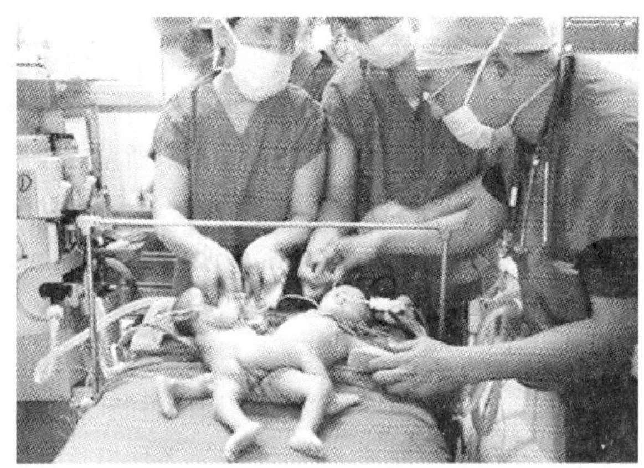

图 4-11　联胎

五、节育的基本原理

节育，就是通过一定的药具、手术或禁欲以达到避免怀孕、节制生育的目的，它既是一种对人类生育机能的控制，也是实现人口控制和计划生育的必要措施。我国从 20 世纪 70 年代开始在全国大力推行计划生育以来，我国妇女生育率发生了极其显著的下降，导致生育率下降的主要原因是计划生育政策的决定作用，而实施节育措施是落实计划生育的重要环节。

目前国内外正在使用的节育方法很多，但从节育原理角度归纳不外乎是三个方面：影响生殖细胞的生成和成熟、阻止受精过程和受精卵着床、中途中止妊娠。

（一）直接作用于生殖腺影响生殖细胞的发生和成熟

精子和卵子发育是一个复杂的内分泌过程，受到脑垂体卵泡刺激素和黄体生成素调节，如果干扰这个内分泌的正常过程就会影响精子和卵子的生成。

1. 影响精子的发生和成熟

当前，在节育措施中虽然能作用于睾丸影响精子发生而推广应用的激素药物很少，但通过实验和临床观察发现有不少激素对抑制精子的发生是有效的。如黄体生成素释放激素、类固醇抑制促性腺激素、孕激素与雄激素联合使用，都能调节黄体生成素和卵泡刺激素的合成和分泌，从而达到影响精子发生的目的。

干扰精子在附睾内成熟也是男性节育的一条重要途径，例如雄激素是精子在附睾中进一步成熟的必要因素，使用抗雄激素之类药物可干扰精子在附睾内成熟。

2. 干扰卵子的发生和成熟

目前应用的基本方法，一是采用直接作用于卵巢的药物使其不能产生成熟卵子；二是通过对脑垂体的负反馈作用抑制脑垂体产生卵泡刺激素和黄体生成素，从而抑制卵泡的生长过程或排卵过程使其不能产生成熟的卵子。如目前广泛应用的口服避孕药(短期和长期)、各种避孕针、皮下埋植剂等，主要是抑制女性卵子的生成和排卵。

哺乳期婴儿吸吮乳头的刺激可以通过神经系统控制脑垂体分泌催乳素，也能抑制促性腺激素的分泌，从而起到抑制排卵的作用。

（二）阻止受精过程

从根本上阻止精子与卵子相结合是节育的一条重要途径。目前广泛应用的阴茎套、阴道隔膜、输精管结扎、输卵管结扎或黏堵等，就是通过阻止精子和卵子相遇从而达到避孕目的。一些避孕药和阴道避孕药环会使妇女宫颈黏液变得黏稠形成所谓的“黏液栓”，使精子不能进入子宫内进而达到避孕目的。此外，可用药物杀死成熟精子使其在女性生殖管道内失去“获能”的能力，如避孕栓、避孕膏、避孕薄膜以及杀精发泡剂等药物都能起到杀死成熟精子的作用。安全期避孕等也是应用精子与卵子不相遇的原理进行避孕的。

（三）影响胚泡着床

胚泡必须植入子宫内膜后方能进一步发育成胚胎，因此阻断胚泡着床就可使胚胎发育过程中止。目前所使用的各种宫内节育器就是通过影响胚泡着床以达到避孕目的；各种避孕药则是通过干扰子宫内部环境使子宫内膜变得不适合胚泡着床达到避孕目的。

1. 宫内节育器避孕原理

各种节育器避孕原理主要是体现在这些环节：宫腔里的节育器机械地阻止受精卵着床使其不能生长发育；节育器刺激子宫内膜产生一种无菌性炎症反应，使宫腔内吞噬细胞增多导致大多数精子被吞噬或破坏；节育器刺激子宫内膜产生前列腺素使子宫内膜发育与早期胚泡不同步，并抑制子宫内膜蜕膜样反应以不利胚泡着床；铜质节育器能不断释放铜离子杀伤受精卵；含孕酮节育器能缓慢地释放孕激素，使子宫内膜发育不良以不利于胚泡着床；等等。

2. 避孕药避孕原理

着床是在激素控制下胚泡与子宫内膜相互作用的过程，即胚泡发育阶段和子宫内膜发育阶段必须是同步的。利用药物干扰和破坏胚泡和子宫内膜发育的同步过程可导致胚泡不着床。女用口服避孕药是人工合成的甾体激素——孕激素和雌激素，它们能抑制卵巢排卵功能，改变宫颈黏液性质，减弱精子穿透力；抑制子宫内膜的生长发育或分泌障碍，使胚泡不能着床或生长；影响输卵管的蠕动，使受精卵提前或延迟进入宫腔，影响胚泡和内膜发育的同步进行。

（四）中途中止妊娠

胚泡着床后，如果要中止妊娠就必须把胚泡从子宫中排除。妊娠终止常用方法有药物流产、负压吸引、钳刮术及其他引产方法等。

六、不孕

不孕是指夫妇同居2年而未曾妊娠者，其中婚后2年从未受孕为原发性不孕，曾有过生育或流产又连续2年不孕为继发性不孕。

（一）男性不育原因

引起男性不育原因有很多，常见有生殖器官发育异常、染色体异常、内分泌功能障碍、免疫功能异常、生殖器官感染、输精管梗阻、性功能障碍、精索静脉曲张、环境污染、药物、酒精等造成不育。

（二）女性不孕原因

造成女性不孕的原因很多，输卵管阻塞、输卵管病变、排卵功能障碍、黄体功能不全、免疫系统功能障碍、宫颈黏液过少、过稠、子宫发育不良、子宫畸形、体积小的子宫肌瘤、重度宫颈糜烂等均可造成不孕。

第二节 人类辅助生殖技术与试管婴儿技术

人类辅助生殖技术是采用人工干预的方式治疗不孕不育夫妇以达到生育目的的各项技术，为许许多多不孕夫妇带来福音，它已成为20世纪最伟大的科学成就之一。

一、人类辅助生殖技术

目前，应用于人类的辅助生殖技术（assisted reproductive technology，ART）包括人工授精（artificial insemination，AI）和体外受精—胚胎移植（invitro fertilization and embryo transfer，IVF－ET）及其衍生技术两大类，目的是使因某种生殖系统障碍或生殖器官疾患而不能生育的夫妇重新怀孕。

（一）人工授精技术

人工授精是在人类生殖工程领域中实施较早的技术之一（图4－12），主要解决由男性原因造成的不育症，现已成为治疗不孕的重要方法之一。人工授精技术真正成功地应用于临床始于20世纪50年代，1953年美国首先应用低温储藏的精子进行人工授精成功。我国湖南医学院于1983年用冷藏精液人工授精成功，1984年上海第二医学院应用精子洗涤方法人工授精成功，1986年国内第一座人类精子库建立，并用于人工授精。截至2006年12月31日，我国卫生部共审核批准了全国88家医疗机构开展人类辅助生殖技术，同时批准10家机构设置人类精子库。

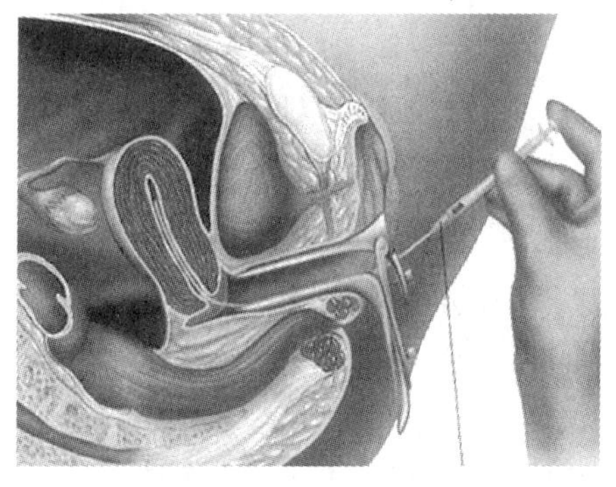

图4－12 人工授精

人工授精就是把配偶的或者供精者的精子采用人工注射的方法送进女性生殖道内以达到受孕目的的一种技术。根据精液来源，人工授精主要分两种。

1．配偶人工授精

主要适用于：男方精液正常，但性交有障碍，如阳痿、早泄、逆行射精、截瘫、阴茎畸形等，不能使精子正常射入女性生殖道内；精子数量较少、精子畸形率高及精液不液化等；女方阴道、宫颈畸形等造成精子不能上行等。

2．非配偶人工授精

当女性生育力正常而男方精子异常、男方携有不良遗传因素、夫妇间血型不合或免疫不相容等造成的不孕，可采用非配偶人工授精。

为提高受孕率，可采用输卵管人工授精，即把精子用上游优化法制备后，在女性排卵期经阴道注入子宫直肠窝内待其自然受精；卵泡内人工授精，即将制备好的精子悬浮液经阴道注入成熟卵泡内。新鲜精液人工授精的妊娠率可达60%～70%，冷冻精液可达52%～60%。随着授精次数增加，妊娠率不断提高，并在人工授精4～6次后达到高峰。在12个月内完成授精的成功率可达92%，如果1年内不成功则应改用其他方法。

配偶间人工授精，因所涉及问题较少，几乎不存在法律上的纠葛，所以目前应用较多。而非配偶间人工授精涉及到法律、道德、伦理等社会问题及遗传病、传染病发生等一系列问题，在应用上必然会受到一定限制，故应审慎从事。

（二）体外受精—胚胎移植技术

体外受精（in vitro fertilization，IVF）技术建立于1969年，而胚胎移植（embryo transfer，ET）技术是在IVF技术基础上发展起来的。体外受精—胚胎移植的衍生技术目前则主要包括配子或合子输卵管内移植、卵胞浆内单精子显微注射、胚胎冻融、植入前胚胎遗传学诊断等。

体外受精—胚胎移植技术基本方法是采集卵子和精子，将精卵在体外受精，然后培养至2～4个细胞的孕卵期（大约为受精后33～36小时）再移植回子宫腔内继续发育生长。该技术主要适用于双侧输卵管阻塞而子宫正常者，或男性生育力低（如精子过少、活力差、精液少）、免疫不孕或不明原因不孕经其他治疗失败者，其妊娠成功率可达10%～30%。

二、试管婴儿技术

（一）试管婴儿概述

1. 什么是试管婴儿

1978年7月25日，剑桥大学生理学家罗伯特·爱德华（Robert Edwards）和英国曼彻斯特市奥德姆总医院的妇科医生帕特里克·斯特普托（Patrick Steptoe）合作，应用体外受精和胚胎移植技术，使一对不育症夫妇生下了世界上第一例试管婴儿。试管婴儿的诞生被认为是继心脏移植成功后医学上又一大奇迹。

试管婴儿的操作过程分为以下几步：首先女方按照一定的超排卵方案注射促超排卵药物，B超监测卵子生长，当卵子生长到一定程度以后经阴道穿刺取卵；与此同时，将获得的男方精子优选；精卵体外受精和培养；受精卵在体外培养液中经过分裂增殖，发育到8细胞的胚泡阶段需45～73小时，将发育良好的胚胎移植入女方子宫并让其发育成熟（图4-13、图4-14）。由此可见，所谓"试管婴儿"并非是整个胚胎发育过程都是在试管里进行的，试管里所发生的仅仅是生命发生过程中的受精、卵裂以及早期胚胎发育阶段，之后的胚胎发育过程均是在母体子宫内进行的。目前，尚无哺乳动物受精卵在体外培养条件下培养到出生时为胎儿的例子。因为，哺乳动物的胚胎在母体的子宫中需借助胎盘与母体建立血液循环的联系，除非将来有一天能制造出"人工胎盘"，那时受精卵通过体外培养得到婴儿的愿望就有可能实现。

试管婴儿与正常婴儿比较，只是受精方式不同，前者为体外，后者为体内，在生殖性质上都是有性生殖。人卵体外授精与胚胎移植后出生的婴儿俗称为试管婴儿。

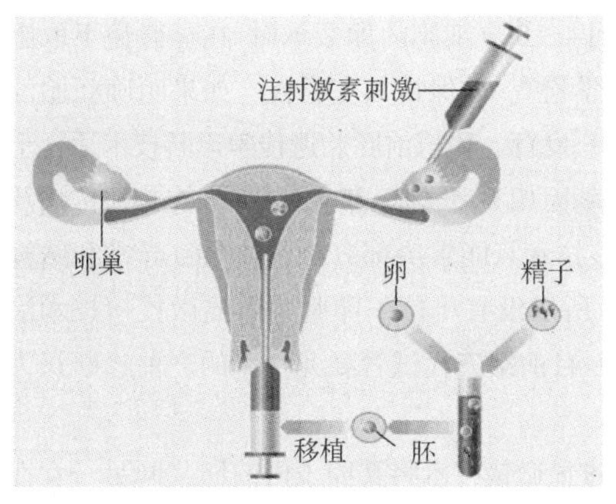

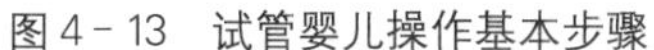

图 4－13　试管婴儿操作基本步骤

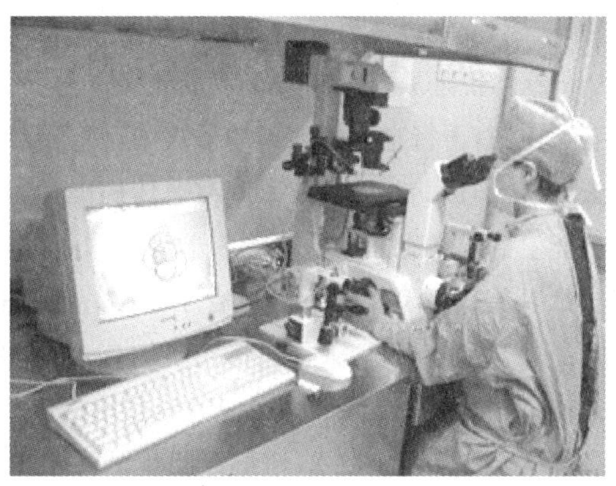

图 4－14　试管婴儿操作平台

2. 试管婴儿技术应用的价值

这项技术的意义主要是解决不育夫妇的生殖问题。如果是女性不孕，一般可以从女性体内取出卵母细胞进行体外受精，然后移植到子宫着床和发育；如果是男性不育，可以从配偶体内取出卵子，使用他人的精子进行体外受精，然后植入子宫妊娠。

试管婴儿技术除能给不育者带来福音，而且它的成功更进一步揭示了人类的生殖过程，充实了发育生物学的内容，还必将对优生优育工作带来深远影响。

3. 试管婴儿技术的发展

近二十年来，在第一例试管婴儿传统技术基础上，培育试管婴儿的方法又有很多创新，到目前为止，试管婴儿技术已发展为以下几种：

（1）体外受精—胚胎移植（IVF－ET，俗称第一代试管婴儿）即传统的体外受精—胚胎移植技术。主要适合于女性不孕，如排卵障碍、精卵运输障碍、子宫内膜异位症、不明原因的不孕、免疫性不孕以及男方少、弱精子等引起的不孕症患者。在临床上，第一代试管婴儿技术应用最多。

（2）卵胞浆内单精子显微注射（intra-cytoplansmic sperm injection ICSI，俗称第二代试管婴儿）技术。利用显微镜操作器及显微注射仪，从精液中选取正常活跃的单个精子，在体外直接将精子注入卵子中，使精卵结合受精（图 4－15）。卵胞浆内单精子注射法解决了经典的 IVF 不能解决的问题，如免疫因素、精子寡少、精子弱动等造成的不孕。这种技术主要针对严重男性不育，如严重的少、弱、畸精子症、不可逆的梗阻性无精子症、生精功能障碍（排除遗传缺陷疾病所致）、精子顶体异常、免疫性不育等引起的不育症患者。ICSI 技术是目前治疗严重男性不育症的主要方法，对无精症患者可经睾丸或附睾获得精子。

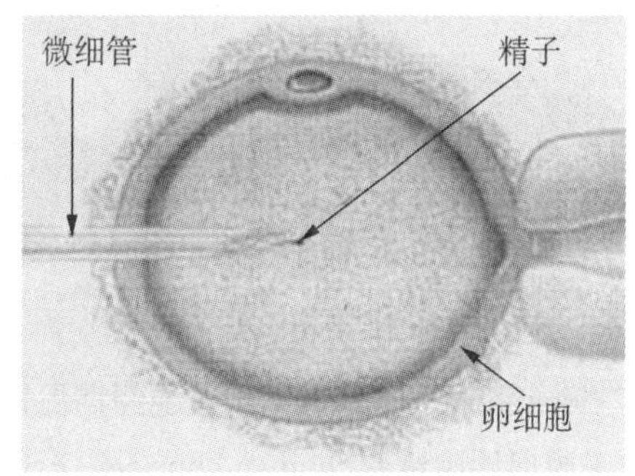

图 4－15　显微精子注射法

（3）移植前胚胎遗传学诊断（preimplantation genetic diagnosis，PGD，俗称第三代试管婴儿）。第三代“试管婴儿”技术实际上侧重于胚胎着床前的遗传诊断。与第一、第二代“试管婴儿”一样，要经过体外受精获得胚胎，当胚胎发育到4～8个细胞的卵裂球时，在显微镜下取出1或2个细胞(医学上通常称为分裂球)进行遗传学检查，并保持其完整性。如果明确胚胎没有遗传病，再将它移植到人的子宫内，使之继续生长发育。移植前胚胎遗传学诊断技术适合于夫妇携带有病变基因，或家庭有遗传病史者，如单基因相关遗传病、染色体病、性连锁遗传病及可能生育异常患儿的高风险人群等。然而，由于该技术只能解决部分染色体数目异常和结构异常以及单基因遗传疾病的治疗，应用范围有限，所以没有单精子卵胞浆内显微授精技术治疗的患者多。而且，人类遗传性疾病有4 000余种，目前第三代试管婴儿技术的产前诊断仅为10余种，故还难以保证日后孩子的质量。

(4) 卵浆置换技术(俗称第四代试管婴儿)通过显微镜技术将其卵子内的卵浆同另一女性的健康卵浆置换，以增强卵子活力，提高试管婴儿的成功率。置换后的卵子再同丈夫的精子在体外结合，形成受精卵后移入女性体内。卵浆置换技术主要针对有排卵功能，但因身体不好或年龄较大导致卵子质量、活力差的女性。卵子质量不高、活力差的女性想怀孕，借助以往试管婴儿技术成功怀孕的不到10%，而该技术可使其怀孕成功率达到40%以上。目前，这一技术已在美国成功实施了100多例，所需健康的卵浆主要来源于试管婴儿手术中提取的多余卵子或异常受精卵中正常的胞浆。虽然决定人类遗传特性的物质存在于精、卵子核的染色体上，但约有1%的遗传物质在其线粒体上，这1%的遗传物质对后代的影响难以预测，从而引起科学界广泛争论，因此在多数国家包括我国，禁止该技术在临床病人治疗中应用。

(二) 试管婴儿技术的基本步骤

各种试管婴儿技术都涉及到以下几个基本环节：诱发超排卵、精子体外获能、人工授精与体外培养和胚胎移植。

1. 诱发超排卵

(1) 目的　一般情况下，女子每个月经周期只能排出一个卵子(图4-16)，为提高试管婴儿的受孕率，试管婴儿技术广泛地使用药物诱发超排卵。相对于自然排卵，人工诱发超排卵有下列两个优点：第一，能掌握并随意控制排卵时间；第二，一次可以获得几个成熟的卵子。

图4-16　次级卵母细胞排卵

(2) 常用药物　人工诱发超排卵中经常使用的药物主要有：氯蔗酚胺柠檬酸盐(又称克罗米芬 clomiphene citrate，CC)，人绝经期促性腺激素(human menopausal gonadotropin，HMG)，人绒毛膜促性腺激素(human chorionic gonadotropin，HCG)。

CC或HMG激发卵泡生长，而HCG则能激发卵母细胞继续进行减数分裂，并在一定时间排卵。药物诱发超排卵的作用原理：

氯蔗酚胺柠檬酸盐被认为是雌激素拮抗剂，其主要作用可能是在下丘脑和脑垂体优先同雌激素受体结合，从而排除雌激素对下丘脑和脑垂体的负反馈效应，激发LH-RH的释放以及随后垂体LH的分泌，LH增多是促进排卵的主要条件。氯蔗酚胺柠檬酸盐还可能同卵巢和子宫的雌激素受体结合，分别提高卵巢雌激素的分泌水平，减少宫颈黏液的分泌量，降低胚胎的植入率。少数就诊者在服用氯蔗酚胺柠檬酸盐后的一段时间内便释放 LH 和排卵。其他就诊者可能由于垂体促性腺激素储量不足，卵泡尚未完全成熟，所以还须注射 HCG，才能促成定时排卵。

人绝经期促性腺激素（HMG）是从绝经期妇女的尿中提取出来的，含有 FSH 和 LH 活性，它能诱发多个卵泡同时生长发育，较低剂量也可能出现 6～8 个以上的卵泡，构成超激发效应。

无论用什么药物诱发排卵，主要的是给药方案应个体化，即应根据体内的激素水平和超声观察卵泡发育的情况决定用药的时间与剂量。

(3) 采卵方法　目前所用的采卵的方法有两种，一种是腹腔镜穿刺取卵，另一种是在 B 型超声仪监测下阴道穿刺取卵。采卵的不锈钢针头在 $1.06 \sim 1.33 \times 10^4$ Pa 的压力下吸引卵，采卵的成功率高达 80％～90％。

吸取穿刺液 2～3 ml 滴到组织培养盒内，肉眼观察到一个呈灰色的黏液团块即为卵丘与黏液。黏液团块的致密点状结构，这就是卵子与其外周的透明带、放射冠，即卵—冠—丘复合体（oocyte corona cumulus complexes，OCCCs）（图 4－17）。在对其成熟度做出评估后，用授精液冲洗卵—冠—丘复合体数次，转移到培养盒中，置于 CO_2 箱中孵育。孵育目的是促使卵子在体外进一步成熟。孵育时间依卵—冠—丘复合体的成熟度而定，成熟的 OCCCs 在获取卵后孵育 6～10 小时，而不成熟的 OCCCs 则需孵育 24～36 小时，甚至 48 小时，直至成熟再授精。

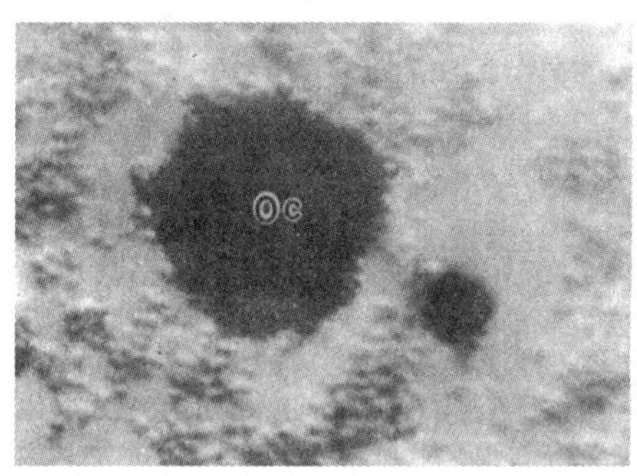

图 4－17　卵—冠—丘复合体

2. 精子在体外获能

(1) 精子获能方法　精子获能的方法比较简单，体外排精，待精液完全液化后用精子洗液冲洗精液，离心后去掉上清液，加入适量培养液，在 CO_2 箱中孵育 50 分钟，使精子游动，处在最上层精子就是已获能精子。

(2) 精子受精能力的评估　虽然应用冷冻精子进行体外受精已有很多成功的报告，但一般仍主张用新鲜精子。精液事先必须进行详细的检查，包括形态学、细菌学、免疫学以及细胞遗传学的检查，并做精子穿透试验。

关于精子受精能力的评价，目前已有下列标准可以说明精子是否良好：①保持直线性前进的活泼运动的精子，其受精能力强；②正常精子多且少有畸形，受精能力强；③去透明带田鼠卵的精子穿透试验阳性者，其受精力强。当然，检查精子体外获能的最直接的标准是看其人工授精率。

3. 人工授精与体外培养

人工授精与体外培养需要三个条件：成熟的卵子、具备一定数量和质量的精子及最适宜的环境条件。三者具备并抓住最佳时机，便能成功。

目前，多数IVF研究中心使用丹麦Nune牌4孔培养盒人工授精与体外培养，培养盒四角有4孔，孔径约10 mm。盒中央为一个“池子”，与4个孔不相连通(图4-18)。

(1) 人工授精用吸管吸取精液1～2滴(内含活动的精子50 000～100 000个)滴到含卵—冠—丘复合体的培养盒孔内。当镜检看到精子迅速地游向卵—冠—丘复合体，并包围它时(图4-19)，继续置于CO_2箱内培育。

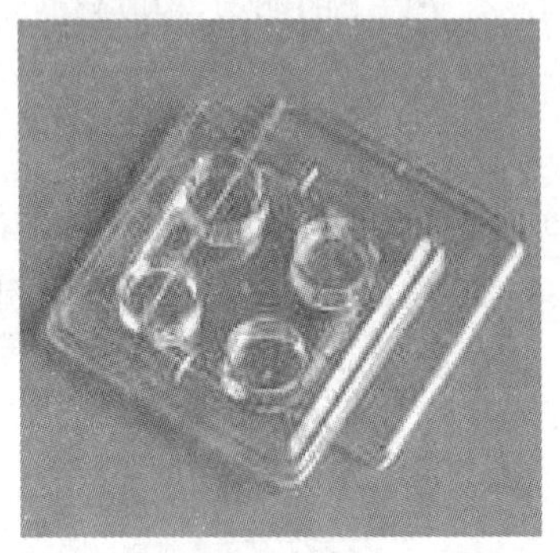
图4-18 丹麦Nune牌4孔培养盒

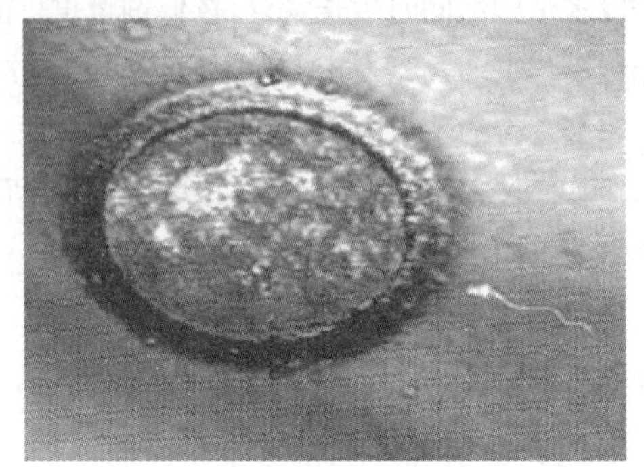
图4-19 培养盒中精子和卵子相遇

(2) 显微加工　人工授精后的14～16小时是一个关键时刻，需要对卵—冠—丘复合体进行显微加工。

目前，“显微加工”的方法有两种：第一种是剥离法，即用TB注射器针头，在解剖镜下把卵子周围残留的放射冠与卵丘细胞剥离掉；第二种是“槌打”法，即用内径与卵子大小相吻合的微吸管把卵子吸进去，然后再将它吹出来，反复地吸入与吹出几次，卵子外周的放射冠与卵丘细胞就脱落了。“槌打”后，在解剖镜下观察受精情况。若看到卵子里出现两个相同大小、较致密、光洁呈圆形、直径约1.5～2.0 μm雌、雄原核；同时在卵子与透明带之间隙中见到第二极体，则标志着人工授精已成功了，这时的卵子成为受精卵(图4-20)。

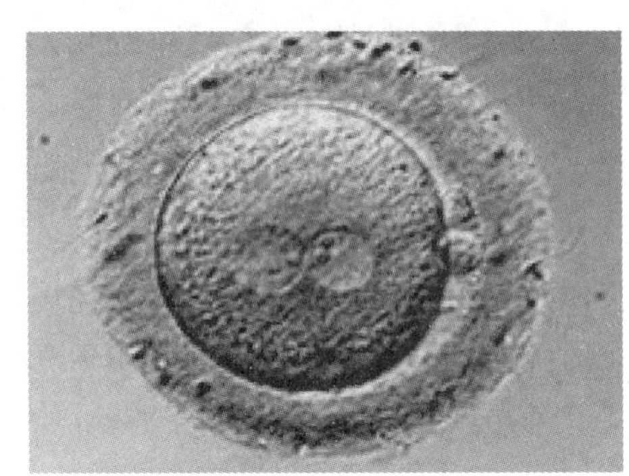
图4-20 受精卵

4. 胚胎移植

胚胎从体外培养的环境转移到体内使就诊者妊娠，须具备两个条件：

第一，胚胎必须发育到一定阶段，且具有继续生长、发育和植入能力；

第二，与此同时，就诊者的子宫内膜也必须发生相应的变化，有条件接受胚胎的着床，并为胚胎进一步的生长发育提供丰富的营养和氧气。

(1) 移植的胚龄　第一例“试管婴儿”是移植了一个8个细胞(卵裂球)期的胚泡，第二例是移植了一个16个细胞(卵裂球)期的胚泡。通常，新鲜胚胎移植一般在取卵后48～72 h，把体外培养到4～8个细胞期的胚胎(卵裂球期胚胎)移入宫腔，也可在胚泡期进行移植(取卵后5～6日)。

(2) 移植胚胎的数目　试管婴儿技术的单胎移植成功率只有5%～10%。为保证成功率，按卫生部规定，35岁以下的女性第一次实施试管婴儿手术一次只允许植入两个胚胎，35岁以上的女性一次可植入3个胚胎。随移植胚胎数的增加，临床妊娠率呈增加趋势，经过试管婴儿手术而怀孕的女性，多胞胎率则高达25%～30%。所以按卫生部规定，接受试管婴儿手术的患者，都必须和医院签订协议，胚胎移植后发现三胞胎或三胞胎以上的，必须接受减胎。盲目保留多胞胎，不仅和国家计划生育政策相悖，而且多胞胎流产率高、畸形儿及低体重儿发生率高，新生儿的智力及身体发育也有可能受到不利影响。另外，母体贫血、妊娠高血压、产后出血、产褥感染等并发症都会明显增加。

(3) 子宫内膜的同步化　如果卵子供方和胚胎受方是同一女性，卵子的来源和胚胎的归宿都是在同一母体内，胚胎在体外发育阶段与母体子宫内膜的变化基本上是同步进行的。胚胎移植时，子宫内膜正处于水肿多汁、血液充足、营养丰富的分泌期，因此母体与胚胎之间不存在不协调问题。如果卵子的供方和胚胎的受方是两个不同的妇女，那就必须协调胚胎与母体两者的发育水平，使之互相同步，以确保胚胎植入的成功。

(4) 胚胎移植　胚胎移植就是把体外培养成活的胚胎，用导管经生殖道、宫颈管，移植到宫腔内。一般胚胎移植不需麻醉，患者本身也没有什么痛苦，技术亦不复杂，只是要求动作迅速，操作准确，尽量避免损伤子宫，并防止把异物带入宫腔，污染内膜。

(5) 胚胎移植后的监测　胚胎移植后的监测对于IVF-ET的成功率和流产率十分重要。迄今为止，β-HCG放射免疫测定仍是最主要而可靠的方法，胚胎在宫腔内的生长情况反映在患者血浆或尿里β-HCG水平的高低，这项特异的检查可以在受精后的8～12天时在母血或尿中进行。胚胎移植后第10、12、14天测尿中的β-HCG，如阳性就可以诊断生化妊娠。术后的第5周用B型超声波见到胎囊、胚胎及胎心搏动，诊断为临床妊娠。

(三) 试管婴儿技术的成功率与畸形发生率

1. 成功率

试管婴儿技术近30年来，虽有长足进展，但试管婴儿的成功率仍不够理想，成功率只有30%～40%。影响试管婴儿成功率的原因是多方面的，既有试管婴儿技术本身的因素，也有患者方面的原因及其他因素，如就诊者年龄、卵子和胚胎质量以及子宫内膜的接受性等多方面的影响。限于目前的水平，对于胚胎生长发育所需要的环境条件也尚未完全明确，现有的培养液尚未达到促进胚胎体外发育和妊娠的最高水平，需要不断改进。

2. 畸形发生率

随着试管婴儿出生数量增多，试管婴儿的“质量”问题也成为人们关注的焦点。国内外大量文献报道提示，试管婴儿的先天畸形发生率约1%～3%，与自然妊娠出生缺陷发生率接近(2%～3%)，智力、智能发育与自然妊娠的婴儿没有显著差异。法国“试管婴儿”学会的统计资料充分说明，法国从1987—1991年总计出生了6248例“试管婴儿”，其中有某种畸形的新生儿187例，占总数的2.8%，这与自然妊娠、分娩的新生儿的畸形发生率相当。

(四) 试管婴儿技术应用所衍生的问题

截至目前，全世界试管婴儿已超过100万例，这不仅说明试管婴儿技术取得了巨大的成就，也表明试管婴儿已经得到世界上多数人的认同。然而，试管婴儿技术辅助人类生殖已经不只是属于科学家关心的问题，也衍生了一系列复杂的社会问题。由于试管婴儿技术应用改变了人类生育的自然过程，使人们面临前所未有的新问题，它不仅限于医学、生物学等自然科学理论和实践，而且也涉及法律、伦理、社会和人类生育等各个方面的问题。例如：

1. 异源人工授精

异源人工授精即非配偶之间的人工授精。由于种种原因丈夫不能产生精子，或女子不能产生卵子，这样就需要使用第三者的生殖细胞。对于生下来的婴儿而言就存在一个社会学意义的父母和生物学意义上的父母，即导致供精（卵）者的法律地位问题，由此产生权利和义务等一系列社会问题。

2. 代理母亲问题

所谓代理母亲，就是借腹生子问题。代理母亲的出现，也带来了一系列的社会关系、伦理和道德问题。例如：

(1) 在现实中，有的代理母亲与婴儿产生了母子感情，坚持婴儿属于自己，结果就产生“是母将不母，不母是母”的怪现象。即抚养孩子的母亲不是生育他的母亲，而生育他的母亲又不是孩子的社会母亲，造成了复杂而矛盾的关系。

(2) 代理母亲可能产生人伦混乱：有母亲亲自为女儿借腹生子，还有女儿为父亲作代理母亲，这些都是与正常人类生殖、伦理相背的。

(3) 代理母亲有可能导致子宫商业化现象，子宫成了赚钱的工具，这沦丧了母亲的尊严，因为事实上代理母亲大都是为了经济利益。

3. 未婚母亲问题

人工授精的成功，使未婚女性可做母亲，这是有悖目前社会伦理道德的。有的国家正在制定一项人工授精的法律，以禁止未婚女性作母亲，以对儿童负责。

辅助生殖领域的研究在不断地深入与发展。人类享用新技术的同时，也面临着伦理学上的挑战，在有关基本技术规范、伦理原则和其他相关法规的规范下，人类辅助生殖技术更将得到健康和快速的发展。

信息窗

国内首例“三冻”试管婴儿诞生

2006 年 2 月，一个体重 3090 克、身高 49 厘米的“三冻”（即冻卵、冻精、冻胚胎）试管男婴在北京大学第三医院诞生，这是国内首例、国际第二例“三冻”试管婴儿。

婴儿母亲是一位婚后多年不孕的妇女，因丈夫极度少精，所以向医院求助体外受精胚胎移植技术助孕。2003 年底，由于丈夫取出的精液和睾丸活检都未能发现精子，医生为这名妇女冻存了全部共 19 枚成熟卵子。17 个月后，医生解冻卵子，同时解冻精子库中的冷冻精子进行了单精子卵浆注射受精，共获得 13 枚正常受精卵及胚胎。但由于这名妇女宫腔突然少量出血，不得已再次冻存胚胎。一个月后，医生将其中 3 枚胚胎解冻后放入妇女子宫内，最终一个胚胎成活，并成功分娩。

目前，在“三冻”技术中，冻精、冻胚胎技术在生殖领域已相当成熟，但冻融人卵一直是生殖技术的一道难关。虽然人卵子冻存目前仍处于研究阶段，但成功冻融人卵子将为辅助生殖技术提供一项新的技术手段，如对于年轻未育的癌症女患者，可在放、化疗前冷冻其卵子，保留生育功能；也可以为计划晚育的妇女冷藏年轻时优质的卵子，待以后计划生育时再解冻胚胎。

储存卵子的过程分为四步：先在医生的指导下服药促排卵，然后由医生将卵子放入含蔗糖的冷冻保护液中进行脱水，再进行缓慢降温冷冻，最后储存在零下198摄氏度的液态氮桶中。在这种状态下，卵子的生物活性很低，可以保存几十年。当存卵人需要生育的时候，医生会将其冷冻卵子解冻复苏，并置入孵箱内进行培养，以供体外受精。

第三节　克隆技术

1997年2月27日，《Nature》杂志第385卷发表了英国罗斯林研究所维尔穆特（Ian Wilmut）等人的“由胚胎和成年哺乳动物细胞繁衍的后代”（Viable Offspring Derived from Fetal and Adult Mammalian Cells）的研究论文。论文宣告了一例采用成年母羊乳腺上皮细胞作为细胞核供体，以另一去核卵母细胞为受体，经细胞核移植并植入寄母子宫发育成功与核供体母羊遗传性状完全一样的小羔羊，取名“多莉”（Dolly）。这是世界上第一例不经过有性繁殖而完全由一只成年动物的体细胞核基因组产生的后代。

多莉羊的克隆成功使得高等哺乳动物的无性繁殖成为现实，这无论在理论或是实践应用上都具有重大的意义。

一、克隆的概念和层次

（一）克隆与无性繁殖

1. 克隆概念

克隆一词由clone音译而来。按世界卫生组织关于克隆的非正式声明定义：克隆是遗传上同一机体或细胞系的无性繁殖。即克隆可以是细胞群体，也可以是动植物群体，一个无性繁殖系的细胞或生物群体的基因型是完全相同的。

2. 无性繁殖

生物繁殖方式有两大类：无性繁殖与有性繁殖。无性繁殖是不经过两性生殖细胞产生新个体的生殖方式，主要有以下几种类型：

（1）分裂生殖　母体纵裂或横裂成两个子体的生殖。如细菌、草履虫的生殖。

（2）孢子生殖　母体产生一种细胞，称为“孢子”，不经结合直接形成新的个体的生殖。如孢子植物中的藻类、菌类、地衣、苔藓、蕨类植物等的生殖。

（3）出芽生殖　母体在一定的部位长出芽体，逐渐长大，脱离母体从而形成独立的个体的生殖。如酵母菌、水螅等的生殖。

广义上的无性繁殖还包括农业、林业上应用的压条、接枝、扦插等。

无性繁殖在低等生物中是很普遍的，如细菌的分裂繁殖就是一种无性繁殖。除此以外，无性繁殖在植物中也是一种很普遍的繁殖方式。像植物的局部器官如枝条、根、块茎甚至叶的一部分扦插或栽种，都可以长成成体。如剪一根柳树枝条插到土中，在适当条件下就可以长成一棵柳树。又如，将马铃薯切割成块状(每一块马铃薯块茎上带有芽)，将它们播种以后就会长成一棵完整的植株，等等。

生物另一种主要生殖方式是有性繁殖，这是一种通过两性生殖细胞的结合产生新个体的生殖方式。从生物进化角度来讲，有性繁殖比无性繁殖高级。在动物中无性繁殖只出现在低等动物之中，如草履虫的分裂生殖、水螅的出芽生殖等等。随着动物从低等向高等演变，生殖方式也由无性繁殖演变成有性繁殖，越是高等的动物就越缺乏无性繁殖的能力。

为什么植物与动物无性繁殖的能力有如此大的差别呢？这与生物体细胞的分化和全能性有关。

3. 细胞分化与细胞全能性

(1) 细胞分化　细胞分化在多细胞生物体中是一种很普遍的现象，如人体是由一个受精卵发育而来。受精卵经过分裂后所形成的胚胎由许多细胞所组成，像血液中的红细胞、神经组织中的神经细胞、肌肉中的肌细胞等，不仅形态结构不同，而且生理机能也不同。像这种由一个或一种细胞分裂增殖的后代，在形态、结构和机能上相互间不同并与亲代细胞也不同，这个过程称为细胞分化。

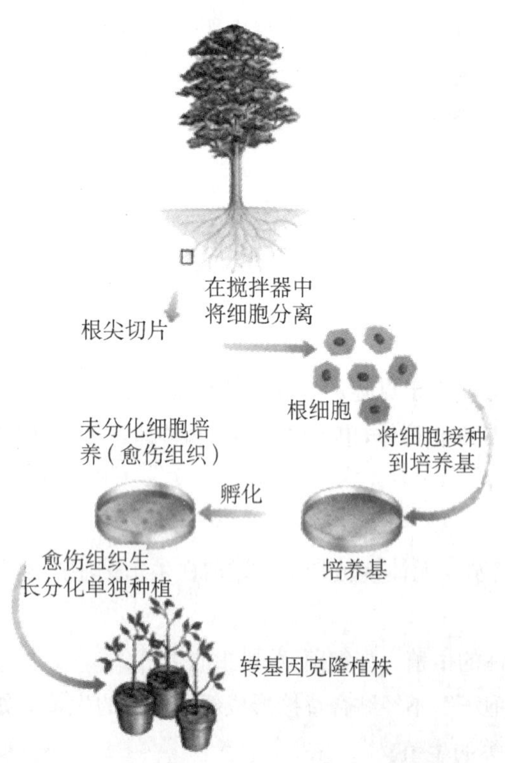

图 4-21　植物细胞的全能性

(2) 细胞全能性　同一生物体不同组织的细胞尽管形态和成分不同、功能各异，但其染色体数目是相同的，因此基因的组成也相同。从理论上讲，取下动物和植物体的任何一个细胞，在合适条件下都能发育成为一个新个体，新个体携带的遗传信息与原来个体完全相同，这种现象称之为细胞的全能性。植物体细胞由于分化程度不高，还保留着全能性(图 4-21)，所以植物的发育过程具有可逆性，能进行无性繁殖。现在的科学技术水平已能够在许多植物上实现这种细胞的全能性，即从植物上取下一个细胞，可以培养成一株新的植株，但直到多莉羊诞生之前，人们还一直无法在高等动物身上实现这种细胞的全能性。

动物的发育过程是一个细胞分化过程，即具有全能性的受精卵经过分裂、发育，胚胎细胞逐渐分化成为各种分化的体细胞。而高度分化的体细胞的基因组信息只表达分化细胞结构与功能，如上述的红细胞、神经细胞、肌细胞都是属于已经分化的细胞，它们通过细胞分裂只能产生同类型的细胞而不会产生其他类型的细胞。鉴于特化细胞已丧失了细胞的全能性，所以传统的发育生物学理论认为，包括人类在内的高等动物只能按照有性繁殖方式繁衍后代，即新的个体必须通过精子与卵细胞的受精、发育而来，这意味着在正常情况下高等动物体内只有受精卵才能够实现细胞的全能性。

资料窗

没有外祖父的癞蛤蟆

朱洗(1900—1962)，中国实验生物学家，第一届中国科学院院士。他从1931年开始，研究脊椎动物(两栖类)人工单性发育。进行人工单性发育，就是在没有精子的参与下繁衍后代。自1951年开始，采用仅有10 μm直径的玻璃丝针尖，在解剖显微镜下，一个一个地点刺了将近4万粒蟾蜍(俗称癞蛤蟆)的卵，再将刺激后的卵放置在适宜温度的恒温箱中培养、孵化。经长达8年的实验研究，终于在1959年获得了成功。孵育出了25只蟾蜍的幼体——小蝌蚪。其中有2只经过变态发育到成体(雌性)。1961死去一只，仅存的这只没有父亲的雌蟾蜍在1961年3月初的繁殖季节，与正常雄性个体抱合，排出了3 000多颗卵，均能受精，发育良好，从中发育成“没有外祖父的蝌蚪”800多个，多数变态登陆为正常的蟾蜍成体。于是，世界上第一批“没有外祖父的癞蛤蟆”、也即第一批脊椎动物无性系问世。

这项人工单性生殖方法的成功，证明脊椎动物的成熟卵具有发育成为新个体的整套物质和遗传基础，只要受到适当的物理或化学刺激，就可以启动发育程序，进行单性生殖，长成有母无父的新个体。由此而来的无性系后代具有生殖能力。此项研究被列为我国20世纪50年代重大科技成果。为了纪念朱洗教授及其同事们的卓越贡献，我国曾在1961年将这项科技成果拍成《没有外祖父的癞蛤蟆》的科教片，该片同年获首届中国电影百花奖。

(二) 克隆的层次

从广义上来讲，克隆可分为四个层次：

1. 微生物克隆

在自然界中，像细菌、酵母菌等微生物主要是通过无性生殖的方式繁殖后代。微生物克隆早已为人类生产实践所应用。如培养大量的细菌，通过细菌的发酵生产味精、药物等。

2. 植物克隆

一般来说，植物细胞具有全能性。植物体的每一个细胞都能在一定条件下发育成一株完整的植株，原因是植物体中每个细胞不仅具有亲本的全部遗传信息，而且还有发育成完整植株的能力。植物组织培养就是利用了这种基本方法：取出植物的一部分组织或细胞使其在一定条件下分裂、生长，以获得植物的组织、器官或个体。由于植物组织培养技术可以让这些细胞都发育成植株，而且能保持一致的遗传性状。因此，植物组织培养技术开辟了更为简捷快速的繁殖途径，在花卉、蔬菜、果树种植中的应用更为突出。

3. 动物克隆

用动物细胞可克隆出动物的组织、器官或个体。

(1) 组织克隆　一般来说，用动物的一些组织或细胞进行离体培养，可以获得该组织或细胞的增殖群体。美国、瑞士等国已经能够利用“克隆”技术培植的人体皮肤进行植皮手术。

(2) 器官克隆　器官的克隆一般要通过基因工程，把某一器官的表达基因导入到另一种动物的细胞中，使该动物长出这个器官。

(3) 个体克隆　动物个体的克隆通常是采用胚胎细胞，而用体细胞克隆动物获得成功的在多莉羊诞生之前仅仅在两栖类这一层次。

4. 分子克隆

随着克隆一词内涵的逐渐扩大，在基因工程中对 DNA 分子的扩增也称之为分子克隆。分子克隆就是从一种细胞中将某种基因提取出来作为外源基因，在体外与载体发生组合，再将其引入另一受体细胞自主复制而得到的 DNA 分子无性系。

二、动物克隆的技术

在多莉羊诞生之前，科学家在动物胚胎学研究中已建立的动物无性繁殖技术，主要包括胚胎切割技术和细胞核移植技术。

（一）胚胎切割技术

胚胎分割是把发育不同时期胚胎经显微手术，二分割或四分割后使其形成两个胚胎或四个胚胎，分别移植到受体子宫中使其妊娠产仔。这样由一个胚胎就可克隆出遗传性状彼此完全相似的两个以上个体，个体之间的关系犹如孪生关系（图 4－22、图 4－23）。

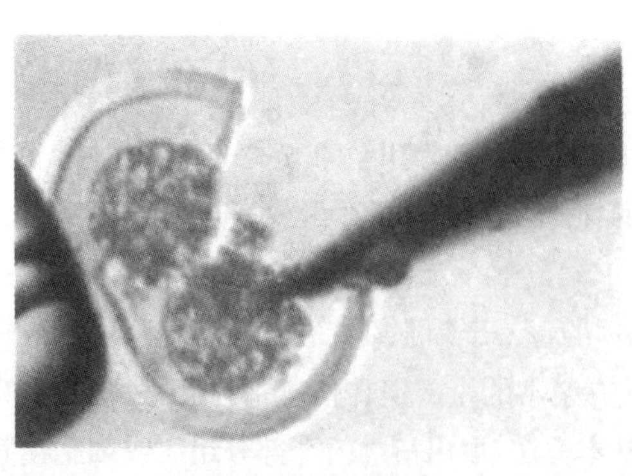

图 4－22　胚胎切割

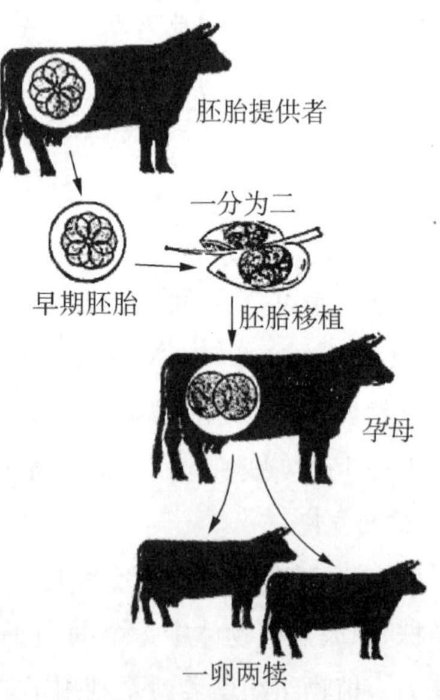

图 4－23　牛胚胎切割

1974 年，日本将胚胎切割成两半后，首次获得两只绵羊羔。利用胚胎切割技术克隆的动物有小鼠、兔、山羊、绵羊、猪、牛、马等，我国已能利用胚胎切割技术繁育出上述克隆动物。然而，经胚胎分割产生的遗传相同个体数是有限的，一般为两个，最多不过4个。目前，动物胚胎切割技术已较成熟，加快了优良种畜的繁殖速度。

（二）细胞核移植技术

细胞核移植技术就是将一个“供体细胞”的核移植到另一个已去除核的“受体细胞”之中。细胞核移植中，供体细胞有两种：一种是胚胎细胞，另一种是体细胞，而受体细胞通常是未受精卵或受精卵。与胚胎分割技术不同，细胞核移植技术，特别是细胞核连续移植技术，所能够产生的遗传相同个体数目是非常可观的。目前在牛中，胚胎连续克隆已可获得第6代克隆胚胎和第3代克隆犊牛，由1个供核胚连续克隆最多获得了190个克隆胚胎。

1. 胚胎细胞核移植技术

胚胎细胞核移植技术是指将一个早期胚胎的卵裂球进行分离，使之成为几个或几十个相同的胚胎细胞，然后将它们的细胞核通过显微手术和细胞融合方法，分别移植到去核卵母细胞或去核受精卵中，构成新胚胎，获得与核供体胚胎基因型相同的后代（克隆动物）的生物技术。

细胞核移植这一概念是施佩曼（Hans Spemann）在所有的胚胎细胞都具有与受精卵完全相同、且有可能拥有发育全能性的细胞核论点的基础上提出的。他设想通过将晚期胚胎卵裂球的核移植到卵母细胞中，以评估细胞核的分化程度。然而，由于实验条件的限制，直到1952年Briggs和King才首次获得两栖类美洲豹蛙的胚胎细胞核移植后代，开辟了发育生物学的新纪元，为哺乳动物胚胎细胞核移植奠定了基础。

1981年1月，瑞士日内瓦大学的伊尔门斯（K. I. Illmense）和霍佩（P. C. Hoppe）用胚泡细胞核移植技术，在哺乳动物中首次成功地克隆了小鼠。伊尔门斯和霍佩用微吸管从灰色小鼠（核供体亲鼠）中取出胚泡，除去透明带后，用显微解剖针将胚泡的内细胞团与滋养层细胞分开。另外，他们从黑色小鼠（核受体亲鼠）中收集受精卵。在显微操作器上，用平头吸管减压吸住受精卵，同时用另一支直径为8 μm的玻璃微吸管先插入胚胎细胞，将核吸出后，转移到受精卵中。同时，使用这同一吸管将受精卵中的原先存在的雌雄两个原核吸出。用这种方法，这两位科学家共获得363个用内细胞团的核重组的细胞。这些重组细胞在试管中进行体外培养5天左右时间，大约只有25个发育到胚泡阶段，再将这些胚泡植入白色假孕小鼠子宫内着床和发育，结果有3只发育并产出仔鼠。通过分子生物学检测，这3只仔鼠具有供核个体（灰色小鼠）的遗传性状，而不持有供给细胞质（黑色小鼠）或者作为寄母的代孕小鼠（白色小鼠）的遗传性状（图4－24）。

自20世纪80年代以来，除小鼠外，应用胚胎细胞核移植技术已取得了可喜成就，相继获得绵羊、牛、兔、山羊和猪等哺乳动物的克隆后代。尤其值得一提的是，在英国宣布多莉羊问世的一周之后，美国科学家雷克斯罗特也宣布了运用胚胎细胞核移植技术克隆了灵长类动物猴（图4－25、图4－26）。

我国在20世纪90年代初才开始胚胎细胞核移植的研究，经过科学家不懈的努力，我国在胚细胞核移植方面也取得了重大进展。目前利用胚胎细胞核移植技术已克隆了山羊、兔、绵

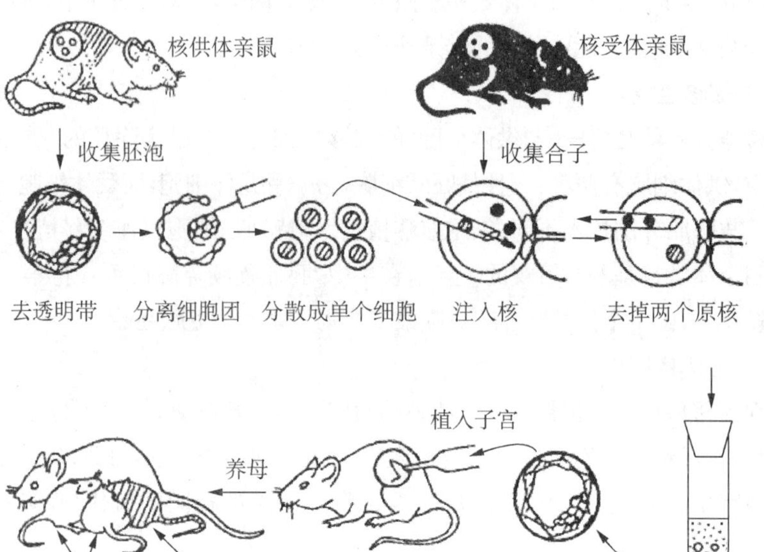

图4-24　小鼠早期胚胎细胞核移植

图4-25　胚胎细胞核移植的克隆猴

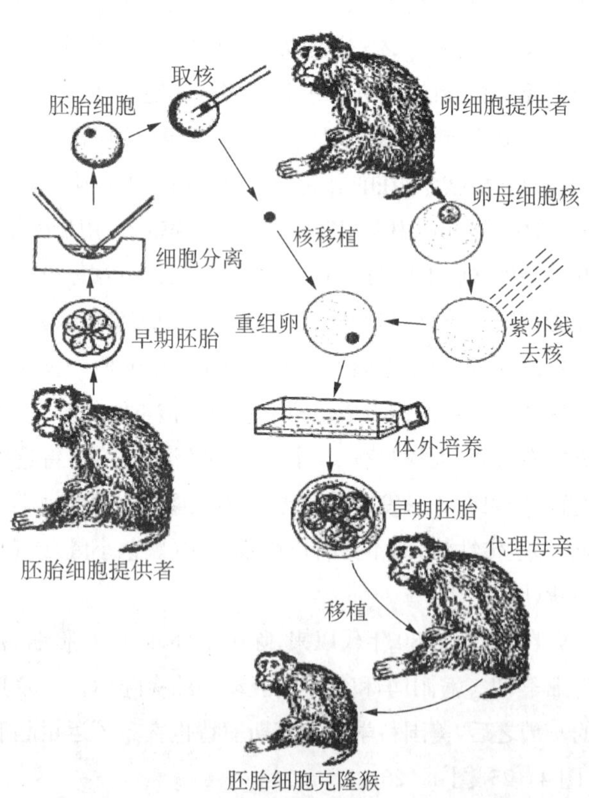

图4-26　胚胎细胞核移植技术克隆猴的步骤

羊、牛、猪和小鼠等哺乳动物，尤其在山羊胚细胞克隆方面处于世界领先地位，已建立了山羊多个克隆胚胎系，可连续克隆5代，并获得了后代，1个胚胎经5代连续克隆最多获得了298个克隆胚。

胚胎细胞核移植技术基本环节主要包括卵母细胞去核、卵裂球分离、细胞融合、卵母细胞激活、胚胎培养和胚胎移植。

(1) 卵母细胞去核　完全去除受体卵母细胞核是进行细胞核移植克隆哺乳动物胚胎的前提。受体卵母细胞核去除不完全，可导致克隆胚胎染色体的非整倍性，造成卵裂异常、发育受阻和胚胎早期死亡。常用去核方法有：①盲吸法：用微细玻璃管在第一极体下盲吸，将第一极体连同其下质膜包围的部分胞质(含中期染色体)除去。②半卵法：用微细玻璃针在透明带上做一切口后，用微细玻璃管吸去一半细胞质至另一空透明带内，即将卵母细胞分为两半，然后用 Hoechst33342(一种可以穿透细胞膜、用于核或 DNA 染色的蓝色荧光染料)染色确定不含染色体的一半为胞质受体。③功能性去核法：使 Hoechst33342 与卵母细胞 DNA 结合后，用紫外线照射，使核丧失功能。

(2) 卵裂球分离　获取较大数量的同源性供体核是提高细胞核移植效率的重要途径之一。然而，胚胎发生致密化后，胚胎细胞间发生紧密连接形成桥粒，使卵裂球分离的技术难度增加，常导致其死亡。尽管用无 Ca^{2+}、Mg^{2+} 的胰蛋白酶溶液并用微细玻璃管反复吹打，有助于卵裂球的分离，但是质膜受到的毒性和物理损伤，会影响卵裂球的活力及其与卵母细胞的融合。用该法从绵羊早期囊胚内细胞(共约20～25个细胞)平均可分离到15个活细胞(Smith 等，1989)，而仅用微细玻璃管吹打也可从16-细胞期胚胎获得相同数目的活细胞。这表明，采用现有分离卵裂球的方法，致密期前的胚胎比致密期后的胚胎更容易提供数量相似的供体核。

(3) 细胞融合　最常用的使卵裂球和去核卵母细胞融合的方法是电融合法(图4-27)。电融合法具有激活卵母细胞与诱导膜融合的双重作用，即通过一定场强的直流脉冲刺激，使二者相邻界面的细胞膜穿孔，形成细胞间桥从而达到融合。其基本步骤是：①在融合小槽内的两电极间(0.2～11 mm)放入细胞悬液，电融合液常用低电导的非电解质溶液，如含0.1M $MgSO_4$ 和0.1 M $CaCl_2$ 的0.3 M 甘露醇水溶液；②给电极施加高频(1MHz)交流电压，细胞表面电荷重新分布，具有正负极性，因相互吸引，使多个细胞排成串珠状；③施加一次直流脉冲电压，串珠间的细胞膜局部破裂，脂质分子重新排列，引起质膜融合，不同动物所需的适宜电融合参数(包括脉冲强度、脉冲时程、脉冲次数、电融合液等)不同；④断电，已融合的细胞在膜张力的作用下逐渐成为球状，未融合的细胞被分开。目前采用电融合法，适宜的参数及熟练操作可使融合率达到96%。

(4) 卵母细胞激活　受体卵母细胞胞质的激活是影响克隆胚胎发育的关键因素之一，克隆胚胎发育能力低可能与卵母细胞未充分激活有关。电诱导融合的同时也可激活卵母细胞，但激活率不高，多次电脉冲可使卵母细胞的激活率增加，并能促进核移植胚的发育。此外，在电融合液中加入 $CaCl_2$、三磷酸肌醇可提高卵母细胞激活率；钙离子载体或锶离子载体激活小鼠卵母细胞的能力显著高于电激活等其他激活方法。

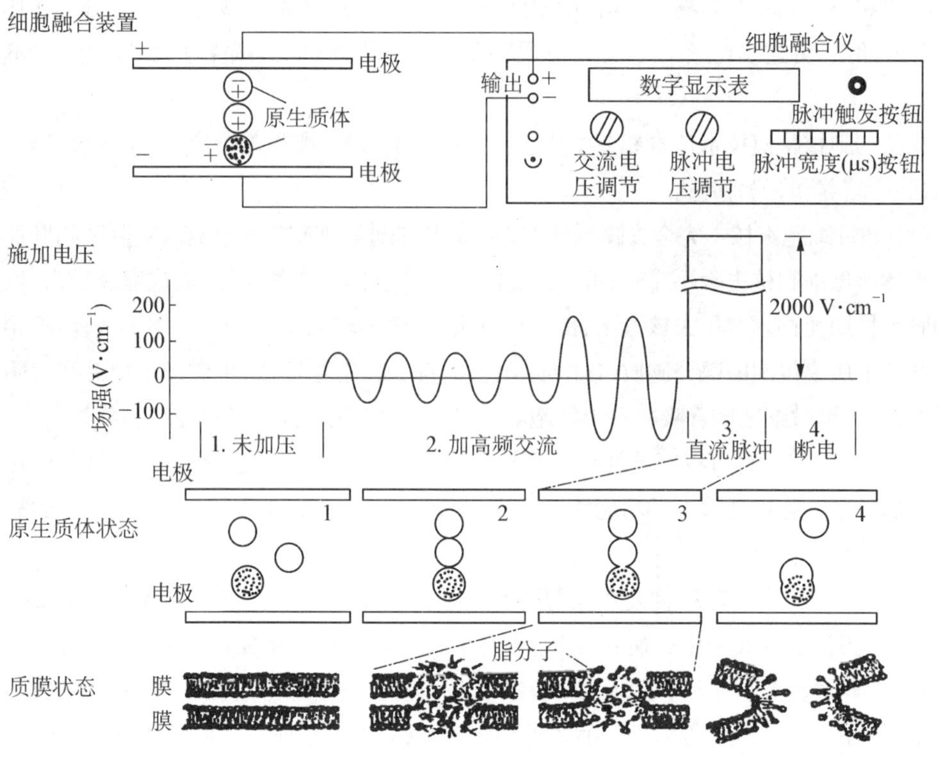

图4-27 电融合法的装置

(5) 胚胎培养和移植　克隆胚胎需经一定时间的体外培养才可移植给受体。家兔和猪克隆胚胎在体外培养24小时以内，即可通过手术法移入与胚龄同期的受体动物子宫内；而牛和羊克隆胚胎出于实际操作需要，所需培养时间较长，一般在其发育至桑椹胚及囊胚时移植。克隆胚胎移植妊娠率和产仔率直接影响获得克隆动物的数量，是判定细胞核移植克隆动物效率的重要指标。

胚胎细胞核移植技术对于畜牧业生产，科学实验及生物学基础理论研究都具有非常重要的意义，表现在：①该技术可使具有优良性状个体的后代在群体中大量增殖，大大加速遗传改良和育种进程；②可以迅速扩增转基因动物后代的数量，提高转基因技术的效率；③胚胎经性别鉴定后再进行核移植，可以获得大量的期望性别的胚胎；④核移植技术可用于珍稀动物品种的扩繁与保存；⑤核移植技术对于实验动物科学也具有很重要的意义，基因型相同的个体可提高实验统计的有效性，从而可以大大减少试验样本的数目；等等。

2. 体细胞核移植技术

多莉羊所使用的技术是体细胞核移植技术。在多莉羊体细胞克隆之前，科学家已成功用体细胞核移植技术克隆出脊椎动物中的两栖类个体。

世界上第一个体细胞核移植克隆动物是两栖类非洲爪蟾(Xenopus laevis)。英国生物学家格登(J. B. Gurdon)将非洲爪蟾的小肠上皮组织中取下若干上皮细胞，然后用显微手术方法将细胞核分离出来。同时，取非洲爪蟾未受精卵，用紫外光束破坏和除去其细胞核。然后将小肠上皮细胞核移植到去核卵中，形成重组细胞。这些重组细胞能按正常的程序发育成蝌蚪，并成长为与供体核遗传表型相同的成体(图 4－28)。这项研究表明两栖类动物已分化的二倍体体细胞的遗传修饰可被逆转,而回复到全能性。虽然克隆非洲爪蟾的成功率极低(只有 1%重组细胞发育为成熟的蛙),但它是世界上第一例真正的体细胞核移植克隆动物,它为克隆高等动物提供了一种先导可能性。

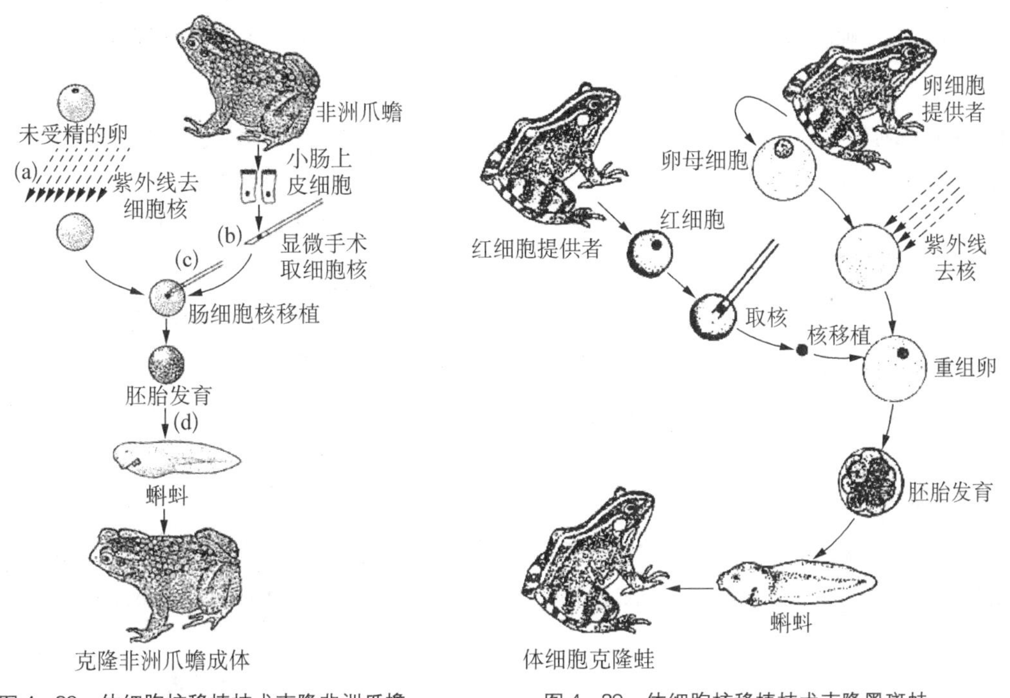

图 4－28　体细胞核移植技术克隆非洲爪蟾　　　图 4－29　体细胞核移植技术克隆黑斑蛙

继格登的两栖类体细胞克隆实验之后,1978 年,我国实验生物学家童第周采用黑斑蛙的红细胞进行了类似的实验。红细胞是高度特化的体细胞,功能专一(通过血红蛋白运输气体),但其核仍然携带有整套基因组。童第周将黑斑蛙的红细胞作为核供体细胞,黑斑蛙的未受精卵作为受体细胞。用显微手术将红细胞核取出,并移植到去核的卵中,核分裂后经发育成黑斑蛙蝌蚪(图 4－29)。童第周的工作证明,两栖类红细胞核在适合的条件下也可发生分化的逆转而全面表达,它不仅进一步证实了格登先前的结果,而且也说明不同的体细胞具有同样的遗传功能。

体细胞核移植技术基本环节主要包括建立细胞系、G_0 期的诱导、卵母细胞去核、细胞融合和激活、重组胚的培养、胚胎移植和体细胞核移植后代的鉴定。

(1) 建立细胞系　从动物的组织、器官或胎儿组织分离所需的组织,用动物组织培养的方法,将所需组织剪成 1 mm^3 的小块或分离成细胞悬液,然后用含血清的培养液培养,进行正常传代和建立稳定的细胞系。

(2) G_0 期的诱导　取细胞系细胞,将其移入低浓度血清的培养液中培养 1～5 d。细胞可以被诱离生长周期,进入 G_0 期。

(3) 卵母细胞去核　卵母细胞的去核目前多采用显微操作法,即用去核针显微镜下吸去减数第2次分裂中期卵母细胞的第二极体及其下面的少量细胞质。

(4) 细胞融合和激活　将作为供体的体细胞核，以显微注射法移入去核的卵母细胞中。用以下方法进行细胞融合和激活卵母细胞质。①后激活：卵母细胞去核后，尽快移入一个供体细胞核，在融合液中培养4～8 h，然后以电脉冲激活；②提前激活：去核后，先激活卵母细胞质，培养4～6 h，再融合为一个细胞；③融合、激活同时完成，使用同一电脉冲刺激两细胞融合，同时也将卵母细胞激活。

(5) 重组胚的培养　①体外培养：一般将重组胚培养在5% CO_2、95%的空气及适宜的温度下，培养到一定时期，进行胚胎移植。②中间受体培养法：细胞核质融合后，用琼脂糖包埋胚胎，移入中间受体。几天后收集桑椹胚或囊胚，进行形态镜检和胚胎移植。

(6) 胚胎移植　将培养的重组胚移植给同种的同期发情的受体动物，胚胎在受体动物中继续发育，直到产出。

(7) 体细胞核移植后代的鉴定　体细胞核移植的后代出生后，不但要从形态、性别上鉴定供体细胞与克隆后代的亲缘关系，还要在分子生物学水平上鉴定(其鉴定方法有PCR技术、Southern杂交鉴定、Northern杂交鉴定等)，以确定后代是否真的来源于供体细胞系。

3. “多莉羊”的克隆过程

“多莉羊”的克隆过程大致分为这几个步骤(图4-30)：

(1) 维尔穆特等人从一只6岁的成年(芬兰多塞特)白面母绵羊(A)体内取出乳腺组织，在无菌条件下用培养液反复清洗，将离心所得细胞置于培养液中培养，6～8天后细胞形成克隆。

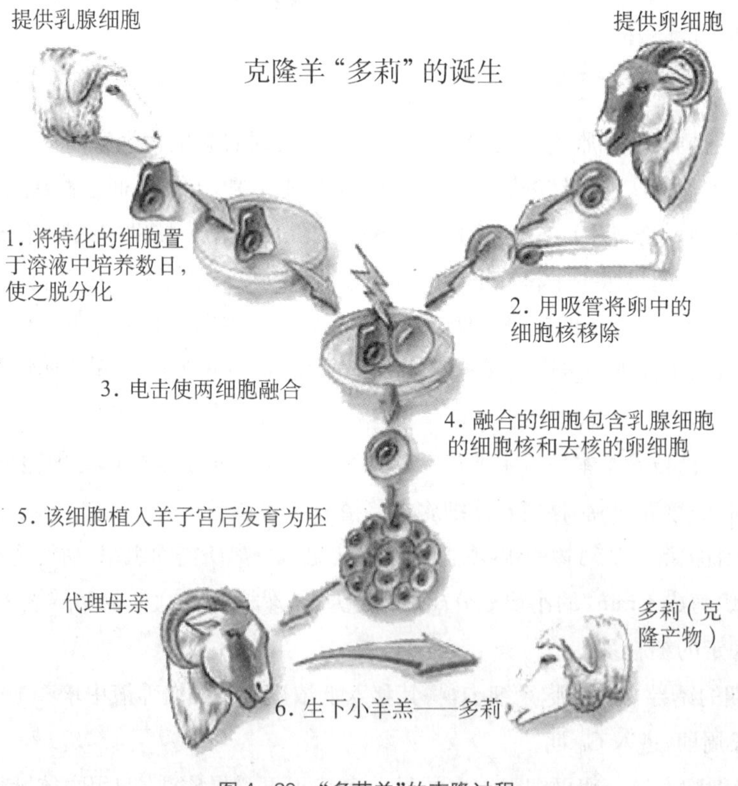

图4-30 “多莉羊”的克隆过程

待细胞长满瓶底表面后，用0.2%胰蛋白酶溶液消化3～5分钟，使乳腺细胞呈单个悬浮状态，洗去消化液后，用培养液稀释3倍后重新接种培养，使之扩增数量。乳腺细胞的染色体模式同其他体细胞一样为$2n$，54条。

(2) 同时，通过在一只(苏格兰)黑面母绵羊(B)体内注射促性腺激素释放激素(GnRH)后28～33 h，从输卵管中收集卵母细胞，用紫外线破坏和去除卵母细胞核。去核后的卵母细胞被收集在培养液中，置于37℃培养待用。

(3) 在将乳腺细胞核移植到去核卵母细胞之前，需对乳腺细胞进行重处理，即诱导在培养液中正处于活跃状态之中的乳腺细胞进入细胞周期之外的G_0期。G_0期是脱离细胞生长周期之外的一个“休眠期”，将所有乳腺细胞诱导进入G_0期，目的使随后被移植的乳腺细胞核能在重组的卵母细胞中从生长周期零点开始启动，同时使乳腺细胞核内的所有基因有可能被激活。诱导乳腺细胞进入G_0期方法是降低培养液中血清的浓度。血清是体外细胞生长的必需因子，它含有丰富的生长激素、多肽生长因子、结合蛋白、黏附蛋白及各种调节因子，在一般情况下，体外培养细胞都需要补加10%的血清，才能促进和保持细胞的正常生长与分裂。维尔穆特等人将培养液的血清浓度从10%降低到0.5%，乳腺细胞在这种低浓度血清的培养液中培养5天后，所有乳腺细胞都被阻止在G_0期。

知识窗

乳腺细胞

乳腺是哺乳动物特化的组织，在正常情况下表现出泌乳的特异表达功能。乳腺细胞在受孕前处于静止状态；受孕后在孕酮刺激下大量增生，代谢活跃；断乳后，腺体又逐渐恢复成静止状态。乳腺细胞的这种具有明显的静止-活跃周期性变化，使得这种细胞比较容易被诱导进入G_0期，也比较容易被激活。

作为“多莉”羊核供体的6岁芬兰多塞特白面母绵羊的乳腺上皮细胞是取自该母羊妊娠最后三个月期间的乳腺，这时腺体细胞大量增生，处于一种生长活跃状态。

(4) 采用电击法使处于G_0期的乳腺细胞与去核的卵母细胞融合，形成重组细胞，重组细胞在羊输卵管培养。

(5) 6天后，将已发育至胚泡期的胚胎移植到另一头黑面母绵羊(C)的子宫中，使之进一步发育直至分娩。在移入子宫的60天内，采用超声扫描监测妊娠情况，60天后每隔两周监测一次。多莉羊整个妊娠期为143天，出生重量为6.6 kg，符合绵羊正常的妊娠期(150天)和出生重量。

知识窗

细胞周期

细胞周期：指细胞一次分裂结束时起，到下一次分裂终了所经历的过程。现在公认细胞

周期由四个阶段组成：G_1 期、S 期、G_2 期，M 期

G_1 期：从上一次有丝分裂完成到 DNA 复制之前的这段间隙时期。G_1 期主要发生 RNA 合成、蛋白质翻译、组蛋白的 mRNA 合成等过程。

S 期：为 DNA 的复制、蛋白质合成时期。

G_2 期：从 DNA 复制完成到有丝分裂开始这段间隙时期。

M 期：从细胞分裂开始到结束，即从染色体的凝缩、分离到平均分配到两个子细胞为止。

哺乳动物子细胞的细胞周期类型：

第一类：细胞继续保持分裂能力，再进入细胞周期进行分裂.

第二类：细胞永久失去分裂能力，如神经细胞等。

第三类：细胞是静止细胞，静止细胞处于休眠状态，它们不能合成 DNA 或进行分裂，但在给予适当的刺激后，可以重新进入细胞周期进行分裂，这类细胞称为 G_0 期细胞，如肝细胞、唾液腺细胞等。

图 4－31 “多莉羊”和她的代理母亲

综上所述，A 绵羊提供（乳腺细胞的）细胞核；B 绵羊提供无细胞核的卵；C 绵羊起着代理“母亲”的角色（图 4－31）。

由于“多莉”羊体内染色体完全来源于乳腺细胞核内的染色体，因此在基因信息、性状表达上几乎均与提供细胞核的那只母绵羊完全相似，是其全息复制品。

维尔穆特研究小组共使用了 277 个成年乳腺细胞核移植卵子，最后仅产生“多莉”一只绵羊，显然克隆羔羊的成功率是很低的。

4. 体细胞克隆动物的进展

自从 1997 年第一只克隆绵羊“多莉”诞生以来，科学家目前已经成功克隆出多种哺乳动物：1998 年，日本科学家用子宫和输卵管细胞成功克隆牛；1998 年，美国夏威夷大学科学家成功用卵丘细胞进行了小鼠的克隆、克隆再克隆；1998 年，新西兰成功地克隆了奶牛并克隆了世界上濒临灭绝的新西兰短角牛；1999 年，我国扬州大学与中科院发育所合作，用携带外源基因的体细胞克隆出转基因的山羊；2000 年，我国西北农业大学用体细胞克隆出山羊；2000 年，美国科学家采用原核互换的两步核移植的方法获世界首例克隆猪；2002 年，世界上第一只克隆猫在美国诞生；2002 年，中国科学院动物所与山东曹县合作，自主完成了我国首批成年体细胞克隆牛群体；2002 年，世界上第一只克隆兔在法国诞生；2003 年，世界上第一匹克隆马在美国诞生；2003 年，世界上第一匹克隆骡子在美国诞生；2003 年，中法研究小组首次在世界上成功克隆出大鼠；2005 年，世界首例克隆狗在韩国诞生；2005 年，中国农大首次用胎儿成纤维细胞克隆猪成功；2007 年，中国农科院胎儿成纤维细胞克隆兔成功。

图 4-32　世界首例克隆狗与“爸爸”

图 4-33　世界首例克隆猫和“代理妈妈”

图 4-34　世界首例克隆马和“代理妈妈”

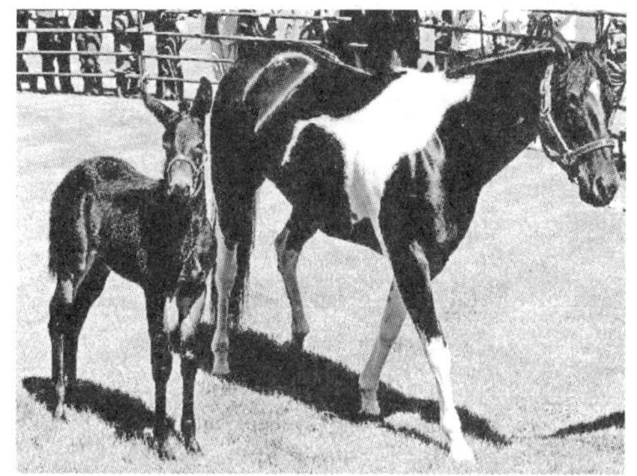

图 4-35　世界首例克隆骡子和“代理妈妈”

图 4-36　世界首例克隆大鼠

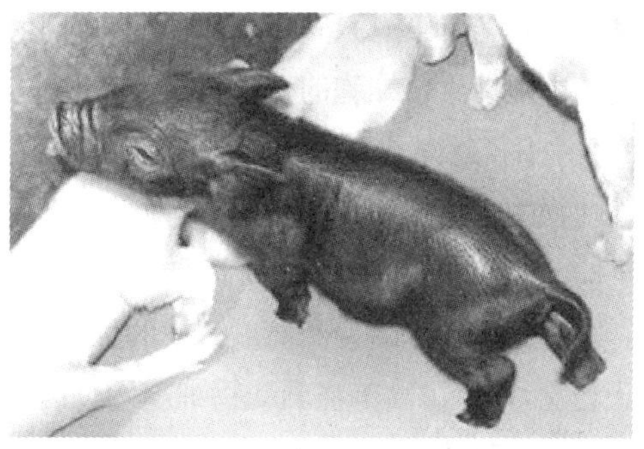

图 4-37　我国第一头体细胞克隆黑色小香猪

图 4-38　我国第一头克隆兔和“代理妈妈”

图 4-39　我国首例双胞胎克隆牛

目前，克隆哺乳动物所用的供体细胞主要是来自于动物的胎儿成纤维细胞、乳腺细胞、卵丘细胞、输卵管/子宫上皮细胞、肌肉细胞和耳部皮肤细胞。

5. 胚胎细胞与体细胞克隆的区别

那么利用胚胎细胞与体细胞克隆彼此之间有什么区别呢？利用胚胎细胞克隆（包括胚胎切割、胚胎细胞核移植）的动物来自于同一受精卵，供体细胞都是来自早期未分化的胚胎细胞，这些细胞本身就有发育成完全个体的全能性，彼此间相当于“多胞胎”。尽管它们在基因组成、性状表达上完全相似，但都具有双亲的遗传特性。

体细胞克隆的动物由于其遗传物质仅来自于供体细胞，因此其基因组成、性状表达就完全与提供细胞核的那个动物相似。因此，它与从胚胎细胞核移植发育而来的克隆动物具有本质上的差别。由于体细胞是一种已高度分化的细胞，显然，体细胞克隆的难度远远超过用胚胎细胞的克隆动物。

在生产实践中，体细胞核移植比胚胎细胞核移植更具有实际意义。第一，胚胎细胞的来源非常有限，且操作复杂；而体细胞的来源相对来说则是无限的；第二，早期胚胎还没有表现出性状，将胚胎细胞核移植技术应用于家畜育种实践无疑具有一定的风险性；而成体动物已经表现出性状，可以选择表现型最好的个体进行体细胞核移植，来大量克隆优秀个体。

三、“多莉羊”体细胞克隆技术的价值

（一）理论价值

1. 打破了高等哺乳动物的自然繁殖规律

“多莉羊”是第一只利用成年动物体细胞核经过无性繁殖方式获得的哺乳动物，它的诞生没有经过两性生殖细胞的受精过程，意味着人类可以利用高等动物体细胞大量生产出完全相同的生命体，突破了千古不变的自然繁殖规律。从理论上讲，“多莉羊”的诞生意味着人类可以利用动物的一个组织细胞，像翻录磁带或复印文件一样，大量生产完全相同的生命体。

2. 揭示了高等哺乳动物体细胞发育的全能性

“多莉羊”的克隆说明高度分化的体细胞经过一定手段处理后，也可回复到受精卵时期的合子功能，揭示了高等哺乳动物细胞发育的可塑性。在生物进化过程中，高等哺乳动物的细胞分化达到最高限度。在细胞发育和分化过程中，由于基因的差异表达，导致了各种细胞器功能和表型的不同。过去认为，高等哺乳动物高度分化了的体细胞具有不可逆性，即所有体细胞已不可逆转地失去了整套基因组表达的全能性。“多莉羊”的诞生冲击了这个理论，它向人们证实：高等哺乳动物高度分化的体细胞，在卵胞质中可以去分化，并重新编程而恢复全能性，让生命退回到原点，再重新发育。高等哺乳动物体细胞发育的全能性为了解细胞发育的潜能性，细胞核和细胞质之间相互关系，胚胎发生死亡及其调控研究提供了新视角，对揭示生命科学重大基础理论问题具有重要的科学意义。

（二）应用价值

生物工程技术革命是当代科学技术革命的中心和热点之一，以克隆绵羊“多莉”为代表的无性繁殖技术成功是生物工程技术发展史上的一个里程碑。克隆技术应用前景主要体现在

这几方面：

1. 动物制药

利用转基因动物生产人类急需的药物是遗传工程的一大成就，由于转基因动物通过正常有性繁殖时可能会因减数分裂，在所形成的精子中有一半未携带导入的外源基因，而克隆技术与转基因技术的融合则可解决这一难题。

例如，英国 PPL 制药公司是一家利用转基因技术在动物体内生产药物的制药公司，主要是制造转基因绵羊，生产临床药用蛋白。PPL 公司资助罗斯林研究所的“多莉羊”实验，开始主要是为了提高转基因的效率。罗斯林研究所研究的第一代转基因羊每天产出的半升奶中含有 10 克 AAT(抗胰蛋白酶)的人体蛋白，而使用常规的微生物发酵法，光一套设备就要投资 2 500 美元，每月的产量不过 2～3 g，一只转基因羊一天的产量就抵得上一家大型生物制药厂生产一个月。在国际市场上，1 gAAT 人体蛋白最少售价 10 万美元。但是，单纯通过转基因羊遗传会发生分离，PPL 公司通过有性繁殖育出的第二代转基因羊奶中的表达量就只有 2～3 g/L，而利用体细胞克隆技术，不仅可以固定优良的转基因性状，而且能迅速地大量复制羊群，这便是需要克隆“多莉羊”的动因。

结合转基因技术制备动物生物反应器这是当今动物克隆技术最重要的应用方向之一，即高附加值转基因克隆动物的研究开发。将转基因技术与体细胞克隆技术有机结合，以动物体细胞为受体，将药用蛋白基因以 DNA 转染的方式导入能进行传代培养的动物体细胞内，再以这些携带目的基因的体细胞为核供体进行动物克隆。在“多莉羊”出生 5 个月后，维尔穆勒研究小组又用胚胎细胞为核供体，获得了表达治疗人血友病的凝血因子 IX 的转基因克隆绵羊“波利”，同年年底又在《Science》杂志上发表了用转染的胚胎成纤维细胞获得 6 头转基因克隆绵羊，目前它们能高水平地表达人凝血因子 IX，开创了转基因克隆动物技术研究的先河，为转基因动物的制作显示了技术的可能性，这是基因工程药物发展的第三阶段。第一阶段的细菌基因工程有两大缺陷，即人类的基因导入其中后往往不能表达，或表达了但无生物活性，需要后加工即糖基化、羧基化以后才有活性。第二阶段以哺乳动物细胞为工程细胞，该法能解决上述的表达和加工修饰问题，基因产物有生物活性，但成本十分昂贵，每生产 1 g 药用蛋白约需 800～5 000 美元。而用乳腺生物反应器生产药用蛋白，每 1 g 的成本只要 5 美分。目前，用动物生物反应器生产的药用蛋白已有 15 种，其中有在血液中表达人血红蛋白的转基因猪，有乳汁中表达 α 抗胰蛋白酶的转基因绵羊，还有乳汁中表达人抗凝血酶 III、人组织纤溶酶原激活剂的转基因山羊，在乳汁中表达人乳铁蛋白的转基因牛等，每个品种的年收益都在数亿美元以上。可以预言，在今后的制药工业中，动物生物反应器将占有非常重要的地位，成为生物工程产业大军。

2. 家畜良种繁育

家畜克隆能加速畜牧业的发展，改良家畜品种。传统的动物育种方法费时、费力、效率低，育成一个品种一般需要几十年。有性繁殖子代虽然包含父母双方的遗传基因，但上一代的优秀基因不可能在子代中充分表达。另外，有性繁殖母畜的繁殖力是有限的，要完整地保持其优秀性状，并增加个体数量，无性繁殖的克隆技术是当前唯一的理想方法。例如，一头高产奶牛，正常情况下通过有性繁殖其后代不仅数量是有限的，而且性状不纯，即不能保证是高产母牛。一般说来，要培育出一个纯度达98%的品系需要进行20代的近亲间交配，这就意味着需要100年的时间。而且，长时间的近亲交配会导致动物生育能力的明显降低。体细胞克隆的动物由于接受的是供体细胞核的全部遗传物质，因此在性状上与其供体完全一致，利用克隆技术就可以更多更快地繁育包括家畜、家禽和鱼类在内的各种经济动物良种。例如，通过转染的方法先将目标基因导入家畜体细胞，再利用克隆技术使携带目标基因的家畜迅速扩群。

3. 濒危珍稀物种的保存

目前濒危珍稀物种面临的主要问题之一是繁殖能力低下，由于繁殖力低，种群数量就难以增长，而克隆技术通过动物的体细胞进行无性繁殖，可克服濒危珍稀物种在自然条件下交配成功率低的问题。例如，大熊猫的繁殖存在着交配率低、受孕率低、幼仔存活率低三大难关。研究显示，雌性大熊猫发情期虽长，但排卵期却只有1～3天，在人工饲养条件下进入繁殖期的雌性大熊猫一般都能按季发情，但雄性大熊猫却寥寥无几；大熊猫一年只怀孕一次，每次产仔1～2只；刚出生的大熊猫幼仔，体重约100克，双目紧闭，皮肤上只有稀疏的胎毛且机体发育尚未完全，导致幼仔很难成活。为拯救熊猫等稀有动物，我国已启动了相关研究课题。1999年，我国科学家将成年大熊猫体细胞作为供体细胞的核移植到日本大耳白兔去核卵母细胞中，成功地构建异种重构胚，体外培养至胚泡，染色体分析和DNA检测均表明重构胚泡的细胞核来自大熊猫。之后，分别将重构胚移植到寄母猫和黑熊子宫，分别获得了着床的重大进展，不仅异种重构胚能够在异种寄母子宫中着床，而且还能发育，这说明体细胞克隆技术有可能成为保护和拯救濒危动物的一条新途径。

我国是动物遗传资源大国，拥有包括金丝猴、东北虎、大鲵（娃娃鱼）、扬子鳄、白鳍豚、大熊猫等在内的一大批珍稀野生动物资源。利用胚胎分割、体细胞核移植和干细胞培养，可以直接克隆动物；胚胎嵌合、异种克隆可以利用异种动物来繁殖珍稀濒危动物。

4. 器官克隆

人体器官克隆是得到国际科学界鼓励的研究方向，哺乳动物克隆的成功使培育出为人类器官移植提供器官来源的特殊动物品种成为可能，甚至直接利用干细胞克隆技术“生产”出人体的心脏、肝脏、乳房、耳朵等器官或组织，供临床器官移植所用。

目前科学界把克隆应用范围分为生殖性克隆与治疗性克隆两种。生殖性克隆即通常所说的克隆人，由于它在总体上违背了生命伦理原则，多数科学家、国际人类基因组伦理委员会和大多数国家都明确表示反对。治疗性克隆是利用胚胎干细胞克隆人体器官，供医学研究、解决器官移植供体不足问题。但用于治疗性克隆的胚胎不能超过妊娠14天这一界限。科学家们指出，应把克隆人与治疗性克隆区分开来，后者通过干细胞研究、人体组织器官培养，在医疗上具有巨大的应用潜力。治疗性克隆是核移植技术的潜在应用，依赖于核移植技术和胚胎干细胞分离技术的结合。首先，要进行体细胞的核移植技术并培育到胚泡期，然后，从这个胚泡分离出类干细胞，再经过特殊的诱导将类干细胞培育成不同的细胞、组织和器官（图4-40）。这样，就能为需要的病人提供没有排斥反应的细胞、组织和器官。目前，这一技术已经显示出巨大潜力。

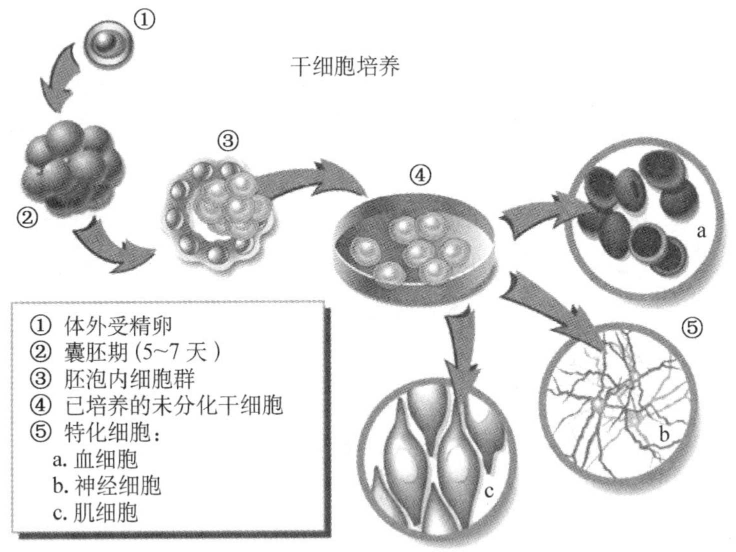

图4－40　治疗性克隆

5. 构建实验动物模型

克隆动物本身就是最理想的实验动物。首先,克隆动物由于它遗传背景相互一致,使实验中的遗传变异降低为0,可以基本上消除动物实验中的个体差异,减少实验误差;其次,由于克隆动物比随机育种动物性状一致,实验中仅需要很少数目的动物就可以达到很高的统计学可靠性;再则,遗传上完全相同的克隆动物群的出现,真正有可能研究基因型与不同实验处理之间的相互作用。在科学研究中,科学家已培育出一些用于特定目的的实验动物品种和品系。如近交系动物、无特定病原体动物、基因敲除动物等,利用体细胞克隆技术就可有效扩大种群。

知识窗

干　细　胞

- 什么是干细胞?

干细胞是指尚未分化的细胞,存在于早期胚胎、骨髓、脐带、胎盘和部分成年人组织中,胚胎干细胞是美国科学家于1988年首先从胚胎中分离出来。干细胞具有自我复制和高度繁殖能力,通过体外培养,干细胞可以被定向诱导出人体所有种类的组织细胞,借此克隆出人体的各种组织和器官。按分化能力的大小,干细胞可分为全能型和专门型。

全能型干细胞:具有形成完整个体的分化潜能。胚胎干细胞就属此类,可以无限增殖并分化成为全身200多种细胞类型,并可以进一步形成人体任何组织或器官。

专门型干细胞:只能向一种类型或密切相关的两种类型细胞分化,如骨髓干细胞等。

在上述两类干细胞中,利用前景最广阔的是分化能力最强的全能干细胞。利用全能干细胞,可在体外培育出不同的组织细胞甚至器官供移植用,将为癌症、糖尿病、早老性痴呆症、帕金森氏症和脊髓受损等多种疾病患者的治疗带来希望。

● 胚胎干细胞如何获得？

全能型干细胞目前只能通过人类胚胎获取。使用最普遍的是冷冻胚胎，即不育治疗诊所多余的或废弃的胚胎；第二种是新胚胎，即受精发育的胚胎；第三种是克隆胚胎，即用人类体细胞克隆的胚胎。

胚胎干细胞(embryonic stem cell, ES)是具有形成所有成年细胞类型潜力的全能干细胞。科学家们一直试图诱导各种干细胞定向分化为特定的组织类型，来替代那些受损的体内组织。1998年，美国威斯康星大学的科学家在《Science》杂志上报告说，已成功地使人类ES细胞在体外生长和增殖，而体细胞克隆技术为生产患者自身的ES细胞提供了可能。

把患者体细胞移植到去核卵母细胞中形成重组胚，把重组胚体外培养到胚泡，大小约为针尖的细胞球。第6天，胚泡内部的细胞群开始形成，其中含有适合研究用的干细胞。从胚泡中分离出ES细胞，获得的ES细胞使之定向分化为所需的特定细胞类型(如神经细胞，肌肉细胞和血细胞)，用于替代疗法。这种核移植法的最终目的是用于干细胞治疗，而非得到克隆个体，故称之为“治疗性克隆”。

四、关于克隆人问题的争论

克隆人是一个潜在的社会问题，它所触及的问题波及伦理观念、家庭婚姻、法律等诸多方面，与现行的人类社会准则发生多方面的冲突，因此围绕克隆人的争论是必然的。

(一) 支持克隆人的观点

1. 一部分从事生殖、克隆技术的科学家认为，将克隆技术应用于人类繁殖上，可以使许多由于诸多原因不能产生生殖细胞而导致不孕症的患者实现做父母的愿望；使那些痛失骨肉的亲人重温天伦之乐，如再造一个在交通事故中不幸丧生的孩子；再造一个与患上不治之症子女完全一样的健康子女；若夫妇中一个患有严重的显性基因疾病，另一个则是健康的，他们想要自己的孩子，不愿意用供体卵子或供体精子，也不愿意领养别人的孩子，这样，克隆便成了他们的一个适宜的选择以避免遗传疾病的危险；为许许多多不治之症找到新的治疗方案……

2. 克隆人毕竟是少数，不会对人类的基因库产生影响，因此不存在影响人类生存的问题，也不存在人类丧失个性的问题。例如，通过正常有性繁殖途径出生的同卵双胎有相同的基因，也没有因此丧失个性。克隆人不会出现“千人一面”现象。因为人有自然性和社会性两重性质，而后者更加重要。克隆人也不例外，他也是十月怀胎出生的，从发育到成长都要受到其所处的生理环境和社会环境的影响。

3. 科学是为人类谋福利的，其发展不应该受到任何限制，只有科学应用才应该慎重。伦理问题不应成为反对克隆人研究的理由，伦理是可以随着科学的进步而改变的。有人以试管婴儿为例，认为反对克隆人的很多观点，与当年反对试管婴儿的理由非常类似。例如当时人们曾担心，试管婴儿可能会有无法预料的遗传疾病，科学家用人工方式让不育夫妇生儿育女，最终可能自食苦果；由此诞生的下一代不可避免地会为自己的出身而“羞”；试管婴儿会动摇人类文明的最基本结构，包括婚姻、家庭、关于性和爱的观念，甚至人之所以为人本身等等。然而，试管婴儿1978年以来的发展历史已回答了这些问题。因此，他们认为人们对克隆技术应用于人类繁殖的看法，也会随时间而改变，一些今天看起来稀奇古怪的技术，将来也许会变得平常，根本用不着去辨它个是非。

（二）反对克隆人的观点

“多莉羊”克隆技术在理论上的巨大突破和潜在的广泛应用前景，使得人们在惊喜科学技术取得重大突破的同时，也对利用克隆技术克隆人的可能性及由此引发一系列社会的、法律的和伦理道德问题产生担忧和惊恐，为此一些国家的政府首脑、各种机构和组织也都纷纷发表声明或讲话，表示强烈反对进行“克隆人”的实验研究；而一些国家通过制定相应的法规来规范克隆技术研究和应用的范围，依此来促进克隆技术的发展，使这种技术造福于人类。世界卫生组织1997年发表声明：世界卫生组织禁止利用“克隆选择”进行人类无性繁殖试验。欧洲德国、西班牙等19国于1998年1月12日在禁止克隆人的协议书上签字。1997年，我国卫生部公开提出“四不”原则：“对克隆人的研究……不赞成、不支持、不允许、不接受”，但是赞成以治疗和预防为目的的人类胚胎干细胞的研究。

反对克隆人的观点主要基于以下的担忧：

1. 目前的克隆技术尚不能保证“克隆人”的安全性

目前，虽然已能利用体细胞克隆技术复制出包括“多莉羊”、老鼠、牛等多种哺乳动物，但距离克隆人还具有相当长的时间，因为从技术角度而言其主要原因是目前的克隆技术尚不能保证“克隆”的安全性。

据统计，克隆动物的失败率非常高，98%的克隆胚胎在怀孕时就会被淘汰，例如“多莉羊”本身就是利用277个重组细胞后唯一的硕果，成功率只有0.36%。仅从体细胞克隆的胚泡移入子宫算起，所有克隆动物的克隆效率也都在6%以下。克隆动物还可能出现流产、早产、死胎、畸形等不良结果等等，如克隆出来的动物呼吸不通畅是非常普遍的症状，另外还有心脏及循环问题，后两者通常是导致克隆动物在出生之前就夭折的直接原因。

克隆动物出现的问题，主要是由于基因的表观修饰出了问题。对于体细胞这样高度分化的细胞，如何能重编程到像早期胚胎细胞那样发育的全能性，这种机理目前尚不清楚。克隆动物出现的问题，就是这种重编程过程出现的问题。此外，克隆动物是否会记住供体细胞的年龄、克隆动物的连续后代是否会累积突变基因以及在克隆过程中胞质线粒体所起的遗传作用等问题还没有解决。因此，用目前尚不能保证100%安全性的克隆技术来克隆人，那么，在创造出一个健康的“克隆人”之前，科学家们可能会先造出成百上千的畸形儿，这种高风险如果发生在人体身上则无疑是一场悲剧。

尽管从目前的技术上还不具备克隆人的可能性，但从理论上讲不存在不可逾越的障碍，因为绵羊和人类都是哺乳动物，有许多共性的地方，况且凭着人类的聪明才智，既然能克隆出“多莉羊”，肯定也能使目前的克隆技术更加趋于完善。正是基于这一点，人们对克隆人的担忧是必然的。

2. “克隆人”的生育模式将打破传统的生育模式

当今，传统的两性生育模式无疑仍将占主导地位。在某些特殊情况下，如对于患有遗传性疾病、先天性疾病和癌症易感家族以及在含有高剂量致突变物、致癌物和致畸物环境中工作和生活的人群，采用人工授精、胚胎移植或体外孕育等生育模式作为补充模式正受到人们的关注。尽管这些补充模式存在许多伦理道德问题，但在特殊情况下被应用还是可以得到理解的。传统生育模式中离不开男性和女性，他(她)们各司其职，提供精子和卵子，现代生殖工程也遵循这种生育模式。克隆人的生育模式则完全不同，它不一定非要男性不可，也不需要精子，只要有体细胞核和卵子的细胞质即可。这样，对于单身女子，可以取出自身某一部位的体细胞的核，移植到自己去核卵中形成重组卵，重组卵再移植到自己的子宫中，即可发生正常的怀孕，发育成胎儿并分娩，导致自己生自己的生育模式。

3. 克隆人对传统婚姻家庭模式的冲击

克隆技术由于打破了传统的生育模式，降低了自然生殖过程在夫妇关系中的重要性，使生育与男女婚姻紧密联系的传统家庭模式将可能发生改变，同性恋组成的“家庭”依然可以通过克隆技术而获得她们(或他们)的后代。

4. 克隆人与人伦关系的冲突

克隆人使人伦关系发生模糊、混乱乃至颠倒。

从遗传学角度看，“多莉羊”没有父母，因为从生物学角度来讲只有提供精子和卵子的两个生物体才是受精卵的父母，而“多莉羊”并未接受这样的精子和卵子。“多莉羊”与提供乳腺细胞核的羊的基因完全一样，是它的复制品，两者身份完全相同。然而它们既不是亲子关系，也不是兄弟姐妹的同伴关系，虽然类似于“一卵多胎同胞”，但又存在代间年龄差，在人伦关系上将难以定位。

从人类学角度来看，黑脸母羊应是“多莉羊”的母亲，因为是它“生下”“多莉羊”的，尽管“多莉”与它基本上无相似之处；而与它相似的白面母羊却没有孕育它，那么谁是“多莉羊”的生母呢？对于“多莉羊”来讲，其父母是谁的问题并不重要，但对于人类来讲，就会涉及一系列的社会问题。

5. 克隆人对现行法律制度的冲击

由于克隆人与被克隆人之间关系的不确定性，可能会导致权利和义务的混乱，法律上的继承关系也将无以定位。例如：提供给克隆人遗传物质的“生物学母亲”与孕育克隆人的“社会学母亲”谁具有抚养“克隆人”的义务和权利？按照现行各国继承法规定，父子或母子之间互为第一顺序继承人，如果某人克隆自己，克隆人与被克隆人的父母子女是否也是同样的关系，即克隆人是否具有第一顺序继承人的主体资格？对这一问题的实际处理会与现行的继承法发生冲突。

我国现行的婚姻法第六条规定：直系血亲和三代以内旁系血亲禁止结婚。如果克隆人与被克隆人以父子或母子相称，那么就会产生这样的情况，即依法与其父禁婚的人却可与其子结婚，或与其子禁婚的人可与其父结婚，这种情况表面上虽不违反我国的婚姻法，但由于克隆人与被克隆人的基因完全相同，就与我国婚姻法的立法本意相悖。

6. 克隆人会导致人类基因库多样性的丧失

从遗传学角度来讲，通过两性生殖细胞结合使父母的遗传基因相混合，有可能使子女在生命质量上超过其父母，而体细胞克隆技术仅是单亲基因的复制，其“后代”的质量根本无法超过供体。如果体细胞克隆技术成为一种辅助生殖技术广泛应用，就有可能导致人类基因库多样性的丧失，对人类的进化是不利的。因为在自然界，有性生殖增加了物种变异的可能性，这种变异在群体中大大地增加，从而可增强物种的竞争力和适应力，这是生物进化非常重要的原因之一。生物需要多样性，人类同样需要多样性，如果人类都优生成为理想之人，很可能一种怪病毒就足以使人类遭到灭顶之灾。

7. 克隆人还可能造成人类的性别比例失调

人类在自然生育中性别比例基本上保持1∶1，这是携带X染色体的精子和携带Y染色体的精子与只携带X染色体的卵子有同等机会相结合之故。克隆技术使来源于男子体细胞核的胚胎发育成男孩，来源于女子体细胞的胚胎发育成女孩，无需进行性别鉴定便可知是男是女。因此，如果在一个有性别偏向观念的区域或国家，由于克隆人技术的应用，很容易使人口性别比例发生失调和偏差，特别在比较落后的国家和农村地区，性别比例失调将会导致严重社会问题和道德伦理问题。

知识窗

生命伦理的四大基本原则

行善原则：生命科学要为人类造福，增进人类健康和幸福；

自主原则：尊重人的尊严、价值，尊重实验对象，必须取得他们自愿、自行的同意，必须要有书面的同意；

不伤害原则：一种研究不能对实验人群、实验者造成伤害；

公正原则：包括资源分配的公正、利益分享的公正和风险承担的公正。

本章思考题

1. 简述人类生殖的基本过程。

2. 从受精和着床角度，你认为采取哪些措施可达到避孕之目的？

3. 2003年我国卫生部颁布的《人类辅助生殖技术规范》中，禁止实施以治疗不孕为目的的人卵胞浆移植，请运用生物学知识解释这项禁止的依据。

4. 你对试管婴儿技术在人类生殖上的应用是如何评价的？

5. 在农业生产上利用植物体的局部器官进行扦插或栽种是一种很常规的繁殖技术，而采用非克隆技术则不能将高等动物的器官繁殖成一个完整个体，造成这种差异性的主要原因是什么？

6. 利用胚胎细胞克隆与体细胞克隆的后代从遗传学角度分析有何区别？

7. 目前体细胞克隆技术中，接纳体细胞核的受体细胞必须是卵子，为什么？

8. 何谓干细胞？何谓生殖性克隆与治疗性克隆？

9. 你对将体细胞克隆技术应用于人类作如何评价?

10. 假设将来有一天克隆技术的发展果真具备了克隆人的可能性,那么,一个克隆的爱迪生仍然会是一个大发明家吗?克隆的贝多芬会不会在酒吧演奏摇滚曲?克隆的希特勒会不会发动一场新的世界大战?为什么?

第五章　人类生存环境的可持续发展

20 世纪，是人类社会有史以来创建最多、破坏最大、损失最重的一个世纪。在过去的近百年中，人类在“征服”自然、改造环境取得空前辉煌胜利和巨大物质、精神财富的同时，也遭到了严酷的惩罚和报复：全球淡水、能源和森林资源急剧减少；水土流失和沙漠化面积不断扩大；大气污染和生态环境日趋恶化；生物物种大量灭绝或濒于灭绝……所有这一切，都给人类社会的生存与发展造成日益严重的威胁。

地球，作为人类和万物目前唯一的栖息地，是人类目前唯一能依赖的生命支持系统，它与人类的关系如皮之于毛，皮之不存，毛将焉附。

第一节　人类生存环境

环境是人类生存和活动的场所。人类为满足生活和生产活动的需求，一方面向环境索取自然资源和能源，一方面又将生活和生产过程中产生的废物排放到环境中去。因此，环境既要向人类提供足够的生存空间、物质资源和能源，又要接收、容纳并消化人类活动产生的各种废物。

一、自然环境

环境有自然环境与社会环境之分，自然环境是社会环境的基础，而社会环境又是自然环境的发展。人类是自然的产物，而人类的活动又影响着自然环境。

（一）自然环境的组成

自然环境是环绕人们周围的各种自然因素的总和，如大气、水、植物、动物、土壤、岩石矿物、太阳辐射等，这些是人类赖以生存的物质基础。通常把这些因素划分为大气圈、水圈、生物圈、土壤圈、岩石圈等五个自然圈。

1. 水生环境和陆生环境

在自然环境中，按生态系统可分为水生环境和陆生环境。水生环境包括海洋、湖泊、河流等水域。水体中的营养物质可以直接溶于水，便于生物吸收；水温变化幅度小于气温变化幅度，生物容易适应；水中的氧和氮的比值大于大气中两者的比值。因此水生环境的变化比陆生环境要缓和与简单，水中生物的进化也缓慢。

水生环境按化学性质分为淡水环境和咸水环境。淡水环境主要是陆地上的河流和湖泊，是目前受人类影响最大的区域，环境质量的改变相当复杂。咸水环境主要指海洋和咸水湖。

海洋中又可分为浅海环境和深海环境，前者，水中营养较丰富、光线较充足，是海洋中生物最多的部分；后者环境范围广大，生物资源不如浅海丰富。

陆生环境范围小于水生环境，但其内部的差异和变化却比水生环境大得多。这种多样性和多变性的条件，促进了陆生生物的发展，生物种属远多于水生生物，并且空间差异很大。若按热量带来分，有热带生物群系、温带生物群系、寒带生物群系；按水分条件来分，有湿润区的生态类型、干燥区的生态类型；按地势来分，有低地区生态类型、高山区生态类型。陆生环境是人类居住地，生活资料和生产资料大多直接取自陆生环境，因此人类对陆生环境的依赖和影响亦大于对水生环境的依赖和影响。

2. 原生环境和次生环境

自然环境按人类对它们的影响程度以及它们目前所保存的结构形态、能量平衡可分为原生环境和次生环境。前者受人类影响较少，那里的物质的交换、迁移和转化，能量、信息的传递和物种的演化，基本上仍按自然界的规律进行，如某些原始森林地区、人迹罕至的荒漠、冻原地区、大洋中心区等都是原生环境。随着人类活动范围的不断扩大，原生环境日趋缩小。次生环境是指在人类活动影响下，其中的物质的交换、迁移和转化，能量、信息的传递等都发生了重大变化的环境，如耕地、种植园、城市、工业区等。人类改造原生环境，使之适应于人类的需要，促进了人类社会的经济文化的发展。但是如果在生产过程中不重视环境中的物质、能量的平衡，就会使次生环境的质量变劣，给人类带来危害。

（二）自然环境的特性

1. 整体性

人类与环境是一个整体，地球的任一部分或任一个系统，都是人类环境的组成部分。各部分之间存在着紧密的相互联系、相互制约的关系。局部地区的环境污染或破坏，总会对其他地区造成影响和危害。所以人类的生存环境及其保护，从整体上看是没有地区界线、省界和国界的。

2. 有限性

自然环境的生态支撑功能，包括资源的持续供给能力、环境的持续自净和容纳能力、自然的持续缓冲能力都是有限的。在人口急剧膨胀、经济飞速发展的今天，自然环境的生态支撑能力受到前所未有的挑战。传统的城市建设和发展观念往往注重经济发展方面，经济发展忽略了自然环境的生态支撑功能的限制以及人类与自然的自觉协调，发展只意味着人类对自然的无限索取。基于自然环境的生态支撑功能有限性，人类经济活动的自我组织和自我调节显得极其重要。只有人类自觉地将自身发展模式由反生态特征向生态特征回归，发展才能得以持续，自然才能得以平衡。

3. 隐显性

日常的环境污染与环境破坏对人类的影响，其后果的显现要有一个过程，需要经过一段时间。尤其是诸多重大生态环境问题是缓慢的累积性灾害现象，通过食物链的转移，其危害呈缓发性和长期性的特点。这类生态环境问题在形成过程中难以及时发现，当问题积累到一定程度时，方被引起注意，一旦问题形成后则难以在短时间内消除。例如20世纪50年代日本汞污染引起的水俣病，是经过20～30余年时间才显现出来的工业废水排放污染造成的公害病。

4. 持续反应性

从存在及影响的时间周期角度，环境问题对人类可产生持续的影响。农药DDT虽然早已停止使用，但在南极冰层底下磷虾体内还可检测到，已进入人体和生物圈的DDT，还要经过几十年才能彻底从生物体中排除出去。历史上黄河流域生态环境的破坏，至今仍给炎黄子孙带来无尽的涝旱灾害；目前我国每年出生有缺陷婴儿约300万，与环境污染不能说没有关系。

5. 灾害放大性

自然环境所引发的问题具有放大效应。环境污染与破坏经过环境的作用以后，其危害性或灾害性，无论从深度和广度都会明显放大。例如，毁坏上游植被，可能造成下游地区的水、旱、虫灾害；燃烧释放出来的SO_2、CO_2等气体，不仅造成局部地区空气污染，还可能造成酸沉降、大片森林被毁、大量湖泊不宜鱼类生存，或因温室效应，使全球气温升高，影响生态系统和人类社会的生存。从自然环境所具有的社会经济意义角度看，全球生态环境问题影响到国家发展，已成为一些国家建立世界新秩序和构筑未来世界格局中的重要筹码，具有长远和深刻的战略意义。由于一些自然资源以及生态环境问题是跨国界的，为了争夺资源和国家利益，国家之间的冲突有可能明显增加。世界观察研究所在1997年10月发表的报告认为：生态环境问题将成为21世纪战争的根源。美国国务院于1996年、1997年两次宣布将环境问题融入美国外交的主渠道。以上例子足以说明，自然环境的问题对人类社会的影响是巨大的、即时的和深远的。

历史的经验证明，人类社会的发展，如果不违背环境的功能和特性，遵循客观的自然规律，那么人类就受益于自然界，人口、经济、社会和环境就协调发展；相反，如果环境质量恶化，生态环境破坏，自然资源枯竭，人类必然受到自然界的惩罚。具有高度智能的人类，是干扰和调控环境的一个重要因素。人类在向环境索取时是以人为本，但是在环境保护时应以自然为本。以自然为本意味着，人类尊重自然不仅仅是出于一种功利，更是出于把它上升为一种道德的义务，只有这样，人类才能真正达到与自然可持续地和谐发展。人类生存环境的可持续发展要以既满足现代人的需求又以不损害后代人需求为目标，即既要达到发展经济的目的，又要保护好人类赖以生存的大气、淡水、海洋、土地和森林等自然资源和环境，使子孙后代能够永续发展和安居乐业。

二、自然资源

自然资源是指在一定技术经济条件下自然界中能为人类所利用的一切物质，如土壤、水、草场、森林、野生动植物、矿物、阳光、空气等等，它们是自然环境的组成部分。

（一）自然资源的种类

自然资源按属性划分为土地资源、水资源、气候资源、生物资源、矿产资源等；若按数量多少可分为有限资源和无限资源；等等。

1. 有限资源

有限资源是指总体数量有限的资源，有限资源又可分为可再生资源和不可再生资源。

（1）可再生资源：人类利用得当、保护合理就能循环再现和不断更新的资源属于可再生资源，如生物资源、水资源、土地资源、气候资源等就属于此类。它们或者能够再生，如野生动植物、森林等；或者能够通过自然或人工循环过程而被补充或更新，如水、土壤等。可再生资源的恢复是以不同的速度进行的，有些较快，有些较慢。例如，自然形成1 cm厚的土壤腐殖质层需要300～600年时间；砍伐森林的自然恢复一般需要数十年至百余年时间；等等。因此，可再生资源的利用速度必须符合它们恢复的速度。当前人类利用可再生资源的速度一般比它们更新的速度要快，以致造成可再生资源的枯竭，如果不注意保护、任意取用，可再生资源也有可能变成不可再生资源。例如当某种野生动物的生存环境被破坏，其物种数量减少到一定程度后，它就不可能再维持自身的繁衍，只能灭绝，恐龙就是这样从地球上消失的。所以，对于可再生资源应该注意保护和合理利用。

（2）不可再生资源：不可再生资源是指储量有限，能被用尽的资源。不可再生资源的形成极其缓慢，需具备一定条件才能形成，如石油、煤、各种金属矿等。因此，对这种不可再生资源必须合理地综合利用，在利用过程中尽可能减少损耗和浪费。

2. 无限资源

无限资源是指用之不竭的资源，太阳能、潮汐能、风能、海水等就属于这一类。虽然目前没有将它们列入自然保护的范围，但是人类的某些活动可以直接或间接地影响它们。例如，到达地球表面的太阳能的数量和质量，取决于大气状况和它的污染程度。

3. 潜在资源

潜在资源是指尚未被认识，或虽已认识却因技术等条件不具备尚不能被开发利用的资源。从长远看，对潜在资源利用的可能尚未变成现实之前，人类应该对现有潜在资源留有足够的余地，以备将来的人类社会之用。例如，在植物的野生品系中发现的遗传变异可以用做杂交的材料，以培育新的高产抗病的作物品系，这是农业进一步发展的重要条件；许多野生动植物的潜在药用、工业和科研价值，可能对未来人类的生存和发展产生重大影响。

（二）自然资源的基本特性

各种自然资源都有其自身的特性，就整体而言它们具有许多共性的方面。

1. 可用性

自然资源是社会物质财富的源泉，是社会生产过程中不可缺少的物质要素，是人类生存的自然基础。自然资源通常具有多种用途，也就是多功能性，自然资源的可用性与稀缺性有极密切的关系。

2. 整体性

各种自然资源不是孤立存在的，而是相互联系、相互影响、相互制约的复杂系统。例如，在热带地区，水热资源的各种组合形成了从湿热到干热的各种气候资源，在各种气候资源的作用下又发育了与之相应的各种土壤资源和生物资源，如热带雨林、热带草原等等。自然界中一种因素发生变化会引起整个环境发生变化，以致破坏某些自然资源存在的条件。例如，森林的过度砍伐会改变当地的气候和水文条件，影响其他物种的生存；草地过度放牧，会造成土地沙化，使草场资源退化等等。

3. 地域差异性

自然资源在地球上不是均匀分布的，而是呈现明显的地域差异。就生物资源来说，由于自然条件的复杂性和差异性，加之物种起源和人类活动长期干扰等历史原因，呈现出明显的地带性。如世界野生动植物种类主要集中在热带及亚热带地区；中国的森林资源主要分布在年平均降水量大于400 mm的地区；草地资源主要分布在北部、西部年平均降水量少于400 mm的地区。

自然资源地域差异性的另一种表现则是国家间的差异。由于发达国家在发展初期大都严重地破坏了自身的自然资源，所以自然资源相对贫乏，而发展中国家自然资源则显得十分丰富。因此，有人预测在未来世界会出现激烈的自然资源争夺战，而实际上这种争夺战的端倪已经出现。

4. 动态性

各种自然资源都有随时间变化而变化的特性，变化的快慢和幅度各不相同并与自身及所处环境密切相关。例如，物种种群动态是物种生物学特性和环境因素综合作用的结果，伴随东北红松子产量的大小年，松鼠种群数量也呈现大约每8年一个周期的波动；具有季节迁徙性的候鸟是多个国家的生物资源。掌握资源动态变化规律，有助于人类制定合理的资源保护与利用方案，使资源持续不断地为人类社会的发展服务。

5. 全球性

自然资源就其使用过程中的影响来说，具有很强的全球性。例如一个国家在开发使用石油资源、森林资源时，可能会增加大气中的CO_2从而影响全球气候。相反，如果一个国家保护天然森林，大量植树造林，增加森林资源，减少CO_2排放，对本国乃至全球的生态环境都是一个贡献。自然资源和自然环境具有全球性，这就决定了自然保护应该是全球的行动。从全球来看，发达国家是人均消耗自然资源最多的国家，在此过程中向大气排放大量CO_2等温室气体。他们在消耗自己资源的基础上获得了发展，现在又通过全球经济一体化，利用发展中国家的资源维持其发展。1992年，联合国在巴西里约热内卢召开的"环境与发展大会"，充分反映了自然环境保护需要全人类的共同努力这一共识，同时也指出发达国家有责任和义务在技术和资金上帮助发展中国家发展经济、保护环境。1997年，部分国家在日本京都签署了《京都条约》，该条约提出对缔约国CO_2排放量的限制，中国作为发展中国家也加入了该条约。

环境与资源已成为当今国际社会普遍关注的重大问题。保护生态环境，科学合理地开发利用自然资源，实现可持续发展已成为全人类艰巨而紧迫的任务，为此仍需做出不懈的努力。

第二节 生物多样性

20世纪以来，随着世界人口的持续增长和人类活动范围与强度的不断增加，人类社会遭遇到一系列前所未有的环境问题，这些问题的解决都与生态环境的保护与自然资源的合理利用密切相关。

第二次世界大战以后，国际社会在发展经济的同时开始关注生物资源的保护问题，并且在拯救珍稀濒危物种、防止自然资源的过度利用等方面开展了很多工作。1948年，由联合国和法国政府创建了世界自然保护联盟(International Union for Conservation of Nature and Natural Resources，IUCN)。1961年，世界野生生物基金会建立。1971年，由联合国教科文组织提出了著名的“人与生物圈计划”。1980年，联合国环境规划署(UNEP)、世界自然保护联盟和世界自然基金(WWF)共同制定了《世界自然保护纲要》，注意到了保护和发展之间不可分割的联系，提出了要把自然资源的有效保护与资源的合理利用有机地结合起来的观点，同时强调了“可持续发展”的必要性，对促进世界各国加强生物资源的保护工作起到了极大的推动作用。1987年世界环境与发展委员会的报告《我们共同的未来》，探索了解决人类经济活动与自然资源可持续利用之间矛盾的途径。1992年在巴西召开的联合国环境与发展大会上通过了《生物多样性公约》，该公约成为生物多样性保护及可持续利用过程中具有划时代意义的文件。

20世纪80年代以后，人们在开展自然保护的实践中逐渐认识到，自然界中各个物种之间、生物与周围环境之间都存在着十分密切的联系，因此自然保护仅仅着眼于对物种本身进行保护是远远不够的，往往也是难以取得理想效果的。要拯救珍稀濒危物种，不仅要对所涉及的物种的野生种群进行重点保护，而且还要保护好它们的栖息地。换言之，需要对物种所在的整个生态系统进行有效的保护。在这样的背景下，生物多样性(biological diversity)的概念便应运而生了。

资料窗

世界自然保护联盟

世界自然保护联盟建立于1948年，原名为国际自然与自然资源保护联盟，总部设在瑞士，目前有78个国家会员，112个政府机构会员，735个非政府机构会员和35个准会员。该联盟为联合国教科文组织的A级咨询单位，设有6个委员会：世界保护区委员会；物种幸存委员会；环境、经济和社会政策委员会；生态系统管理委员会；教育与通讯委员会；以及环境法委员会。这些委员会是世界上最大的专家网络，参加专家委员会工作的各国科学家无偿地为自然保护和发展作出贡献，许多中国科学家是委员会或其下属专家组的成员。

IUCN的主要使命是：影响、鼓励和帮助全世界的科学家去保护自然资源的完整性和多样性，包括拯救濒危的植物和动物物种，建立国家公园和自然保护地，评估物种和生态系统的保护现状等。

主要活动和出版物：每三年举行一次大会，组织各委员会开展活动。制定全球保护战略并协助在各国实施；参与各国进行物种多样性保护及自然保护区和国家公园的建设；监督实施国际环境法规；开展保护自然的培训和教育等。出版物有：《IUCN通讯》、《世界自然保护政策》、《红色数据书》、《联合国国家公园和自然保护区名录》以及有关自然保护的书籍等。

1995年经国务院批准，我国成为IUCN正式会员。

IUCN网址：http://www.iucn.org/

一、生物多样性的概念

生物多样性是指生物所有物种及其环境形成的生态复合体以及与此相关的各种生态过程的总和，它把基因、物种和生态系统包含在一个组合之内。因此，生物多样性既是生物之间以及与其生存环境之间复杂的相互关系体现，也是生物资源丰富多彩的标志。

生物多样性是一个内涵十分广泛的重要概念，在理论与实践研究上通常包括三个层次：即遗传多样性、物种多样性、生态系统多样性。

（一）遗传多样性

1. 遗传多样性的内涵

遗传多样性(genetic diversity)是生物多样性的重要组成部分，遗传多样性实质就是基因多样性。

广义的遗传多样性是指地球上所有生物携带的遗传信息总和，它们存在于植物、动物和微生物个体的基因内。任何一个物种或一个生物个体都保存着大量的遗传基因，因此，可被看作是一个基因库。一个物种所包含的基因越丰富，它对环境的适应能力就越强。狭义的遗传多样性主要是指生物种内基因的变化，包括种内显著不同的种群之间以及同一种群内的遗传变异，即物种种内的基因多样性。

2. 遗传多样性的原因

基因的多样性是生命进化和物种分化的基础。在自然界中对于绝大多数有性生殖的物种而言，种群内的个体之间往往没有完全一致的基因型，而种群就是由这些具有不同遗传结构的多个个体组成的。地球上数以百万计生物物种个体之间这种差别来源于生物种内的变异，在生物的长期演化过程中，遗传物质的改变(或突变)是产生遗传多样性的根本原因。遗传物质的突变主要有两种类型，即染色体数目和结构的变化以及基因位点内部核苷酸的变化。前者称为染色体的畸变，后者称为基因突变(或点突变)。

基因重组也可以导致生物产生遗传变异。重组即通过有性生殖过程将群体中不同个体具有的变异进行重新组合，形成新的变异。在有性生殖的生物中，由不同合子发育成的个体不可能有相同的基因型，其根源就在于重组。细胞减数分裂时非同源染色体的独立分配和自由组合是一种基本的重组过程。例如，水稻有 24 条染色体($n=12$)，其非同源染色体分离时的可能组合就有 $2^{12}=4\ 096$ 种。此外，同源染色体内 DNA 顺序(基因)间的交换也是遗传重组的重要部分。例如，以 2 个基因位点来考虑，某群体中的个体分别在不同位点(A 和 B)上各发生一次突变，形成了 AaBB 和 AABb 两类个体，如果这两类个体间相继发生重组，则能形成 4 种基因型(AABB、AABb、AaBB、AaBb)，有新组合出来的基因型。对异体受精的生物来说，绝大部分的基因型变异是多代以来存在于群体内基因的相互分离和重组的结果。例如，当将自花授粉植物的单株后代种在一致条件下时，子代是非常一致的。但同样处理异花授粉植物，其后代的变异就大得多。由于重组过程不仅能产生大量的新变异，而且产生变异的速度要比突变更快，所以，天然群体中变异性的直接来源不是突变，而是重组。

人类在长期进化过程中所驯化、培育的各种饲养动物、栽培作物，其繁多品种拥有丰富的遗传多样性。

3. 遗传多样性的表现

遗传多样性的表现是多层次的，可以表现在外部形态上，如豌豆的花色、西红柿的果色、米粒的颜色和形状；表现在生理代谢上，如植物光合作用的强弱、酶活性的高低；也可以表现在染色体、DNA分子水平上。中国有水稻4万个品种、粟2.5万个品种、大豆2万个品种、玉米1.3万个品种、高粱1万个品种、大麦9千个品种……

地球上生物遗传多样性是大自然赋予人类的宝贵财富，人类迄今只利用了大自然基因库中很小一部分。然而，生物多样性又是一个非常脆弱的资源。当一个物种的个体数量逐渐减少时，其遗传多样性就会随之部分丧失，满足人类需要的能力也会下降。当一个物种被发现濒危的时候，它的遗传多样性便已经大量丧失，该物种存活的可能性已经很小，拯救它使其免于绝灭的行动可能为时已晚。因此，应尽可能多地保护一个物种使其种内有足够多的个体，这样才能最大限度地减少物种基因的丢失。

资料窗

大熊猫的遗传多样性

一个物种的遗传多样性水平高低和其群体遗传结构是长期进化的结果，它将影响其未来的生存和发展。大熊猫野生群体被隔离为30多个小种群，每个小种群不到50只，甚至少于10只。有证据表明，有些分布区的大熊猫群体太小，近交率很高，遗传多样性以每代7.14%的速度减少。根据36种血液同工酶及蛋白质的电泳检测发现，来自8个山系及其配种后代的12只大熊猫，在检测的40个遗传位点上，39个位点均表现为单态（只有一个等位基因），遗传多样性水平极低，而同样实验条件下的17只亚洲黑熊却表现出丰富的多态性。据此推测，在晚更新世气候剧变而导致动物大量死亡以至灭绝时期，大熊猫可能仅有少数个体幸免于难，这种瓶颈效应的打击加之随后不可避免的近亲繁殖造成了大熊猫遗传多样性的贫乏。

（二）物种多样性

1. 物种多样性的内涵

物种多样性(species diversity)是指地球上生物种类的丰富程度。

物种是生物分类的基本单位。在分类学上，确定一个物种必须同时考虑形态的、地理的、遗传学的特征。也就是说，作为一个物种必须同时具备如下条件：(1)具有相对稳定而一致的形态学特征，以便与其他物种相区别；(2)以种群的形式生活在一定的空间内，占据着一定的地理分布区，并在该区域内生存和繁衍后代；(3)每个物种具有特定的遗传基因库。同种的不同个体之间可以互相配对和繁殖后代，不同种的个体之间存在着生殖隔离，不能配育或即使杂交也不能产生有繁殖能力的后代。

2. 物种多样性的客观指标

物种多样性是衡量一定地区生物资源丰富程度的一个客观指标，它包括两个方面。

第一是一定区域内的物种丰富程度，即区域物种多样性。区域物种多样性的测量有三个指标：(1)物种总数，即特定区域内所拥有的特定类群的物种数目；(2)物种密度，指单位面积内的特定类群的物种数目；(3)特有种比例，指在一定区域内某个特定类群特有种占该地区物种总数的比例。

第二是生态学方面物种分布的均匀程度，即生态多样性或群落物种多样性。

（三）生态系统多样性

1. 生态系统多样性的内涵

生态系统多样性(ecosystem diversity)主要是指地球上生态系统组成、功能的多样性以及各种生态过程的多样性，包括生境的多样性、生物群落和生态过程的多样化等多个方面。其中，生境的多样性是生态系统多样性形成的基础，生物群落的多样化可以反映生态系统类型的多样性。

生态系统的多样性与遗传多样性和物种多样性既有联系，又有很大区别。无论是物种多样性还是遗传多样性，都是寓于生态系统多样性之中：物种多样性是构成生态系统多样性的基本单元，而遗传多样性则是物种多样性的基础。因此，生态系统多样性离不开物种的多样性，也离不开不同物种所具有的遗传多样性，要保护物种就必须要保护生态系统，生态系统多样性是维持物种多样性和遗传多样性的保证。而其区别之处不仅在于生命系统的等级性不同，同时也使遗传多样性与物种多样性能够在更高、更复杂的层次中得到整体体现。

生态系统多样性除了包含不同的物种、不同的生物群落，还密切联系于生物存在的生境和生态过程。生态系统多样性的形成，一方面取决于构成各类生态系统的生物群落的千差万别，另一方面也与生态系统存在的环境因子的特异性相关。环境生态因子中，地形、降雨量、气候、土壤等条件的不同对生物群落的外貌、结构与功能过程都有明显的影响。

2. 生态系统多样性的基本类型

生态系统是由生物与非生物环境(生物栖息环境，如大气、水、土壤条件等)组成相互作用的系统，它是各种生物与其周围环境所构成的自然综合体。各种生物体所组成的生物群落其内部、群落之间以及与其所栖息的非生物环境之间存在着极其复杂的相互关系。生态系统具有自动调节特点，使系统保持平衡或在某一水平上下波动，即所谓的生态平衡。生态系统都或多或少地有抗干扰的能力，如果人类(包括一些动物，尤其是一些大型动物)的破坏程度在一定范围内，系统还可以承受，并很快恢复；如果破坏太大，超出了它承受的范围，系统就要失衡甚至崩溃。

生物群落与生态系统的类型是丰富多样的。世界主要生态系统类型有森林、草原、荒漠、湿地、海岸、海洋以及农田等生态系统。我国地大物博，生态系统多样，仅湖泊生态系统就可划分为5个不同的湖区类型。

湿地是一种水文与生物群落类型十分复杂的生态系统，它发育于陆地生态系统与水体生态系统之间，是一种水陆过渡性的生态系统，它结合了水体与陆地生态系统的各自属性，但又明显不同于原来的生态系统，因此，湿地作为各种动植物栖息地的功能的研究，比一般水体或陆地生态系统复杂得多，是世界上最富生物多样性的生态景观，因而与森林、海洋并列为全球三大生态系统。

二、生物多样性的价值

生物多样性也就是生物资源，生物资源是自然资源的一个重要组成部分。

生物资源是指有生命的自然资源，包括动、植物和微生物。生物资源和其他非生物资源的不同之处在于：它是一种可再生的自然资源，如果进行合理开发，能够长期予以利用，但在时间、空间范围和环境条件一定的情况下，其可更新的速度是有限的，故是一种稀缺资源。另外，生物多样性特别是生态系统的服务功能资源又是一种公共物品，即具有供给的普遍性和不可分性，因此计量生物多样性价值是一件复杂的事情。目前最常用的方法之一是世界自然保护联盟首席科学家 McNeely 于 1990 年首先使用的方法，在这种方法的框架内，价值被分为直接价值和间接价值。

地球上有着丰富的生物资源，它是大自然赋予人类的宝贵财富——生物多样性，是人类社会赖以生存和发展的基础。生物多样性具有很高的开发利用价值，在世界各国的经济活动中，生物多样性的开发与利用均占有十分重要的地位。

（一）生物多样性的直接价值

生物多样性的直接价值是人们直接收获和使用生物资源所形成的价值，包括消费使用价值和生产使用价值两个方面。

1. 消费使用价值

指不经过市场流通而直接消费的一些自然产品的价值。生物资源对于居住在出产这些生物资源地区的人们来说是十分重要的。人们从自然界中获得薪柴、蔬菜、水果、肉类、毛皮、医药、建筑材料等生活必需品。尤其在一些经济不发达地区，利用生物资源是人们维持生计的主要方式。

(1) 食物来源　绿色植物在常温和常压下，利用太阳能大规模地、轻而易举地将 CO_2、H_2O、N_2 等无机物合成有机物，源源不断地为人类提供食物和能量，从而成为地球这个巨大生态系统的物质和能量基础。而到目前为止，依靠人类自身力量工厂化生产粮食来解决人类温饱问题尚显得无能为力。从这个意义上来讲，植物为人类解决了生存的根本问题。全世界约有 8 万种陆生植物，其中仅有 150 余种被大面积种植而作为食物。目前人类所需粮食的 75%来自小麦、水稻、玉米、马铃薯、大麦、甘薯和木薯，而前三种作物占了总产量的 70%以上。在偏僻地区生活的居民的蛋白质主要来源于狩猎野生动物。在非洲，野生动物的肉制品在人们食物中占据了所需蛋

图 5-1　鱼是印度南部当地人动物蛋白唯一来源

白质的很高比例:在博茨瓦纳为40%;扎伊尔为75%;在加纳大约75%的人口的蛋白质来源为动物,包括各种鱼类、昆虫和蜗牛;在尼日利亚的一些边远地区,猎物为人类提供的蛋白质占其年消耗总量的20%。海洋每年自然繁殖的各种生物至少有400亿吨,其中鱼类、虾蟹等甲壳类、乌贼等软体动物是人类重要的海洋食物来源。海洋向人类提供的食物不仅品种、数量多,而且质量也非常理想。例如,鱼肉不仅含有人类所需的主要氨基酸,属于优质高蛋白,而且含有丰富的维生素,脂肪也主要是由不饱和脂肪酸构成。随着人口增长和生活质量的提高,人类需要开发新的食物来源,改良栽培作物及家禽、家畜和水产类等品种,而这些都离不开生物多样性。

资料窗

绿色食品

绿色食品是指经专门机构许可,使用绿色食品标志的无污染、安全、优质、营养类食品的统称。由于与环境保护有关的事物通常都冠之以"绿色",为了更加突出这类食品出自良好的生态环境,因此定名为绿色食品。

绿色食品分为两类:一是A级绿色食品,指在生态环境质量符合规定标准的产地,生产过程中允许限量使用限定的化学合成物质,按特定的生产操作规程生产、加工,产品质量及包装物经质量监督部门检测,检查符合特定标准;二是AA级绿色食品(有机食品),指在生态环境质量符合规定标准的产地,生产过程中不使用任何有害化学合成物质,按特定的生产操作规程生产加工,产品质量及包装经检测,检查符合特定标准。

绿色食品标志由3部分构成,即上方的太阳、下方的叶片和中心的蓓蕾。标志图形为正圆形,意为保护、安全。绿色食品标志作为一种特定的产品质量的证明商标,其商标专用权受《中华人民共和国商标法》保护。

绿色食品®

(2) 药物来源　在许多药物可通过合成方法生产的今天,药用生物仍具有举足轻重的地位,许多药物是从植物、动物或微生物中提取有效成分而制成的。例如,1997年世界上最畅销的25种药中有10种来源于自然资源。经世界卫生组织确定的药用植物有20 000余种,在中国能够入药的物种多达5 000多种。如中国学者从菊科的一种蒿属植物中提取的青蒿素,已证明对治疗疟疾比奎宁更为有效。从粗榧科中的三尖杉属和红豆杉属中所提取的粗榧碱和紫杉醇,均具有良好的抗肿瘤或治疗白血病的功能。从薯蓣科的一种藤本植物中所提取的地奥心血康、银杏叶中所含的白果素,均对治疗心血管方面疾病有效。从长春花的叶中提取出2种特效药,对何杰金(Hodgkin's)病和白血病有疗效。全世界妇女服用的一种避孕药,就是用墨西哥热带森林中的一种薯类生产的。据世界卫生组织估计,第三世界80%人口主要保健医疗需依靠天然或栽培的药用植物。1993年美国最主要的15种处方药物中,80%是仿照天然物的合成药物或由天然物衍生出来的半合成药物。生物资源中蕴藏着潜在的药物开发价值,全球来自生物资源的药物市场产值估计为每年750亿～1 500亿美元，一些发达国家的医药公司每年要花费大量人力和物力到热带雨林等生物资源丰富的地区收集可能的药源。

除了药用植物能提供药源外，微生物在这方面所起的作用也是巨大的。茯苓、猴头、灵芝、冬虫夏草入药在我国有着悠久的历史。抗生素是具有抗感染、抗肿瘤作用的微生物次级代谢产物，临床上所使用的绝大多数抗生素皆是由微生物生产，而且绝大多数疫苗也是由微生物制备的，它们在传染性疾病的防治上起到了其他药物不可替代的作用。例如，头孢菌素是1945年从意大利的撒丁岛分离到一株海洋真菌(顶头孢霉菌)所产生的。第一代代表物是头孢霉素C，头孢霉素C经过水解，得到头孢烯，以此为材料可合成一系列的衍生物，从中开发出一代又一代的新的头孢霉素类抗生素，国内称为先锋霉素。这类抗生素优于青霉素类和链霉素类，具有耐酸、耐酶、毒性低、广谱抗菌的特点。对许多革兰氏阳性球菌，特别对耐药性金黄色葡萄球菌感染的疾病都有较好疗效。头孢霉素发现至今已50多年了，目前仍广泛地应用于临床。

(3) 能源来源　生物质能源是太阳能以化学能形式贮存在生物中的一种能量形式，它直接或间接地来源于植物的光合作用。在各种可再生能源中，生物质能源是独特的，它是一种唯一可再生的碳源，可转化成常规的固态、液态和气态燃料。作为现代工业动力的煤炭、石油、天然气等是古代生物对人类的贡献，它们来自于那些捕获了太阳能但在数千万年前就已死亡的生物。虽然石油、煤等是支撑地球人类生存的主要能源，但在许多发展中国家家庭所需要的能源大部分仍然由传统资源所提供，木材提供了尼泊尔、坦桑尼亚主要能源需求的90%。作为农业大国，我国有着大量的生物质能资源，2003年我国农村生物质能源(秸秆、沼气、薪柴)的使用量达2.62亿吨标准煤，占当年全国总能耗比例22.4%(国家林业局，2003)。

石油和煤等天然能源由于再生速度非常慢，而大量利用木材作为能源物质既容易破坏生态系统，又容易污染环境，有远见的科学家已经开始寻找替代能源，其中生物发酵和生物次生代谢产物提取是充满希望的领域。据国家林业局提供的资料，我国现有的林木生物质中，每年可用于发展生物质能源的生物量为3亿吨左右，折合标准煤约2亿吨。全国现有木本油料树种植总面积超过400万公顷，种子含油量在40%以上的植物有154种，果实产量在500万吨以上，大都可作为生物液体燃料的原料。在“十一五”期间，国家将重点扶持林业生物质能源与材料的发展。

2. 生产使用价值

生产使用价值是指生物资源商业收获时，用于市场上进行流通和销售的产品价值。很多生物资源本身就是工业上的原料，如水泥来自石灰石，而石灰石是由死去很久的珊瑚和其他类群的海洋生物的壳和骨骼所形成。其他像木材、纤维、橡胶、造纸原料、天然淀粉、油脂等许多自然资源维持了人类的工业生产和发展的需要。生物资源的产品一经开发，往往会具有比其自身高出许多的价值。例如，在美国从一种药用鼠李的树皮中提取的轻泻剂产品每年市场销售价高达7 500万美元，在1976—1984年期间，美国从生物资源方面获得的利润就高达每年876亿美元。

现代工业生产还需要开发更多和更新的生物资源，以提供各种工业生产中必需的原材料和新型的能源，这一切都需要生物多样性作为支撑基础。

（二）生物多样性的间接价值

生物资源的间接价值与生态系统功能有关，它并不表现在经济核算体制上，但它们的价值可能大大超过直接价值。而且直接价值常常源于间接价值，因为收获的动植物物种必须有它们的生存环境，它们是生态系统的组成成分。没有消费和生产使用价值的物种可能在生态系统中起着重要作用，并供养那些有使用和消费价值的物种。

生物多样性的间接价值包括选择价值、非消费性使用价值、存在价值和科学价值四种价值。

1. 选择价值

丰富的生物资源为人类进行品种开发和物种改良提供了潜在的空间。现有的栽培作物都是经过人类千百年驯化、筛选、培育的成果。例如：家鸡目前已有上百个不同的品种，均来自于原鸡；家猪与野猪杂交，培育形成了瘦肉型猪的新品种。然而，任何一种优质高产作物在经过几年至几十年自繁后，其丰产性、抗病性等会自行下降。因此，在人类对生物资源利用中，无论是栽培作物还是饲养动物等品种的改良，都需要不断地与野生种或野生亲缘种杂交，以调整其遗传结构提高它们品质。20 世纪 60 年代被誉为“绿色革命”的杂交水稻使亩产大幅度提高，其中野生稻的雄性不育系在杂交上的应用起到了关键作用。美国和加拿大是世界上两个主要的农业出口国，它们之所以能保持粮食高产的原因就在于经常利用野生植物的种质以改良作物品种。

对经常利用的野生物种进行连续不断研究，对维持生物的生产力是至关重要的。保护野生动植物资源，以尽可能多的物种基因为农作物或家禽、家畜的育种提供更多的可供选择的机会。因此，保护野生动植物资源从某种意义上讲就是保护我们人类自己。现在自然界的许多野生动植物，可能短时间内人类无法进行利用，但其价值是潜在的。也许人类的子孙后代能发现其价值，找到利用它们的途径。因此多保存一个物种，就会为我们的后代多留下一份宝贵的财富。

2. 非消费性使用价值

保护生物资源可以为人类社会带来日益增长的利益，这种效益因地域和物种的不同而各不相同。大致可归纳为以下几个方面：

（1）生态系统功能　生态系统的主要功能包括物质循环与能量流动。物质循环是指组成生物体的基本元素在生物群落与无机环境之间的往返运动，其中伴随着复杂的物质变化和能量变化，生态系统的物质循环离不开能量的驱动。

（2）能量固定和提供氧气　光合作用固定太阳能，使光能经绿色植物进入食物链，从而给可收获物种提供维持系统。现在地球大气层中的氧气分量为 21%，供给人类自由呼吸，这主要应归功于植物的光合作用。据估计，假如断绝了植物的光合作用，那么大气层中的氧气将会由于氧化反应在数千年内消耗殆尽。

（3）调节气候　生态系统对大气候及局部气候均有调节作用，包括对温度、降水和气流的影响。

(4) 保护土壤　受自然植被覆盖和凋落层保护的优质土壤可保持肥力、防止危险滑坡、保护海岸和河岸，以及防止淤积作用对珊瑚礁、淡水和近海渔业的破坏。

(5) 稳定水文　在集水区内发育良好的植被具有调节径流的作用。植物根系深入土壤使土壤对雨水更具有渗透性，有植被地段比裸地的径流较为缓慢和均匀，一般在森林覆盖地区雨季可减弱洪水而旱季在河流中仍有流水。

(6) 污染物吸收和分解　包括有机废物、农药以及空气和水污染物的分解作用。

(7) 生态旅游　生态旅游作为一种新的旅游形态是经济发展、社会进步、环境价值的综合体现，是协调旅游发展与可持续发展的重要手段，已经成为国际上近年新兴的热点旅游项目。以认识自然，欣赏自然，保护自然，不破坏其生态平衡为基础的生态旅游具有观光、度假、休养、科学考察、探险和生态教育等多重功能。此外，生态旅游还具非常可观的经济效益，根据世界旅游组织估计，目前生态旅游收入已占世界旅游业总收入的 15%～20%。

3. 存在价值

存在价值定义为“与任何使用目的无关”的价值，是对一种非商业性功能价值或对一种尚未发现的使用价值的判断。有些物种尽管其本身的直接价值很有限，但它的存在能为该地区人民带来某种荣誉感。例如：我国的大熊猫、金丝猴、褐马鸡等是我国的特有珍稀动物，其中大熊猫已成为中国的象征，正是由于它的存在价值现已成为“世界野生生物基金会”的会徽(图 5－2)。

图 5－2　世界野生生物基金会会徽

4. 科学价值

生命科学是门实验学科，许多实验素材取自生物世界，由此才有生命科学的今天，生命科学的发展奠基于多样的遗传基因、物种和生态系统。

三、生物多样性概况

(一) 全球生物多样性

1. 全球生物种类

目前地球上究竟有多少物种还很难准确断定。据不完全统计，被科学上描述过的物种约 175 万种，其中脊椎动物 4 万余种，昆虫 75 万种，高等植物 25 万种，其他为无脊椎动物、真菌和微生物等，还有很多物种没有被人类发现。例如，热带森林生态系统是物种最丰富的环境，虽然它们只覆盖不到 10%的地球表面，但却含有 90%的世界物种。1980 年，科学家仅对巴拿马热带森林 19 棵树的研究中发现，全部 1 200 种甲壳动物中的 80%以前没有命名，这表明世界上的生物种类相当丰富。

难以确认地球上到底有多少种物种的主要原因有两方面。

第一，近来科学家在大洋深处和地层深处以及高空等处均发现有丰富的生物，它们能在高温、高压、缺氧甚至漆黑一团的环境中生存。例如长期以来，人们一直认为又冷又黑的深海海底是生物的荒漠，然而在美国新泽西州海岸 1 500～2 000 米深的海底沉积物中，人们发现竟然有 10 多个门 100 多个科的 898 种生物。20 世纪 90 年代，科学家在太平洋底 2 623 米深的火山口边缘上发现一类生物，其代表叫做“杨氏产甲烷球菌”。这种生物要求的温度为 85℃至 100℃以下，要求的压力则为每平方厘米 260 千克，这样的生活条件是所有其他生物都无法忍受的。而且它们的生活完全不依赖太阳，也不以有机碳作为能源，靠火山口排放的二氧化碳、氮和氢为生，释放甲烷。除深海外，前苏联科学家在南极冰川进行钻探时，在 4.5～295 米不同深度的岩心中发现有球菌、杆菌和微小的真菌的踪迹。我国水文地质工作者最近发现，在深层地下水中不仅存在多种微生物，如脱硫菌、脱氮硫杆菌、氧化铁硫杆菌等，而且它们在石油和金属成矿过程中起着不可忽视的作用。20 世纪 70 年代末，人们用地球物理火箭在 85 千米高空处也采集到了微生物。除了这些特殊环境中存在有新的物种外，陆地环境中还分布有人们所不知道的新物种，据估计热带森林中尚有数以万计的物种尚未被发现。

占地球面积 70%的浩瀚海洋中到底有多少种鱼？由来自 53 个国家 300 多名科学家参与、耗资 10 亿美元的大型“海洋生命普查”计划，已于 2000 年正式启动，目标是到 2010 年查明海洋中究竟有多少种不同生物。海洋生物普查的研究目前包括七个区域，北美和欧洲分别有三个，另外一个在日本。参与这项计划的科学家们于 2003 年公布了计划实施三年来的首份报告，在这三年中平均每年发现新鱼类约 160 种，海洋生命普查数据库的海洋鱼类已达 15 304 种；每年新发现的其他水生动物和植物在 1 700 种左右。包括 1.5 万种鱼在内，目前海洋中已知的不同生物约有 21 万种。但科学家们指出，海洋中实际存在的生物种类可能比目前已知的要多得多。

第二，隐存种的存在。所谓隐存种是指外观相似，遗传特征截然不同的物种。例如，非洲象一直被认为是单一的物种，然而 2001 年的一项研究发现，非洲象其实是由两种遗传特征不同的大象组成，分别是非洲矮象和非洲象；一种热带蝴蝶经过遗传分析，存在着 10 个不同的隐存种。过去 20 年，得益于日益成熟的 DNA 测序技术，人类获得的其他物种的基因组图谱越来越多，科学家发现的隐存种数量也在急剧增长。德国法兰克福大学的 Markus Pfenninger 和 Klaus Schwenk 分析了与隐存种有关的所有数据后，发现几乎在所有主要的动物物种中，隐存种都占有极为相似的比例，而且在地域分布上也相当均匀。有些物种看起来分布广泛、数量繁多，但实际上它们可能是由多个隐存种形成的群体。目前，科学家根本不知道到底还有多少隐存种，要知道确切的答案，除非对至少一个分类单元里的物种进行遗传信息分析。

信息窗

“生物条形码”项目

2005 年 2 月，一项名为“生物条形码”的科研项目在英国启动。该项目由成立于 2004 年的“生物条形码协会”组织世界各国的专家和科研院所、自然博物馆、动物园等机构携手进行，目的是用统一的标准，对动植物的 DNA 进行分类存储，建立一个庞大的数据库。数据库的形式可以使今后的相关科研工作变得简便而且高效，可以极大地加快物种鉴定、进化历史研究以及濒危物种保护工作的步伐。

“生物条形码”项目将采用线粒体DNA检测法。与细胞核的DNA相比，线粒体DNA进化得更快，在两个种群停止杂交繁殖后，一些特殊的变化将会积累起来，因此科学家就能够分辨出两个很相近的生物是否同种。“生物条形码”项目包括鸟类条形码计划和鱼类条形码计划。

鸟类条形码计划：该计划预计分析50 000个标本，共10 000种鸟类，每种鸟平均分析5个样本。目标是到2010年，为博物馆近10 000种鸟类标本建立DNA条形码公共档案。本计划是生物多样性基因组学领域的少数几个涉及面广的探索行动之一，基因测序产生的大量信息和标本信息将对生物进化、生物多样性研究有很大帮助。

鱼类条形码计划：鱼类条形码计划的任务是在未来五年内，对50万个鱼类标本进行DNA测序、分析，从而收集2万种海鱼和8万种淡水鱼种的DNA条形码。

目前全世界的生物多样性已经受到了严重威胁，大量物种已经灭绝或濒临灭绝，因此必须要对物种进行更多的了解。“生物条形码”项目的研究将能有效保护生物的多样性，其成果及计划实施过程产生的大量信息，能为生物多样性科学研究提供丰富的信息。

2. 全球生物多样性丰富的地区

全球生物多样性主要分布在热带森林，亚热带和温带也有较丰富的生物多样性。海洋蕴藏着极其丰富的生物多样性，西大西洋、东太平洋、西印度洋等海域是世界生物多样性较集中的海域。

生物多样性并不是均匀地分布于全世界169个国家，位于或部分位于热带的少数国家拥有全世界最高比例的生物多样性(包括海洋、淡水和陆地中的生物多样性)，这些国家被称为生物多样性巨丰国家(megadiversity country)。

包括巴西、哥伦比亚、厄瓜多尔、秘鲁、墨西哥、扎伊尔、马达加斯加、澳大利亚、中国、印度、印度尼西亚、马来西亚在内的12个生物多样性巨丰国家，拥有全世界60%～70%以上的生物多样性，对全球生物多样性的生存和保护起着关键作用。巴西、扎伊尔、马达加斯加、印度尼西亚4国拥有全世界2/3的灵长类；巴西、哥伦比亚、墨西哥、扎伊尔、中国、印度尼西亚和澳大利亚7国具有世界50%以上的有花植物；巴西、扎伊尔、印度尼西亚3国分布有世界50%以上的热带雨林。

3. 全球生物多样性热点地区

1988年，英国牛津大学生态学家诺曼·麦尔(Norman Myers)首先提出了生物多样性热点地区的概念：热点地区的生态系统在很小地域面积内包含了极其丰富的物种多样性。现在评估生物多样性热点地区的标准主要是两个方面：特有物种的数量和所受威胁的程度。植物被用作评价特有物种数量的一个方法，每个热点地区都有近50%的高等植物是当地特有物种；所受威胁程度用栖息地丧失的比例来衡量，每个热点地区都丧失了原始面积的70%，甚至有的地区现在还不到10%。生物多样性热点地区是地球上环境最紧迫的需要保护的区域，划定生物多样性热点地区的价值在于更明确认定保护的优先区域，以警示人类应尽快采取有效的、有针对性的措施来保护珍稀濒危生物。

目前全世界有34个生物多样性热点地区(图5-3),这34个热点地区面积虽仅仅占到地球的2.3%,但却分布有50%的高等植物和42%的陆地脊椎动物,栖息着地球75%以上濒危哺乳动物、鸟类和两栖动物。我国的西南山地也是34个生物多样性热点地区之一。它西起西藏东南部,横贯川西地区,向南延伸至云南西北部,向北延伸至青海和甘肃的南部,高低错落的地形孕育了针叶林、竹林、草场、湿地、阔叶林等多种植被,而多样的植被又为大熊猫、金丝猴等濒危动物提供了最理想的栖息地。这个地区同时也是亚洲诸多大江大河(长江、澜沧江、怒江、独龙江、雅鲁藏布江)的上游都流经此地。该地区约占中国地理面积的10%,拥有约占全国50%的鸟类和哺乳动物以及30%以上的高等植物,西南山地的保护成效直接影响着中国的环境生态状况。

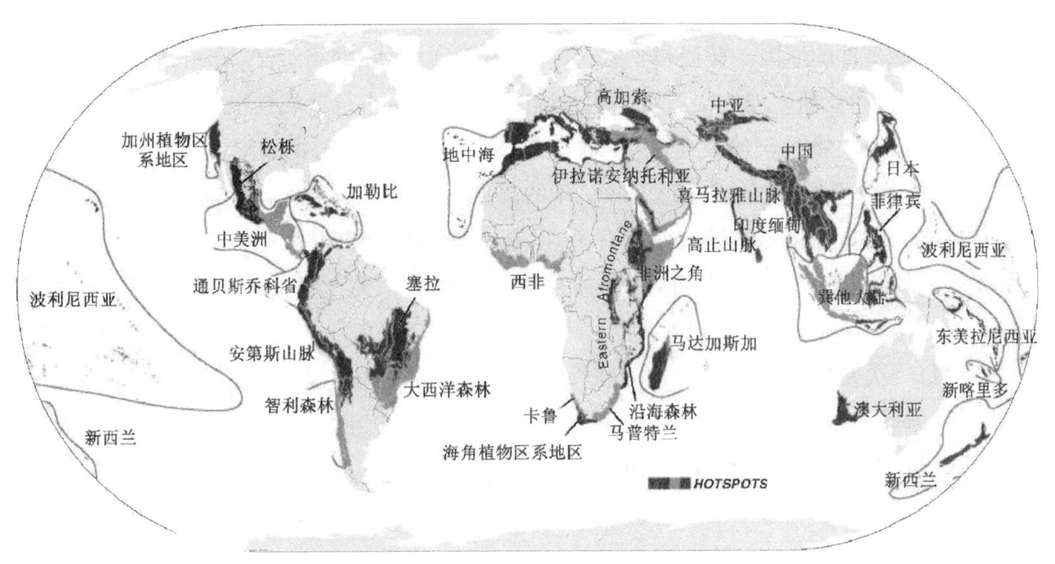

图5-3 全世界34个生物多样性热点地区

我国是世界上生物多样性最丰富的国家之一,拥有包括温带,寒温带,亚热带,高山,丘陵,湖泊,森林,海洋等众多的生态类型,孕育了各种生态类型中的大量物种,使得生态系统多样性和遗传多样性都居世界的前列。因此中国生物多样性的保护也是世界生物多样性保护的重要部分。为积极响应2002年通过的《全球植物保护战略》中"有效保护世界植物多样性关键地区的50%"这一目标,我国按照地区物种丰富度和特有种数量等国际标准,结合专家长期综合研究的结果,确定了17个具有全球意义的生物多样性关键地区:横断山南段;岷山——横断山北段;新疆、青海、西藏交界高原山地;滇南西双版纳地区;湘、黔、川、鄂边境山地;海南岛中南部山地;桂西南石灰岩地区;浙、闽、赣交界山地;秦岭山地;伊犁——天山西段山地;长白山地;沿海滩涂湿地,包括辽河口海域、黄河三角洲滨海地区、盐城沿海、上海崇明岛东滩;东北松嫩——三江平原;长江下游湖区;闽江口外——南澳岛海区;渤海海峡及海区;舟山——南麂岛海区。按照《中国植物保护战略》,国家将在生物多样性关键地区展开一系列保护和研究举措:对资源开发和经济建设项目首先执行植物多样性影响评估制度,西部大开发、南水北调等重大项目建设要以不破坏当地植物多样性为前提，禁止在生物多样性关键地区建设污染性的项目；加强对关键地区内重点保护野生植物的保护生物学、保护生态学、保护遗传学、植物区系地理学等研究；开展对关键地区内植物多样性考察，阐明关键种和功能群在维持生态系统功能中的作用，揭示其受威胁或濒危机制。

4. 地球上的五次物种灭绝

自从6亿年前多细胞生物在地球上诞生以来，物种大灭绝现象已经发生过5次。

地球第一次物种大灭绝发生在距今4.4亿年前的奥陶纪末期，大约有85%的物种灭绝。在距今约3.65亿年前的泥盆纪后期，发生了第二次物种大灭绝，海洋生物遭到重创。前两次物种大灭绝事件，主要是由于地质灾难和气候变化造成的。而发生在距今约2.5亿年前二叠纪末期的第三次物种大灭绝，是地球史上最大且最严重的一次。估计地球上有96%的物种灭绝，其中90%的海洋生物和70%的陆地脊椎动物灭绝，科学界迄今仍无法比较确切地说出酿成该事件的原因。美澳科学家2004年5月13日在网络版《Science》杂志上撰文认为，他们在澳大利亚新发现的陨石坑表明，这起事件可能由小行星或彗星等外来天体撞击地球所触发。第四次物种灭绝发生在1.85亿年前，80%的爬行动物灭绝了。第五次发生在6 500万年前的白垩纪，统治地球达1.6亿年的恐龙灭绝了。导致恐龙绝迹的那次事件与外来天体撞击导致全球生态系统的崩溃有关，已基本得到科学界普遍认可。在墨西哥尤卡坦半岛发现的“奇科苏卢布”陨石坑，一直被视为支持恐龙灭绝“外来天体撞击”假说的确凿证据。

物种每一次灭绝后，地球要经过可能长达900万年的时间才能恢复元气。第五次物种灭绝过去了，地球上生机勃勃。但6 500万年之后的20世纪80年代，有关第六次物种大灭绝的话题又成了热点。当今，虽然同意这种观点的学者为数不多，但人类活动破坏了自然环境，全球气候变暖恶化了生态系统，人类活动已经造成了严重的后果却是事实。如果说导致过去5次物种大灭绝的可能是火山喷发、气候日趋寒冷、行星撞击地球等自然因素，那么若发生第六次物种大灭绝主要因素则将与人类活动有关。一些生态学家和古生物学家预测，从现在起，在不到上万年的时间内，物种灭绝的数量就可达到毁灭性的比例。诚如英国牛津大学的诺曼·迈尔斯(Norman Myers)所说：“在未来几十年内，我们做或者不做，将影响未来的上百万年。”

（二）我国生物多样性的特点

我国广袤的国土、多样化的气候以及复杂的自然地理条件形成了类型多样化的生态系统，包括森林、草原、荒漠、湿地、海洋与海岸自然生态系统，还有多种多样的农田生态系统，这些多样化的生态系统孕育了丰富的物种多样性，其生物多样性概括起来有下列特点。

1. 物种资源高度丰富

我国物种资源无论种类和数量都在世界上占据重要地位。

在植物物种资源方面，我国约有30 000多种植物，占世界区系成分的10%，居世界第三位。其中苔藓植物106科，占世界科数的70%；蕨类植物52科2 600种，分别占世界蕨类植物科数的 80%和种数的 26%；木本植物约 8 000 种，其中乔木约 2 000 种。全世界裸子植物共 12 科 71 属 750 种，我国就有 11 科 34 属 240 多种，是世界上裸子植物最多的国家。针叶树的总种数占世界同类植物的 37.8%。被子植物占世界总科、属数的 54%和 24%。

在动物物种资源方面，我国脊椎动物共 6 347 种，约占世界脊椎动物种类（45 417）的 14%。其中兽类约 500 种；鸟类约 1258 种，是世界上鸟类种类最多的国家之一，占世界总种数的 13.1%；爬行类约 376 种；两栖类约 284 种；鱼类约 3862 种。我国海域已记录的海洋生物物种超过 13 000 种，约占世界海洋生物物种总数的 1/4 以上。

关于我国的物种资源，尽管科学家已进行了很多考察，尤其是 1994 年以后更大规模开展了全国性的科学考察工作，但整个生物种类还远远没有调查清楚，新的分类群和新记录还在不断地发表。包括昆虫在内的无脊椎动物，低等植物和真菌，细菌，放线菌，其种类更为繁多，目前尚难做出确切的估计，因大部分种类迄今尚未被认识。以昆虫为例，全世界昆虫的物种数占整个生物种类的 80%，我国的昆虫种数占全世界的 10%。目前已定名发表的种数不超过 4 000种，估计最多占中国昆虫物种总数的 1/4，至少有 70%的昆虫物种有待于进一步发现或定名。由于中国生物多样性是全球生物多样性的重要组成部分，因此，保护好中国生物多样性将会对保护全人类自然遗产作出巨大的贡献。

2. 区系起源古老、特有物种繁多

由于我国具有独特的自然历史条件，大部分地区未受到第三纪和第四纪大陆冰川的影响，因而各地都在不同程度上保存着白垩纪、第三纪的古老孑遗物种和新产生的特有种类。例如，动物中的大熊猫、白鳍豚、羚羊、扬子鳄、大鲵等以及植物中的水杉、银杏、银杉、攀枝花苏铁等都是古老孑遗物种。

我国被子植物有极其多种多样的分布区类型，其中特有类型所占比重极大。据统计，我国被子植物特有属 246 个，特有种约 17 000 种。古老孑遗种伯乐树、连香树、领春木、昆栏树、银缕梅（单氏木）、水青树、半日花、四合木、鹅掌楸和珙桐等都是中国特有的物种。这些植物的研究对于认识中国乃至世界被子植物的系统发育和物种多样性形成的历史过程都是极为重要的。

我国脊椎动物特有种数达 667 种，约占我国脊椎动物总种数的 10%。众多的特有物种使得中国在世界脊椎动物物种多样性中占有十分重要的地位。例如，兽类中的大熊猫代表着中国特有的科，现存仅 1 属 1 种；白鳍豚、麋鹿、藏羚羊、沟牙鼯鼠、复齿鼯鼠等均为中国特有的属，现存的也都仅有 1 种；金丝猴属 1 属 4 种，除 1 种分布于越南外，其余 3 种均为中国特有；岩松鼠属 1 属 2 种，均只见于中国；鸟类中的长尾雉属 1 属 4 种，除 1 种还见于邻国外，均为中国特有；爬行类的鳄蜥也是世界珍稀物种之一，现存的仅 1 科 1 属 1 种，为中国特有；扬子鳄只见于中国长江中、下游；两栖类的髭蟾属为中国特有，1 属 4 种，均为分布十分局限的稀有物种；鱼类中的白鲟为中国特有，是匙吻鲟科仅有的两个现存种之一。

我国物种丰富度高、特有程度高是复杂的区系起源历史和多样的生态地理条件相互作用的结果。

图5-4 扬子鳄

图5-5 金丝猴

3. 栽培植物、家养动物及其野生亲缘的种质资源非常丰富

我国有7 000年以上的农业开垦历史，在几千年的农、牧业发展过程中，培育和驯化了大量经济性状优良的作物、果树、家禽、家畜物种以及数以万计的品种。因此，我国的栽培植物和家养动物的丰富程度是世界上独一无二。

中国是水稻的原产地之一，是大豆的故乡，前者约有地方品种5万个，后者约有地方品种2万个。我国还是野生和栽培果树的主要起源和分布中心，原产中国及经培育的资源更为繁多。例如，在我国境内发现的经济树种就有1 000种以上，其中干果枣树、板栗、饮料茶、木本油料油茶、油桐、漆树等都是中国特产。我国的果树种类居世界第一，苹果、梨、李属种类繁多，原产中国的果树还有柿、猕猴桃，包括甜橙在内多种柑橘类果树以及荔枝、龙眼、枇杷、杨梅等。

中国还有药用植物11 000多种，牧草4 215种，原产中国的重要观赏花卉超过30属2 238种，等等。各经济植物的野生近缘种数量繁多，大多尚无精确统计。例如世界著名栽培牧草在中国几乎都有其野生种或野生近缘种，中药人参有8个野生近缘种，贝母的近缘种多达17个，乌头有20个等。

我国共有家养动物品种和类群1 938个。在我国的家养动物中，还拥有大量的特有种资源，即在长期的人工选择和驯养之后，在产品经济学特征、生态类型和繁殖性状以及体型等等方面形成独特的、丰富的变异，成为世界上特有的种质资源。

4. 生态系统丰富多彩

我国地域辽阔、地貌复杂、河流纵横、湖泊众多、气候多样，为各种生态系统类型的形成与发展提供了优越的自然条件。我国的生态系统主要包括森林、草原、荒漠、农田、湿地及海洋六大类型，由于不同的气候和环境条件，又分各种亚类型599种。

我国的森林是生物多样性最为丰富的生态系统类型，森林类型繁多、功能齐备，对中国乃至全球的环境和气候都具有特别重要的影响。我国的森林按气候带分布从北向南有寒温带针叶林、温带针阔叶混交林、暖温带落叶林和针叶林、亚热带常绿阔叶林和针叶林、热带季雨林、雨林。

我国的天然湿地包括沼泽、泥炭地、湿草甸、浅水湖泊、高原咸水湖泊、盐沼和海岸滩涂等类型，涵盖了全球39个湿地类型，而且青藏高原的高寒湿地在世界上为我国所独有。我国的天然湿地总面积约为2 600多万公顷（不包括河流），其中内陆和海岸湿地生态系统的面积堪称亚洲之最，除了作为许多濒危特有野生动植物的栖息地之外，它们还是迁徙鸟类，包括许多全球性受威胁物种的重要停歇地和繁殖地。据初步调查统计，全国内陆湿地已知的高等植物有 1 548 种，高等动物有 1 500 种；海岸湿地生物物种约有 8 200 种，其中植物 5 000 种、动物 3 200种。在湿地物种中，淡水鱼类有 770 多种，鸟类 300 余种，特别是鸟类在我国和世界都占有重要地位。据资料反映，湿地鸟的种类约占全国的 1/3，其中有不少珍稀种。世界 166 种雁鸭中，我国有 50 种，占 30%；世界 15 种鹤类，我国有 9 种，占 60%，在鄱阳湖越冬的白鹤，占世界总数的 95%。亚洲 57 种濒危鸟类中，我国湿地内就有 31 种，占 54%。这些物种不仅具有重要的经济价值，还具有重要的生态价值和科学研究价值。

我国的草甸可分为典型草甸（27 类），盐生草甸（20 类）沼泽化草甸（9 类）和高寒草甸（21 类）。除此之外，我国海洋和淡水生态系统类型也很齐全。

5. 空间格局繁复多样性

我国地域辽阔，地势起伏多山，气候复杂多变，从北到南，气候跨寒温带、温带、暖温带、亚热带和热带，生物群落包括寒温带针叶林、温带针阔叶混交林、暖温带落叶阔叶林、亚热带常绿阔叶林、热带季雨林。从东到西，随着降水量的减少，在北方，针阔叶混交林和落叶阔叶林向西依次更替为草甸草原、典型草原、荒漠化草原、草原化荒漠、典型荒漠和极旱荒漠；在南方，东部亚热带常绿阔叶林（分布于江南丘陵）和西部亚热带常绿阔叶林（分布于云贵高原）在性质上有明显的不同，发生不少同属不同种的物种替代。

第三节　生物多样性的保护

一、生物多样性面临的威胁

生物多样性是人类生活的环境，也是人类生活资料的来源。当前，人类所面临的人口、粮食、资源、环境和能源 5 大危机，使生物多样性遇到了前所未有的严峻挑战，世界范围内生物多样性丧失现象正在加剧。

（一）生物物种受威胁等级的划分

目前，世界上大量物种受到不同程度的威胁，为了保护生物多样性，世界自然保护联盟物种生存委员会（SSC）根据物种数目下降速度、物种总数、地理分布、群族分散程度等准则分类，将物种受威胁程度分成九个不同的保护级别（IUCN：版本 3.1，2001 年）。

1. 灭绝（extinct，EX）

在过去 50 年内，未在野外确实找到的物种。根据该分类单元的生活史和生活形式来选择适当的调查时间，对已知和可能的栖息地进行彻底调查，如果没有发现该物种任何一个个体，即认为该分类单元属于灭绝。

2. 野外灭绝（extinct in the wild，EW）

如果已知一分类单元只生活在栽培、圈养条件下或者只作为自然化种群（或种群）生活在远离其过去的栖息地时，即认为该分类单元属于野外灭绝。

3. 极危(critically endangered, CR)

当一分类单元的野生种群面临即将灭绝的几率非常高,该分类单元即列为极危。

4. 濒危(endangered, EN)

当一分类单元未达到极危标准,但是其野生种群在不久将来面临灭绝的几率很高,该分类单元即列为濒危。它既包括那些数量已减少到危急水平或其生境已剧烈地减少以致处于立即灭绝危险中的分类单元,也包括那些可能已经灭绝但在过去50年中确实在野外见到过的分类单元。

5. 易危(vulnerable, VU)

当一分类单元未达到极危或者濒危标准,但是在未来一段时间后,其野生种群面临灭绝的几率较高,该分类单元即列为易危。包括那些其大部或全部种群由于过度开发、生境的广泛破坏或其他环境侵扰而正在减少、种群已严重枯竭并且其最终安全尚无保证以及种群虽然还丰富但在其整个分布区都遭严重不利因素威胁的分类单元。

以上"极危"(CR)、"濒危"(EN)和"易危"(VU)三个级别统称"受威胁"。

6. 近危(near threatened, NT)

当一分类单元未达到极危、濒危或者易危标准,但是在未来一段时间后,接近符合或可能符合受威胁等级,该分类单元即列为近危。

7. 无危(least concern, LC)

当一分类单元被评估未达到极危、濒危、易危或者近危标准,该分类单元即列为无危。广泛分布和种类丰富的分类单元都属于该等级。

8. 数据缺乏(data deficient, DD)

如果没有足够的资料来直接或者间接地根据一分类单元的分布或种群状况来评估其灭绝的危险程度时,即认为该分类单元属于数据缺乏。属于该等级的分类单元也可能已经作过大量研究,有关生物学资料比较丰富,但有关其丰富度和/或分布的资料却很缺乏。因此,数据缺乏不属于受威胁等级。

9. 未予评估(not evaluated, NE)

如果一分类单元未经应用本标准进行评估,则可将该分类单元列为未予评估。

若未采取有效措施,任何一个物种一旦灭绝便永远不可能再生。今天仍生存在地球上的物种,尤其是那些处于灭绝边缘的濒危物种,一旦消失了,那么人类将永远丧失这些宝贵的生物资源。保护生物多样性,特别是保护濒危物种,对于人类社会可持续发展、对科学事业都具有重大的战略意义。针对生物物种受威胁等级的划分,可以根据物种濒危程度制定相应的法律,提出具体的保护措施,应用建立自然保护区、濒危物种繁育中心等保护生物学手段,对濒危物种实施就地保护和易地保护。同时,必须限制濒危野生动植物的国际贸易,制定法律来保护濒危物种。

(二) 生物多样性面临威胁的现状

1. 全球生物多样性面临威胁的现状

世界自然保护联盟《濒危物种红色名录》或称"IUCN 红色名录",于1963年开始编制,是全球动植物物种保护现状最全面的名录，也被认为是生物多样性状况最具权威的指标。

在世界自然保护联盟公布的《2007受威胁物种红色名录》中，目前全球有41 415个物种面临生存威胁，其中16 306个物种有灭绝危险，比2006年增加了188种。世界自然保护联盟科学家在世界范围内调查了4万种动植物。根据统计，1/3的两栖动物、1/4的哺乳动物、1/8的鸟类和70%的植物被列入“极危”（CR）、“濒危”（EN）、“易危”（VU）三个级别，都属于生存“受威胁”的物种；有785种动植物被正式归入“灭绝”（EX）类别；还有65种物种处于“野外灭绝”（EW）状态，即仅存在于人工环境下。列在2007年濒危物种“红色名录”中的动物，包括有大猩猩、中国白鳍豚、埃及秃鹰、墨西哥大加那利岛响尾蛇、印度尼西亚梳萝鱼、鳄鱼和珊瑚虫等，其中珊瑚虫是第一次被列为濒临灭绝物种。大猩猩之所以被列为濒危物种，这与它们的生活栖息地受到人类活动威胁密切相关，许多大猩猩被猎杀以进行商业食肉交易以及遭受埃博拉病毒等因素，已导致近25年来大猩猩数量下降了60%，如果这一趋势继续下去，大猩猩将在未来10年至12年内会彻底灭绝。而在2006年濒危物种的“红色名录”中还首次出现了北极熊、河马、鲨鱼和多种淡水鱼在内的先前较常见的动物。世界自然保护联盟指出，近500年来，全球已有785个已知物种灭绝，另有65个物种通过圈养或人工培育存活。

生态学家通常用3个指标来估计物种灭绝速度：自然环境的面积、物种的密度和物种消亡的数目。例如，联合国统计认为热带雨林每年以0.5%的速度减少，而有些科学家则认为，目前每年遭到破坏的热带雨林最大可能达到2%。按照这个速度，到本世纪中叶，世界热带雨林的面积很可能只剩下目前的2%，生态多样性将可能遭受巨大的破坏。

当前生物多样性不断减少的主要原因是人类各种活动造成的：①大面积森林受到采伐、火烧和农垦，草地遭受过度放牧和垦殖，导致了生境的大量丧失，保留下来的生境也支离破碎，对野生物种造成了毁灭性影响；②过度捕猎和利用野生物种资源，使野生物种难以正常繁衍；③工业化和城市化的发展，占用了大面积土地，破坏了大量天然植被，并造成大面积污染；④外来物种的大量引入或侵入，大大改变了原有的生态系统，使原生的物种受到严重威胁；⑤无控制旅游，使一些尚未受到人类影响的自然生态系统受到破坏；⑥土壤、水和大气受到污染，危害了森林，特别是对相对封闭的水生生态系统带来毁灭性影响；⑦全球气候变化，导致气候形态在比较短的时间内发生较大变化，使自然生态系统无法适应。这些活动在累加的情况下，会对生物物种的灭绝产生成倍加快的作用。在人类出现以前，物种的灭绝与物种形成一样，是一个自然的过程，两者之间处于一种相对的平衡状态。据估计，物种自然灭绝的速度大约为每100年仅有90个物种灭绝。人类出现以后，尤其是近百年来随着人口的增长和人类活动的加剧，物种灭绝的速度大大的加快了。据估计，目前物种丧失的速度比人类干预以前的自然灭绝速度要快1 000倍。

例如，哺乳动物在17世纪时每5年有一种灭绝，到20世纪则平均每2年就有一种动物灭绝。鸟类在更新世的早期平均每83.3年有一个物种灭绝，而在近代则每2.6年就有一种鸟类从地球上消亡。在印度洋、大西洋中的一些岛屿上生活的特产鸟类灭绝的速度，从1601—1699年为8种，1700—1799年为21种，1800—1899年为69种，1900—1978年为63种。在世界上9021种鸟类中，1978年以前仅有290种鸟类不同程度地受到灭绝的威胁，而现在这个数字则上升到 1 211 种，大约占鸟类总数的 13%。在 1 211 种濒危鸟类中，有 966 种(占 80%)鸟类的数量不到 10 000 只，数量在 2 500 只以下的有 502 种(占 41%)，而更有 77 种鸟类的数量不足 50 只，这 77 种鸟属于高危物种。世界上受到威胁的大部分鸟类生活在热带地区，而其中的 64%是由于热带森林遭到破坏而引起的。

据联合国环境计划署估计，在未来的 20～30 年之中，地球总生物多样性的 25%将处于灭绝的危险之中。在 1990—2020 年之间，因砍伐森林而损失的物种可能要占世界物种总数的 5%～25%，即每年将损失 15 000～50 000 个物种，或每天损失 40～140 个物种。

野生生物走私是仅次于毒品、军火的第三大走私活动。全世界每年的非法野生动物贸易额为 50 亿～90 亿美元，其中珍稀、濒危动物占相当大的比例。例如，原产于东南亚婆罗岛热带雨林中的小红毛猩猩在自然状况下，新生的红毛猩猩会随时紧紧地抱在母亲胸前，受到母亲充分的照顾和呵护，偷猎者为捉到小红毛猩猩当宠物卖，每年约要杀死 1 000 只成年红毛猩猩，导致红毛猩猩数量减少了 90%多，目前只剩 4 万只保留在婆罗岛和苏门答腊岛上。据国际野生动物保护协会官员预测，在未来十年野生红毛猩猩也将消失。而北方白犀牛在 20 世纪 60 年代分布在非洲 5 国多达 2 250 只，2003 年为 40 只，到 2005 年在激烈的盗猎下，白犀牛各亚种总共只剩下 10 只，成为地球最有灭绝危险的大型哺乳动物。

热带雨林分布有世界上一半以上的陆地物种，具有丰富的遗传多样性，是地球上宝贵的基因库。全球热带雨林在 20 世纪 80 年代初每年被毁 1 140 万 hm^2，到 80 年代末每年上升到 1 700 万～2 000 万 hm^2，使热带雨林比原有面积减少了一半，热带雨林正以每年 11 万 km^2 的速度减少，它们的消亡是人类难以挽回的损失。世界自然保护联盟首席科学家 Jeff McNeely 指出，8 000 年前覆盖地球的森林，现在约有 80%已遭人类砍伐而退化。

联合国粮农组织的海洋科学家估计，海洋能承受的最大捕捞量每年约为 9 100 万公吨，这个数字已足惊人，但世界人口如果照目前的速度增长，这么多的捕捞量很快也会不够，超量捕捞势必会造成海洋生物的生态平衡，殃及海洋生物资源。

世界自然保护联盟发布的《2007 受威胁物种红色名录》指出，物种的加速消失对人类生活有直接的影响，如淡水鱼的锐减就令生活在乡村贫困地区的人们失去了食物来源和赖以维生的手段，而人类的生活与生物多样性有着割不断的联系，保护物种终究是人类的生存所必需的。大量的物种从地球上消失已引起了国际社会的广泛关注。如何采取有效措施，以拯救这些逐渐走向灭亡的物种已经成为生物多样性保护一个重要的研究内容。

资料窗

《第二次全球生物多样性展望》

2006 年 3 月 20 日，联合国环境规划署在巴西库里提巴举行的生物多样性公约缔约方大会第八次会议上公布了《第二次全球生物多样性展望》报告。

报告指出，人类活动正使全球生物多样性面临严重威胁。人类向全球生态系统中排放的活性氮超过所有自然进程排放的总和。由于旅行、贸易和旅游业的增长继续上升，引入外来物种的速度和风险在近年来大幅上升。总体来讲，不可持续的消费在继续，全球对资源的需求目前超过了地球更新这些资源所需生物能力约20%。由于开垦森林用于农业生产，造成森林面积继续减少，减少的速度之快令人震惊。据估计自2000年以来原始森林面积每年约减少600万公顷；沿海和海洋生态系统受到人类活动的严重影响，生态系统退化造成海岸带森林、海草和珊瑚面积减少；在加勒比海地区，硬珊瑚平均覆盖率在过去30年中从约50%降低到10%。在有充分数据的国家中，约有35%的红树林在过去20年中消失；渔业捕捞的精细化造成位于食物链高端的大型高价值鱼种(如金枪鱼、鳕鱼、黑鲈鱼和剑鱼)数量减少。在北大西洋，大型鱼类的数量在过去50年中减少了2/3。

联合国环境规划署在这份报告中指出，全球生物多样性形势正在恶化。在1970到2000年间，物种的平均数量丰富性持续降低了约40%；内陆水域物种降低了约50%，而海洋和陆地物种均降低了约30%。对全球两栖动物、非洲哺乳动物、农田鸟类、英国蝴蝶、加勒比海和印度太平洋珊瑚及常见捕捞鱼类物种的研究表明，多数物种出现数量减少。同时，面临灭绝危险的物种数量越来越多。对鸟类物种现状的研究表明，在过去20年中所有生物群落出现了退化现象，对于其他主要群体(如两栖和哺乳动物)的初步研究结果表明情况可能比鸟类更差。在得到充分研究的高级生物分类中，约有12%到52%的物种面临灭绝的危险。

联合国的这份报告指出，从全球生物多样性的当前形势来看，要实现2010年显著降低生物多样性丧失速度这一目标将是一个很大的挑战，但是这个目标并非不可能实现。它需要各国作出前所未有的额外努力，并且针对生物多样性丧失的主要原因采取全面的行动。

2. 我国生物多样性受威胁的现状

我国是世界上少数几个生物多样性特别丰富的国家之一，在全球生物多样性保护中具有特殊的地位。然而，中国又是世界上人口最多、人均资源占有量低，而且70%左右的人口在农村的农业大国。由于人口的压力，栖息地破坏，环境污染等等的人类活动影响，使大量物种处于不同等级的濒危状态。

(1) 动物的多样性方面　中国的野生脊椎动物无论是分布区域，还是种群数量，均在急剧缩减之中。

过去“两岸猿声啼不住”的三峡两岸，今天距离猿类的分布区已逾千里之遥。我国灵长类中白眉长臂猿、白颊长臂猿、白掌长臂猿和倭峰猴处于极危状态；豚尾猴、黑长臂猿、戴帽叶猴和黔金丝猴等处于濒危状态。例如，我国特有的海南黑长臂猿估计不足50只，在世界自然保护联盟列出的全球最濒危25种灵长类名单中，海南黑冠长臂猿列为第6位；云南白掌长臂猿约30余只；白头叶猴现也仅存数百只，均属国家一类保护动物。

大熊猫是中国特有珍贵野生动物，有“国宝”和“活化石”之称。由于受历史发展因素的不利影响，使它目前已处于一种濒危状态。大熊猫面临濒危境地的内在原因是由于食性、繁殖能力和育幼行为的高度特化；外在原因则是栖息环境受到破坏、主食竹子周期性开花死亡、人为捕捉猎杀、天敌危害、疾病困扰等，构成了对大熊猫生存的严重威胁。例如，由于人类活动范围扩大，我国大熊猫种群分布在25个以上岛状隔离的生境中，栖息地面临严重的片断化，这种种群的孤立和分割是长期威胁其种群的重要因素。国内学者(1988年)曾对秦岭熊猫种群进行过遗传分析，分布有200余只的大熊猫其世代杂合率递减率为0.54%，经过12代后即140年后，每个成员都将有1/8的基因相同，相当于表(堂)兄妹的亲缘关系。小群体的近交衰退现象将导致大熊猫适应、繁殖、抵抗疾病等能力的日益下降。同样由于人类活动范围扩大，大熊猫被迫退缩于竹种十分单纯的山顶，一遇竹子开花将无回旋余地。仅1975年四川岷山地区箭竹开花，大熊猫死亡达138只以上；20世纪80年代四川邛崃山冷箭竹大面积开花，灾后发现大熊猫尸体108具，抢救无效死亡33只，共计141只。近年来，我国采取措施加强对大熊猫栖息地的建设与保护。目前，大熊猫栖息的林地面积已达到2万多平方公里，比20年前增加了50%，在这些地区设立了40多处大熊猫保护区，通过人工造林逐步将原来相互隔离的自然保护区连接成片，使大熊猫种群交流范围大幅度扩大。截至2003年底，我国野生大熊猫种群数量已达1 596只。

中国在历史上是多虎的国家，如今虎的种群数量急剧减少，分散隔离在很有限的林区，处于极端濒危状态。例如，华南虎是现代虎八个亚种中仅产于中国的虎种，过去曾广泛分布于华南、华东、华中和西南等地的山林中。但近一个多世纪以来，由于战争、猎捕和生态环境的破坏，野生华南虎正处于濒危的边缘，新中国成立初期，我国还有4 000只左右野生华南虎，现在野生的仅20～30只。而野生东北虎在我国境内仅存不足20只，它们都被世界自然保护联盟列为濒危物种。

在我国西北荒漠和草原中，普氏野马和高鼻羚羊已基本灭绝；蒙古野驴、野骆驼和普氏原羚也面临灭绝的威胁；雪豹、马鹿、白唇鹿、麝等已罕见踪影；藏羚羊和野牦牛由于遭到猎杀，处境也不容乐观。

白鳍豚属于鲸目白鳍豚科，作为世界上仅有的五种淡水豚类之一，它是长江中特有的珍稀水生兽类，在湖北、安徽、江苏段的长江干流之中一度都有分布。1997年至1999年，农业部组织了三次大规模考察，1997年共观察到白鳍豚13头，次年只观察到三四头，1999年也只观

图5-6 大熊猫

图5-7 藏羚羊

图5-8 海南黑长臂猿

图 5-9 华南虎

图 5-10 东北虎

察到五头。2006 年，携带全球最先进豚类观测设备的中、英、美、德、日及瑞士的六国科学家行程 2 000 多公里，寻遍长江未见白鳍豚踪影，这是中国 10 年来规模最大的寻找白鳍豚的科考活动，其目的就是考察白鳍豚的数量及生存环境。专家们分析，影响长江白鳍豚生存因素很多，比如滥捕滥捞，水上交通和噪声打扰，栖息地破坏及污染物排放等。在世界自然保护联盟发布的《2007 受威胁物种红色名录》中，我国长江独有的白鳍豚仍被列在“极危”类别中，而且被注明“可能已灭绝”。白鳍豚若灭绝，将是史上首个因人类活动而灭绝的鲸豚类物种。

在鸟类中，我国是世界上雉类最为丰富的国家，世界 16 属 51 种雉类中，中国有 12 属 27 种，占世界总种数的 53%，包括 19 个特有种。近几十年来，由于人类活动的影响，野生雉类的数量锐减，越来越多的珍稀雉类濒临灭绝，在世界受威胁的 29 种雉类中，我国有 12 种。例如，在国际上与大熊猫齐名、被世界雉类协会放在其会徽上的褐马鸡，已被世界自然保护联盟列在濒危物种“红色名录”中。世界雉类协会(WPA)和世界自然保护联盟制定的《世界雉类保护行动计划 2000—2004 年》提出应在全球范围内优先支持的 25 个项目中，我国占 10 项，包括黄腹角雉、灰腹角雉、褐马鸡、黑颈长尾雉、白颈长尾雉和白冠长尾雉等的研究与保护。除了雉类外，我国还有许多濒危鸟类。例如，世界珍稀物种朱鹮是当今世界最濒危的鸟类之一，被世界自然保护联盟列入极濒危物种名录，为国家一级保护动物。历史上朱鹮曾广泛分布于东亚地区，20 世纪中叶以来，由于人类社会生产活动对环境的影响，主要是冬水田数量的减少、化肥和农药对环境的污染、森林减少和人为干扰等原因，使得朱鹮对变化了的环境难以适应，其数

图 5-11 白颈长尾雉

图 5-12 中华秋沙鸭

图 5－13　褐马鸡

图 5－14　朱鹮

量急剧减少。目前，分布于以陕西洋县为主要栖息地的野外朱鹮种群是全球唯一的野生朱鹮种群，不仅拥有极其重要的科学研究价值，而且在国内外具有典型意义和重大国际影响。又如，中华秋沙鸭是中国特有鸟类，属于雁形目鸭科，全球仅存 1 000 只左右，是中国一级保护动物，也被列入国际濒危物种“红色名录”和国际鸟类保护委员会濒危鸟类名录。

近年来，龟鳖自然生境破坏，人类猎捕活动没有受到有效控制，野生龟鳖迅速减少。《中国濒危动物红皮书——两栖类和爬行类》（1998 年）收入了 36 种龟鳖类，其中 16 种为濒危，8 种为极危，6 种数据缺乏，云南闭壳龟、鼋和斑鳖已经在野外灭绝，几乎包含了所有中国原产的龟鳖类物种。另外，我国蛇类 180 余种（亚种），分属 50 属，7 科，其中有毒蛇类约 50 种（亚种），占总数的 1/3 左右。由于我国对蛇类的利用非常广泛，眼镜蛇、眼镜王蛇、金环蛇、银环蛇、滑鼠蛇、五步蛇数量的锐减尤为明显。在《本草纲目》中即记载了我国南方的食蛇习俗。20 世纪 90 年代后期，仅上海地区的餐馆每年就要吃掉 1 000 吨蛇，2000 年，安徽全省蛇类的贸易量为 91.6 吨，同年广西每年进入市场贸易的蛇类达 1 800 吨，广东省吃掉了 3 600 吨蛇。估计 2000 年，全国吃掉的蛇多达 6 000 吨以上。如果按一条蛇重 0.75 公斤计算，全国每年吃掉的蛇达 1 000 多万条，而这些蛇类可以吃掉 1～2 亿只鼠类。由于过度捕捉蛇类，使得蛇类数量下降，破坏了生态系统的食物链结构，使得一些地区鼠害猖獗，鼠既危害了庄稼，又可能传染疾病。

在淡水鱼类方面，由于水利水电工程、围湖造田、航道航运等建设逐渐增多，破坏了水生野生动植物的栖息地及其生存环境，造成大量物种的生存空间被挤占、洄游通道被切断、产卵场所遭到破坏，加之过度捕捞，经济价值最大的鱼类资源已大幅度下降，有些物种已处于濒危。例如，长江鲥鱼这一特有种已基本绝迹，世界裂腹鱼中的珍稀物种——云南泸沽湖的裂腹鱼有 3 个品种，现难寻觅，青海鳇鱼也几乎遭到同样命运。目前，我国濒危鱼类包括：鲤科鱼类 52 种，鲇类 11 种，鲟鱼类 5 种，鲑鳟鱼类 6 种，其余（鳗鲡等）18 种；濒危状态分为 4 级：灭绝（4 种）、稀有（23 种）、濒危（28 种）、渐危（37 种）。

信息窗

野生动物走私的消费市场

2007 年 5 月 22 日，广东警方破获了历史上最大的野生动物走私案，共查获国家一级保护动物巨蜥5 400多条、国家二级保护动物穿山甲30只，以及马来闭壳龟、缅甸棱龟、锯缘摄龟共3 000多只，还有部分熊掌。

广东人历来有好食野味的传统，穿山甲、猫头鹰，以及被广州人称为“五爪金龙”的巨蜥，是在广州最为流行的三种珍稀野味。广东省野生动物救护中心数据显示：2006年共接收、救护各类野生动物约11万只(头)，其中绝大部分是广州市森林公安局查获、收缴的。由于对手隐蔽性极强，广州市森林公安局出警成功率约5%～10%。据此测算，广州每年可能有百万余只野生动物葬身人腹。

目前，收购一只穿山甲约200元，进入广州市场后售价每公斤可达700元以上。一只穿山甲重约七八公斤，这意味着在广东地区每只穿山甲的售价为6 000元左右。猫头鹰每只加工后售价约1 800元；眼镜王蛇每斤300多元；巨蜥每斤至少100元。野生动物消费市场的高额利润刺激野生动物走私者和酒楼经营者不惜铤而走险，形成了一个庞大的走私和非法经营野生动物的经济网络。

2003年，广东省人大常委会表决通过《广东省爱国卫生工作条例》，其中“公民应当养成文明、卫生的饮食习惯，摒弃吃野生动物的习俗，不吃受法律法规保护、容易传播疾病或者未经检疫的野生动物”，成为人们瞩目的焦点。

剥掉皮毛的金雕死不瞑目

经营野味的酒楼名片

2. 植物多样性方面

近30年来，由于过度采集、不可持续的农业和林业活动、城市化建设、环境污染、土地用途改变以及外来入侵物种的蔓延和气候变化等，造成我国现有野生植物物种中约有6 000种生存正受到威胁，并且已有104种植物面临极危或濒危，4 949种野生植物仅存1个分布地点。在这104种极危或濒危的野生植物中，百山祖冷杉、普陀鹅耳枥、银杉、柔毛油杉、康定云杉等57种处于极危，其中百山祖冷杉和台湾穗花杉已被列入世界最濒危植物；巨柏、水杉、观光木、滇楠等47种则被列入濒危；11个物种的野外植株数量仅剩10株以内，如我国的百山祖冷杉只生活在浙江的百山祖自然保护区，全世界仅剩3棵。

被子植物与人类的衣、食、住、行息息相关，材质优良的森林树种和药用、经济植物从来都是开发的重要对象，因此我国被子植物的物种多样性受到了严重破坏，也是物种多样性丧失最严重的类群之一。我国被子植物物种处于受威胁状态的物种估计占总数的15%～20%，列入珍稀濒危保护的植物约1 000种。如兰科植物和樟树、楠木、牡丹、黄连、红豆树、黄檗(黄菠萝)、水曲柳、降香黄檀、野人参、黄芪、刺五加等,因其树干、根或全株作商品贸易而遭到严重破坏,致使各自的分布区面积急剧缩减,野生资源明显减少。中国作为世界三大栽培植物起源中心之一,有相当数量的、携带宝贵种质资源的野生近缘种分布,其生境受到严重破坏,形势十分严峻。

中国的苔藓以热带及亚热带成分占优势。但由于森林砍伐,大气污染及其他人类活动影响,苔藓植物也面临严重威胁,证实已灭绝的至少有耳坠苔、拟短月藓等5种。我国蕨类植物具极高的多样性,但目前濒危状况也很严重,占我国蕨类总数的30%,急需加以保护。从上述各种生物类群现状,可说明我国物种多样性已面临很严重的危机。

我国的淡水藻类以淡水红藻和褐藻尤为珍贵,它们是海陆演变残留在淡水中的孑遗植物,具有分布狭窄和封闭性的特点。这些藻类生长在泉水、井水和溪水中,由于人类活动以及气候干旱、泉水区水源枯竭,这些珍稀物种已处于极危状态,有些淡水褐藻已经灭绝。由于旅游区开发,过去很丰富的淡水红藻如外果串珠藻、美芒藻(compsopogon spp)已几乎绝迹。此外,由于水体污染及高度富营养化,一些有害蓝藻在淡水中形成水华,使水质恶化,危及渔业生产,水华的严重发生甚至危及沿江地区的工业生产及居民生活。

信息窗

太湖蓝藻暴发,水质严重污染

2007年5月29日上午开始,江苏省无锡市城区大批市民家中自来水水质突然伴有难闻的气味,煮出来的饭没法入口。市民纷纷抢购纯净水,各家超市的各种瓶装、桶装的纯净水已被抢购一空。

为应对太湖蓝藻暴发造成的无锡市供水危机,水利部急调长江清水3.67亿立方米,注入太湖1.9亿立方米,使太湖水量得到了有效补给。通过降低湖水升温速度,减缓了藻类生长繁殖,承担着无锡市20%居民供水的锡东水厂水质得到了稳定。

太湖是我国第三大淡水湖泊,是太湖流域水生态系统的中枢。由于流域社会经济的高速发展,导致水环境问题日益突出。太湖水质自20世纪80年代起,平均每10年下降一个等级。2002年,除东太湖和东部沿岸带符合地面水环境质量标准II、III类外,其余湖区全部劣于IV类,西北部湖区的五里湖、梅梁湖和竺山湖则均为劣V类。这次导致太湖水质严重污染的元凶是蓝藻暴发,而蓝藻肆虐的直接原因是污染造成的水体富营养化,主要与入湖氮磷等富营养元素增加直接相关。近10年监测数字表明,太湖总氮已经达到劣五类水体的指标,与"十五"计划目标比,太湖流域环湖河流水质高锰酸盐指数达标率达到73%,而氨氮达标率仅为42%。太湖水体富营养化已从中度向重度转变,全湖富营养化水体面积比例已从39%增加到63%。由于西北部湖区水体的污染与富营养化程度逐年加重,导致湖体的生态系统急剧退化,水生高等植物快速减少,除沿岸尚存芦苇间断分布外,沉水植物已基本消亡,蓝藻等浮游植物疯长。鱼类从20世纪60年代的160种,减少至目前的60~70种,洄游性鱼类几乎绝迹。底栖生物物种减少,耐污类种群则年趋增大,生物多样性下降。湖泊底泥沉积污染逐年加重，以致成为湖体的二次污染源。太湖的生态系统已经非常脆弱，自我调节能力已经严重丧失。

湖泊是很大的自然系统，如果人们不加节制地开发利用它，就会导致湖泊系统性问题的出现，太湖蓝藻危机就是给人们的一个强烈警告。

水利部太湖流域管理局职工在清理太湖水域疯狂生长的蓝藻

3. 生态系统多样性方面

我国正处于快速城市化、工业化的过程中。长期以来，经济发展采用了以大量消耗资源和粗放经营为特征的发展模式，重经济效益、轻环境效益，造成了对自然资源和生态环境的破坏，导致我国的自然资源基础正不断地退化、枯竭。根据《全国生态环境建设规划》(1998 年)的总体要求，我国今后将重点拯救森林生态、荒漠生态和湿地生态三大生态系统，以改善和保护生态环境，保证国民经济可持续发展。

(1) 森林生态　我国森林面积居世界第 5 位，为 1.58 亿公顷，但人均森林面积仅 1 200 平方米，人均所占有的森林面积居世界第 119 位。中国天然林年平均消失 40 万公顷，从各主要省(区)森林覆盖率的变化可以看出中国森林生态系统破坏之严重。例如，黑龙江是我国主要木材基地，原有森林覆盖率为 72%，现有森林覆盖率 32%；西南的云、贵、川也是我国重要木材基地，原有森林覆盖率为 69%～88%，现有的森林覆盖率仅 7%～19%；河北、山西、山东，原有森林覆盖率为 57%～72%，现有森林覆盖率为 8%～17%；华中地区如浙江、江西、福建，原有森林覆盖率为

图 5－15　被砍伐的森林

85%～92%，现有森林覆盖率为15%～32%；海南岛原有森林覆盖率达79%，现仅为11%。由于森林面积缩小，居住在森林中的动物因丢失其栖息地，大大影响了物种生存；同时，由于大面积的森林被砍伐，天然植被遭到破坏，大大降低了其防风固沙、蓄水保土、涵养水源、净化空气、保护生物多样性等生态功能。我国连年不断的洪涝灾害，特别是1998—1999年间长江、松花江发生的特大洪水，无一不与上中游地区天然林破坏造成的水土流失和下游湖泊、湿地的围垦导致调节洪水能力的减弱密切相关。由生态系统退化诱发的各种生态灾难，业已使国家蒙受了重大损失，如1998—1999年仅长江和松嫩流域特大洪水，造成的直接经济损失就超过2 000亿人民币。

(2) 荒漠生态　土地荒漠化是一个全球化的难题，世界上1/3的国家和地区已经程度不同地受到荒漠化的影响，我国是世界上荒漠及荒漠化土地分布较广的国家。据中国科学院兰州沙漠研究所的资料，我国20世纪50—70年代，土地荒漠化速度为每年增加1 560 km^2；70—80年代，每年增加2 100 km^2；90年代增加到2 300 km^2；目前扩展到每年增加2 460 km^2，速度之快令人震惊。日益严重的荒漠化，造成生态系统失衡，生产、生存环境恶化，成为制约中西部地区经济社会发展的重要因素。自然地理条件和气候变异固然是形成荒漠化的背景因素，而不合理的人类活动，大大加剧、加快荒漠化发生和发展的进程。人口的增长和耕地资源的过度利用，对快速增长的追求以及木材的巨大需求，已经让很多地区的荒漠化加剧；过度放牧经常让草原持续十年寸草不生，同时让野生动物丧失栖息之地；在较为贫困的西北地区，非法采矿也破坏了生态环境。例如，1986年至2000年间，仅内蒙古东部五个盟，新疆、甘肃、宁夏、青海4省区就有22 700 km^2 优质草原被开垦。20世纪80—90年代，每年有近百万的各种流动人员进入草原挖甘草、贝母、冬虫夏草、割麻黄、搂发菜等掠夺自然资源的行为，致使大面积草原遭受破坏。由于荒漠面积的增加，导致原先的各类生态系统存在不同程度的退化，我国西北地区沙尘暴频频发生即是生态环境恶化的标志之一。

(3) 湿地生态　我国湿地所面临的主要问题是：对湿地盲目的开垦和改造，造成湿地面积减少，功能衰退；生物资源的过度利用，造成湿地生态系统结构的破坏和湿地功能的丧失；泥沙淤积，水污染严重，造成湿地环境质量下降；有效湿地面积的丧失，造成海岸侵蚀的加剧和盐水入侵。

我国是一个发展中国家，快速发展的经济必然需求大量的资源。农业围垦和城市开发是中国湿地面积削减的主要原因，特别是东部沿海地区、河口三角洲、主要江河沿岸、冲积平原及大型湖泊周围，由于具备经济发展的基本条件，已成为中国经济发展的热点地区，湿地也不可避免受到严重威胁。据初步统计，近40多年来，中国沿海地区累计围垦滩涂面积达100多万 hm^2，相当于沿海湿地总面积的50%。围海造地工程使中国沿海湿地面积每年以2万多 hm^2 的速度在减少。另据估计，从1950年到1980年的30年间，中国天然湖泊从2 800个减到2 350个，湖泊总面积减少了11%。有的城市周围的湖泊，由于严重的污染和富营养化，实际丧失或几乎丧失了生态系统的功能。另外，对湿地生物资源的过度利用和不合理开发，严重破坏了湿地生态系统的平衡和湿地生物多样性，许多湿地的生物量因此大幅度下降。

生态环境是人类生存和发展的基本条件，是经济、社会发展的基础。保护和建设好生态环境，实现可持续发展，是我国现代化建设中必须始终坚持的一项基本方针。

（三）生物多样性面临危险的原因

生物多样性面临危险的原因是多方面的，但总的来说可归结为两大方面：一是自然因素，如全球气候变暖、各种自然灾害等；二是人类的活动，人类所面临的人口、粮食、资源、能源等生存问题，是导致目前生物多样性丧失的主要原因。大致归纳起来有这几方面。

1. 栖息地的丧失、片段化和劣化

过去几十年，人口和资源消耗大幅增加，相对而言，未受干扰的生态系统面积则急剧缩小。国外有学者经调查对曾造成生态系统退化和生物多样性减少的人类活动进行了排序：过度开发（含直接破坏和环境污染等）占35%，毁林占30%，农业活动占28%，过度收获薪材占6%，生物工业占1%。其中前三项人类活动占93%，而这些破坏最直观的结果是造成了物种栖息地的丧失和片段化。大部分的森林均成片段化而被退化的土地围绕，损害了森林维持野生生物种群生存和主要生态过程的能力。在热带雨林中，边缘农业的扩张固然是森林消失的主要原因，但砍伐商用木材则是另一个不可忽视的因素。

正是由于生物栖息地的丧失和片段化，全世界包括类人猿在内的灵长类动物正以惊人的速度走向灭绝。据调查，全世界三大洲的608种灵长目物种和亚种中有10%处于相当危险的地步，即它们会随时灭绝；另有10%处于危险的边缘，即如果不采取措施的话，它们有可能会在今后20年里灭绝。造成这种状况的最紧迫的危险来自于伐木、狩猎、战争以及数百万像灵长目动物那样依赖森林提供食物、取火和庇护场所的贫穷难民。在印度尼西亚，由于在猩猩居住的天然湿地里的非法砍伐活动十分猖獗，加之森林大火频发以及油棕种植范围不断扩大，仅仅在20世纪90年代，非法砍伐的森林面积就扩大了4倍，而猩猩的栖息地却缩减了50%，由此导致猩猩正在以每年超过1 000只的速度消失，剩下的猩猩已经不足15 000只。由于猩猩是类人猿中繁殖速度最慢的一种，雌猩猩每隔8年才生育一只小猩猩，因此，类人猿生存的现状是令人担忧的。

农业生态系统大规模地出现，一方面使粮食产量大幅增加，另一方面却使得自然群集减少，同时也降低了生态系统在不断变化的环境中维持一定产量的能力。而且，稻作农业生态系统规模的扩大和产量的增加，加之牲畜数量的增长，同时也使温室气体之一的甲烷浓度增加。另外，农业地区大量使用氮肥则可能使另一种温室气体——氧化氮（NO）的浓度增加。大规模改变栖息地的结果，更可能对局部的气候产生影响，如自从亚马逊雨林改造成牧场后，已使当地降雨量减少25%。

2. 掠夺式的过度利用

过度采伐，滥捕乱猎，是造成物种受到威胁的原因。

例如，根据世界自然保护联盟的调查数据揭示，在刚果（金）由于狩猎者无节制地乱捕滥杀，河马肉被当作果腹的食物，被拔下来的河马牙则成了非法象牙贸易的一部分。1994年，在刚果（金）尚有3万只河马在野外自由生活，但到了2006年，刚果（金）境内只有887只河马。调查显示，河马数量的下降，直接导致了当地爱德华湖的鱼类减少，因为河马粪是该湖内鱼类的重要养料来源。人类的活动对动植物生存环境的破坏是直接导致生态恶化的结果，同时也极有可能引起当地的经济危机。

又如，像鲨鱼在地球上已生存了近5亿年，是海洋中最古老的生命之一，处于海洋食物链的顶端，其数量自然较其他鱼类稀少。由于东南亚人有食用鲨鱼翅的饮食习惯，捕捞鲨鱼过度，使鲨鱼面临灭绝的危险(图5-16、图5-17)。世界自然保护联盟的调查揭示，由于鲨鱼肉的价格相对低廉，许多国家的渔船在捕到鲨鱼后，因为考虑到船舱的容量有限，捕鲨者生取鱼翅，然后再把光光的鱼身丢回海里。鲨鱼是靠鱼鳍才能游动的，一旦失去掌握动力、方向和平衡的鱼鳍，便会沉没海里，或者等待血液流尽或者被饿死。作为海洋世界的最高掠食者，鲨鱼的成长周期很长，一般9～12岁才性成熟。大部分鲨鱼的怀孕期长达20个月，排卵或产仔数目有限，因此鲨鱼的生育速度远远赶不上被捕杀的速度。世界自然保护联盟的专家警告，如果这种肆意杀戮再得不到有效制止，一旦鲨鱼这个海洋生物链中最高端的一环被截去，将有成百上千种海洋生物面临灭顶之灾。

图5-16　渔民正在用刀割下鲨鱼的鳍

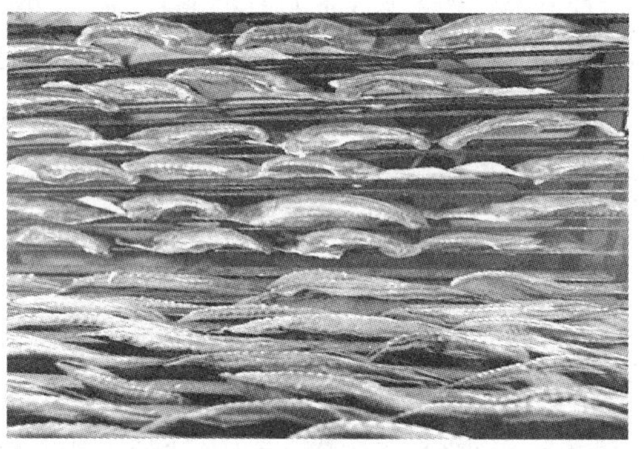

图5-17　成排的鱼翅在被晾干

3. 环境污染

随着人类社会的发展，环境污染也加剧。城乡工农业生产和生活污水排入水域，废气进入大气层，重金属以及难以降解的化合物富集于土壤，引起水体、大气和土壤污染。污染物沿着生态系统的食物链转移，对生物和人类有很大的破坏和毒害作用，使敏感物种种群数量减少或消失，直接扰乱了生态系统的平衡。

例如，施用新的灭鼠剂，使得英国的草鸮(barn owl)族群减少了10%；西班牙考塔道纳拿(Cota Donana)国家公园边界为了控制螯虾(crayfish)而非法使用的杀虫剂竟扑杀了3万只鸟；严重的空气污染以及其他因素，造成波兰奥吉考(Ojcow)国家公园大约43种生物的消失。此外，工业排放重金属和农业灌溉带来的盐渍化，严重威胁土壤微生物。酸雨改变北欧和北美成千的湖泊和池塘，使淡水生态系统生机不再。地中海和世界上许多港湾和近海区由于海洋污染，尤其是来自非点源的污染，使得该地的生物多样性大幅衰退。

环境污染之所以会影响生物多样性，乃是通过影响生态系统各个层次的结构、功能和动态，进而导致生态系统退化。

(1) 在遗传层次上的影响　在污染条件下，种群的敏感性个体消失，这些个体具有特质性的遗传变异因此而消失，进而导致整个种群的遗传多样性水平降低；污染引起种群的规模减小，由于随机的遗传漂变的增加，可能降低种群的遗传多样性水平；污染引起种群数量减小，以至于达到了种群的遗传学阈值，即使种群最后恢复到原来的种群大小时，遗传变异的来源也大大降低。

(2) 在种群水平上的影响　当种群以复合种群的形式存在时，由于某处的污染会导致该亚种群消失，而且由于生境的污染，该地方明显不再适合另一亚种群入侵和定居。此外，由于各物种种群对污染的抵抗力不同，有些种群会消失，而有些种群会存活，但最终的结果是当地物种丰富度会减少。

(3) 在生态系统层次上的影响　污染会影响生态系统的结构、功能和动态。严重的污染可能具有趋同性，即将不同的生态系统类型最终变成基本没有生物的死亡区。一般的污染会改变生态系统的结构，导致功能的改变。

4. 农业和林业品种单一化

在农业上为了达到更高的收获量，往往种植单一的高产品种，随着作物种类数量的减少，与之相适应的固氮细菌、菌根菌、捕食生物、传粉和种子传播的生物以及一些在传统农业系统中与之经过几个世纪共同进化的物种就消失了。林业上为了经济效益往往毁去物种丰富的林地，种植单一树种，如在热带，热带森林常常转变为咖啡、油棕、橡胶等种植园，使许多生物失去了原有的栖息地。

5. 外来物种的引进

通过人为有意或者无意的将某个物种从其他生态系统中引入到当地生态系统中，该物种称为外来物种。但是，一旦这种外来物种在当地大量繁殖，形成对当地生态或者经济破坏，这种物种就被称为外来入侵物种，这是以生态系统来界定的。

外来物种在其原产地有许多防止其种群恶性膨胀的限制因子，其中捕食和寄生性天敌的作用十分关键，它们能将其种群密度控制在一定数量之下。因此，那些外来物种在其原产地通常并不造成较大的危害。人们最初引进外来物种时，仅是引进了原产地生态系统的一个组分，食物网中的一些天敌或者控制它的物种是没有办法引进的。一旦它们侵入新的地区，失去了原有天敌的控制，其种群密度则会迅速增长并蔓延成灾。而自然界里生态环境中存在着食物链，天敌之间相互制约，一旦某种生物人为灭绝或人为引入，都会产生一系列难以想象的后果。如夜市中常见的福寿螺，这种原产南美亚马孙河流域的动物以超强的繁殖能力在江浙一带吞噬了万亩良田的作物；小龙虾，这种来自中南美的动物具有强悍的打洞习性，可以使“千里之堤，毁于虾穴”。

人类在当地引进外来物种总是为了某一目的，然而盲目引进可能会导致灾难性后果。例如，大米草原产于英国南海岸，是欧洲海岸米草和美洲米草的天然杂交种。20 世纪 60 年代为了保护海岸带免受海水的侵蚀，我国从英国和丹麦引进大米草，经过几十年的努力，引种成功了 50 多万亩，而且使大米草的分布范围从温带向南扩大到了北纬 21°27′，并证明大米草具有明显的经济效应。然而，大米草的繁殖能力极强，草籽随潮漂流，见土扎根，根系又极其发达，每年以五六倍的速度自然繁殖扩散(图 5 - 18)。大米草疯长，不但侵占沿海滩涂植物的生长空间，致使大片红树林消亡，而且导致贝类、蟹类、藻类、鱼类等多种生物窒息死亡，并与海带、紫菜等争夺营养，水产品养殖受到毁灭性打击。另外，大米草还影响了海水的交换能力，导致水质下降并诱发赤潮；堵塞航道，影响各类船只出港。又如水葫芦（凤眼莲），20 世纪 70 年代作为猪饲料引进我国，后又被证明该物种具有明显的吸收污染物的功能，是水污染净化的优良种类，国内大部分水域开始引种，然而，由于水葫芦繁殖力、适应力极强，引进数株水葫芦，几个月后就会密布水面，且分布的区域由我国南方的热带亚热带地区，直到北方的温带寒温带地区。许多湖泊如滇池、洞庭湖、微山湖深受其害。例如，水葫芦给滇池造成损失的是入侵物种危害的经典案例之一。20 世纪 80 年代，昆明建成了“大观河—滇池—西山”理想水上旅游路线，游客可以从市内乘船游览滇池、西山。但 90 年代初，大观河和滇池里的水葫芦疯长成灾，覆盖了整个河面和部分滇池的水面，致使这条旅游路线被迫取消，在大观河两岸兴建的配套旅游设施只好废弃或改做其他用途，大观河也改建成地下河。这些只是直接的经济损失，由水葫芦造成的生态损失却很难估量。国家曾投资 40 亿元人民币处理滇池的水葫芦污染，收效却不大（图 5－19），可见生物入侵的危害有多大。

图 5－18　在沿海密布的大米草

图 5－19　滇池的水葫芦

因此，引入外来物种要考虑其可能发生的后果，必须慎重。一旦外来物种入侵成功，要彻底根除极为困难，且用于控制蔓延的代价极大。据国家环保总局的统计，我国每年几种主要外来入侵种造成的经济损失就高达 574 亿元。

人类的活动除上述以外，还有像水坝和水库的建设、围湖造田、新矿区的开发等等，此外，由于全球变暖引起的生物物候期和分布范围的变化也是引起生物多样性减少的因素。

二、生物多样性的保护目标和对策

生物多样性是社会发展的根本基石，同时也是一项全球性财产，保护生物多样性已成为整个人类社会发展中急需解决的问题，是当前世界各国十分重视的问题，1992 年 6 月在巴西里约热内卢召开的联合国环境与发展大会签署的《生物多样性公约》，于 1993 年 12 月 29 日生效。随着公约的签订，各缔约国均有一系列的后续行动。由中国国家环境保护总局主持，由各方面专家及政府部门官员参加，共同制订了“中国生物多样性保护行动计划”，于 1994 年 6 月正式发布。其后，“中国生物多样性国情研究报告”于 1998 年 2 月出版。生物多样性保护及其持续利用之所以受到各国民众如此重视，是因为这是关系到当代和子孙后代的大事。

资料窗

生物多样性公约

生物多样性公约的目标：

1. 保护生物多样性及对资源的持续利用；

2. 促进公平合理地分享由自然资源产生的利益。

生物多样性公约的主要内容：

1. 各缔约方应该编制有关生物多样性保护及持续利用的国家战略、计划或方案，或按此目的修改现有的战略、计划或方案。

2. 尽可能并酌情将生物多样性的保护及其持续利用纳入到各部门和跨部门的计划、方案或政策之中。

3. 酌情采取立法、行政或政策措施，让提供遗传资源用于生物技术研究的缔约方，尤其是发展中国家，切实参与有关的研究。

4. 采取一切可行措施促进并推动提供遗传资源的缔约方，尤其是发展中国家，在公平的基础上优先取得基于其提供资源的生物技术所产生的成果和收益。

5. 发达国家缔约方应提供新的额外资金，以使发展中国家缔约方能够支付因履行公约所增加的费用。

6. 发展中国家应该切实履行公约中的各项义务，采取措施保护本国的生物多样性。

（一）保护生物多样性的目标

在现代观念中保护是发展的一部分，生物多样性的保护与生物多样性的发展和经济发展是辩证统一的关系。保护生物多样性的目标就是通过不减少遗传多样性和物种多样性、不毁坏重要的生境和生态系统，来保护和利用生物资源，以保证生物多样性的可持续发展。生物多样性优先重点保护在人类社会持续发展中具有重要意义的生态系统、关键地区，濒危、特有、珍稀和关键的物种，在生物进化中有特殊意义的基因。达到此目标的过程可分为三个基本环节。

1. 挽救生物多样性

挽救生物多样性就是采取有效措施保护基因、物种和生态系统；尽力防止关键性自然生态系统的退化，并加以有效管理和保护；维护已受人类干扰的陆地和水域多样性，并使受损害的物种回归到原来的生态环境中。

2. 研究生物多样性

研究生物多样性就是要阐明生物多样性的组成、分布、结构和功能；了解基因、物种、生境和生态系统的作用和功能；摸清被改变大系统与自然系统之间的复杂关系，并运用上述知识保持和发展生物多样性。

3. 持续明智地利用生物多样性

持续明智地利用生物多样性是指节约地利用生物资源，使它永不枯竭以保持和改善人类生存条件。生物多样性最佳利用方式是使它处于自然状态，保持其生态和文化价值。由于保护生物多样性是对人类生存环境的保护，必然为工农业持续生产、稳定和继续发展奠定良好的基础。因此，生物多样性的保护、发展和合理利用，是经济、社会、生态效益协调统一的有效途径。

（二）保护生物多样性的对策

1．建立和健全生物多样性保护的法律和法规

首先，保护生物多样性必须建立相关的法律和法规以约束人类自身的行为。毫无疑问，生物多样性丧失的最根本原因是经济因素，自然界中的生物资源是“公有财产”，可以被任意索取。人们为了生存生活而砍伐有经济价值的树木；为了获取利润而大规模地猎杀野生动物和砍伐树木；发达国家为维护本国的工业与经济的高速发展，大量进口生物初级产品或原料，实际上这也是对他国的生物资源进行的破坏性掠夺。因而对生物多样性的保护，虽然达到世界各国的广泛共识，形成了一系列生物多样性保护公约，但是最根本的是应有各国协调一致的经济管理与贸易政策，这些经济管理政策必须具有国际法的约束与保证。生物资源既然是一种共同资源或共同财产，也必须由各国一起努力，才能得以有效保护。目前，已有一些国家开始以各种方式制定了生物多样性的直接保护策略，其目的不是禁止自然生物资源的利用，而是为了如何更长期地、更合理地持续利用自然资源。

1978 年改革开放以来，我国生物多样性保护的政策和法律体系开始逐渐形成。近 30 年来也制定了一系列与生物多样性保护有关的法规、政策、规定和管理条例。例如，《海洋环境保护法》（1982 年）；《森林法》（1984 年）；《草原法》（1985 年）；《森林和野生动物类型自然保护区管理办法》（1985 年）；《渔业法》（1986 年）；《野生药材资源保护管理条例》（1987 年）；《野生动物保护法》（1988 年）；《环境保护法》（1989 年）；《中国自然保护纲要》（1986 年）；《陆生野生动物保护实施条例》（1992 年）；《国务院关于禁止犀牛角和虎骨贸易的通知》（1993 年）；《中国生物多样性保护行动计划》（1994 年）；《中华人民共和国自然保护区条例》（1994 年）。1997 年发布了《中国自然保护区发展规划纲要（1996—2010）》；1998 年在长江上游地区实施了禁伐令；1999 年开始实施退耕还林还草和退耕还湖工程；2005 年的“全国生物物种资源保护与利用规划（2006—2020）”；《中国水生生物资源养护行动计划纲要》；等等。

虽然我国目前针对生物多样性保护建立了一系列的法规，但生物多样性保护系统和法规尚不完善，更为严重的是执法不严，污染环境、破坏生态环境、偷猎贩卖濒危生物等现象时有发生。因此，开展保护生物多样性的宣传教育工作，提高全民生态平衡和生物资源持续发展的意识和严格执行有关法律就显得尤其重要。

2．国际合作，共同维护全球生物多样性

从 20 世纪 70 年代起，我国生物多样性的保护工作开始与国际合作，如 1972 年加入了人与生物圈计划。进入 80 年代后签署了一系列的国际条约，如《国际捕鲸公约》、《濒危野生动植物种国际贸易公约》、《保护世界文化和自然遗产国际公约》、《关于特别是作为水禽栖息地的国际重要湿地公约》、《生物多样性公约》、《联合国气候变化框架公约》、《联合国防治荒漠化公约》、《植物新品种保护公约》、《卡塔赫纳生物安全议定书》，等等。

20 世纪 80 年代开始，国际社会开始对中国的生物多样性进行援助。WWF（世界自然基

金会)和 WCS(国际野生生物保护学会)是最早进入中国的国际组织,共同开展了大熊猫的野外研究。另外,中国与联合国相关机构开展了紧密合作,如与联合国开发计划署(UNDP)、联合国环境规划署(UNEP)、联合国粮农组织(FAO)、联合国教科文组织(UNESCO)、世界银行(WB)、全球环境基金(GEF)等进行了大量多边合作项目;与 IUCN(世界自然保护同盟)、WWF、CI(保护国际)、WCS、FFI(英国野生动物植物保护国际)、IFAW(国际爱护动物基金会)等许多国际非政府组织开展了长期合作项目。在双边合作方面,中国已与美洲、欧洲、亚洲、非洲、大洋洲的数十个国家开展了与生物多样性保护相关的合作。国际社会对中国环境保护和生物多样性保护已投入大量资金和技术援助,如仅全球环境基金(GEF)在中国投入到生物多样性保护的经费累计已经超过 4 亿元人民币。2005 年以来在生物多样性保护方面新开展的重大国际合作项目主要有:欧盟-中国生物多样性规划项目,在未来 10 年内欧盟将投入 3 000 万欧元;中国- GEF/UNDP 生物多样性保护与可持续利用伙伴关系项目将投入 4 000 万美元,用于确保生物多样性保护能力得到切实加强,生物多样性得到更有效的保护,不同资源的利用得到有效利用和协调;中国-德国农业生物多样性可持续管理项目提供了 350 万欧元的技术援助,在湖南和海南两省选择不同农业生物多样性类型地区,以技术合作形式与德国共同开展农业生物多样性保护活动。

这些国际上的支持帮助,对中国生物多样性保护与管理能力的提高做出了积极的贡献。

3. 生物多样性的就地保护

就地保护是指在植物原有的生态环境下就地保存与繁殖野生植物,就地保护目前最普遍且有效的办法是由国家设立自然保护区。生物界物种在进化过程中有兴有衰,除了地球发生巨大的灾变之外,物种的新兴和衰亡过程都是极其缓慢的,通常以百万年来计算。人类开发自然,改变自然是相对迅速的,几十年至几百年的定向开发便可以使大自然改变面貌。自然环境的改变能加速濒危物种的灭亡,人类开发范围越扩大,由于直接破坏了动、植物的栖息繁殖地,或间接切断食物链,野生动、植物分布范围便越收缩,物种种群必然相应地缩小。对于地球上所有形式的生命,不管是野生的或是驯化的,其种群水平必须足以维持其生存。为此目的,要保护必要的生境,特别要保护那些独特的区域、各种生态系统类型的代表性样地、珍稀濒危物种。自然保护区是指那些有代表性的自然系统、珍稀濒危野生动植物种的天然分布区,包括自然遗迹、陆地、陆地水体、海域等不同类型的生态系统。自然保护区是对生物多样性的就地保护场所,其主要功能是保护自然生态环境和生物多样性,生物遗传资源和景观资源的可持续利用,另外自然保护区还具备科学研究、科普宣传、生态旅游等重要功能。

作为科学的自然保护区的建设是从 19 世纪开始的。1872 年美国建立世界上第一座自然保护区"黄石国家公园";世界上第二个自然保护区是建于 1879 年的澳大利亚"皇家国家公园"。此后的一个多世纪里,世界各地纷纷开辟自然保护区与自然公园。目前全世界的自然保护区总数已达上万个,国家公园 1 300 多个。例如,美国现有 400 多个自然保护区和 300 多个自然公园,总面积占国土面积的 10%;澳大利亚有自然保护区 1 200 多个及国家公园 600 多个,总面积占国土面积的 2.2%。自然保护区建设较多的还有英国和日本等,总面积都占国土面积的 10%以上。从本世纪 50 年代起,自然保护区的数量和面积将作为国家发达程度的重要标志之一。

我国自然保护区的建设始于20世纪50年代，从70年代末以来，我国自然保护区事业发展很快，初步建成了一个类型比较齐全的自然保护区网络。截至2006年底，全国共建立各种类型、不同级别的自然保护区2 395个，其中国家级自然保护区已达265个，全国各种类型自然保护区约占陆地国土面积的15%，初步形成了类型比较齐全、布局比较合理、功能比较齐全的全国自然保护区网络。我国自然保护区包括森林、草原、湿地、海洋、荒漠、野生动物、野生植物、地质遗迹、古生物遗迹等九种类型。从布局上看，全国各省区都有自然保护区。数量较多的是广东、云南、内蒙古、黑龙江、四川、江西、贵州、福建等省份，这8个省区自然保护区数量占全国总数的58%。面积较大的是西藏、新疆、青海、内蒙古、甘肃、四川等西部省区，6省区自然保护区面积就占全国自然保护区总面积的77%。这些自然保护区使我国75%的陆地生态系统、88%的野生动物、65%的高等植物和绝大多数的珍稀濒危野生动植物都得到较好的保护。

2001年12月21日，《全国野生动植物保护及自然保护区建设工程》正式启动。野生动植物保护及自然保护区建设工程是我国野生动植物保护历史上第一个全国性重大工程，也是全国六大林业重点工程之一。规划总体目标是：通过实施该工程，拯救一批国家重点保护野生动植物，扩大、完善和新建一批国家级自然保护区、禁猎区和野生动物种源基地及珍稀植物培育基地，恢复和发展珍稀物种资源。到2050年，使我国自然保护区数量达到2 500个，总面积1.728亿公顷，占国土面积的18%，形成一个以自然保护区、重要湿地为主体，布局合理，类型齐全，设施先进，管理高效，具有国际重要影响的自然保护网络。

资料窗

自然保护区及相关术语

1. 自然保护区：指对有代表性的自然生态系统、珍稀濒危野生动植物物种的天然集中分布区、有特殊意义的自然遗迹等保护对象所在的陆地、陆地水体或者海域，依法划出一定面积予以特殊保护和管理的区域。

2. 生物圈保护区：UNESCO系统的保护区，强调保护、发展与后勤支持三大功能，提出著名的核心区、缓冲区与过渡区三区模式，该模式作为中国自然保护区立法的依据。截至2004年，中国有26个生物圈保护区。

3. 森林公园：强调通过保护森林生态系统及其景观为人类提供休憩与旅游的地区。

4. 风景名胜区：具有观赏、文化或科学价值，自然景物、人文景物比较集中，环境优美、具有一定规模和范围，可供人们游览、休息或进行科学、文化活动的地区。

5. 传统文化森林保护地：我国道、佛庙观通常位于深山密林，并有长期保护培育周围森林的传统，为保存不同地域的典型生态系统与物种多样性起了十分重要的作用。有许多因庙观保存下来的森林生态系统直接成为国家或省县级自然保护区。

6. 天然林保护地：自1998年以来，国家正式启动天然林保护计划，这一类新的保护地，主要关注的森林生态服务功能，尤其强调其涵养水源及水土保持的功能。

7. 自然遗址：UNESCO系统的保护区，以保护著名的自然遗产地为主，保护对象有生态系统、地质遗迹。目前中国的自然与文化遗产有28处，如武夷山、峨嵋山、泰山、黄山、九寨沟、黄龙、张家界、长城、故宫、兵马俑、敦煌、丽江等；其中双遗产4处（泰山、黄山、峨嵋山、武夷山）。

8. 国际湿地：以保护湿地为主的自然保护区，又称为拉姆萨（Ramser）国际湿地，目前中国有21处，如扎龙、向海、鄱阳湖、东洞庭湖、东寨港、青海湖、香港米浦等。

9. 地质公园：以保护地质遗迹为主要目的的保护区，如冰川遗迹、火山遗迹、丹霞地貌、溶洞等。

4. 濒危物种的迁地保护

生物多样性保护应以就地保护为主，但随着自然界环境状况的日益恶化，迁地保护越来越显示出其重要性。对于一些濒危物种来说，如果其野生种群数量太少，或适合其生存的自然栖息地已被破坏殆尽，迁地保护则将成为保存这些物种的唯一手段。迁地保护是指为保护野生生物而在原生群落以外的地区建立能够维持稳定种群的环境的一种保护措施，目标是为被保护物种在其自然环境的正常生存提供支持，植物园、动物园、水族馆、濒危物种繁殖中心、种子库和基因库等的建立都是迁地保护的重要措施。例如：

我国的种质资源长期保存工作在20世纪80年代初才开始。1983年建成国家种子1号库，1984年开始种子入库，能容纳25万份种子，现作为交换库使用。国家种子2号库于1986年落成并投入使用，总面积2 200平方米，由2个面积为307平方米的长期库和4个面积为69平方米的可调库组成。长期库温度－18℃、相对湿度50％，库温度调节范围－8℃～－18℃，已入库种子25万份。2号库是目前世界上容量最大、现代化程度较高的长期库。它除了保存国内种质材料外，还承担了全球油菜、大白菜、萝卜和亚洲地区小麦的长期保存任务。另外，还建立了中国家养动物牛、羊精子库和胚胎库，等等。目前，正在中科院昆明植物所建设我国首座国家级野生生物种质资源库，将包括种子库、植物离体种质库、DNA库、微生物种子库、动物种质库、信息中心和植物种质资源圃，将收集保存1.9万种19万份（株）种质资源。

截至2005年，我国已经建立城市动物园和野生动物园近200个，还建立了230多处野生动物人工繁殖场。我国许多濒危珍稀野生动物，如大熊猫、东北虎、华南虎、金丝猴、羚羊、长颈鹿、斑马、朱鹮、丹顶鹤、扬子鳄等已人工繁殖成功，许多濒危野生动物呈现出稳中有升的良好态势，一批极度濒危的物种已摆脱灭绝危险。从20世纪80年代开始，一些原产于我国后在我国消失的动物又从国外引种回来，如麋鹿、野马、高鼻羚等。近年来还建立了扬子鳄、中华鲟、白鳍豚、大鲵及其他濒危水生动物繁殖中心。例如，扬子鳄野外的种群数量根据调查仅有百多条左右，且仅分布在安徽省境内的破碎化的生境中，使该物种的野外生存面临着巨大的威胁。1983年林业部与安徽省合作，建立了扬子鳄繁殖研究中心，经过科技人员10余年的努力，解决了扬子鳄人工繁殖孵化和幼鳄饲养技术难题，现已超过10 000条。2001年，国家林业局将扬子鳄确定为“全国野生动植物保护及自然保护区建设工程”重点物种，将从加强扬子鳄现有野外种群保护和实施人工繁育扬子鳄种群放归自然两个方面入手，全面推进扬子鳄的拯救工程。

随着全球气候的变暖，植物的生存环境也受到越来越严重的威胁，人类能做的植物保护的最好方式是就地保护，否则就要进行迁地保护。中国科学院植物园工作委员会最新统计的数字显示，我国60%的高等植物物种，也就是近18 000个物种，已实现迁地保护。

迁地保护在很大程度上是挽救式的，也是被动的，迁地保护是利用的人工模拟环境，自然生存能力、自然竞争力等在这里无法形成。所以，迁地保护的物种最终还应回归大自然，这是在迁地保护过程中应加以注意和探讨的问题。

5. 发挥生物技术在生物多样性保护中的作用

现代生物技术为生物多样性的物种保护和持续利用提供了可靠的技术保证，许多这方面的技术已被用于遗传资源的保存。例如，超低温（-196℃）条件下保存濒危动物的胚胎或生殖细胞、濒危植物的器官、组织或细胞；利用克隆技术绵延濒危动物物种；应用目前已相当成熟的植物组织培养技术，大量快速繁殖一些珍稀、濒危或具有重要经济价值的植物，如目前许多濒危的中药资源如人参、红豆杉等都在运用细胞工程的技术进行组织培养，一旦大规模生产成功则可大大降低对野生资源的压力。利用DNA指纹技术来进行新生子代的鉴定和繁殖行为的研究，如大熊猫的亲子鉴定在我国已经得到应用，等等。

资料窗

我国开展生物多样性保护的主要机构

1. 政府机构

国务院环境保护委员会、国家环保总局、国家林业局、农业部、建设部、国家海洋局等部门是我国实施生物多样性保护的重要职能部门。其中国家环保总局、国家林业局、农业部等单位在我国履行《生物多样性公约》，开展野生动植物的就地保护方面发挥着主导作用。建设部在开展生物多样性的易地保护方面肩负着神圣的职责。

2. 研究机构和学术团体

中国科学院、中国林业科学研究院的一些研究所、教育部系统的大专院校、各省市的地方科研机构以及中国动物学会、中国植物学会、中国生态学会等学术团体，都有大批的专家学者从事生物多样性保护的研究工作。他们的研究成果是开展生物多样性保护的科学依据。

3. 民间自然保护组织

近年来我国陆续成立了一些民间自然保护团体，如中国生物多样性基金会、中国野生动物保护协会等。在开展生物多样性的宣传教育、科学普及及协助政府有关职能部门开展生物多样性的保护方面发挥了重要作用。

生物多样性是地球上的生命经过几十亿年发展、进化、遗传、变异的结果，是人类赖以生存和发展的物质基础。1982年10月28日，联合国大会第371号决议正式颁布的《世界自然宪章》表明:“人类是自然的一部分;每种生命形式都是独特的,无论对人类的价值如何,都理应受到尊重;从自然获得持久利益,依赖于对基本生态过程和生命支持系统的维持,依赖于生命的多样性;人类必须学会如何维持和增加他们利用自然资源的能力,同时能够保证保存各种物种和生态系统,以造福今世和后代。”我们只有一个地球,它是人类目前唯一能生存的地方。因此,人类社会的可持续发展依赖于对生物多样性的全面保护和持续利用,人类的社会文化多样性应该与生物多样性协同发展,保护人类的生存环境、保护和持续利用生物多样性是全人类的责任,让它继续造福于我们和我们的子孙后代吧。

本章思考题

1. 与人类生存和社会可持续发展密切相关的不可再生资源有哪些?地球上还存在哪些潜在资源将来可被利用?

2. 什么是生物多样性?生物多样性包括哪些层次?

3. 生物多样性的价值表现在哪些方面?保护生物多样性有何重大意义?

4. 生物物种受威胁等级是如何划分的?你认为当前生物多样性将或已经面临哪些危险?

5. 我们周围哪些食品是绿色食品?谈谈你对绿色食品的看法。

6. 你知道的外来物种有哪些?试从生态学角度对这些外来物种的引进举措作出评价。

7. 生物多样性的保护目标主要有哪些?保护生物多样性有哪些可采用的对策?

8. 在世界自然保护联盟公布的《2007 年受威胁物种红色名录》中,目前全球有 41 415 个物种面临生存威胁,其中 16 306 个物种有灭绝危险,比 2006 年增加了 188 种。试分析造成这种状况的主要原因,并从生命科学角度阐述你对保护、拯救濒危动植物的主要观点。

9. 你如何看待人口增长对生物多样性的影响?我国是一个发展中国家,你认为应该如何来解决经济发展与生物多样性之间的矛盾?

10. 生物多样性是全人类的共同财富,你认为作为个人在保护生物多样性中应承担什么样的责任和义务?

第六章　生物技术及其应用

生物技术(biotechnology)是指利用生物系统、活生物或其衍生物,为特定用途而生产或改变产品或过程的应用技术。这是一个总称,包括所有应用于有生命物质的技术。其涵盖的内容非常广泛,可以划分为传统生物技术和现代生物技术两种。人类几千年来使用的酿酒、制酱、育种等技术是传统生物技术。现代生物技术则是指20世纪80年代初发展起来的、以现代生物学研究成果为基础,以基因工程为核心的高技术。当前所称的生物技术基本上都是指现代生物技术。

生物技术有时也称为生物工程(bioengineering),是指人们以现代生命科学为基础,结合其他基础科学的原理,采用先进的工程技术手段,改造或重新设计细胞的遗传物质,以获得优良品种或品系的动物、植物和微生物或加工生物原料,为人类生产出所需产品,达到提高社会生产力和生活质量的目的。确切地说生物工程所覆盖的学科领域非常广泛,它是生物科学和工程科学的交叉科学,生物工程学科的任务是促进和实现生命科学的实验室研究成果向应用领域的转化。

根据操作对象及操作技术的不同,生物技术主要包括4项技术(工程):基因工程、细胞工程、发酵工程和蛋白质工程。这4项技术并不是各自独立的,它们彼此之间是相互联系、互相渗透的,其中基因工程技术是核心技术,它能带动其他技术的发展。例如,通过基因工程对细菌或细胞改造后获得的“工程菌”,或细胞,都必须分别通过发酵工程或细胞工程来生产有用的物质;又如,通过基因工程技术对酶进行改造以增加酶的产量、酶的稳定性以及提高酶的催化效率等。

近20年来,以基因工程、细胞工程、酶工程、发酵工程为代表的现代生物技术发展迅猛,已经广泛应用于医药保健、农牧业、生态环保等领域,并日益影响和改变着人们的生产和生活方式。我国的生物技术在20世纪70年代中期开始起步。国内许多研究单位相继开展了基因工程、细胞工程、酶工程和发酵工程的研究,为我国生物技术的发展奠定了基础。从“七五”开始到现在的“十一五”期间,生物技术都被列为国家重点科技攻关项目。

第一节　基 因 工 程

随着20世纪分子生物学的发展,随着DNA结构和遗传机制的逐渐阐明,生物学家不再仅仅满足于探索、揭示生物遗传的秘密,而是开始跃跃欲试,设想在分子的水平上去干预生物的遗传特性。20世纪70年代,基因工程(genetic engineering)这项对人类社会影响深远的新技术由此应运而生。

基因工程就是将一个生物体中有选择的目的基因转入另一个生物体中,使后者获得新的遗传性状或表达所需要的产物。其主要原理是应用人工方法把生物的遗传物质，通常是DNA分离出来，在体外进行切割、拼接和重组，然后将重组了的DNA导入某种宿主细胞或个体，从而改变它们的遗传特性；有时还使新的遗传信息在新的宿主细胞或个体中大量表达，以获得基因产物(多肽或蛋白质)。这种创造新生物并给予新生物以特殊功能的过程就称为基因工程，也称为DNA重组技术。

一、基因的结构和功能

基因是一个含有特定遗传信息的DNA分子片段，DNA是基因的载体。DNA分子最短的约为4 000个碱基对，多至数百万个碱基对。而一条多肽链一般由150～300个氨基酸组成，按三联体密码子的要求，须由450～900个核苷酸来编码它们，加上基因内不编码的核苷酸序列，一个基因大约有500～6 000个核苷酸对。人的基因组约有30亿个碱基对，存在3万～4万个基因。

(一) 基因的基本结构

基因的种类可按照基因在细胞内分布的部位，将其分为细胞核基因和细胞质基因。细胞核基因位于细胞核内的染色质上，绝大多数基因属于细胞核基因；细胞质基因位于细胞质内，如原核细胞中的质粒，真核细胞中的线粒体基因。线粒体是人类细胞中除细胞核以外唯一存在DNA的细胞器。

根据基因的功能和性质，可将其分为结构基因(structural gene)与调节基因(regulator gene)。结构基因和调节基因的共同特点是都可以转录成mRNA，而且可翻译成多肽链。但结构基因得到的最后产物可以构成各种结构蛋白和一定的酶系统(图6-1)，因而是参与生物性状的发育和表现直接有关的基因；而调节基因编码的蛋白质是用于阻遏或激活功能基因的。

人类结构基因包括编码区和非编码区两个部分。

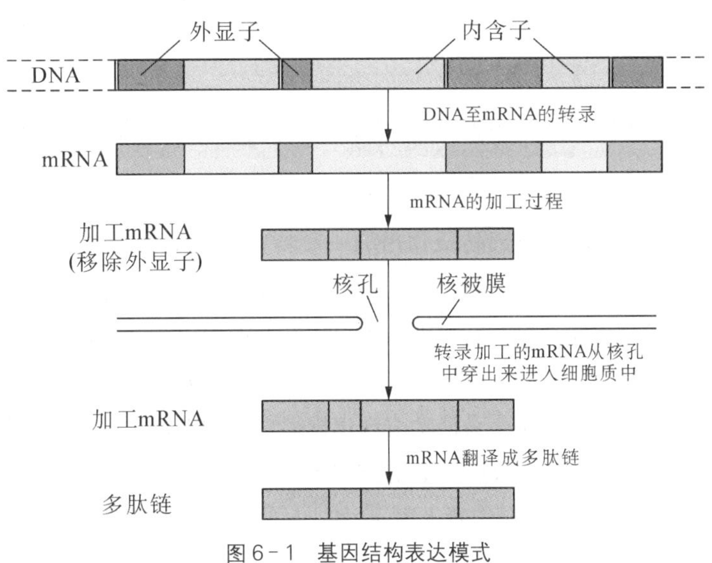

图6-1 基因结构表达模式

1. 编码区

自起始密码至终止密码的一段DNA称为编码区，编码区中能够转录成mRNA的称之为外显子(exon),而那些非编码序列称内含子(intron),通常内含子和外显子相间排列组成编码区(见图6-1)。一个结构基因中外显子的数目总是等于内含子的数目加1,外显子长度远远小于内含子长度。不同的结构基因大小不同,所含的内含子的数目和长度也不同。例如,人血红蛋白β珠蛋白基因全长约为1 700 bp,含有3个外显子和2个内含子;假肥大型肌营养不良症(DMD)的基因全长可达2 300 kb,含有75个外显子和74个内含子。少数结构基因没有内含子,如干扰素基因等。从功能上看,内含子属于调控序列。结构基因转录时,内含子也被转录,但在初级转录物加工时被切掉。

每个外显子与内含子交界处,都有一段高度保守的特异性碱基顺序,即每个内含子的5′端以GT开始,3′端以AG结束。这一特异的碱基顺序称为外显子-内含子接头,也称GT-AG法则,是RNA的剪切识别信号。

在显示基因结构时,通常只用DNA一条链的碱基顺序(编码链)来表示,左侧为编码链的5′端,右侧为3′端,以某一点(例如转录起始点)为参照,与转录方向一致的位置称为下游,与转录方向相反的位置称为上游。

2. 非编码区

非编码区是指在第一个外显子和最末一个外显子外侧的一段非编码区。它含有一些重要的基因调控顺序,对基因的表达有重要影响。

(1) 启动子　通常位于转录起始点上游约100 bp范围内,是DNA上与RNA聚合酶识别、结合和促进转录的一段核苷酸序列(图6-2)。

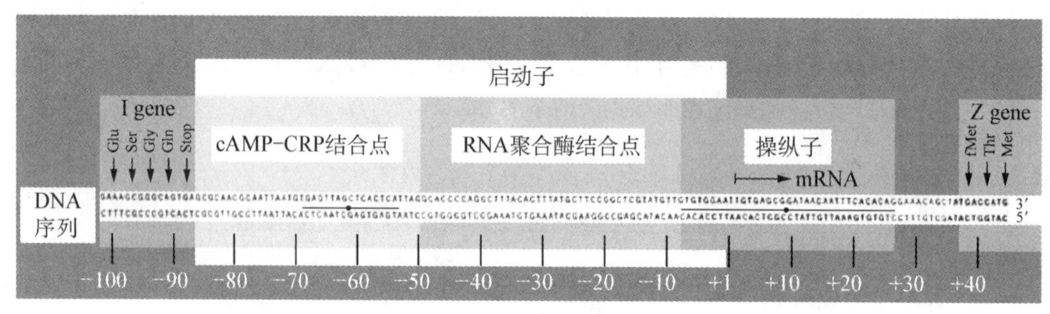

图6-2　启动子

(2) 增强子　指能够增强基因转录作用的一段特定DNA顺序,其作用是增强启动子效应,与基因的转录启动无关。增强子的位置比较灵活,它可以位于转录起始点的上游,也可以位于转录起始点的下游。它通过与特异性的蛋白质结合而促进基因的转录。启动子和那些直接用来调节结构基因活动的DNA序列,通称为操纵基因(operator)。通过基因之间的相互作用,调控基因的有序表达,使各种生命活动表现出规律性、和谐性。

(3) 终止子　是一段具有转录终止功能的特定DNA顺序。位于编码区下游,转录终止点上游。当RNA聚合酶处于终止子位置上时,会使RNA脱离模板DNA,转录停止。

(二) 基因的功能

基因的化学本质是DNA,所以,基因的功能可从DNA的功能加以解释,包括以下两个方面。

1. 基因复制

基因的复制实质上就是DNA的复制。在细胞分裂过程中，某一基因随DNA的复制而复制，从而将其遗传信息完整地传递给子细胞，保证了遗传物质的连续性与稳定性。

(1) 基因复制的基本特征

① 半保留复制　DNA分子复制产生的两个新的DNA分子与原来的DNA分子完全相同，每个新的DNA分子双链中，一条来自亲代DNA分子，另一条是新合成的，这种复制方式称为半保留复制。

② 复制起点与方向　真核细胞DNA分子可有100～1 000个复制起点。自复制起点处开始，复制向两个方向进行，包含一个复制起点、能够独立进行复制的单位称为复制子(replicton)。人类基因组约有10 000个复制子，随着相邻复制子的汇合，最终完成DNA的复制。

③ 复制条件　第一，四种脱氧核苷酸(脱氧核苷三磷酸)是复制的原料；第二，需要RNA作为引物。因为，DNA复制的起始并不伴随新DNA合成，DNA聚合酶Ⅰ和Ⅲ不能启动DNA复制，它们只能从一个3′端具有可利用羟基的核酸来使DNA延伸。引物是由RNA聚合酶合成的，该聚合酶被称为引发酶(primase)。引发酶利用DNA双链作为模板合成约30个核苷酸的RNA引物。引发酶必须先与其他多种蛋白质共同构成一个多蛋白复合体，才能完成RNA引物的合成和复制的起始。另外，DNA聚合酶只能催化脱氧核苷酸到引物的游离3′-羟基。因此，DNA新链延伸方向必定是5′→3′；第三，需要其他有关的酶，如拓扑异构酶、DNA连接酶等。拓扑异构酶的作用是解开DNA双链；DNA连接酶可以催化两个相邻核苷酸之间形成3′→5′磷酸二酯键，在复制过程中将两个冈崎片段连接起来。

④ 需要ATP供能。

(2) 基因复制的基本过程

DNA复制时，首先DNA双螺旋结构在拓扑异构酶的作用下，复制起点处双螺旋解旋，松解开的两股链和未松解开的双螺旋外形像一把叉子，称复制叉(replication fork)(图6-3)。在复制起点处，随着引物的合成，周围游离的脱氧核苷酸分别以两条链为模板，按碱基互补规律(A═T、G≡C)，在DNA聚合酶催化下，其5′位磷酸与DNA链上3′端3′位羟基缩合脱去焦磷酸形成磷酸二酯键。这样，在引物的3′端方向上脱氧核苷酸一个一个连接上。此过程只需在开始时有引物，顺着复制叉的前进方向连续进行，速度较快，完成复制较早，因此，此链称为前导链(先行链)。在5′→3′模板链上，DNA的新链合成也只能沿5′→3′方向进行，但是分段进行的。每一段合成都需要一段RNA引物，在引物引导下合成的DNA片段称为冈崎片段。当冈崎片段延伸至接近前一个冈崎片段的5′端时，DNA聚合酶的5′→3′核酸外切酶活性使前一个冈崎片段的5′端的RNA引物被切除；然后DNA聚合酶继续进行DNA合成，使冈崎片段延长，填充因切除RNA引物留下的空隙；最后，DNA连接酶以磷酸二酯键将两个冈崎片段连接起来。由此可见，在5′→3′模板上的DNA合成比较复杂，复制完成较晚，并且复制是分段进行的，新链合成的方向与复制叉前进方向相反，经此方式形成的新链称为后随链(落后链)。这种前导链连续复制，后随链不连续复制的方式称为半不连续复制(图6-4)。

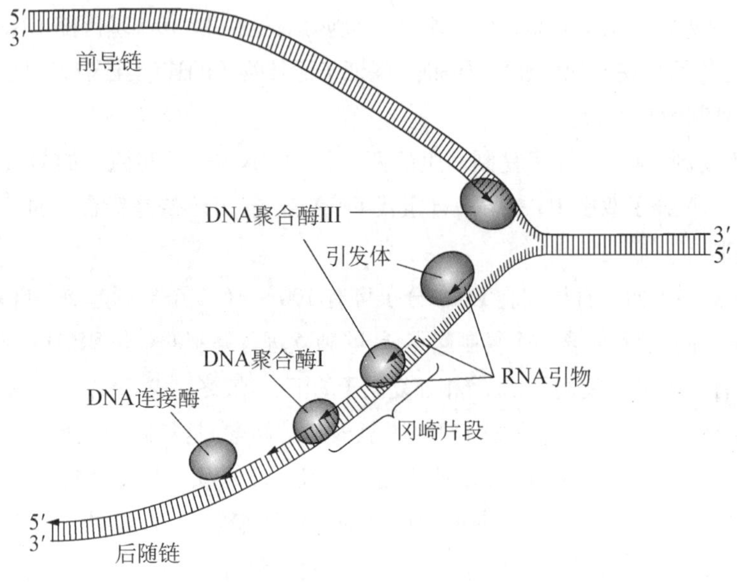

图 6-3　DNA 复制叉上合成

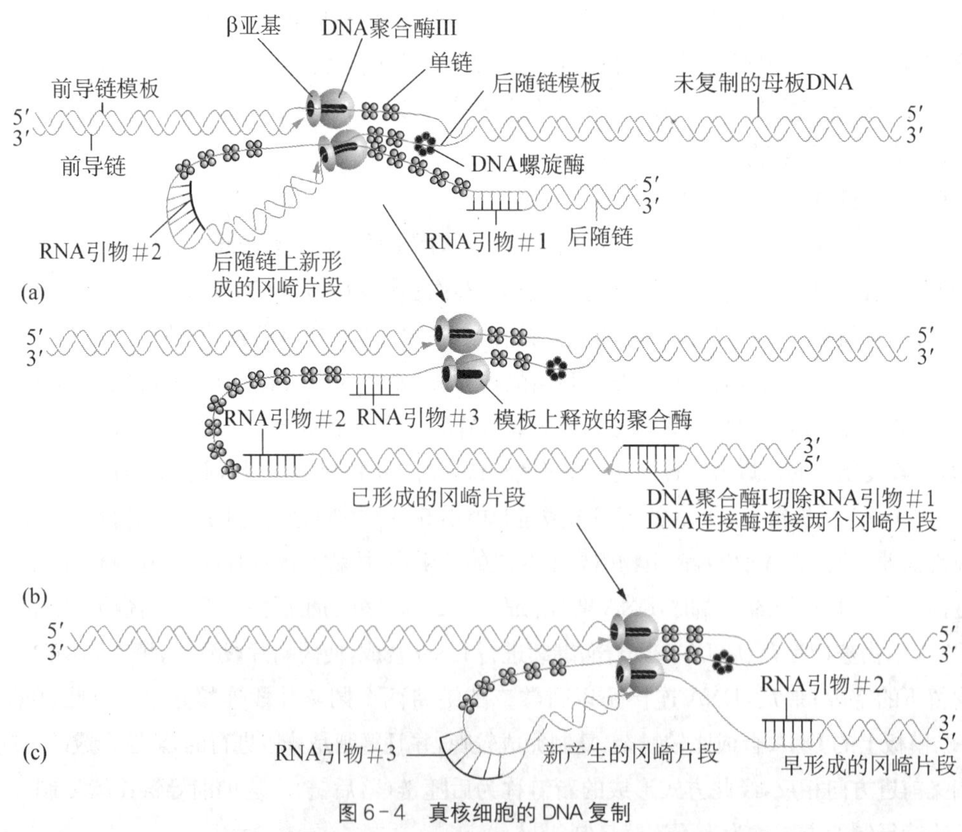

图 6-4　真核细胞的 DNA 复制

2. 基因的表达

基因的表达是指细胞在生命活动过程中，将一个基因所携带的遗传信息转变成具有生物活性的蛋白质(或酶)的过程。包括转录和翻译两个步骤。

(1) 转录　转录是指以 DNA 分子中的一条链为模板，互补合成 RNA 的过程。DNA 经过转录产生的三种类型的 RNA 最初并无生物活性，分别称之为 mRNA 前体、tRNA 前体和 rRNA 前体。这三种 RNA 前体必须经过一个加工、修饰过程，才能形成有功能的 RNA (图 6-5)。RNA 加工、修饰过程也是在细胞核内完成的。

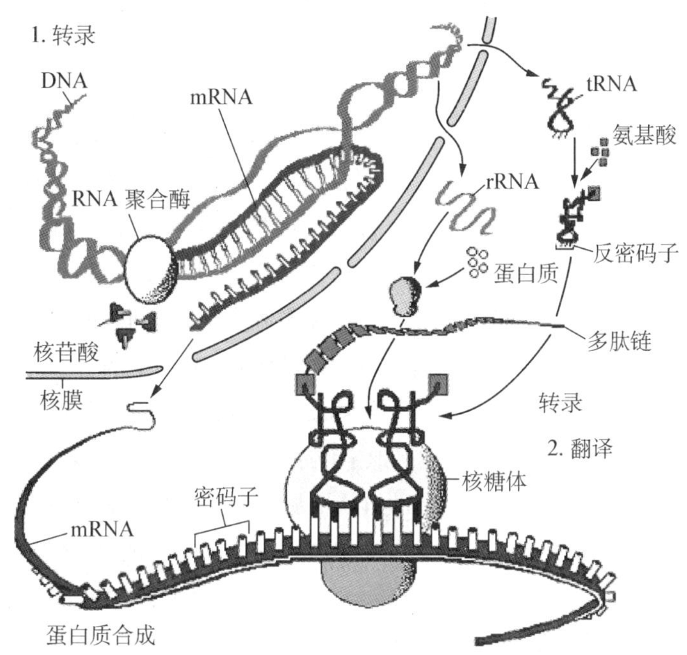

图 6-5　RNA 前体的加工与修饰

转录时，DNA 的双链在酶的作用下局部解旋，以其中的一条链为模板，按碱基互补规律(RNA 中以 U 代替 T，和 DNA 中的 A 配对)，以四种核苷酸(核苷三磷酸)为原料，在 RNA 聚合酶作用下合成出一条 RNA 单链，DNA 重新恢复成双螺旋结构。经过转录产生的 RNA，它的碱基排列顺序是由模板 DNA 的碱基排列顺序决定的。在转录过程中，起模板作用的那条 DNA 单链称为模板链，又称为反编码链；而与模板链相互补的、不作为转录模板的另一条 DNA 单链称为非模板链，又称为编码链。编码链与转录产物——新合成的 RNA 碱基顺序相同，只是 DNA 中的 T 变为 RNA 中的 U。核糖体 RNA 基因与转移 RNA 基因只转录产生相应的 rRNA 和 tRNA。rRNA 与多种蛋白质组成复杂的核糖体，tRNA 在蛋白质合成中负责携带氨基酸，在翻译过程中作为载体和工具，并不翻译成多肽链。

(2) 翻译　翻译是指以 mRNA 为模板合成蛋白质的过程。实际上就是将 DNA 转录到 mRNA 的遗传信息“解读”为多肽链的氨基酸种类和顺序的过程。

翻译过程可大致分为四个阶段(图 6-6)：

① 氨基酸的活化　氨基酸参与多肽链合成之前，必须经过活化，然后再与对应的 tRNA

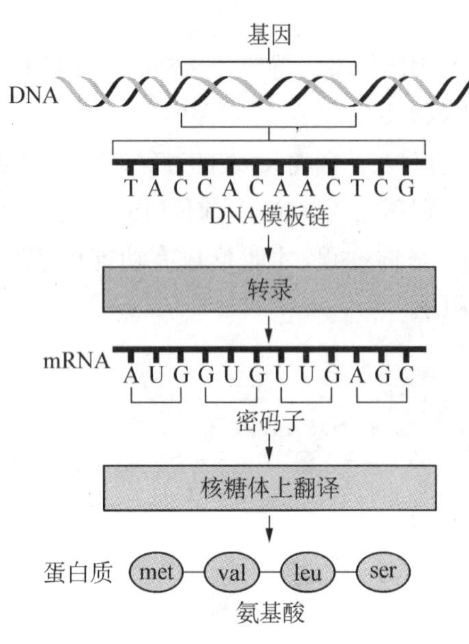

图 6-6　DNA 的转录与 mRNA 的翻译

结合形成氨基酰-tRNA。

② 肽链合成的起始　首先在起始因子的作用下，核糖体的小亚基识别 mRNA 的起始部位并与之结合。然后甲硫氨酰-tRNA 以其反密码子与 mRNA 的起始密码子(AUG)互补结合，三者共同形成起始复合物。然后大亚基与小亚基结合形成完整的核糖体，这时，甲硫氨酰-tRNA 占据了核糖体大亚基的 P 位，空着的 A 位准备接受下一个氨基酰-tRNA。至此，肽链延长的准备工作就绪。

③ 肽链延长　在有关因子的作用下，第二个氨基酰-tRNA 识别 mRNA 上的密码子，进入核糖体大亚基上的 A 位，这一过程叫做进位。随后，在转肽酶的作用下，P 位上的甲硫氨酰与 A 位上的氨基酰缩合形成二肽，使甲硫氨酰离开 P 位上的 tRNA 转移到 A 位上的 tRNA 上去，这一过程叫做转肽。P 位上的 tRNA 失去了氨基酸后，便从核糖体上脱落下来，核糖体向 mRNA3′端移动一个密码子的距离，同时原来在 A 位上的肽酰-tRNA 移至 P 位上，空出的 A 位准确地定位于第三个密码子上，这一过程叫做移位。此后，每经过进位、转肽和移位一个循环，多肽链就增加一个氨基酸残基，使肽链得以延长。

④ 肽链合成的终止与释放　当核糖体 A 位被终止密码子占据时，多肽链的合成即终止。在释放因子的作用下，多肽链与 tRNA 分离，mRNA 与核糖体分离，最后一个 tRNA 也离开核糖体。核糖体的大、小亚基彼此分离，翻译结束。多肽链形成后，需要经过一系列的加工，最后才能形成具有一定生物学功能的蛋白质。

(三) 基因表达的调控

人体细胞有 3 万多个基因，在某一个时期(不同发育阶段)和空间(不同功能的细胞之中)，不同组织器官往往表现着不同的功能，合成着不同的酶或者其他蛋白质。如肝细胞合成肝白蛋白，以及与消化、吸收、解毒有关的酶蛋白，红细胞合成血红蛋白，淋巴细胞合成免疫球蛋白，肌纤维细胞合成肌球蛋白等。同一种组织不同发育阶段合成蛋白质也有差异，不同的基因表达受到严格的条件控制，表现出高度的生命有序性。基因的开启和关闭，转录和翻译的速度，直接或间接地受一些因素影响，这就是基因的调控作用。原核生物和真核生物基因表达调控的原理是不同的。

1. 原核生物转录调控

原核生物转录调控是由法国的雅各布(Francois Jocob)和莫纳德(Jacques Monod)在研究大肠杆菌乳糖代谢时发现的，1961 年他们提出乳糖操纵子学说。该学说认为，很多功能相关的结构基因在染色体上串联排列，由一个共同的控制区来操纵这些基因的转录，这一整个核苷酸序列就称为操纵子(operon)。原核细胞的基因调控系统比真核细胞要简单得多，它是由一个操纵子和它的调节基因组成的。

例如，大肠杆菌的乳糖操纵子是由启动子、操纵基因以及与其相邻的三个结构基因（*lac*Z 编码分解乳糖的 β-半乳糖苷酶；*lac*Y 编码吸收乳糖的 β-半乳糖通透酶；*lac*A 编码 β-半乳糖苷乙酰转移酶）组成的（图 6-7）。调节基因控制产生一种阻遏蛋白，这种阻遏蛋白可与操纵基因结合，阻碍结合在启动子上的 RNA 聚合酶向三个结构基因移动，从而抑制转录的进行。当培养基中含有乳糖时，乳糖进入大肠杆菌细胞中，并能与操纵基因上的阻遏蛋白结合，使其发生构象改变，并从操纵基因上脱落下来。这时，在启动子上的 RNA 聚合酶即可顺利通过操纵基因和三个结构基因，从而产生一条编码三种酶的 mRNA，经翻译产生三种酶。由于 β-半乳糖苷酶的不断产生，使细胞内的乳糖及与阻遏蛋白结合的乳糖逐渐被水解掉，失去乳糖的阻遏蛋白又恢复到原来的构象，又能与操纵基因结合，再次阻碍 RNA 聚合酶进行转录，结构基因再次关闭，于是乳糖的水解过程终止。当细胞中再次出现乳糖时，又可引起酶的产生。这样，随着细胞中乳糖有无，酶的合成与终止过程交替进行，从而调节控制细胞的发育。

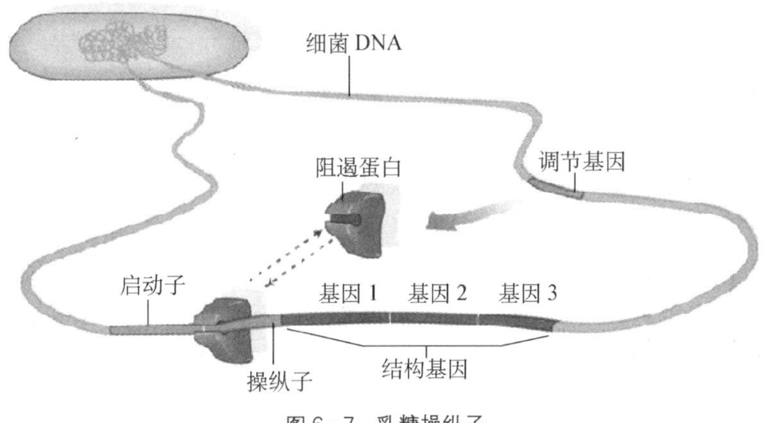

图 6-7　乳糖操纵子

2. 真核生物基因表达调控

真核生物有一个复杂、精确的基因表达调控系统，具多个层次。转录前水平的调节：主要包括染色体 DNA 的断裂、删除、扩增、基因重排等修饰，以及异染色质化等改变基因结构和活性的过程。转录水平的调节：包括染色质的活化和基因的活化，增强子通过改变染色质 DNA 的结构而促进转录。转录后水平的调节：包括转录产物的加工和转运调节，通过不同方式的拼接可产生不同的 mRNA。翻译水平的调节：主要是控制 mRNA 的稳定性和有选择地进行翻译。翻译后水平的调节：主要是控制多肽链的加工和折叠，通过不同方式的加工，可产生不同的活性多肽。在 DNA 水平上，有的基因会专一性地大量扩增，如非洲爪蟾体细胞 rDNA 拷贝数约 500 个，而卵母细胞中拷贝数竟达到 2×10^6 个，增加了 4 000 倍。通过大量增加模板数，以满足卵裂时期所需核糖体的数目。DNA 上的胞嘧啶会发生甲基化修饰，从而影响基因的活性。在翻译前，很多没有作用的内含子也必须切除，翻译后的蛋白质还要经一系列的折叠和包装才能形成真正起作用的蛋白质，进行生命活动。真核细胞基因表达调控是一个复杂的网络系统，精确高效。

二、基因工程的原理和方法

基因工程，就是指在体外将外源DNA(往往是某一特定的基因)经切割和连接，插入至病毒、质体或其他载体中，形成重组DNA分子，导入到受体细胞中，使外源基因在受体细胞中表达的过程。

基因工程是一项非常复杂的技术操作，它的环节之繁多、操作之细致是其他工程所无法比拟的。其基本步骤可以大致归纳如下：①获得需要的目的基因(gene of interest)(外源基因)，即从生物有机体的基因组中，分离出带有目的基因的DNA片段；②在限制性内切酶(restriction enzyme)和连接酶(ligase)作用下，将带有目的基因的外源DNA片段，连接到能自我复制的载体分子上，形成重组DNA分子(recombinant DNA)，这一步往往需要对重组DNA分子进行克隆和筛选；③将重组DNA分子转移到适当的受体细胞内，使重组DNA分子能够在受体细胞中复制和遗传；④筛选获得了重组DNA分子的受体细胞克隆，即对转化子(获得外源基因的受体细胞)进行筛选和鉴定；⑤克隆基因的表达，产生出人类所需要的物质，即对获得外源基因的细胞或生物体通过发酵、细胞培养、养殖或栽培等，最终获得所需要的遗传性状或表达出所需要的产物。

(一) 目的基因获得

进行DNA重组操作，首先要获得需要的目的基因。所谓目的基因，是指已被或欲被分离、改造、扩增和表达的特定基因或DNA片段，能编码某一产物或某一性状，目的基因主要是结构基因。在原核生物中，结构基因通常会在基因组DNA上形成一个连续的编码区域；但在真核细胞中，外显子(编码区)往往会被内含子(非编码区)分开，原核基因、真核基因的分离需采用不同的方法。根据实验需要，待分离的目的基因可能是包含转录启动区、基因编码区和终止区的全功能基因。不同基因组类型的基因大小和基因组成也各不相同，分离目的基因也需采用不同的途径和方法。

一般来说，目前获取目的基因的方法主要有三种：反向转录法、基因组DNA文库法和人工合成法。

1. 反向转录法

这种方法主要用于分子量较大而又不知其序列的基因。事实上，直接从供体基因组中获得含目的基因的特定DNA片段是有困难的，因为对于大多数基因而言其在基因组中所占份额很小。但某些基因由于它们在细胞中执行特定功能，含有特定的单一基因产物，如哺乳动物胰岛细胞分泌大量胰岛素，红细胞富含血红蛋白等。这类特化细胞含有制造特定蛋白质的大量mRNA，所以从这类细胞制备mRNA比较容易。另一方面，真核细胞的基因含有不表达的内含子，如果要让这些基因在不具有将转录的RNA加工成准确的mRNA的受体细胞中进行表达，将会出现差错。因此，用mRNA以转录成cDNA就可避免此差错，尤其是单拷贝目的基因的制备常用这种方法。

在细胞内，核基因组经过转录产生前体RNA，经酶切作用后，其中的内含子被除去，形成仅有外显子(编码蛋白质的基因序列)的成熟mRNA。从细胞中分离出所需要的mRNA，再以此 mRNA 为模板，以短的寡核苷酸链作引物，加入 dATP，dTTP，dGTP 和 dCTP，寡核苷酸链与 mRNA 分子的多聚 A(polyA)尾碱基配对，借助反转录酶合成碱基互补的 DNA 片段。反转录完成时，mRNA 被降解。接着，在 DNA 聚合酶 I 的 Klenow 片段的作用下，再以第一条 DNA 链为模板，人工合成另一条互补的 DNA 子链，亦即目的基因的双链 DNA。这种经过 mRNA 反转录人工合成的双链 DNA 被称为互补 DNA(complementary DNA, cDNA)。在细胞分化的不同阶段，根据代谢反应特殊需要，细胞往往特异性地转录产生编码特殊蛋白的 mRNA。因此，用 cDNA 方法获取的 DNA 片段往往是具有特定功能的目的基因，这是反转录人工合成互补 DNA 方法的优势。

2. 基因文库法

包含某种生物基因组全部遗传信息的一系列 DNA 片段，通过克隆载体储存在一种受体菌或细胞的群体之中，这个群体称为这种生物的基因文库(genomic library)。基因文库包括由基因组 DNA 构成的基因组文库和由与 mRNA 互补的 DNA 构成的 cDNA 文库，cDNA 文库不含非转录的基因组序列(重复序列等)。

(1) 构建基因文库　从生物组织细胞提取出全部 DNA，采用物理方法(超声波、搅拌剪力等)或酶法(限制性核酸内切酶的不完全酶解)将 DNA 降解成预期大小的片段，然后将这些片段与适当的载体(常用噬菌体、黏粒或 YAC 载体)连接，通过转化或转导的方法将带有不同 DNA 片段的重组 DNA 分子导入受体细菌或细胞，这样每一个受体细菌或细胞接受了含有一个由基因组 DNA 片段与载体连接的重组 DNA 分子。通过繁殖扩增，许多受体细菌或细胞一起组成一个含有基因组各 DNA 片段克隆的集合体，即基因组 DNA 文库。

(2) 筛选和鉴定基因文库中的目的基因　目前，从基因文库的众多克隆中筛选和鉴定目的基因的主要方法是杂交探测技术和 DNA 测序技术。杂交探测是一种利用能和目的基因序列互补的 DNA 或 RNA 片段为探针，通过分子杂交的手段找出带有目的基因的技术。作为探针的 DNA 或 RNA 分子大多是根据已知的有关目的基因的某些信息(部分 DNA 序列或蛋白质产物等)化学合成的寡核苷酸链，标记探针的方法也很多，如放射性元素标记(图 6-8)、荧光色素标记、酶标记等等。核酸的分子杂交可分成液相杂交和固相杂交两大类。液相杂交是将待检测的核酸样品和同位素标记的杂交探针同时溶于杂交液中进行反应，然后分离杂交双链和未参加反应的探针，用仪器计数并通过计数分析杂交结果。固相杂交是把欲检测的核酸样品先结合到某种固相支持物上，再与溶解于溶液中的杂交探针进行反应，杂交结果可用仪器进行检测，但大多数情况下直接进行放射自显影，然后根据自显影图谱分析杂交结果。目前使用最多的固相支持物是硝酸纤维素(NC)膜，它对单链 DNA 有较强的吸附作用；RNA 经过一些特殊变性剂处理后，也能较容易地结合到 NC 膜上。

3. 人工化学合成目的基因

基因就其化学本质而言是一段核苷酸序列，知道了基因序列便可在实验室进行基因的人工合成。例如，依照某一蛋白质的氨基酸序列，即可按密码子推算出其基因的核苷酸序列，随后应用化学合成法，就可在短时间内合成目的基因。化学合成 DNA 时，通常先合成一个个小片段(150～200 bp)，即单链 DNA 片段，然后在 DNA 连接酶的帮助下，将它们按顺序地连接起

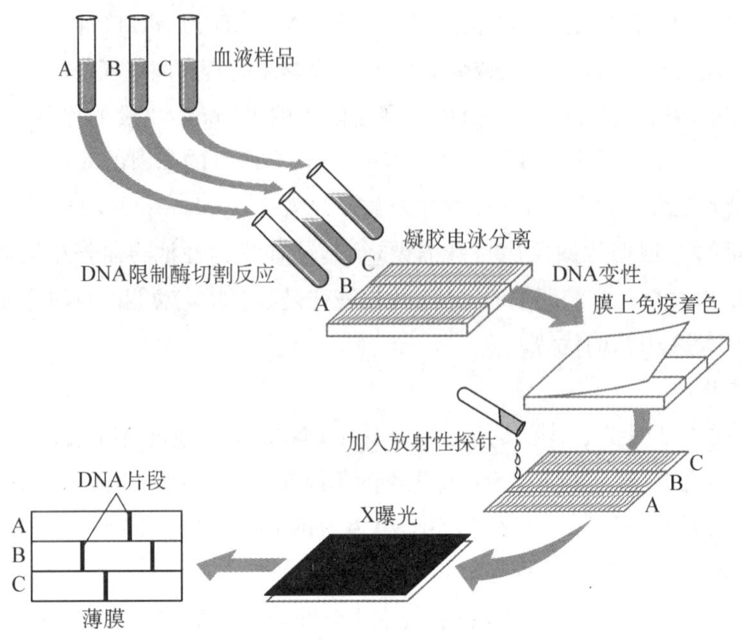

图 6-8　放射性元素标记的杂交探测

来。化学合成 DNA 的方法有：磷酸二酯法、磷酸三酯法、亚磷酸三酯法以及在后两者基础上发展起来的固相合成法和自动化法。目前由电脑控制的 DNA 合成仪已经商业化，使用方便，化学合成目的基因已成为生物技术中的常规技术。十多年来科学家们已相继合成了人的生长激素释放抑制因子、胰岛素、干扰素等的编码基因。

化学合成的寡核苷酸链除了可作合成基因的元件外，还可作为 DNA 序列测定的引物、核酸分子杂交的探针及用于扩增目的基因、引入突变等。

4. 聚合酶链式反应(polymerase chain reaction，PCR)法

1985 年，美国 Cetus 公司的 Kary Mullis 等人建立了一套大量快速扩增特异 DNA 片段的技术，即聚合酶链式反应技术，这种 PCR 技术可在体外通过酶促反应成百万倍地扩增所需的 DNA 片段。PCR 技术的出现给目的基因的筛选增加了一个新手段。如果已知目的基因序列的长度和两端的序列，则可以设计合成一对引物，以转化细胞所得的 DNA 为模板进行扩增，若能得到预期长度的 PCR 产物，则该转化细胞就可能含有目的基因的序列。

PCR 技术其原理并不复杂，与细胞内 DNA 复制过程类似。首先，双链 DNA 在临近沸点的温度下，其碱基对间的氢键受热断裂成两条单链 DNA；然后，Taq DNA 聚合酶在离体条件下以单链 DNA 为模板，延伸引物，利用四种脱氧核苷酸(dNTP)合成新生的 DNA 互补链。

(1) 反应体系：PCR 反应体系要求具备以下条件：①作模板的 DNA 序列，即从细胞中提取分离的微量样品 DNA。②要有分别与目的基因两条链各自 5′端序列相互补的 DNA 引物，引物为人工合成的约 15～20 个核苷酸的寡核苷酸链，引物决定了 DNA 复制开始的位置。③Tag DNA聚合酶，Taq DNA 聚合酶是从嗜热水生菌(Thermus aquaticus)中分离出来的一种热稳定聚合酶，此酶最适作用温度为 75～80℃，可在 74℃下复制 DNA，短时间内在 95℃下仍

具有酶活力。④4 种脱氧核苷酸(简写为 dNTP)。⑤适宜的缓冲体系和适量的 Mg^{2+} 。

(2) 反应过程:整个 PCR 反应过程在 PCR 仪(图 6-9)中进行,在一个典型的 PCR 反应中,所有所需的成分都在反应前加入。因此,一旦循环反应开始,不必为再加其他试剂而停止反应。反应混合物含有过量的引物和核苷酸,在一个典型的 PCR 反应中,引物和靶序列的比例在反应一开始通常是 10∶1。反应过程包括连续进行的三个环节:①变性,将反应液置于 PCR 仪中,提高温度(约 90~95℃)破坏碱基间的氢键,使 DNA 双链解离;②复性,降温(约 60℃左右)退火,使引物与模板结合;③延伸,升温至 70~75℃,在引物的引导下合成模板单链的互补链,从而形成 DNA 双链片段;④重复上述“变性——复性——延伸”的过程(图 6-10)。最初几次循环中形成的长链 DNA 较多,但随着反应的进行,长链 DNA 以算术级数增加,而夹在两个引物之间的目标 DNA 以指数级数增长,经大约 20~30 次循环后,扩增产物中主要是目标 DNA。

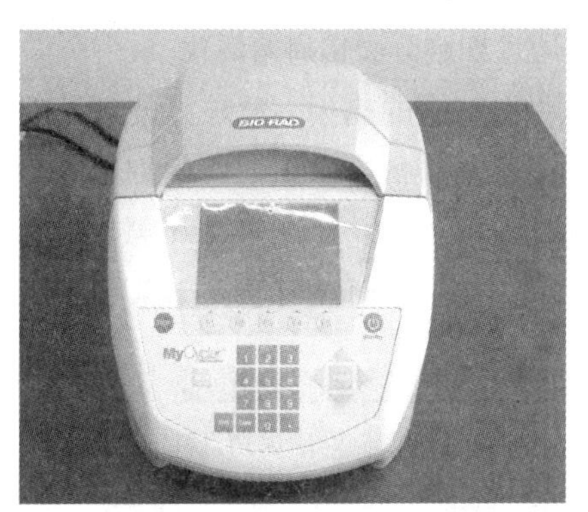

图 6-9　PCR 仪

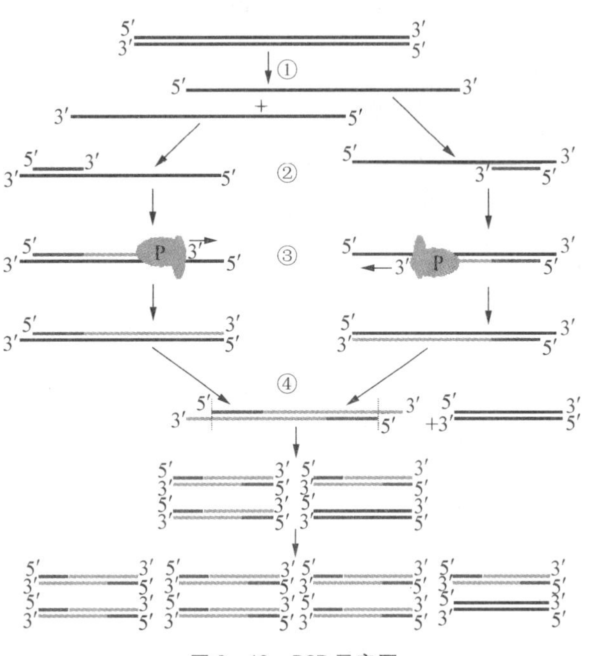

图 6-10　PCR 示意图

PCR 技术与分子克隆和 DNA 序列分析方法几乎构成了整个分子生物学实验工作的基础。PCR 技术使对微量的核酸(DNA 或 RNA)操作变得简单易行,同时还可以使核酸研究脱离活体生物。PCR 技术的发明是分子生物学的一项革命,它极大地推动了分子生物学以及生物技术产业的发展。Kary Mullis 也因发明了 PCR 技术而获得 1993 年的诺贝尔化学奖。

(二) 基因工程的载体

一般来说,外源基因必须先同某种传递者结合后才能进入受体细胞,这种能承载外源 DNA 片段(基因)带入受体细胞的传递者称之为载体。

1. 基因工程载体的特性与基本要求

作为外源基因载体至少必须具备 3 个条件:(1)具有能使外源 DNA 转入的克隆位点;

(2)能携带外源 DNA 进入受体细胞，或游离在细胞质中进行自我复制，或整合到染色体 DNA 上随染色体 DNA 的复制而复制；(3)必须具有选择标记，承载外源 DNA 的载体进入受体细胞后，以便筛选克隆子。

2. 基因工程载体主要类型

目前已构建应用的基因工程载体大致有：质粒载体、噬菌体载体、病毒载体等。

(1) 质粒载体：质粒载体是最早发展起来的一类基因工程载体，以质粒 DNA 为基础构建而成，是微生物和植物转基因研究的主要载体。

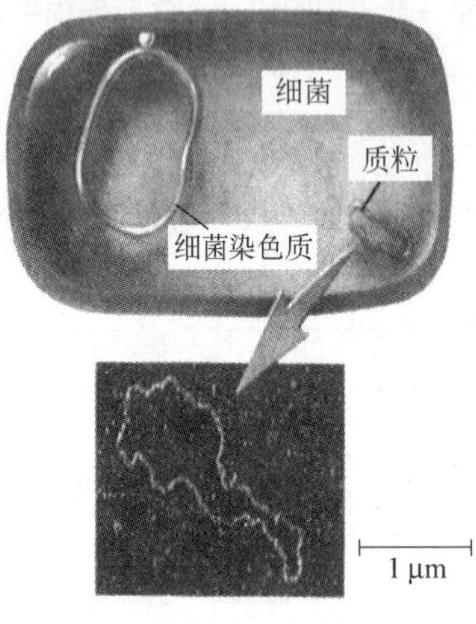

图 6－11 细菌质粒

质粒是一类亚细胞有机体，广泛存在于细菌之中，也存在于某些蓝藻、绿藻和真菌细胞中。质粒结构比病毒更简单，无蛋白质外壳，也无细胞外的生命周期，是仅能存在于寄主细胞质内、独立于染色体的 DNA 分子(图 6－11)，能通过核膜孔出入于核与细胞质之间。质粒 DNA 分子小的不足 1 500 bp，大的可达 100 kb 以上(1 kb＝1 000 bp)，质粒上的基因占细菌细胞基因组的 1％～3％，因此它也是一个在染色体外独立的复制单位。质粒 DNA 虽然在寄主细胞内可持续稳定地处于染色体外，但在一定条件下又会可逆地整合至寄主染色体上，随染色体的复制而复制，并通过细胞分裂传递给后代。

质粒携带细菌之间组合的信息，常常是几种植物与动物疾病的病因。质粒能使细菌对各式各样有毒制剂特别是抗生素有抗性，利用这一特性很容易将携带重组质粒的细菌克隆从没有携带重组质粒的细菌中筛选出来(图 6－12)。例如，细菌质粒 pUCl8 携带了氨卞青霉素抗性基因(ampR)，它使细菌能在含氨卞青霉素的培养基中生长，而没有转入 pUCl8 的细

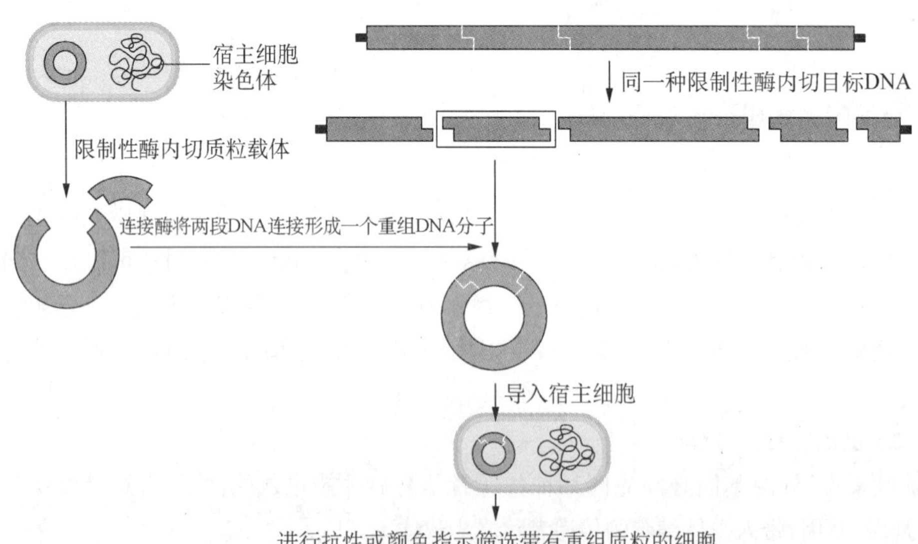

图 6－12 用质粒载体构建重组 DNA 分子

菌则全部会被杀死。因此，用含氨卞青霉素的培养基可很方便地对携带 pUCl8 的细菌做筛选。

（2）噬菌体载体　噬菌体是细菌病毒的总称，其结构比质粒要复杂得多，其 DNA 分子除有复制起点外，还有编码外壳蛋白的基因。质粒载体最大能克隆的 DNA 片段约为 10 kb 左右，因此，为了满足克隆更大的 DNA 片段的要求，科学家把噬菌体发展成为一种良好的基因工程载体。不同种噬菌体之间，其核酸的相对分子质量相差很大，可达上百倍。

噬菌体的感染率非常高。一个噬菌体颗粒感染了一个细菌细胞之后，便可迅速地形成数百个子代噬菌体颗粒。如此只要重复四次感染周期，一个噬菌体便能使数十亿个细菌细胞致死。

基因工程中最常用载体的是 λ 噬菌体和 M_{13} 单链 DNA 噬菌体，前者常作为基因文库的克隆载体；后者常用于测序、改造等。

知识窗

噬菌体的命名规则

1. 噬菌体基因的命名用其表型或基因产物单词的 1～3 个斜体的字母，大写或小写均可，如 *N*、*cI*、*int* 等。当几个基因突变产生类似表型时，可加上罗马数字编号区分，如 cI、cII、cIII；其基因产物可用 gp 加上基因名称表示，如 gp43；或是在基因名称后加上“蛋白”两字，如 cI 蛋白。

2. 表型与基因产物的命名不用斜体，但第 1 个字母要大写，如 N、Int。

3. 溶源性噬菌体在细菌染色体中的附着部位通常命名为 att 位点，其后是所对应噬菌体的命名，如 *att*λ、*attP*4、*attHK*022 等。

（3）线粒体　线粒体作为一种载体工具，是近几年科学家又发现的一种比较理想的运载工具。因为，线粒体是普遍存在于动植物细胞质中的细胞器之一，不同动植物有相似的特点，它的基本物质成分之一是 DNA，能够进行自我复制。因此，这种运载工具能够更容易在真核细胞里稳定下来，进行复制和表达。

（三）基因工程工具酶

基因工程操作中涉及一系列相互关联的酶促反应。已经知道有许多重要的核酸酶，如限制性内切酶、外切酶、DNA 连接酶、DNA 聚合酶、反转录酶、DNA 及 RNA 的修饰酶等，在基因工程的操作中有着广泛的用途。

1. 限制性内切酶

限制性内切酶（restriction endonuclease）是一类能识别双链 DNA 中特定碱基顺序的核酸水解酶，可以把 DNA 切成若干个片段。由于它们可以在 DNA 序列的特殊位点将 DNA 分割成特定的片段，所以被比喻为 DNA 操作的分子手术刀。正是因为有了这些分子手术刀，才使基因克隆操作成为现实。

发现窗

限制性内切酶

1952年，美国分子遗传学家S.E.卢里亚(S.E. Luria)在研究中得到了一种突变的大肠杆菌，噬菌体可以感染并杀死它，但并不释放出噬菌体，即突变大肠杆菌对外源DNA有限制作用。一天，卢里亚不小心将装有被噬菌体感染的突变大肠杆菌的试管打碎了，于是用痢疾杆菌(志贺氏菌)来代替大肠杆菌，结果被感染的痢疾杆菌释放出了噬菌体，这一现象使卢里亚感到迷惑不解。1962年，阿伯(W. Arber)提出一个假设来解释上述现象。他认为这是细菌中有2种以上功能不同的酶，其中一种是核酸内切酶，能识别并切断外来DNA分子的某些部位，使外来DNA失去活性，限制外来噬菌体的繁殖，他把这类酶称为限制性核酸内切酶。

1968年，史密斯(H.O. Smith)首次分离出内切酶。1971年，纳赞(D. Nathans)应用史密斯的内切酶切割SV-40病毒的DNA，获得了第一个DNA的内切图谱。为此，阿伯、史密斯和纳赞共享了1978年的诺贝尔奖。

限制性内切酶至今发现的有三型，即I型酶、II型酶和III型酶。目前基因工程中真正有用的是II型酶，所以如果没有专门说明，通常所说的限制性内切酶就是II型酶。到目前为止，细菌是限制性内切酶，尤其是特异性非常强的I型酶的主要来源。

限制性内切酶能识别DNA分子中特定的核苷酸序列称之为识别序列(或识别位点)(图6-13)，并在该处特异性切断DNA分子。例如，PvuI(从细菌Proteus vulgaris中分离)只识别和切断6核苷酸序列CGATCG；从相同细菌分离的PvuII，却只识别并切断CAGCTG。许多限制性内切酶的识别位点是6个核苷酸，但是，也有识别4个或5个、甚至8个核苷酸顺序的限制性内切酶。此外，有些限制性内切酶的识别顺序可能不是唯一的，例如，HinfI可以识别并切断GAATC、GATTC，GAGTC和GACTC。因此，通常也将HinfI的识别位点记为GANTC，N代表A、T、G和C中的任意一种核苷酸。

经限制性内切酶处理后的DNA分子断端有两类：一类是两条链断裂是交错对称的，产生的DNA末端的一条链多出1至几个核苷酸，称为凸出末端，又称黏性末端或黏端；另一类是两条链上断裂的位置处在识别序列的对称结构中心，产生的末端是平齐的，称为平末端或平端。黏性末端和平末端，它们的性质对基因克隆的实验设计有重要影响。其中，具有不同识别位点的限制性内切酶可以产生相同的黏端。例如，BglII(AGATCT)和BamHI(GGATCC)产生与Sau3A相同的GATC黏端。显然，经上述三种酶处理的DNA分子片段之间均可以在相应的断端形成互补双链。

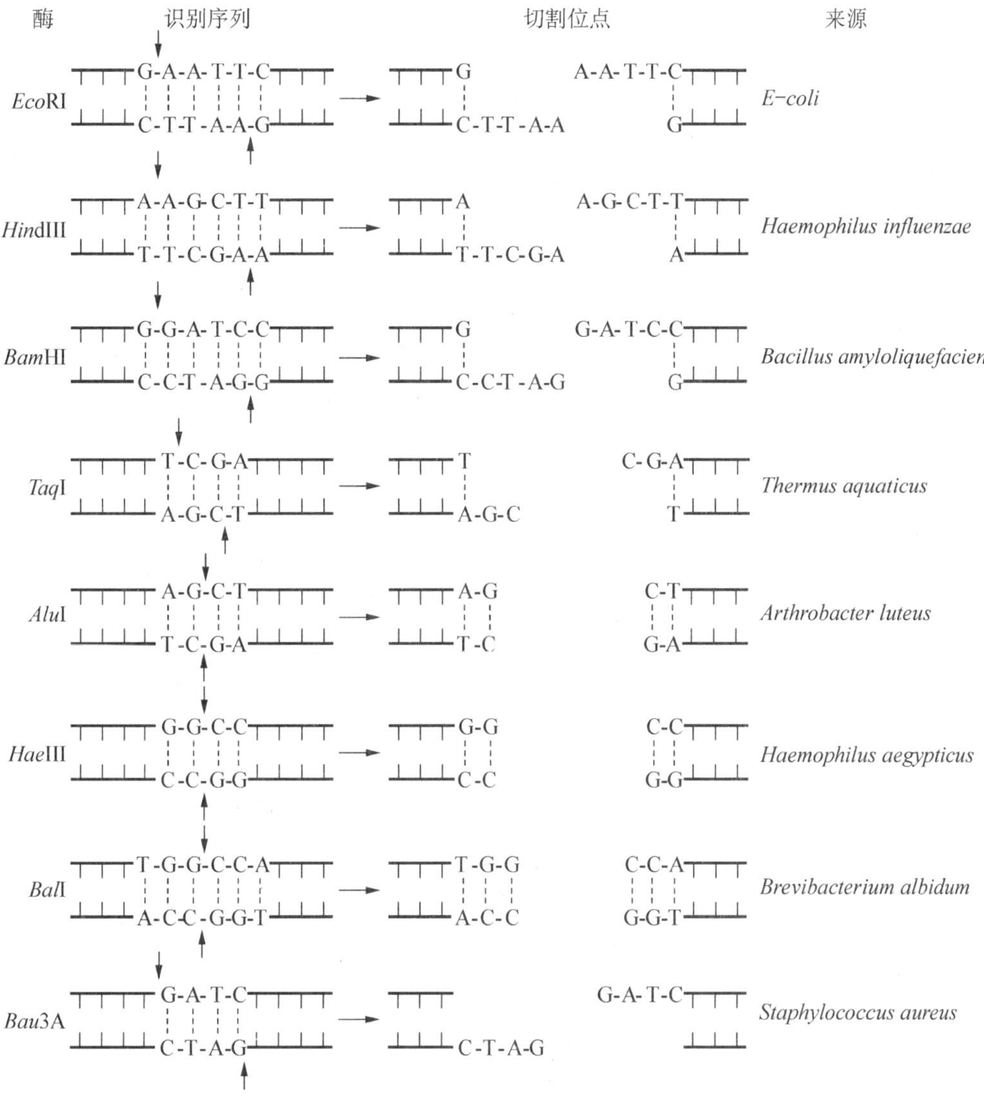

图 6－13　几种最常用的限制性内切酶(来源、识别序列和切割位点)

知识窗

核酸限制性内切酶的命名规则

限制性内切酶的命名首先是由 Smith 和 Nathams 于 1973 年提出的，1980 年，Roberts 在此基础上进行了系统分类，总规则是以内切酶来源的微生物学名进行命名。II 型核酸限制性内切酶是基因工程中最常用的工具酶之一，它的命名规则主要是：

1. 限制性内切酶的名称由 3 个字母组成，第 1 个字母采用细菌属名的第 1 个斜体大写字母，第 2 个和第 3 个字母采用细菌种名的前 2 个字母，需斜体小写。如大肠杆菌(*Escherichia coli*)用 *Eco* 表示；流感嗜血菌(*Hacmophilus inf lucnzac*)用 *Hin* 表示。

2. 第4个字母表示菌株的类型,用正体,如 *Hin*d 中的 d 代表流感嗜血菌 d 株。

3. 从同一种微生物中发现多种限制酶,则依照发现和分离的先后顺序用罗马数字表示,罗马数字用正体。如流感嗜血菌 d 株有多种限制酶,则分别表示为 *Hin*dI、*Hin*dII、*Hin*dIII等。

根据以上命名规则,从淀粉液化芽孢杆菌(*Bacills amy-loliq-uefaciens*)H 株中分离的第1种限制性内切酶,则命名为 *Bam*HI。

2. DNA 连接酶

DNA 连接酶(DNA ligase)是一种封闭 DNA 链上缺口的酶,借助 ATP 或 NAD 水解提供的能量催化 DNA 链的 5′-磷酸基与另一 DNA 链的 3′-羟基生成磷酸二酯键。但这两条链必须是与同一条互补链配对结合的(T4 噬菌体 DNA 连接酶除外),而且必须是两条紧邻 DNA 链才能被 DNA 连接酶催化成磷酸二酯键。

DNA 连接酶在基因工程中用来连接目的基因与载体,最常用的 DNA 连接酶是 T4 噬菌体 DNA 连接酶。T4 噬菌体 DNA 连接酶是 1967 年发现的,它是由一条分子量为 68 000D 的肽链组成。其作用是催化 DNA 的 5′-磷酸基与 3′-羟基之间形成磷酸二酯键,它可连接黏端、平端和带有切口的 DNA,还可连接 RNA 与 DNA 的杂交链。

3. DNA 聚合酶

DNA 聚合酶(DNA polymerase)最早在大肠杆菌中发现,以后陆续在其他原核生物及微生物中找到。这类酶的共同性质是:(1)以脱氧核苷酸(脱氧核苷三磷酸)(dNTP)为前体催化合成 DNA;(2)需要模板和引物的存在;(3)不能起始合成新的 DNA 链;(4)催化 dNTP 加到生长中的 DNA 链的 3′-羟基末端;(5)催化 DNA 合成的方向是 5′→3′。

DNA 聚合酶可以使单核苷酸通过磷酸二酯键加在寡核苷酸链的 3′-羟基端,在基因克隆中用来补平缺口。尤其是具有耐热性质的 DNA 聚合酶的分离极大地促进了基因等 DNA 片段的体外合成与扩增技术的发展。

4. 反转录酶

反转录酶(reverse transcriptase)是依赖于 RNA 合成 DNA 的酶,也称为 RNA 依赖性 DNA 聚合酶。它以单链 RNA 为模板,合成具有与此匹配的核苷酸序列的 DNA。此酶或以信使 RNA(mRNA)的 poly(A)部分与 oligo dT 的结合体为模板,可合成与 mRNA 相对应的互补 DNA(cDNA),在基因工程中常用来构建 cDNA 文库和 DNA 的序列分析。

以上各种工具酶的发现和应用才使基因工程技术成为可能。

(四) 基因的导入与表达

1. 基因导入的基本方法

重组的 DNA 分子只有在细胞内环境中才可复制繁殖,把目的基因或重组 DNA 分子转移到真核细胞,并且整合到基因组中得到稳定表达的技术称为基因导入,它是改变物种遗传性状的最根本途径。将外源 DNA 分子导入受体细胞的途径,包括载体法的转化和基因的直接转移。

(1) 载体法的转化　主要包括转染和转导。转染是指将病毒或噬菌体 DNA 和目的基因的 DNA 重组后获得的重组 DNA 直接导入基因的方法，例如用转染法生产胰岛素过程中，胰岛素基因首先和质粒 DNA 重组，然后一起进入受体细胞(图 6-14)。转导是指用携带有目的基因的噬菌体颗粒(既有重组 DNA，又有噬菌体的外壳蛋白质包裹——完整噬菌体)导入基因的方法。

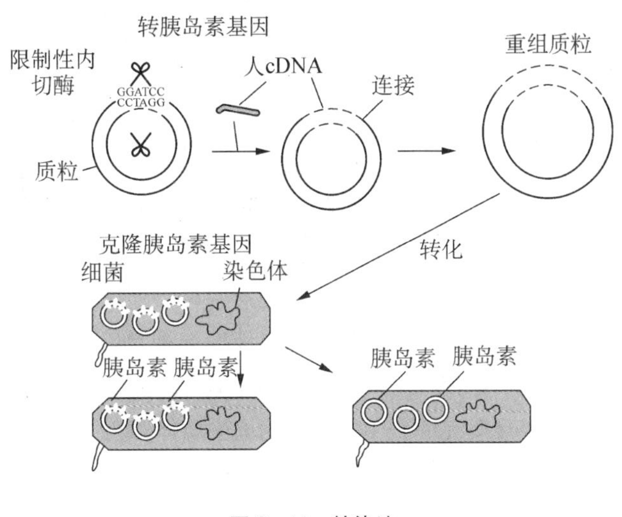

图 6-14　转染法

资料窗

农杆菌介导法

根瘤农杆菌(agrobacterium tumefaciens)是一种革兰氏阴性土壤杆菌，在自然状态下，能通过伤口侵染植物，导致冠瘿瘤的发生。农杆菌细胞中分别含有 Ti 质粒和 Ri 质粒，其上有一段 T-DNA，农杆菌通过侵染植物伤口进入细胞后，可将 T-DNA 整合进植物基因组得以表达，从而导致植物冠瘿瘤的发生。因此，农杆菌是一种天然的植物遗传转化体系。

农杆菌介导法又称“共培养法”。其基本方法是将目的基因插入到经过改造的 T-DNA 区，然后将农杆菌与植物细胞共同培养，用农杆菌含有目的基因的质粒去转化植物细胞。在含有适量抗生素的培养基上，筛选具有抗生素抗性标记的转化植物细胞，然后通过组织培养技术培育出转基因植株。农杆菌介导法起初只被用于双子叶植物中，近年来，农杆菌介导转化在一些单子叶植物(尤其是水稻)中也得到了广泛应用，目前大多数转基因植物是采用这种方法培育的。

(2) 基因枪法　又称“高速微弹法”。基因枪(图 6-15)根据动力系统可分为火药引爆、高压放电和压缩气体驱动三类。其基本原理是将 DNA 附着在直径 1～3 μm 的微小金属(钨粉或金粉等)颗粒表面，以一定的速度射进受体细胞内。由于小颗粒穿透力强，故不需除去细胞壁和细胞膜而进入基因组，使外源的DNA整合到受体细胞染色体上（图6-16）。自1987年美国康奈尔大学的J. C. Sanford发明基因枪以来，国内外许多实验室通过基因枪已成功地应用于高等植物（被子植物和裸子植物）、蓝藻、细菌、真菌、动物离体细胞和活体细胞组织。

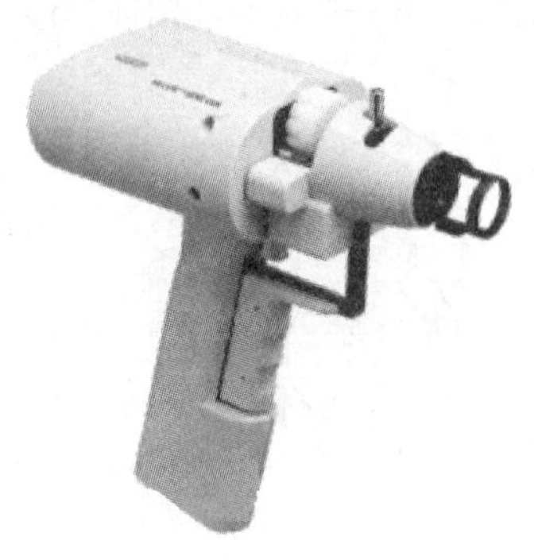

图6-15 基因枪

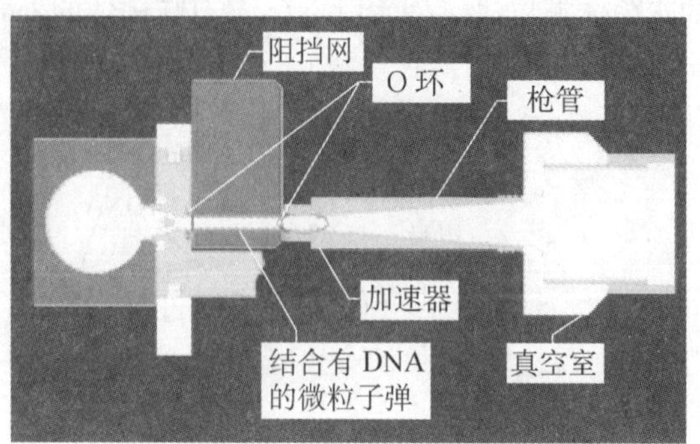

图6-16 基因枪工作原理

（3）显微注射法 显微注射法是在显微镜下由玻璃毛细管（直径0.1 μm～0.5 μm）直接将外源DNA分子注射到受体细胞的细胞质或细胞核内，该方法引入外源DNA比其他方法更为直接。对于植物细胞，常用的受体是除去了细胞壁的原生质体；对于动物细胞，常用的受体细胞包括受精卵、胚胎干细胞等，通过这种方法已获得了转基因小鼠、兔、猪、牛、羊、鱼等多种动物。

（4）电穿孔法 利用高压电脉冲的电激穿孔作用，使细胞产生直径约为30 nm瞬时可逆的孔洞，促进DNA分子进入原生质体，从而实现目的基因的导入。

2. 基因的表达

将重组DNA分子导入受体细胞的主要目的就是获得外源目的基因的表达，产生相应的有功能的蛋白质。

基因的表达涉及转录和翻译两个过程。基因首先转录成mRNA，然后在翻译过程中由tRNA将氨基酸转移到核糖体上，按mRNA信息将一个个氨基酸合成酶、结构蛋白、激素、抗体等各种各样的功能蛋白。在很多情况下，新生的多肽经过翻译后的加工和修饰才能成为有功能活性的蛋白。

目的基因表达产物的检测方法，由具体产物的性质决定。转录水平的检测，可用已知的cDNA作为探针来检测宿主细胞中有无相应mRNA的表达及表达的程度；翻译水平（即蛋白质）的检测，常用的方法有放射性免疫法、酶标法或基于表达产物活性的检测方法等。

三、基因工程技术的应用

基因工程采用工程设计的原理对生物体的遗传基因进行体外操纵，把不同来源的基因按照人们设计好的蓝图，重新构成新的基因组合，再把它引入到病毒、细菌、植物、动物或人体细胞中，从而构成具有新的遗传特性的生物。可以说，基因工程技术是现代科学技术高度发展的体现，是应人类的自身需要而产生的。由于该技术具有操纵遗传、改造生命的功能，它为解决人类面临的生存与发展问题提供了有力工具，在国际与国内普遍受到重视。目前，该技术正以新的势头迅猛发展，成为当今推动人类社会与经济发展最重要、最引人注目的生物技术之一。

（一）基因工程药物

基因工程药物主要是指利用重组DNA技术，将生物体内生理活性物质的基因在细菌、酵母、动物细胞或转基因动植物中大量表达生产的新型药物。它常分为三类：重组的治疗性蛋白质药物、重组疫苗及单克隆抗体。在治疗性蛋白质药物中，第一代的基因工程药物主要是针对因缺乏天然内源性蛋白所引起的疾病，应用基因工程技术去扩大这类多肽蛋白质的产量以替代或补充体内对这类活性多肽蛋白质的需要，这类蛋白质主要以激素类为代表，如人胰岛素、人生长激素、降钙素等。第二类基因工程药物是根据内源性多肽蛋白的生理活性，应用基因工程技术大量生产这些极为稀有物质，以超正常浓度剂量供给人体，以激发它们的天然活性作为其治疗疾病的药理基础，这类药物主要是以细胞生长调节因子为代表。

基因工程药物的生产是当前基因工程最重要的应用领域，发展迅速。下面以胰岛素、干扰素、乙肝疫苗为例说明基因工程药物在临床上的应用价值。

1. 胰岛素

糖尿病是死亡率较高的疾病，目前还只能使用胰岛素治疗。据世界卫生组织统计数据称，全球糖尿病患者人数目前为1.94亿，预测至2025年糖尿病患者将增加到3亿，我国目前有糖尿病患者3 000万，是全球糖尿病第二大国（第一为印度）。胰岛素是治疗糖尿病的有效药物，原来市场上出售的胰岛素是从猪或牛的胰腺中提取，100 kg的原料仅能生产4 g～5 g胰岛素，因此成本很高。一位患者一年胰岛素的注射量需要40头牛或50头猪的胰脏来提供，临床应用不仅价格昂贵，而且用于人体时副作用发生率达5%～10%。1978年9月，美国加州大学的研究人员将人工合成的人胰岛素基因转移到大肠杆菌中获得功能性的表达，使大肠杆菌成为人胰岛素可靠、大量而又稳定的供应来源。1983年，细菌生产的人胰岛素已形成生产规模并开始投放市场。

2. 干扰素

干扰素是一类重要的细胞素，能通过激活基因使组织产生一系列抗病毒物质，可以调节T淋巴细胞及B淋巴细胞功能，增强巨噬细胞及NK细胞活性，促进细胞表面组织相容性抗原的表达，从而起到调控免疫应答的作用。自20世纪80年代以来的许多研究显示，干扰素（尤其是α-干扰素及γ-干扰素）除具有抗病毒、免疫调节的作用外，还具有明显的抗细胞增殖作用。因此，目前干扰素已成为国际公认的治疗慢性乙肝、丙肝病毒感染的药物，而且在治疗类风湿关节炎、肿瘤支援疗法中也取得了效果。以往，临床上所用的干扰素是从人体血液中提取或用人血白细胞诱导生产。但是，通常情况下人体内干扰素基因处于"睡眠"状态，血液中一般测不到干扰素。只有在发生病毒感染或受到干扰素诱导物的诱导时，人体内的干扰素基因才会开始产生干扰素，但其含量微乎其微，每千克人血中只有0.5 μg，从人血中提取1 mg干扰素，需要人血8000 mL。据计算，要获取45.3 g纯干扰素成本高达200亿美元，用其治疗一个肝炎病人需要2万～3万美元，这种药的贵重程度使多数患者无法承受。正常人的白细胞及淋巴细胞在培养中很难增殖，而从白血病患者身上得到的癌化淋巴细胞则能增殖并用于生产干扰素。随着基因工程技术的发展，1980年，瑞士的一家制药公司第一次通过基因工程将干扰素的基因注入大肠杆菌，成功地生产出干扰素。其方法是使用反

图 6-17　用于基因工程药物生产的微生物发酵罐

转录酶将从淋巴细胞取出的 mRNA 产生互补 DNA，用质粒载体转移到大肠杆菌中，将含有重组干扰素基因的大肠杆菌经发酵大规模培养(图 6-17)，每个菌体含 20 万个干扰素分子(正常人淋巴细胞每个细胞只能产生 100～1 000 个干扰素分子)，每升发酵液可生产几十毫克的干扰素。1980 年之后，美国、古巴、日本和中国分别用酵母、昆虫细胞和大肠杆菌表达出干扰素，目前已有 9 种干扰素用于疾病治疗。我国已有 4 种基因工程干扰素批准生产上市，包括重组人 α-1b、α-2a、α-2b干扰素以及 γ 干扰素；基因工程 β 干扰素和 ω 干扰素也已经完成研究，干扰素在我国生物工程制药企业中成为热点，呈现出良好的发展态势。基因工程生产出来的大量干扰素，是基因工程药物对人类的又一重大贡献。

3. 乙肝疫苗

长期以来，预防乙型肝炎的疫苗是从乙肝病毒携带者的血液中提取和研制的，这样的疫苗生产不仅周期长、产量低、价格昂贵，而且乙肝病毒携带者血液可能混有其他病原体或其他型的肝炎病毒，特别是艾滋病病毒(HIV)的污染，因此是不安全的。乙肝病毒(HBV)主要由两部分组成：内部为 DNA，外部为一层衣壳蛋白，称为乙肝表面抗原(HbsAg)。HbsAg 进入人体后，机体会产生抗 HBV 的抗体，通过这种抗体来清除侵入机体的 HBV。利用基因工程技术将乙肝病毒编码 HBsAg 的基因，在体外与载体形成重组 DNA 分子。将重组的 DNA 分子导入大肠杆菌或酵母菌等细胞内，通过大肠杆菌或酵母菌的快速繁殖，生产出大量乙肝疫苗。基因工程生产乙肝疫苗取材方便，利用大肠杆菌或酵母菌有极强的繁殖能力，可以大规模生产出质量好、纯度高、免疫性好、价格便宜的乙肝疫苗。在小孩出生后，按计划实施新生儿到 6 个月龄内先后注射 3 次乙肝疫苗的免疫程序可获得终身免疫。正是基于 1996 年我国已有能力生产大量的基因工程乙肝疫苗，我国才有信心遏制这一严重威胁人类健康、流行最广泛的病种。

(二) 基因治疗

1. 基因诊断

基因诊断又称 DNA 诊断或分子诊断，是通过从患者体内提取样本，用基因检测方法来判断患者是否有基因异常或携带病原微生物。随着分子生物学、分子遗传学的迅速发展，人们对疾病发病机制的认识逐渐深入到基因水平，推动了诊断和防治技术的新发展。从分析基因变异着手对疾病进行诊断的方法应运而生，并正在逐步发展和完善，显现出了强大的生命力。目前，基因诊断检测的疾病主要有三大类：感染性疾病的病原诊断、各种肿瘤的生物学特性的判断、遗传病的基因异常分析。

基因诊断其特点主要体现在：①针对性和灵敏度高。例如在 HIV 携带者血样检测中，根据HIV的DNA序列先人工合成小段引物，然后利用PCR技术，若能扩增得到与HIV的DNA序列相同的特定长度的DNA片段(结果呈阳性)，便可确定受检人携带了艾滋病病毒基因。②早期和快速诊断疾病。在基因诊断的时机上，既可以产前诊断(脐带胎血、羊水细胞、绒毛滋养层细胞)；也可以症状前诊断(成年后发病的遗传性疾病)。例如，遗传性疾病并不都是在出生后马上出现症状，有许多是到一定年龄才出现症状。在没有症状时通过对基因的检测，就可发现这个人是否会发病，还可以预测疾病的严重程度。最近通过检测羊水、绒毛胎儿血或母亲血中的胎儿细胞或受精卵分裂球，可进行产前诊断。

2. 基因治疗

目前，遗传性疾病的基因治疗是研究的热点，如血友病、地中海贫血症、苯酮酸毒症。血友病和地中海贫血症是我国基因治疗的主攻方向。世界上大多数人类遗传疾病是由于单基因缺陷所引起的，由于遗传疾病的病因较复杂，对于遗传病的传统治疗方法，主要包括饮食疗法、药物疗法和手术疗法，但这些传统治疗方法是"治标不治本"，只能在一定程度上使患者不表现出遗传病的临床症状，所以遗传病曾被认为是"不治之症"。随着分子生物学和分子遗传学等学科的飞速发展，人们对遗传病的分子机理有了较为深入的了解，同时发展了许多有关的新技术、新方法，转基因技术的发展使遗传病的治疗已从设想成为现实。因为，只有基因治疗才能使变异基因和异常表达的基因转变为正常基因和正常表达基因，从根本上治愈遗传病。

目前基因治疗还处在探索阶段，下面介绍几种基因治疗的思路。

(1) 体外原位治疗　首先从患者体内取出有基因缺陷的细胞，通过基因转移进行遗传矫正，将经过遗传矫正后的细胞进行选择培养，通过细胞融合或移植的方法将矫正好的细胞转入患者体内。

(2) 体内基因治疗　体内基因治疗是指将具有治疗功能的基因直接转入病人的某一特定组织中。目前，体内基因治疗主要是通过腺病毒和单纯疱疹病毒完成，即将载有矫正基因的载体直接注射入需要这些基因的组织。这种疗法对一些只需要局部治疗的疾病效果特别好。目前，已有人将基因直接注射入动物的肌肉组织中，以研究重组肌细胞制造正常肌蛋白的可能性。

(3) 反义疗法　反义RNA是与靶RNA序列互补，并能专一地结合而影响靶RNA活性的一种RNA分子，通过这种途径，能在基因转录后调控基因的表达活性。与体外基因治疗和体内基因治疗不同，反义疗法主要是通过阻遏或降低目的基因的表达而达到治疗的目的。当引入的反义RNA和mRNA相配对后，用于翻译的mRNA的量就大大减少，因而合成的蛋白质的量也相应大大减少。有些遗传疾病和癌症的致病基因由于失去控制会大量表达，造成基因产物的大量积累，导致细胞功能紊乱。在这种情况下，仅靠提供准确表达的基因是不足以治愈这类疾病的，而利用药物减少蛋白质的合成有可能影响细胞的正常功能，这时，反义治疗就较为适宜。

世界上第一例真正的基因治疗是美国加州大学的科学家给两名晚期β地中海贫血症患者进行的，但最终失败。世界上第二例真正的基因治疗发生于1990年，用来治疗严重联合免疫缺陷病(severe combined immunodeficiency disease, SCID)。SCID是一种先天性免疫缺陷病，病因是T淋巴细胞的腺苷脱氨酶(adenosine deaminase, ADA)基因缺陷，ADA缺陷最主要是影响造血细胞，积累的脱氧腺苷导致未成熟的T细胞解体。在正常的细胞中，不但能表达ADA，而且只需要少量即可阻止dATP累积。美国国立卫生研究院的科学家用反转录病毒作为载体，把腺苷脱氨酶基因转染至一名患ADA缺陷症女孩的淋巴细胞，使这名患者先天缺陷的免疫系统趋于正常(图6－18)。现在发达国家用于ADA缺乏症、乙型血友病等单基因缺陷遗传疾病的基因治疗技术，已快速地扩展到恶性肿瘤、糖尿病、心脑血管疾病等多基因相关疾病及各型肝炎、艾滋病等重要病毒性传染病的研究治疗等方面，使困扰人类的许多疑难病症有望得到治愈。

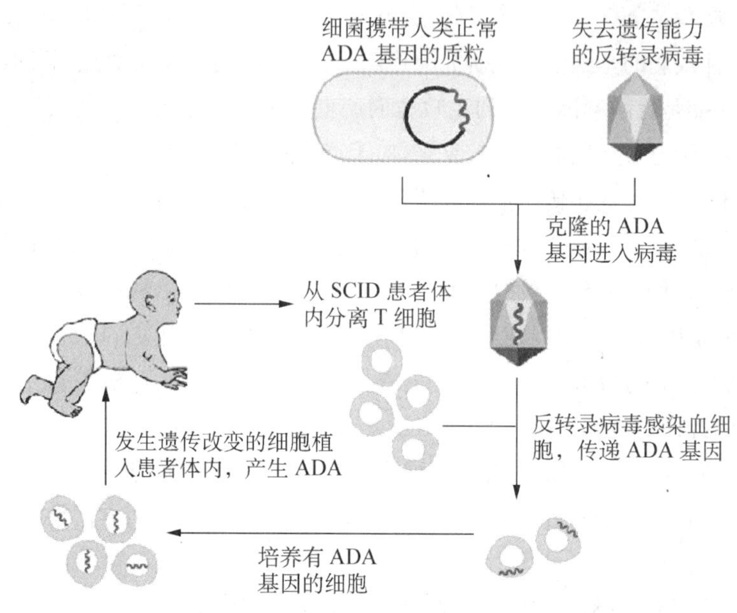

图6－18　SCID病患者的基因治疗

目前为止，基因治疗还处在实验阶段。因为基因的导入和导入后的表达，调控和载体系统还存在着不少难题。随着这些难题的逐步解决，基因治疗将革新整个医学预防和治疗领域，而将成为21世纪临床医学上常规的治疗手段之一。

（三）转基因生物

1. 转基因动物

转基因动物是指以实验方法将外源基因导入动物受体细胞，外源基因在受体细胞染色体组内稳定整合并能遗传给后代的一类动物。1982年，美国华盛顿、加利福尼亚州和宾夕法尼亚州的3所大学和加利福尼亚州赛尔克研究所共同组成的一个研究小组，成功培育出世界上第一只转基因动物“超级鼠”(图6－19)。其基本方法是把大白鼠的生长激素基因分离出来，利用基因工程技术得到大量纯化的基因，然后将该基因导入小白鼠的受精卵中。受精卵移入借腹怀胎的母鼠子宫中，经过胚胎发育，产下的小鼠体形比一般鼠大2倍，成为“超

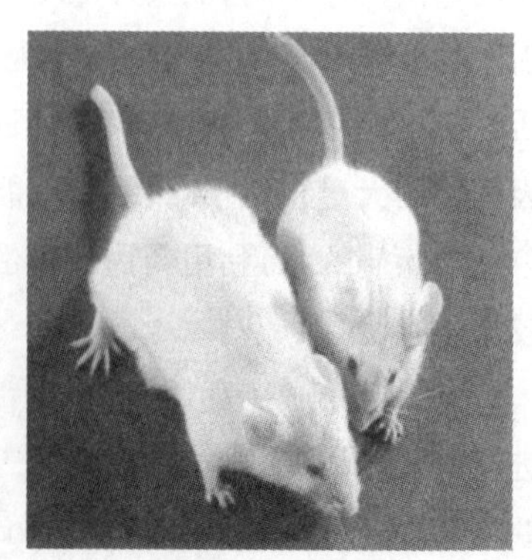
图6－19　超级鼠

级鼠”。这只“超级鼠”由于其血液中生长激素的含量比通常小鼠高出800倍，导致其生长速度很快，而且携带有大白鼠生长激素基因的这种“超级鼠”能世代相传。转基因动物的培育研究获得成功在遗传学上具有重大意义，开辟了基因工程在动物育种研究方面的实用化道路。

自1982年转基因鼠问世以来，转基因动物研究在许多领域都取得了令人瞩目的成就。根据不同的目的，转基因动物操作可以分为四种类型：

(1) 基础生物学研究　转基因动物是对多种生命现象本质深入了解的工具，如研究基因结构与功能的关系，细胞核与细胞质的相互关系，胚胎发育调控以及肿瘤等。

(2) 利用转基因动物制药　利用转基因动物生产医用蛋白质是一种全新的制药模式，至今已培育出利用乳腺作为生物反应器分泌各种医用蛋白的转基因牛、山羊、绵羊、猪和家兔等。与细菌、细胞等生物工程制药相比：转基因动物的乳汁可以方便收集，且不损伤动物；表达的蛋白质已经过动物体内加工和修饰，不必再进行后加工；而且用转基因动物生产医用蛋白质也不需投入大量资金建厂、添设施、雇用人员等。

(3) 改良动物性状　由于动物转基因技术可以改造动物的基因组，结果使家畜、家禽等经济型动物的性状改良（肉质改善、饲料增效、个体增大、体重增加、奶量提高、脂肪减少等）更加有效。例如，美国伊利诺大学研究出一种有牛基因的猪，这种转基因猪生长快、个体大、饲料利用率高、瘦肉率高，可为养猪业带来丰厚的经济效益。1989年，我国科学家成功地将人的生长激素基因导入鲤鱼的受精卵中，培育成转基因鲤鱼，这种转基因鲤鱼比一般鲤鱼的生长速度明显加快。之后，我国运用基因转移技术将人的生长激素基因导入金鱼、鲤鱼、鲫鱼、银鲫、泥鳅等，获得人生长激素基因的转基因鱼。

(4) 疾病型转基因动物　可以用来建立多种疾病的动物模型，进而研究这些疾病的发病机理及治疗方法。

2. 转基因植物

转基因技术在农业上的应用主要是利用基因工程技术改变作物的某些遗传特性，使它们获得新的丰产优质的遗传性状，如获得抗虫、抗病、抗除草剂和抗逆境（干旱、盐、碱等）特性、改变生长周期或花期以及品质改良、提高观赏价值等转基因植物。目前，从植物基因的分离、基因工程载体的构建、细胞的基因转化、转化细胞的组织培养和植株再生，到外源基因的表达、检测手段等都已形成相当成熟的技术流程，转基因技术被广泛应用于农业生产实践上（图6-20）。

我国转基因作物的研究和开发居世界中等水平，在大田试验和商业化方面仅次于美国和加拿大。1988年，我国科学家人工合成了抗黄瓜花叶病毒的基因，并且将这种基因导入烟草等作物的细胞中，得到了抵抗病毒能力很强的商品种植转基因作物新品系；1993年，我国转基因作物抗病毒烟草进入了大田试验；1995年，我国科学家将某种细菌的抗虫基因导入棉花，培育出了抗棉铃虫效果明显的棉花新品种；1997年，转基因耐贮藏西红柿获准商业化生产。目前，我国种植的转基因作物按转基因作物类型划分，抗除草剂类型占73%，主要是转基因大豆和油菜；抗虫类型占18%，主要是转基因玉米和棉花；兼抗类型占9%，主要是转基因玉米和棉花；抗病毒等类型不到1%，主要是转基因木瓜。

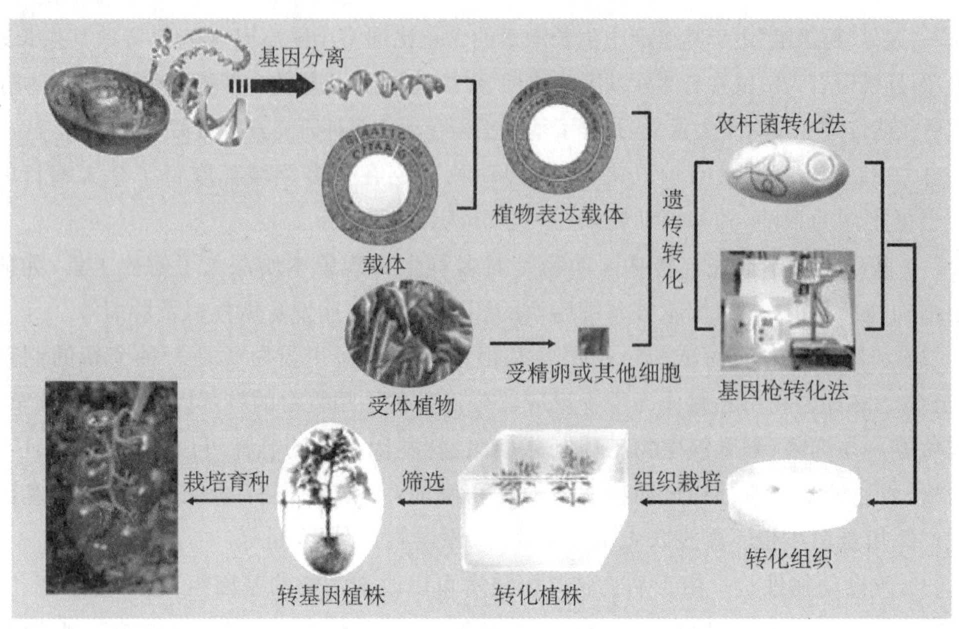

图 6-20 转基因植物技术

（四）环境保护

基因工程技术应用于环境保护起始于 20 世纪 80 年代，主要是利用基因工程培育能同时分解多种有毒物质的基因工程菌，从而达到清除污染物和治理污染的目的。生物降解本质上是酶促反应，其中有些酶特别是对难降解化合物可起作用的酶是由质粒控制的，这类质粒被称为降解性质粒。在某些条件下，质粒能赋予宿主细胞在有相应药物或化学毒物的环境中生存的能力。所以构建基因工程菌的一个重要方面是重组质粒，构建含多种降解质粒的“超级细菌”。例如，把能降解芳烃、萜烃和多环芳烃的几种不同质粒重组成一个超级质粒，转移到能降解烃的一种假单胞杆菌（Pseudomonassp）内，结果获得了能同时降解四种烃类的“超级菌”。它能在原油中迅速繁殖，并在浮游过程中快速降解烃类物质，除去污染水面和地面的石油。

美国华盛顿大学的科学家利用转基因技术对白杨进行了改造。试验证明，这种转基因杨树能够清除环境中 91%的三氯乙烯，而普通杨树的清除率只有 3%。除了三氯乙烯，转基因杨树还能更好地清除有害物质三氯甲烷、四氯化碳和二氯乙烯。这是科学家首次证实转基因植物能够清除气态污染物，它将为降低空气污染带来的环境威胁提供一种全新方法。英国约克大学的科学家将取自某些细菌的基因植入常用植物拟南芥，这些细菌可以降解潜在致癌物三次甲基三硝基胺，转基因拟南芥清除水体或土壤中潜在致癌物三次甲基三硝基胺的速度远高于普通植物。

基因工程应用领域非常广泛，它包括医药，农业，畜牧业，食品，化工，林业，环境保护，材料，能源等。基因工程具有广泛的应用价值，为工农业生产和医药卫生事业开辟了新的应用途径，也为遗传病的诊断和治疗提供了有效方法。基因工程还可应用于基因的结构、功能与作用机制的研究，有助于生命起源和生物进化等重大问题的探讨。

信息窗

我国科学家开辟转基因植物抗虫新方向

2007年11月4日《Nature Biotechnology》(《自然　生物技术》)杂志,在线发表了中科院上海生命科学研究院科学家利用RNA干扰技术来抑制植食性棉铃虫防御基因的论文。

棉花是我国重要的经济作物,种植面积占世界的13%。每年,因棉铃虫对棉花造成的经济损失高达数10亿元,严重年份甚至可超过100亿元。目前"对付"棉铃虫的最普遍的"武器"仍是农药,但容易造成环境污染。

为了对付棉铃虫,棉花体内天生就有一种名叫棉酚的毒素。相应地,棉铃虫也有一种名叫P450的基因参与解毒,可化解棉酚的毒性,帮助棉铃虫逃过此"劫"。研究小组利用转基因技术,将具有干扰棉铃虫P450基因作用的相应双链RNA转入植物体内。棉铃虫食用了此种转基因植物后,干扰RNA渗透入棉铃虫消化食物的中肠壁内,可有效、特异性地抑制棉铃虫P450基因的表达,导致棉铃虫对棉酚的耐受性大大减弱,蚕食棉花的胃口随之骤减,生长缓慢,甚至死亡。

《Nature》杂志对该项研究给予了密切关注和高度评价,被列为本期《Nature》及其系列杂志的突出亮点论文之一。评论认为"这是第一次成功报道利用植物自生表达昆虫基因的双链RNA来抑制植食性昆虫防御基因的论文","这一技术的一个非常重要的优势在于它表明植物表达的干扰RNA能够用来抑制植食性昆虫的防御基因","通过这一技术改良的植物比利用杀虫剂不分青红皂白的将所有昆虫杀死更符合社会发展的需要"。

第二节　细 胞 工 程

细胞是生物体的基本结构单位和功能单位,随着细胞生物学和分子生物学的发展,20世纪70年代末至80年代初出现了细胞工程这一新型生物技术。

细胞工程是指在细胞水平上运用各种生物技术,能够达到细胞产物或细胞及组织本身的规模生产,这个方面的研究和应用统称为细胞工程。一般来说,细胞工程包括动、植物细胞的体外培养技术、细胞杂交技术(也称细胞融合技术)、细胞重组技术等。细胞重组技术,是把不同种类细胞的部件重新组合装配,包括核移植、叶绿体移植、核糖体重建及线粒体装配等。

一、细胞培养技术

细胞培养是生物工程中的一项重要技术,各种细胞工程技术均和细胞培养有关。从多细胞生物中分离所需细胞和扩增获得的细胞以及对细胞进行体外改造、观察,必须首先解决细胞离体培养问题。同微生物培养的难度相比,来自多细胞生物的单细胞培养比较困难,特别是动物细胞的培养。

（一）细胞培养的条件

1. 离体细胞培养的基本条件

离体细胞培养需要的基本条件就是保证细胞的生理环境：温度、pH、渗透压、营养物、无菌条件、气体等。

（1）温度　温度过低时细胞生长缓慢甚至不生长，利用冷冻保存细胞可保持细胞的原有分裂分化能力。温度过高导致细胞死亡，这主要是由酶和蛋白质所需的最适温度决定的，因为多数生物大分子遇到高温后容易导致空间结构改变或丧失（变性）、细胞膜遇高温后容易变态。在自然界，既有耐高温的细胞，也有耐低温的细胞，在极端环境下生长的生物对付极端环境的机制研究在生物进化和农业、环保、发酵工业中意义重大。

（2）pH　pH 过高或过低可导致细胞死亡，这主要与蛋白质的变性和细胞膜的结构受损有关。在细胞培养过程中，通常 pH 作为一个重要参数被控制在一定范围内。

（3）渗透压　细胞膜是半透膜，具有选择通透性。由于细胞调节渗透压的能力是有限的，故培养液的渗透压对于维持培养细胞的形态结构非常重要。

（4）营养物　营养物和水构成细胞培养液，培养液中含有细胞增殖和细胞生长所需的各种物质。营养物质包括：N 源、C 源，这些物质与提供能量有关；无机盐、维生素、激素，这些物质与代谢调节控制有关。细胞培养液的设计一直是细胞离体培养技术的关键，理想的细胞培养液可以同时解决细胞离体培养所需的 pH、渗透压、营养物、调节物质的全部需求。在干细胞分化研究与应用中，关键是找到一种使干细胞分化成为所需细胞和组织的培养液。

（5）无菌条件　体外细胞培养仅仅是对所需的细胞进行培养，但环境如空气中有各种其他微生物，为避免杂菌污染，必须对所需细胞进行无杂菌的隔离培养。所以无菌条件是细胞离体培养最基本的条件。

（6）气体　动物细胞需要不断供给氧气和排出二氧化碳。

2. 动物细胞培养的特殊条件

在所有离体细胞培养中，最困难的是动物细胞培养，除了上述离体细胞培养所需的基本条件外，尚需满足下述条件：

（1）血清　动物细胞离体培养常常需要血清，最常用的是小牛血清。血清等于是动物细胞离体培养的天然营养液，提供生长必需因子，如激素、微量元素、矿物质和脂质。

（2）支持物　大多数动物细胞有贴壁生长的习性。离体培养常用玻璃、塑料等作为支持物。

（3）气体变换　在细胞培养过程中需要不断调节二氧化碳和氧气的比例，以维持所需的气体条件。

3. 植物细胞培养的特殊条件

（1）光照　离体培养的植物细胞对光照条件不甚严格，因为细胞生长所需的物质主要是靠培养液供给的。但光照不仅与光合作用有关，而且与细胞分化有关。例如光周期对生殖细胞分化和开花的调控，所以以获得植株为目的的早期植物细胞培养过程中，光照条件特别重要。

(2) 激素　植物细胞的分裂、生长、分化和各生长周期都有相应的激素参与调节，促进生长的生长素和促进细胞分裂的分裂素是最基本的激素。和动物细胞相比，植物细胞的离体培养对激素要求的原理和应用技术相当成熟，已经有一套广泛作为商品使用的培养液。

4. 微生物细胞培养的特殊条件

微生物多为单细胞生物，自然生存条件相对比较简单，所以微生物人工培养的条件比动植物细胞简单。其中厌氧微生物培养比好氧微生物复杂，因为严格厌氧需要维持二氧化碳等非氧的惰性气体浓度，而好氧微生物则只需通过不断搅拌提供无菌氧气。微生物对培养条件要求不如动植物细胞那样苛刻，玉米浆、蛋白胨、麦芽汁、酵母膏等成为良好的微生物天然培养基。对于一些特殊微生物的营养条件要求，可以在这些天然培养基基础上额外添加。

（二）可供培养细胞的材料获得

1. 动物细胞

(1) 原代细胞　直接从动物机体取得细胞加以培养，称为原代细胞，原代细胞经分散接种的手段称为传代。一般说来，幼稚状态的组织和细胞，如动物的胚胎、幼仔的组织器官细胞等更容易进行原代培养。

(2) 细胞株　通过单细胞克隆、纯化，经大量扩增后形成仍能保持原来二倍体染色体数量及原细胞主要特征的克隆化细胞群，称之为细胞株。

(3) 细胞系　细胞株中若发生遗传突变，有可能无限制地传下去，称为细胞系。

2. 植物细胞

植物细胞具有“全能性”，不同植物细胞或一种植物从不同部位培养的细胞发育成植株的能力是不同的。根据不同的目的，植物细胞可以从不同器官取材，常用的植物细胞培养有花粉培养和原生质体培养两大类。

(1) 花粉培养　植物细胞的培养可以取材花药或雄性生殖细胞小孢子，称为单倍体细胞培养。例如，在无菌条件下取出花药或从花药中取出花粉粒(小孢子)，置于人工培养基上进行培养，形成花粉胚或花粉愈伤组织，最后长成花粉植株。由于这种植株含有的染色体数目只相当体细胞的一半，故又称单倍体植株，单倍体植株经过染色体加倍成为纯合的双倍体植株。花粉培养目前已成为植物细胞育种的一种重要手段，并已取得重要成果。

(2) 原生质体培养　先用纤维素酶处理去掉二倍体体细胞的细胞壁，制成原生质体，在原生质体阶段通过细胞融合等处理，经原生质体培养以恢复细胞壁，长成细胞团，再经诱导分化，长成二倍体植株。原生质体培养一方面可以提高变异频率，另一方面可以为应用细胞工程技术进行遗传重组提供有用的材料，细胞融合和基因转移都必需在原生质体上进行。

（三）植物组织培养技术

从高等植物的幼胚、根、茎、叶、花和果实等不同器官的组织中分离的单个细胞，经过特殊培养形成愈伤组织，即可传代的未分化细胞团，再经过不同的细胞分化途径重建形成不同的器官，直到完整植株(图 6－21)，这就是高等植物细胞具有全能性的结果。自 1960 年利用组织

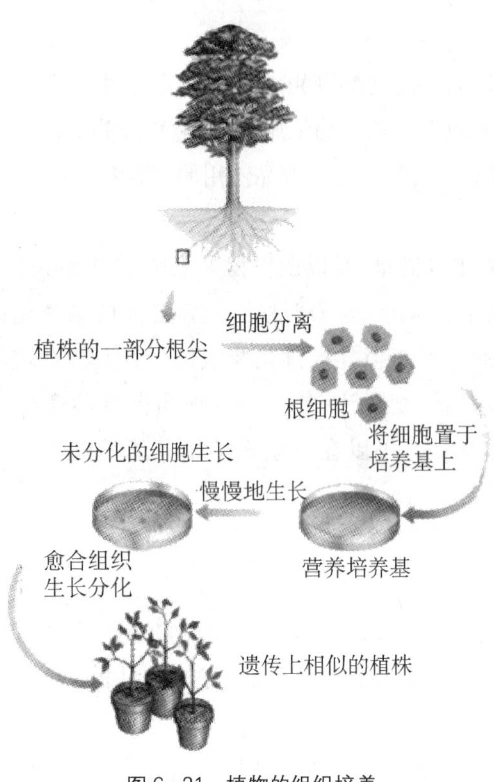

图 6-21 植物的组织培养

培养技术将兰花茎尖分生组织进行离体培养，建立无性繁殖系并诱导分化成植株以来，已发现能进行离体分化的植物有千余种，能进行快速繁殖的有数百种，能进行规模化和商品化生产的有近百种。其中有 100 多种药用植物经离体培养分化成植株，对稀有珍贵中药品种的保存、繁育和纯化具有重要意义。

进行植物组织培养一般要经过以下五个阶段。

1. 预备阶段

(1) 选择合适的外植体　外植体指能被诱发产生无性增殖系的器官或组织切段，如一个芽、一节茎。选择外植体要综合考虑以下几个因素：①大小要适宜，不宜太小，外植体的组织块要达到 20 000 个细胞（即 5～10 mg）以上才能成活。②同一植物不同部位的外植体，其细胞的分化能力、分化条件及分化类型有相当大的差别。③植物胚与幼龄组织器官比老化组织、器官更容易去分化，产生大量的愈伤组织。④不同物种相同部位的外植体其细胞分化能力可能大不一样。总之，外植体的选择一般以幼嫩的组织或器官为宜。

(2) 除去病原菌及杂菌　选择外观健康的外植体，尽可能除净外植体表面的各种微生物是成功进行植物组织培养的前提。消毒剂的选择和处理时间的长短与外植体对所用试剂的敏感性密切相关。通常幼嫩材料处理时间比成熟材料可短些。对外植体除菌的一般程序为：外植体→自来水多次漂洗→消毒剂处理→无菌水反复冲洗→无菌滤纸吸干。

(3) 配制适宜的培养基　由于物种不同和外植体的差异，植物组织培养的培养基多种多样，但它们通常都包括以下三大类组分：①含量丰富的基本成分，如蔗糖或葡萄糖高达每升 30 g，以及氮、磷、钾、镁等。②微量无机物，如铁、锰、硼酸等。③微量有机物，如细胞分裂素、吲哚乙酸、肌醇等。各种培养基中，细胞分裂素和吲哚乙酸的变动幅度很大，这主要因培养目的而异。一般来说，生长素（吲哚乙酸）对细胞分裂素的比值较高有利于诱导外植体产生愈伤组织，反之则促进胚芽和胚根的分化。

2. 诱导去分化阶段

外植体是已分化成各种器官的切段，组织培养的第一步就是让这些器官切段去分化，使各细胞重新处于旺盛有丝分裂的分生状态，一般需在培养基中添加较高浓度的生长素类激素。本阶段为植物细胞依赖培养基中的有机物质等进行异养生长，原则上无需光照。

3. 继代增殖阶段

愈伤组织长出后经过 4～6 周的细胞迅速分裂，原培养基中的水分及营养成分多已耗失，细胞的有害代谢物已在培养基中积累，因此必须进行移植，即继代增殖。同时，通过移植，愈伤组织的细胞数大大扩增，有利于下阶段收获更多的胚状体或小苗。

4. 生根成芽阶段

愈伤组织只有经过重新分化才能形成胚状体，继而长成小植株，所谓胚状体指的是在组织培养中分化产生的具有芽端和根端类似合子胚的构造。通常要将愈伤组织移置于含适量细胞分裂素和生长素的分化培养基中，才能诱导胚状体的生成。光照是本阶段的必备外因。

5. 移栽成活阶段

生长于人工光照玻璃瓶中的小苗，要适时移栽于室外以利于生长，在人工气候室中锻炼一段时间能大大提高幼苗的成活率。

通过植物组织培养进行工厂化育苗的这种方法通常又叫快速繁殖，用这种技术可以快速繁殖名优特新品种，使其在较短时间内繁衍较多的植株。例如，通过植物组织培养，一株草莓在一年内就能繁殖出几百万株苗；一个苹果的茎尖经过 8 个月的培养繁殖，就可以得到 6 万个芽，这就意味着可以得到 6 万株苹果树。这样的繁殖速度用传统农业的生产方式是根本做不到的，这也标志着农业的发展进入了一个新时期。国内外目前已经建立起许多专门的种苗公司，利用这些植物种苗工厂进行工厂化育苗，大大推动了农业技术的进步和改革。用植物组织培养方法还可育成用扦插法难以成活的杨树、松树、泡桐等林木的繁殖树苗；一些珍稀濒危植物也可以通过组织培养的方法进行挽救。

（四）动物细胞与组织培养方法

动物细胞培养与动物组织培养是两个概念。细胞培养指的是离体细胞在无菌培养条件之下的分裂、生长，在整个培养过程中细胞不出现分化，不再形成组织。而组织培养意味着取自动物体的某类组织，在体外培养时细胞一直保持着原本已分化的特性，该组织的结构和功能持续不发生明显变化。

1. 动物细胞培养

动物细胞培养的操作步骤包括，先对动物体的胚胎、肌肉、肾脏等组织经酶解消化分离出单个细胞，例如，成纤维细胞的培养就是先从人的组织中取下一小片样品，经胰蛋白酶酶解，消化组织中的胶原纤维和细胞外的其他成分，获得单个的成纤维细胞悬浮液然后将分散的细胞转入含有葡萄糖、氨基酸和无机盐的特殊培养液中，于 CO_2 培养箱中进行保温培养；再将原代细胞分装到多个扁形瓶中进行继代培养。利用动物细胞工程生产的产品以一些药品为主，包括集落刺激因子（CSF）、红细胞生成素（EPO）、抗血友病因子、组织纤溶酶原激活物（tPA）等等。

动物细胞培养一般可按以下步骤进行：

无菌取出目的细胞所在组织→培养液漂洗干净→将组织无菌切割成组织小块→组织小块置于解离液中解离→低速离心→将目的细胞转移至培养瓶中培养。

由于绝大多数哺乳动物细胞趋于贴壁生长，细胞长满瓶壁后生长速度显著减慢，乃至不生长。因此哺乳动物细胞的大量培养需要提供较大的支持面。以下三种方法是专为大量培养哺乳动物细胞设计的：

(1) 微导管培养法　将由中空纤维(如硝酸纤维素或醋酸纤维素构成的外径不超过 1 mm)的微导管平铺成层，根据设计由多层微导管构成培养系统的核心装置，整套微管床浸没于培养基中，管内的无菌空气经扩散可进入营养液中。中空纤维的微导管是模拟细胞在体内生长的三维状态，以达到更高的细胞培养密度，动物细胞可贴附生长于微管床表面，微管床表面的细胞密度可达 100 万个/cm^2。典型的微导管培养装置如图 6-22。

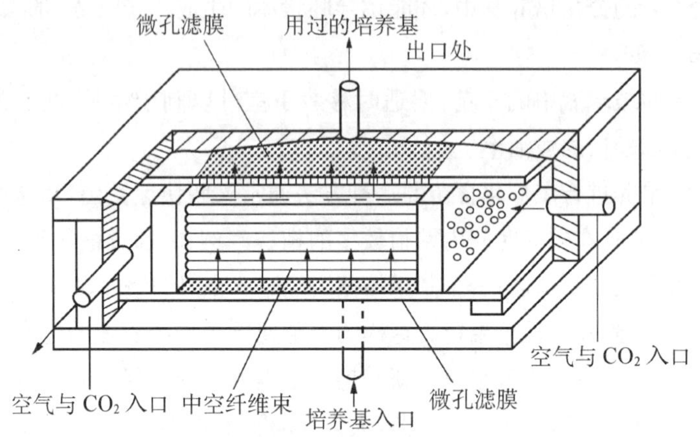

图 6-22　微导管培养装置

(2) 微载体培养法　微载体细胞培养法是在生物反应器内加入培养液和一种对细胞无毒害作用的材料支撑的颗粒(微载体)，其直径在 60 μm～250 μm，由天然葡聚糖、凝胶或各种合成的聚合物组成，如聚苯乙烯、聚丙烯酰胺等。由这些材料及其改良型制成的微载体主要参考了细胞的黏附特性，在其表面带有大量电荷及其他生长基质物质，因而有利于细胞的黏附、铺展和增殖。微载体比重与培养液基本相等，将这些微载体与培养液混合均匀，通入无菌空气，通过不断搅拌使微载体保持悬浮状态(图 6-23)。培养液中大量的微载体为细胞提供了极大的附着表面，每毫升培养液可达到 1 000 万个细胞的密度。

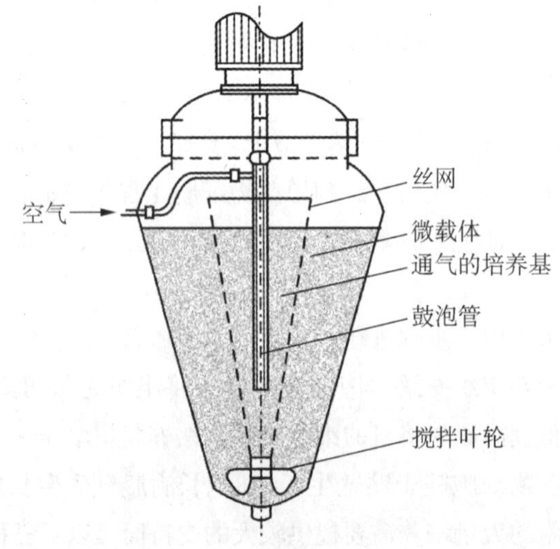

图 6-23　微载体培养装置

(3) 微胶囊培养法　在无菌条件下将拟培养的细胞、生物活性物质及生长介质共同包裹在薄的半透膜中形成微胶囊，再将微胶囊放入培养系统内进行培养。微胶囊培养的生长介质为1.4%海藻酸钠溶液，半透膜由多聚赖氨酸形成，培养系统可采用搅拌式反应器系统。培养的细胞在微胶囊内生长，既可吸收外界营养，又可排出自身代谢废物。其最突出的优点是微胶囊内细胞及其产物可不受培养液中复杂成分的污染。

3. *动物组织培养*

动物组织培养方法基本上与动物细胞培养类似，主要区别在于省略了蛋白酶对组织的离析作用。其基本方法如下：

将取出的动物组织无菌切割成1～2 mm^3 小块→移入培养瓶→加入合适培养基浸润动物组织→小心将培养瓶平翻180°→搁置15～30 min，使组织块贴壁生长→翻回培养瓶，平卧静置于37℃培养。

(1) 培养物的传代

悬浮培养的细胞只需定期吸移原培养细胞到新鲜培养基即可，比较方便。组织培养物的传代往往会遇到细胞贴壁生长的麻烦。在这种情况下可用物理法(培养液冲洗、刮刀刮取)或化学法(0.25%胰酶解析)剥离培养组织，视组织块大小进行适当切割后再漂洗，移置于新培养瓶。

(2) 培养物的长期保存

培养物的长期保存方法基本上有两大类：经典传代法和冷冻保存法。经典传代法可使培养物始终处于活跃生长状态，但需及时更新培养基(液)，步骤较为繁琐；而冷冻保存法具有操作简便、保存时间长的特点。近年来，低温保存技术的应用越来越广泛，低温通过降低细胞的呼吸代谢作用，使之长期保存，待需要时，再将其按特殊方法复温，以便获得活的生物体。低温保存主要的方法是：用添加剂和速冻，以防止或减小冰晶的形成，不致引起细胞机械损伤。常用的添加剂是甘油和某些多元醇类化合物如甘露醇等，其作用是使水不易结冰；速冻是将生物体在很短时间内，立即降至液态氮的温度(约为-195℃)，使水迅速凝固，以避免形成冰晶。常用的液氮保存法基本步骤如下：

①将成熟培养物(细胞)与5%～10%的甘油或二甲亚砜(DMSO)混匀，封装于安瓿瓶中。②缓慢降温(每分钟1～3℃)至-30℃。③继续降温(每分钟15～30℃)至-150℃。④转移至大口径液氮罐内冻存，可无限期保存。若安瓿瓶置-70℃冷存，保存期通常只有几个月。在-90℃下培养物可保存半年以上。

(五) 细胞培养技术的应用

动植物细胞和组织培养技术，具有多方面的重要应用价值。动物细胞培养开始于20世纪60年代，现已发展成为生物制药技术中非常重要的技术方法，利用动物细胞培养生产具有重要医用价值的酶、生长因子、疫苗和单克隆抗体等，利用动物细胞培养技术生产的生物制品已占世界生物高技术产品市场份额的50%。而植物细胞和组织培养技术，如快速繁殖、去毒复壮、细胞突变株的筛选、体细胞杂交、单倍体育种等，对改良和培育新的优质、高产的农作物、蔬菜、水果以及林木有着重大的作用。

1. *用于获得细胞产物*

把外源基因导入动物细胞，通过动物细胞培养获得蛋白质——肽类产品，可以克服用细菌表达系统所存在的缺点。所产生的蛋白质——肽类药物在糖基化修饰、蛋白质折叠等方面更接近天然状态,具有更高的生物活性。

植物中含有数量极为可观的次生代谢产物,直接从植物细胞培养,获得植物次生代谢产物已有大量生产规模的应用。中药的有效成分主要是细胞次生代谢产物,因此利用培养细胞代谢产物的研究是生物技术在中药生产中应用较早的一个方面。目前已经从400多种植物建立了组织和细胞培养物,从中分离出600多种代谢产物,其中40多种化合物在产量上超过或等于原植物,为利用细胞培养技术工业化生产医药奠定了基础。例如:从薯蓣愈伤组织悬浮培养来获得薯蓣,薯蓣是用于生产肾上腺皮质类固醇避孕药的原料;从培养黄连细胞获得小檗碱,可用于生产治疗胃病的药物等等。利用培养细胞的生物转化能力可生产高价值化合物,如德国科学家在毛地黄细胞的培养中加入生物合成途径的中间化合物毛地黄毒素和β-甲基毛地黄毒素,培养细胞以几乎100%的转化速率使之羟基化,变为医药强心剂地高辛,这一技术已实现工业化生产。近几十年来,这一领域的研究取得了飞速的发展。据保守估计,目前已发现的植物天然代谢产物已超过2万种,而且还在以每年新发现1 600种的速度递增。植物生长缓慢,加之自然灾害频繁,即使是大规模人工栽培仍然不能从根本上满足人类对经济植物日益增长的需求。因此,工业化培养植物细胞以提取其天然产物是极有发展前景的领域。

2. 用于获得细胞本身

以运用细胞本身为目标的动物细胞培养技术在近十几年内发展起来。例如,脐血移植用于替代骨髓移植治疗白血病、再生障碍性贫血,以及用作其他癌症放疗或化疗后的造血支持,是一项很有发展前途的技术。

植物细胞进行快速无性繁殖或用作植物细胞育种的手段,已有数十年的历史。一些名贵花卉和水果,如兰花、草莓等,运用细胞或组织培养来大规模生产已成常规,细胞培养基础上的无性繁殖特别有利于获得优良品种后的迅速推广。

一些单细胞的低等植物如单细胞藻类的大规模培养成为细胞工程的重要组成部分。20世纪50年代以后,世界许多国家的科学家利用微藻获得单细胞蛋白质等资源进行研究。例如,蓝藻中的螺旋藻开发主要用于保健食品。据研究,螺旋藻β-胡萝卜素含量比胡萝卜高10倍;有超过60%的蛋白和多种氨基酸;含有γ-亚油酸,低脂肪、低热量;其维生素B的含量比肝组织高两倍;含比其他食品高20倍的铁、富含钙、RNA、DNA和多种微量元素;含1%叶绿素,15%藻胆蛋白。一些生物技术公司生产的微藻产品包括了螺旋藻和小球藻粉剂、片剂、粒剂、胶囊和间接用微藻制作的营养食品。具有商业价值的微藻细胞工程还被用于生产精细化工产品,包括蛋白质、维生素、色素、多糖类药用化合物、生物活性化合物等。

二、体细胞杂交技术

体细胞杂交是细胞工程最重要的领域之一,细胞杂交是要通过细胞融合才能实现。真核细胞的体细胞经过培养,两个或多个细胞融合成一个双核或多核细胞的现象称为细胞融合。假如两个不同种细胞融合后其遗传物质进一步组合,使杂交细胞获得新的遗传型,这就是体细胞杂交的目的。

（一）细胞融合的基本技术

细胞融合是细胞工程的重要基本技术，其主要过程包括：

（1）制备原生质体　由于微生物及植物细胞具有坚硬的细胞壁，因此通常需用酶将细胞壁降解，动物细胞则无需此步骤。

（2）诱导细胞融合　两亲本细胞（原生质体）的悬浮液调至一定细胞密度，按 1∶1 的比例混合后，逐滴加入高浓度的聚乙二醇（PEG）诱导融合，或用电穿孔的方法促进融合。

（3）筛选杂合细胞　将上述混合液移到特定的筛选培养基上，让杂合细胞有选择地长出，其他未融合细胞无法生长，借此获得具有双亲遗传特性的杂合细胞。细胞融合时，动物细胞一般用灭活的仙台病毒或鸡新城疫病毒或化学物质（聚乙二醇）介导融合，而植物细胞必须先除去细胞壁（用纤维素酶）成为原生质体后才能融合。20 世纪 80 年代又建立了细胞的电融合技术，并研制了细胞电融合仪，其特点是用电击穿孔法，使磷脂双层膜产生膜孔，导致细胞间的胞质沟通造成细胞融合。

1. 病毒诱导融合

自从 1958 年冈田善雄偶然发现已灭活的仙台病毒（HVJ，副黏液病毒的一种）可诱发艾氏腹水瘤细胞相互融合形成多核体细胞以来，已知能用于诱导动物细胞融合的病毒有仙台病毒、鸡新城疫病毒、疱疹病毒等，其中仙台病毒最常用。用作融合剂的病毒必须事先用紫外线或β-丙内酯灭活，使病毒的感染活性丧失而保留病毒的融合活性。用灭活的仙台病毒诱导细胞融合的优点是融合率较高，对各种动物细胞都适宜；缺点是仙台病毒不稳定，在保存过程中融合活性会降低，并且制备过程比较繁琐。仙台病毒诱导细胞融合的基本步骤如下：

双亲细胞→分别制成细胞悬液→混合离心→上清液→双亲细胞沉淀 + 灭活仙台病毒悬液→混匀→冰浴 20 min，并间歇摇动→细胞凝集→水浴 37℃、30 min、间歇摇动→细胞融合→选择培养基。

2. 化学诱导融合

化学诱导融合无需贵重仪器，试剂易于得到，因此一直是细胞融合的主要方法，尤其是 PEG 结合高钙高 pH 值诱导融合法已成为化学诱导细胞融合的主流。PEG 具有强烈的吸水性以及凝聚和沉淀蛋白质的作用，能够有效地促进植物原生质体和动物细胞的融合。在不同种类的动物细胞混合液中加入 PEG，就会发生细胞凝集作用；在稀释和除去 PEG 的过程中，就会发生细胞融合。PEG 诱导细胞融合的频率比较高，但其缺点是有一定毒性，对有些细胞（如卵细胞）并不适用。PEG 结合高钙高 pH 诱导融合法（无菌条件之下）的基本步骤如下：

按比例混合双亲原生质体→滴加 PEG 溶液，摇匀，静置→滴加高钙高 pH 值溶液，摇匀，静置→滴加原生质体培养液洗涤数次→离心获得原生质体细胞团→筛选、再生杂合细胞。

通常，在 PEG 处理阶段，原生质体间只发生凝集现象，加入高钙高 pH 值溶液稀释后，紧挨着的原生质体间才出现大量的细胞融合，其融合率可达到 10%～50%。这是一种非选择性的融合，既可发生于同种细胞之间，也可能在异种细胞中出现。PEG 诱导细胞融合的机理，目前还不太清楚。

3. 物理法诱导融合

1977 年，Senda 等发明了微电极法诱导细胞融合的技术。电融合技术，是将双亲原生质体以适当的溶液悬浮混合后置于低压交流电场中，原生质体极化后顺着电场排列聚集成串珠状，然后施加适当强度的电脉冲，以促使细胞融合。紧密排列的细胞，在相互接触的细胞膜之间会出现无蛋白颗粒的脂质区，当受到电击时，这个区域就会被击穿，产生磷脂双层膜孔，导致细胞之间的细胞质连通，进而发生细胞融合。电融合技术不使用有毒害作用的试剂，作用条件比较温和，而且基本上是同步发生融合。只要条件摸索适当，亦可获得较高的融合率。该操作实际上是供体与受体原生质体对等融合的方法。由于双方各具几万对基因，要筛选得到符合需要且能稳定传代的杂合细胞是相当困难的。最近，有人提出以X射线、γ射线、纺锤体毒素或染色体浓缩剂等对供体原生质体进行前处理，小剂量处理可造成染色体不同程度的丢失、失活、断裂和损伤，融合后仅有少量染色体甚至是DNA片段实现转移；致死剂量处理后融合则可能产生没有供体染色体的细胞质杂种。利用这种所谓的不对称融合方法，大大提高了融合体的生存率和可利用率。

以上三种细胞融合技术所产生的杂交细胞在培养过程中会发生染色体丢失现象。在种内杂交中，凡是亲本细胞亲缘关系比较接近的，则所得的杂交细胞的核型比较稳定，在连续培养中染色体丢失的速度很慢。例如，肿瘤细胞与同类正常细胞形成的杂交细胞，最初其恶性增殖性状暂被抑制，在培养中正常细胞的染色体逐渐被排斥掉，待正常染色体丢失到一定程度，肿瘤细胞的恶性增殖特征又重新显露出来。

（二）单克隆抗体技术

1975年，德国免疫学家G・J・F・克勒（Georges Köhler）和英国生化学家C・米尔斯坦（César Milstein）在细胞杂交技术的基础上，创建了单克隆抗体杂交瘤技术（monoclonal antibody technique）。他们把可在体外培养和大量增殖的小鼠骨髓瘤细胞与经抗原免疫后的纯系小鼠脾细胞融合，形成的杂交细胞既可产生抗体，又可无限增殖。将这种杂交瘤（hybridoma）作单个细胞培养，可形成单细胞系，即单克隆。利用培养或小鼠腹腔接种的方法，便能得到大量的针对同一抗原决定簇的高度同质的抗体，这种单克隆抗体（monoclonal antibody）是用其他方法所不能得到的。单克隆抗体技术不仅是免疫学的里程碑式突破，也为临床疾病的诊、防、治提供了新的工具，克勒和米尔斯坦由此杰出贡献荣获了1984年诺贝尔生理学或医学奖。

1. 单克隆抗体制备

当某些外源生物（如细菌等）或生物大分子（如蛋白质），即抗原进入动物或人体后，会刺激后者发生免疫反应，产生相应的抗体，从而将前者分解或消除。抗体是由B淋巴细胞合成与分泌的，而且每一种B淋巴细胞只产生一种抗体，而在机体内（主要在脾内）B淋巴细胞数量（种类）多达万亿计，所以可以产生无数种抗体。欲获得大量专一性抗体，须从某个特定B淋巴细胞培养出大量的细胞群体，即克隆。如此克隆出的细胞群体其遗传性质高度一致，由它们分泌出的抗体即叫做单克隆抗体，但B淋巴细胞不能在体外培养传代。体外培养的肿瘤细胞可以在培养条件下无限地传代，但它们有代谢的缺陷，很容易被特异药杀死。克勒与米尔斯坦将这两种细胞优缺点结合起来，设计了一种巧妙的实验，使这两种细胞杂交经筛选获得杂交细胞（杂交瘤细胞），这种细胞兼有两个亲代细胞的特征，既有骨髓瘤细胞（myeloma tumor cells)无限生长的能力，又有B淋巴细胞产生抗体的功能，这就是单克隆抗体技术的精华所在。

单克隆抗体技术的基本过程如下：

实验前数周分次用特异抗原免疫实验动物(小鼠)，使其脾内产生大量处于活跃增殖状态的特异B细胞。杀鼠取脾提取大量B细胞后，将鼠骨髓瘤细胞和B细胞以聚乙二醇法进行细胞融合。由于脾中具极多种B细胞，融合后也必然产生很多种杂交细胞，因此必须对杂交细胞进行筛选培养。

在克勒和米尔斯坦的实验中，他们将丧失合成次黄嘌呤-鸟嘌呤磷酸核糖转移酶(hypoxanthine guanosine phosphoribosyl transferase, HGPRT)的骨髓瘤细胞与经绵羊红细胞免疫的小鼠B细胞进行融合。杂交细胞通过在含有次黄嘌呤(hypoxanthine, H)、氨基喋呤(aminopterin, A)和胸腺嘧啶核苷(thymidine, T)的培养基(HAT)中生长进行选择。在融合后的细胞群体里，尽管未融合的正常B细胞和相互融合的B细胞是HGPRT+，但不能连续培养，只能在培养基中存活若干天。而未融合的HGPRT-骨髓瘤细胞和相互融合的HGPRT-骨髓瘤细胞则不能在HAT培养基中存活，只有骨髓瘤细胞与B细胞形成的杂交瘤细胞因得到亲本B细胞的HGPRT和亲本骨髓瘤细胞的连续继代特性，而在HAT培养基中存活下来。

待杂交瘤细胞增殖成一个细胞群体(克隆)后，用特异技术分别检测它们产生的抗体，从中挑出能产生所需单一性抗体的杂交瘤细胞。由于杂交瘤细胞是四倍体细胞，遗传性质不稳定，随着每次细胞有丝分裂，都可能丢失个别或部分染色体，直到细胞呈现稳定状态为止。因此，在建立杂交瘤细胞系的过程中要经常检查，存优汰劣。获得较稳定的单克隆杂交瘤细胞后，可将它们注射入哺乳动物(小鼠)腹腔，然后从腹水中分离、提取单克隆抗体；或者将它们移到培养瓶或生物反应器中培养，再从培养液中回收产生的单克隆抗体(图6-24)。

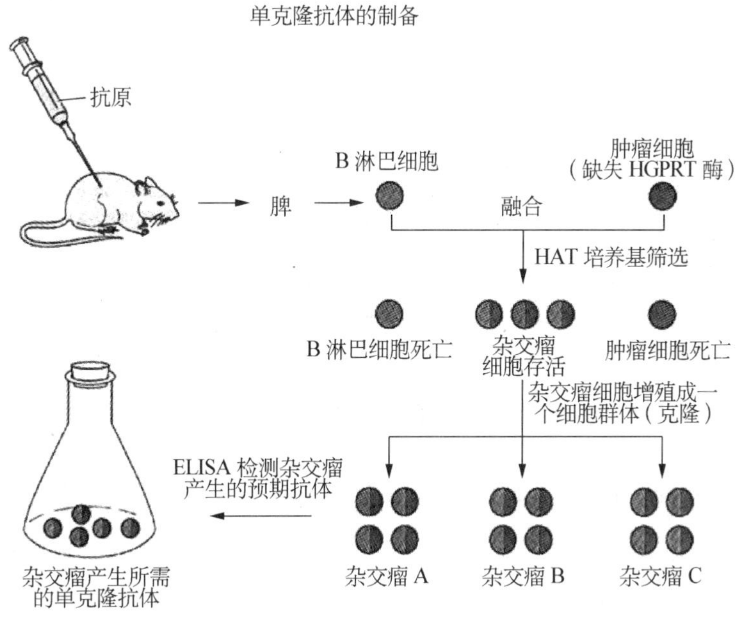

图6-24 单克隆抗体制备技术

2. 单克隆抗体技术的应用

近几年来，单克隆抗体技术发展迅速，应用广泛。

（1）临床医学　抗肿瘤的单克隆抗体广泛应用于诊断、治疗的研究。目前已有抗黑色素瘤、皮肤癌、肺癌、肝癌、白血病、淋巴瘤等几十种抗原的抗体。利用免疫学原理，把高度专一性的抗某一肿瘤的单克隆抗体，应用放射自显影能识别该肿瘤，这叫单克隆抗体免疫检测技术。用这种技术早期诊断肿瘤，敏感性高，能查到很小的用其他手段不能查到的肿瘤，使病人早期得到确诊，如用此技术能比 CT 扫描发现早六个月。用此技术还可监测病情，预报复发，以及明确肿瘤在体内的位置、转移及复发的范围。以往用化学药物、毒素或放射性物质治疗肿瘤往往误杀大量正常细胞，但若把强烈杀癌细胞的药物、毒素或放射性物质载于单克隆抗体上，犹如核武器载于导弹，它将准确无误地发挥强大的杀伤作用，而不损害正常组织。因此，这种装载有杀癌细胞药物等的单克隆抗体称为"生物导弹"。

（2）生物学基础研究　在生物学上，用来研究各种细胞亚群之间的相互作用，精确地认识细胞膜、病毒或激素的极其细微的差别，为研究膜的结构和功能提供有力的证据。例如，可用于探讨蛋白质的精细结构；淋巴细胞亚群的表面新抗原、组织相容性抗原；激素和药物的放射免疫（或酶免疫）分析；纯化微生物和寄生虫抗原等等。因此，单克隆抗体技术为免疫性疾病、传染性疾病、寄生虫疾病、肿瘤、器官移植排斥障碍等基础应用的研究开辟了广阔前景。

第三节　其他生物技术

一、酶工程

酶工程是指以酶学原理与化学工程技术相结合而形成的应用技术，即在一定的生物反应装置中，利用酶所具有的生物催化功能，借助工程手段将相应的原料转化成有关物质的生物技术。酶工程是由酶制剂的生产和应用两个方面组成的，酶工程的应用早已超越传统的食品工业范围，现已广泛应用于轻工业、医药工业和临床诊断等方面，对传统化学工业的改造和三废处理等具有很大潜力。

（一）酶制剂的制备

酶制剂主要来源于微生物，一般选用优良的产酶菌株，通过发酵来产生酶。目前，很多的商品酶，如淀粉酶、糖化酶、蛋白酶等主要是来自于微生物，所以酶工程离不开微生物发酵工程。为了提高发酵液中的酶浓度，选育优良菌株、研制基因工程菌、优化发酵条件，工业生产需要特殊性能的新型酶，如耐高温的 α-淀粉酶、耐碱性的蛋白酶和脂肪酶等。因此，在酶工程中需要研究、开发能产生特殊性能新型酶的菌株。

1. 酶的分离纯化

酶的分离纯化指从微生物的发酵液或动、植物组织提取液及细胞培养液中得到高纯度、高质量的酶产品。工业用酶一般无须高度纯化，如用于洗涤用的蛋白酶只需经过简单的提取分离即可；食品工业用酶则需要经过适当的分离纯化以确保安全卫生；而对于医药用酶，特别是注射用酶及分析测试用酶，则须经过高度的纯化或制成晶体，而且绝对不能含有热源物质。

酶分离纯化的方法、步骤因酶的种类、性质、用途等不同而异。从微生物细胞制备酶的流程一般包括破碎细胞、溶剂抽提、离心、过滤、浓缩、干燥这几个步骤。

(1) 破碎细胞　除了胞外酶的提取以外,所有胞内酶均需将细胞壁破碎后方可进一步抽提。

(2) 溶剂抽提　大多数酶蛋白都可用稀酸、稀碱或稀盐溶液浸泡抽提,选用何种溶剂和抽提条件视酶的溶解性和稳定性而定。

(3) 离心分离　离心分离是酶分离提纯中最常用的方法,主要用于除去发酵液中的菌体残渣或抽提过程中生成的沉淀物。

(4) 浓缩　由于发酵液或酶抽提液中酶的浓度一般都比较低,必须经过进一步纯化以便于保存、运输和应用。大多数纯化酶的操作如吸附、沉淀、凝胶过滤等均包含了酶的浓缩作用。

(5) 干燥　为便于酶制剂的储存、防止酶变性,需对酶进行干燥,常用干燥方法有真空干燥、冷冻干燥、喷雾干燥等。

2. 酶和细胞固定化

分离纯化的酶制成酶制剂需要进行干燥处理,再适量加入相应的稳定剂和填充剂,制成粉状制剂,用它们来催化生化反应。但其结果是酶制剂和产物混在一起,不能得到高纯度的产品,也很难重复使用酶制剂。为了提高酶的稳定性,重复使用酶制剂,扩大酶制剂的应用范围,需用各种固定化方法对酶或细胞进行固定化,酶和细胞固定化是酶工程的核心技术之一。固定化酶是指将可溶的自然酶束缚在特定的支持物上或固定在局限的空间,并能发挥催化作用,而固定含酶的细胞则形成固定化细胞。酶固定化后具有一定的机械强度,装入酶反应器中可使生产连续化、自动化;同时,也提高了对酸、碱、热的稳定性。这对提高生产效率、节约能源、降低成本等均起了前所未有的作用。

固定化过程必须使用水不溶性固体支持物(载体)。载体要有良好的稳定性,对酸碱和温度有一定耐受性及亲水性,有一定的疏松网状结构和机械强度,颗粒均匀,能耐受酶和微生物作用,共价结合时可活化基团,并廉价易得。固定化的方法主要有吸附、共价结合、包埋等。①吸附法是利用吸附剂、表面作用力或离子交换剂电性作用将酶(或细胞)定位于载体表面的技术,常用载体有活性炭、氧化铝、皂土、白土、高岭土、多孔玻璃、硅胶、石英砂、Amber-lite IRA、Amberlite IR、DEAE、纤维素、CMC、DEAE—Sephadex 等。②共价结合法是将酶(或细胞)与载体之间通过共价键结合而固定的技术,常用的载体有纤维素、琼脂、对氨基苯磺酰(ABSE)纤维素、聚丙烯酰胺凝胶、对氨基苯纤维素及苯胺多孔玻璃等。③包埋法是将酶(或细胞)限制于凝胶网格内或微囊中的技术,常用的载体有聚乙烯醇、卡拉胶、海藻胶、琼脂、血纤维蛋白原、胶原蛋白、聚丙烯酰胺凝胶、丙烯酸高聚物等。

固定化酶同自由酶相比,具有以下优点:①稳定性高;②酶可反复使用;③产物纯度高;④生产可连续化和自动化;⑤设备小型化以及可节约能源等。现在已有十多种固定化酶用于工业生产,据专家介绍,利用固定化葡萄糖异构酶从葡萄糖生产果糖糖浆,是目前世界上生产规模最大的固定化酶工艺。

3. 酶分子修饰

酶分子修饰是指利用化学手段将某些化学物质或基团结合到酶分子上,或将酶分子的某部分删除或置换，改变酶的理化性质，最终达到改变酶催化性质从而提高酶应用价值的目的。

酶分子修饰主要从两条途径进行：①用蛋白质工程技术对酶分子结构基因进行改造，期望获得一级结构和空间结构较为合理的具有优良特性、高活性的新酶（突变酶）；②用化学法或酶法改造酶蛋白的一级结构，或者用化学修饰法对酶分子中侧链基团进行化学修饰，以便改变酶学性质。例如，抗白血病药物天冬酰胺酶，经修饰后可使其在血浆中的稳定性提高数倍。

（二）酶反应器

1. 酶反应器的作用

利用酶制剂在体外进行催化反应生产所需产物时，都必须在一定的反应容器中进行，这种用于酶进行催化反应的装置称为酶反应器。酶反应器为酶催化反应提供合适的场所和最佳的反应条件，通过控制酶催化反应的各种条件和催化反应的速度，使底物（原料）最大限度地转化成产物。

2. 酶反应器的类型

随着固定化酶（或细胞）的研究进展，人们研究、设计、制造了各种各样的固定化酶（或细胞）反应器。酶反应器有两种类型：一类是直接应用游离酶进行反应，即均相酶反应器；另一类是应用固定化酶进行的非均相酶反应器。例如，固定化酶（或细胞）反应器中的柱式酶反应器，其工作原理是，将含有底物的液体以一定的速度连续不断地从一端注入装有固定化酶（或固定化细胞）的容器，在液体流经固定化酶（或固定化细胞）时，容器内就发生催化反应并且生成产物，含有产物的液体则连续不断地从容器的另一端流出（图 6－25）。酶反应器与一般的化工设备不同，它在物质与能量的传递上，对温度、pH 和溶氧量的条件，无菌操作以及反应器的大小形状上都有更高更严的要求。

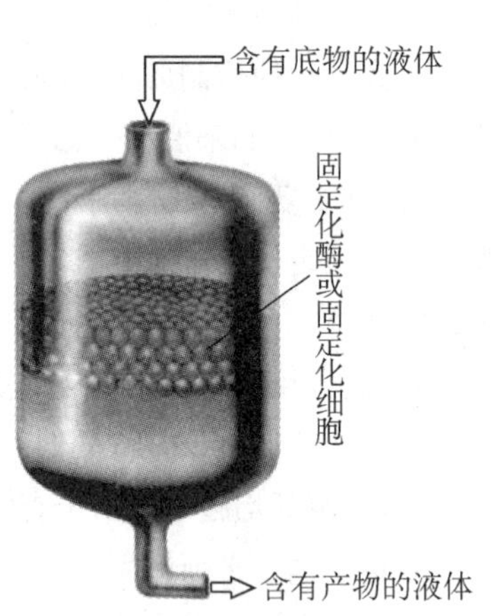

图 6－25　柱式酶反应器工作原理示意图

目前，全世界正致力于第二代酶反应器的研究。从第二代酶反应器的研制来看，主要包括以下三种类型：①含辅助因子（辅酶Ⅰ和 ATP 等）再生的酶反应器；②多相或两相反应器；③固定化组合酶反应器；其中多相反应器在近几年来进展较快。

（三）酶制剂的应用

酶工程是在人类原始的应用酶的催化作用的基础上逐渐发展起来的。20 世纪 50 年代以来，酶的应用技术有了很大的进步，这一时期主要是溶液酶的应用。20 世纪 70 年代以后，伴随着第二代酶——固定化酶及其相关技术的产生，酶工程才得以发展，固定化酶已在化工医药、轻工食品、环境保护等领域发挥着巨大的作用。将固定化酶系统和固定化活细胞技术联合生产的过程称为第三代酶工程，包括辅助因子再生系统在内的固定化多酶系统正在成为酶工程应用的主角。

1. 临床应用

酶制剂按其临床应用主要分为以下几类：

(1) 诊断类酶制剂　酶法分析具有灵敏、准确、快速、简便等优点，诊断类酶制剂是用作临床上各种生化检查的试剂以辅助临床诊断。例如，利用葡萄糖氧化酶测定血糖，为糖尿病的诊断提供依据；利用尿素酶测定血液中尿素浓度和尿液中尿素含量，以检查肾功能状态；用辣根过氧化物酶标记乙肝病毒表面抗原或抗体，然后用酶标免疫测定法测定人体血液中乙肝病毒的含量，为诊断乙肝及病情提供重要的依据。

(2) 消化类酶制剂　利用外源性酶制剂以补充和纠正体内消化酶的不足，称为酶的替代疗法。例如，利用胃蛋白酶、胰酶、淀粉酶、纤维素酶、木瓜酶、凝乳酶、无花果酶、菠萝酶等等助消化。

(3) 抗炎净创类酶制剂　这类酶制剂大多数属蛋白质水解酶，能够分解发炎部位纤维蛋白的凝结物，消除伤口周围的坏疽、腐肉；其中有些酶能够将脓液中的核蛋白分解成嘌呤和嘧啶，以降低脓液黏性、排除脓液消肿。目前，这类酶制剂在临床治疗上发展很快，用途甚广，主要有胰蛋白酶、糜蛋白酶、双链酶，溶菌酶、α-淀粉酶、胰脱氧核糖核酸酶等。

(4) 血凝和解凝类酶制剂　这类酶制剂都是从动物血液中提取出来的，有的能促使血液凝固，有的却能溶解血块。例如，凝血酶可促使血中纤维蛋白原变成不溶性纤维蛋白，从而促使血液凝固，防止微血管出血；而链激酶、尿激酶则可使溶纤维蛋白酶原转化为溶纤维蛋白酶促进血块溶解，以治疗脑溢血、心肌梗塞、肺动脉阻塞等疾病引起的血栓。近年来，除链激酶、尿激酶、葡萄糖激酶、金葡激酶、组织纤溶酶激活剂等之外，蚓激酶也得到开发，它们都是溶血栓的有效药物，已进入临床实用。

(5) 解毒类酶制剂：这类酶制剂的主要作用是解除体内或因注射某种药物产生的一种有害物质，主要有青霉素酶、过氧化氢酶和组织胺酶等。例如，青霉素酶能够分解青霉素分子结构中的β-内酰胺环，使之变成青霉噻唑酸，从而消除因注射青霉素引起的过敏反应。

(6) 抗肿瘤类酶制剂　如利用天冬酰胺酶、谷氨酰胺酶、神经氨酸苷酶等抑制肿瘤细胞生长和移植。

2. 食品加工业的应用

酶制剂在食品加工业方面有着广泛的应用。

(1) 酶制剂在淀粉类食品生产中的应用　在淀粉类食品的加工中，被广泛应用的酶主要有α-淀粉酶、β-淀粉酶、糖化酶、支链淀粉酶、葡萄糖异构酶等。例如，现在国内外葡萄糖的生产绝大多数是采用淀粉酶水解的方法：以淀粉为原料，先经α-淀粉酶液化成糊精，再利用糖化酶生成葡萄糖。而高麦芽糖浆的生产则是采用β-淀粉酶和支链淀粉酶的共同作用，使淀粉更多地转化为麦芽糖：糖化时，将液化后得到的糊精液调至pH5～6，温度50℃左右，加入一定比例的支链淀粉酶和β-淀粉酶，作用10 h左右，得到麦芽糖含量达80%～95%的糖化液。

(2) 酶制剂在食品保鲜方面的应用　酶法保鲜技术是利用生物酶的高效催化作用，有效地防止外界因素，特别是氧化和微生物对食品所造成的不良影响。例如，溶菌酶是一种催化细菌细胞壁中的肽多糖水解的水解酶，从而破坏细菌的细胞壁，使细菌溶解死亡。用溶菌酶处理食品，可以有效地防止和消除细菌对食品的污染，起到防腐保鲜作用。又如葡萄糖氧化酶是一种氧化还原酶，它可催化葡萄糖和氧反应，生成葡萄糖酸和双氧水。将葡萄糖氧化酶与食品一起置于密封容器中，在有葡萄糖存在的条件下，该酶可有效地降低或消除密封容器中的氧气，从而有效地防止食品成分的氧化作用，起到食品保鲜作用。

(3) 酶制剂在果蔬食品生产中的应用　在果蔬类食品的生产过程中，为了提高产量和产品质量，常用果胶酶处理果汁、果酒、果冻、果蔬罐头等的生产。例如，在果汁生产过程中，应用果胶酶处理，有利于压榨，提高出汁率。在沉淀、过滤、离心分离过程中，能促进凝聚沉淀物的分离，使果汁澄清。经酶处理的果汁比较稳定，可防止混浊。果胶酶已广泛用于苹果汁、葡萄汁、柑橘汁等的生产。在葡萄酒生产的过程中，主要应用的酶有果胶酶和蛋白酶。果胶酶用于葡萄酒生产，不仅可以提高葡萄汁和葡萄酒的产率、有利于过滤和澄清，而且可以提高产品质量。

3. 工业生产的应用

现在，已有愈来愈多的固定化微生物细胞用于工业生产。例如，固定化大肠杆菌细胞生产6-氨基青霉烷酸，固定化产氨短杆菌细胞生产L-苹果酸，固定化假单孢菌细胞生产L-丙氨酸，固定化链霉菌细胞生产果葡糖浆，固定化酿酒酵母细胞生产酒精等。

我国已开发出具有自主知识产权的低成本纳米结构高分子聚合物载体合成新技术，并建成每年6吨的固定化青霉素酰化酶催化剂生产装置。所生产的纳米结构固定化青霉素酰化酶催化剂应用于年产500吨6-氨基青霉烷酸(6-APA)生产装置上，固定化青霉素酰化酶的表观活性达775单位/克，成本比进口载体降低30%以上。研究人员还应用仿生固定化酶概念将猪胰脂肪酶分子固定于纳米结构内孔表面，针对不同尺寸以孔口接枝或接枝物种原位聚合等方式进行孔口尺寸改造，建成年产10吨纳米结构仿生固定化脂肪酶催化剂生产装置。产品用于500吨/年生物柴油生产装置上，植物油脂交换固定假丝酵母酶的活性提高了5倍，转化率达92%。

另外，利用酶制剂改进生产工艺，可提高产品质量和产率。例如，在塑料工业与合成纤维工业中，可以用酶制剂催化氢化链烯的生产；用新的酶法代替老的石灰硫化钠法使动物皮脱毛、软化，可提高皮革的质量；利用蛋白酶代替老的碱皂法使蚕丝脱胶，可提高丝织物的质量；在洗衣粉中加入碱性蛋白酶，加强了洗衣粉的去污能力。目前，许多国际知名品牌的洗涤剂大多采用“复合酶体系配方”，这些酶制剂不仅有显著的去污功效，还可达到护理织物、增白增艳的独特功效。

4. 水质监测的应用

当今固定化酶和固定化细胞技术处理污水是生物净化污水的方法之一。微生物细胞是一个天然的固定化酶反应器，用制备固定化酶的方法直接将微生物细胞固定，即为可催化一系列生化反应的固定化细胞。运用固定化酶和固定化细胞可以高效处理废水中的有机污染物、无机金属毒物等。例如，污水中有毒物质的成分十分复杂，包括各种酚类、氰化物、重金属、有机磷、有机汞、有机酸、醛、醇及蛋白质等等，通过炼油和炼焦等工厂废水排放到河流和湖泊中的酚是一类对人体有害的化合物。利用固定化多酚氧化酶研制成多酚氧化酶传感器，可快速测定出水中质量分数仅有$2\times10^{-7}\%$的酚，而利用固定化酵母细胞降解含酚废水也已实际应用于废水处理。德国将能降解对硫磷等9种农药的酶，以共价结合法固定于多孔玻璃及硅珠上，制成酶柱，用于处理对硫磷废水，去除率达95%以上。微生物通过自身的生命活动可以解除污水的毒害作用，从而使污水中的有毒物质转化为有益的无毒物质，使污水得到净化。

二、发酵工程

发酵工程(zymolysis engineering)是指利用微生物发酵作用，通过现代工程技术手段来生产有用物质，或者把微生物直接应用于生物反应器的技术，它是在发酵工艺基础上吸收基因工程、细胞工程和酶工程以及其他技术的成果而形成的。随着20世纪70年代基因工程诞生之后，发酵工程的应用领域迅速拓宽，发酵工程也日益丰富，它与化学工业、医药、食品、能源、环境保护和农牧业等许多领域关系密切，对它的开发有很大的经济效益。

(一) 发酵工程的一般过程

发酵工程的一般过程可分为三个步骤：第一，准备阶段；第二，发酵阶段；第三，产品的分离提取阶段。由于这三个阶段彼此衔接，故亦分别称之为上游阶段、中游阶段和下游阶段。

1. 准备阶段

准备阶段的任务主要包括培养基的配制与灭菌、器具的准备与消毒、菌种的选育、扩大培养和接种。下面主要介绍菌种的选育、扩大培养和接种：

(1) 发酵工程对菌种的要求　目前，随着发酵工程原料的转换和新产品的不断出现，势必要求开拓更多新品种。尽管发酵工程用的菌种多种多样，但作为大规模生产，对所选育的菌种要求：第一，原料廉价、生产迅速、目的产物产量高；第二，易于控制培养条件，酶活性高，发酵周期较短；第三，抗杂菌和噬菌体的能力强；第四，菌种遗传性能稳定，不易变异和退化；第五，不产生任何有害的生物活性物质和毒素，保证安全生产。

(2) 菌种的选育　优良菌种是保证发酵产品质量好、产量高的基础，菌种的选育方法主要包括自然选育、诱变育种、杂交育种、原生质体融合、基因工程等。当前发酵工业所用菌种的总趋势是从野生菌转向变异菌，从自然选育转向代谢控制育种，从诱发基因突变转向基因重组的定向育种。

① 自然选育　在生产过程中，不经过人工处理，利用菌种的自发突变，从而选育出优良菌种的过程，叫做自然选育(selection of spontancous mutation)。例如，在谷氨酸发酵过程中，从被噬菌体污染的发酵液中分离出抗噬菌体的菌种；在抗生素发酵生产中，从某一批次高产的发酵液取样进行分离，往往能够得到较稳定的高产菌株。

② 诱变育种　诱变育种是指用人工的方法处理微生物，通过改变DNA分子而引起突变，再从中筛选出符合要求的突变菌株，供生产和科学实验用。诱变剂有物理诱变剂(如紫外线、X射线、γ射线、快中子)、化学诱变剂(如亚硝酸、硫酸二乙酯、氮芥、5-溴尿嘧啶)等。诱变育种与其他育种方法相比，具有操作简便、速度快和收效大的优点，至今仍是一种重要的、广泛应用的微生物育种方法。菌种经诱变处理后，会产生各种各样的突变类型，需经过初筛和复筛两个阶段，才能从中挑选出所需要的突变类型。诱变育种操作简便，突变率高，突变谱广，它不仅能提高产量，改进质量，还可扩大产品品种和简化工艺条件。如从自然界分离到的青霉素产生菌的效价只有20单位/毫升，经过一系列的诱变育种后，效价可达40 000单位/毫升；谷氨酸

棒杆菌 1299 经紫外线诱变后，有的能产赖氨酸，有的能产缬氨酸，增加了产品的种类；土霉素产生菌经诱变后，选到了能减少泡沫的突变菌株，从而提高了发酵罐的利用率。

③ 杂交育种　杂交育种是通过 2 个或几个亲株的染色体片段的交换或重新组合而获得新性状菌种。通过这种方法可以分离到具有新的基因组合的重组体，也可以选出由于具有杂种优势而生长旺盛、生物量多、适应性强以及某些酶活性提高的新品系。

④ 原生质体融合　通过细胞融合等细胞工程技术获得工程菌。通常，先用酶溶解细胞壁，再用氯化钙-聚乙二醇处理原生质体，促使融合，获得杂种，此法在工业微生物的菌种改良中有积极作用。

⑤ 基因工程育种　将目的基因导入受体细胞并使之表达，获得工程菌。基因工程育种目的性强，可克服远缘杂交不亲和的障碍。

(3) 菌种的扩大培养　菌种的扩大培养是发酵生产的第一道工序，该工序又称之为种子制备。种子制备不仅要使菌体数量增加，更重要的是经过种子制备培养出具有高质量的生产种子供发酵生产使用。菌种扩大培养通常是将已选育的菌种经过试管、培养瓶或摇瓶等逐级扩大培养，获得一定数量和质量的纯种，以供发酵用。

2. 发酵阶段

发酵阶段是发酵工程的中心环节，是微生物生长繁殖、生产代谢产物的阶段。

(1) 发酵罐　发酵工程在工业上一般是使用发酵罐进行(图 6－26)。对于好氧微生物，发酵罐通常采用通气和搅拌来增加氧的溶解，以满足其代谢需要。根据搅拌方式的不同，好氧发酵设备又可分为机械搅拌式发酵罐和通风搅拌式发酵罐。机械搅拌式发酵罐是发酵工程常用类型之一，它是利用机械搅拌器的作用，使空气和发酵液充分混合，促进氧的溶解，以保证供给微生物生长繁殖和代谢所需的溶解氧。对于厌氧微生物，因其不需供氧，所以设备和工艺都较好氧发酵简单。严格的厌氧液体深层发酵的主要特点是排除发酵罐中的氧，以及需使用大剂量接种(一般接种量为总操作体积的 10%～20%)，目的使菌体迅速生长，减少其对外部氧渗入的敏感性。

(2) 发酵方式　根据培养基物理性状，发酵方式可分为固体发酵和液体发酵两种。

① 固体发酵　固体发酵的培养基来源广，容易制备，设备简单，投资少，容易操作。其缺点是生产周期长，生产效率低，不便在底物消耗过量时补充养料以延长微生物的对数生长期，从而提高产量。

② 液体发酵　液体发酵根据操作方式的不同，可以分为分批发酵、连续发酵和补料分批发酵等多种方式。

分批发酵：营养物和菌种一次加入进行培养，直到结束放出，中间除了空气进入和尾气排出外，与外部没有物料交换。根据不同发酵类型，每批发酵需要十几个小时到几周时间。其全过程包括空罐灭菌、加入灭菌培养基、接种、培养的诱导期、发酵过程、放罐和洗罐，所需时间的总和为一个发酵周期。分批发酵除了控制温度和 pH 及通气以外，不进行任何其他控制，操作较为简便。其主要不足在于分批发酵初期，由于营养物过多可能抑制微生物的生长，而发酵的中后期又可能由于营养物减少而降低培养效率。另外从细胞的增殖来说，初期细胞浓度低，增长慢，后期细胞浓度虽高，但营养物浓度过低也长不快，所以总的生产能力不是很高。传统的生物产品发酵多用此过程。

连续发酵：是以一定速度向发酵罐内添加新鲜培养基，同时以相同速度流出培养液，从而使发酵罐内的液量维持恒定，使微生物在稳定状态下生长。在稳定的状态下，微生物所处的环境条件，如营养物浓度、产物浓度、pH 值等都能保持恒定，微生物细胞的浓度及其生长速率也可维持不变，可以根据需要来调节生长速度。连续发酵不足之处：由于是开放系统，加之发酵周期长，容易造成杂菌污染；在周期较长的连续发酵中，微生物容易发生变异；设备、仪器及控制元器件的技术要求较高；丝状菌菌体容易附着在罐壁上生长和在发酵液内结团，给连续发酵操作带来困难等等。

补料分批发酵：又称半连续发酵，是介于分批发酵和连续发酵之间的一种发酵方式。通过向发酵罐中补充物料，可以使培养液中的营养物浓度较长时间地保持在一定范围内，既保证微生物的生长需要，又不造成不利影响，从而达到提高产率的目的。目前，运用补料分批发酵技术进行生产的产品包括蛋白质、氨基酸、生长激素、抗生素、维生素、酶制剂、有机溶剂、有机酸、核苷酸、高聚物等，几乎遍及整个发酵行业。它不仅被广泛用于液体发酵中，在固体发酵及混合培养中也有应用。

现代发酵工程，尤其是以获取酶、核酸、多糖、抗生素、酒精、柠檬酸以及微生物其他代谢产物为目的的发酵工程，多采用液体发酵方式。液体发酵生产周期短，生产效率高，补料分批发酵和连续发酵等方式还能适时补充养料，以延长微生物的对数生长期，大幅度提高产量。在液体发酵整个生产过程中必须对各种技术参数进行严密监控，并及时调整到适宜范围。

图 6－26　发酵罐

（3）发酵工艺控制　在进行任何大规模工业发酵前，必须先进行大量小规模的发酵罐实验，得到产物形成的动力学模型，并根据这个模型设计中试的发酵要求，最后从中试数据再设计更大规模生产的动力学模型。由于生物反应的复杂性，在从实验室到中试，从中试到大规模生产过程中会出现许多问题，这就是发酵工程工艺放大问题。发酵过程中，为了能对生产过程进行必要的控制，需要对有关工艺参数进行定期取样测定或进行连续测量。反映发酵过程变化的参数可以分为两类：一类是可以直接采用特定的传感器检测的直接参数，包括反映物理环境和化学环境变化的参数，如温度、压力、搅拌功率、转速、泡沫、发酵液黏度、浊度、pH 值、离子浓度、溶解氧、基质浓度等；另一类是间接参数，包括细胞生长速率、产物合成速率和呼吸熵等。这些参数需要根据一些直接检测出来的参数，借助于电脑计算和特定的数学模型才能得到。以上参数中，对发酵过程影响较大的有温度、pH 值、溶解氧浓度等。

3. 产品的分离提纯阶段

液体发酵完成后得到的发酵液，实际上是目的物与培养基残液、各种代谢废物和杂质的混合物，必须将需要的目的物从中分离出来并且加以纯化。发酵工程的最后产品纯度要求较高，这就导致产品的分离提纯阶段成为许多发酵生产中最重要、成本费用最高的环节，如抗生素、乙醇、柠檬酸等的分离和精制占整个发酵工艺投资的 60%左右。从发酵液中分离和纯化产品的技术，由于生产的产品不同，分离提取的方法也不同，通常包括固液分离技术（离心分离、过滤分离、沉淀分离等工艺），细胞破壁技术（超声、高压剪切、渗透压、表面活性剂和溶壁酶等），蛋白质纯化技术（沉淀法、色谱分离法和超滤法等），最后还有产品的包装处理技术（真空干燥和冰冻干燥等）。

（二）发酵工程的应用

发酵工程在现代生物技术中占有举足轻重的地位，其应用主要有以下几个方面。

1. 发酵工程在食品工业中的应用

发酵工程在食品工业上的应用十分广泛，主要包括：

（1）生产传统的发酵产品　如酱油、醋、酱、酒等。发酵酒又称酿造酒，是指以含糖或淀粉的物质如水果、麦芽等为原料，经糖化或发酵后，直接提取或压榨而得的酒。这类酒的酒浓度较低，含固形物较多，如啤酒、葡萄酒、黄酒、米酒、清酒、果酒等。

（2）生产各种食品添加剂　发酵工程技术已成为食品添加剂生产的首选方法。目前，利用发酵工程生产的食品添加剂主要有维生素、甜味剂、增香剂和色素等产品，市场上出售的各类食品中约 70%～80%的食品添加剂是用发酵法，或发酵产生的酶加工生产的，以改善食品的品质及色、香、味。例如，甜味剂是赋予食品甜味的添加剂，目前在食品工业中大规模使用的主要是木糖醇，其甜度与蔗糖相当。木糖醇是一种五碳糖醇，在体内代谢不需要胰岛素的参与，食用后不会提高血糖浓度，而且能够促进胰岛素分泌，可用于糖尿病人的食品中。木糖醇主要以植物纤维如玉米芯、甘蔗等水解糖液为基质，通过微生物发酵工程而生产。又如，用发酵方法制得的 L-苹果酸是国际食品界公认的安全型酸味剂，广泛用于果酱、果汁、饮料、罐头食品、糖果、人造奶油等的生产中。发酵工程生产的天然色素、天然新型香味剂，正在逐步取代人工合成的色素和香精，这也是现今食品添加剂研究的方向。

2. 发酵工程在医药工业中的应用

发酵工程在医药工业上的应用，成效十分显著。抗生素、维生素、动物激素、药用氨基酸、核苷酸（如肌苷）等都可以利用发酵工程来制备，其中抗生素是人们使用最多的药物。

目前，应用基因工程与发酵工程相结合的技术可大量生产基因工程药品，尤其是人体某些具有重要生理功能的蛋白质，因受到原料的限制无法推广使用，而发酵工程对医药工业的一个重大贡献，就是使这类药物得以大量生产和使用。例如，生长激素释放抑制因子是一种人下丘脑所分泌的激素，能够抑制垂体生长激素的过度分泌，临床上可用于治疗巨人症和成人的肢端肥大症。原先，制备人生长激素释放抑制因子的方法是从羊脑中提取，50 万个羊脑仅能提取到 5 mg 这种激素，远远不能满足临床需要。如今，利用含有人生长激素释放抑制因子基因的工程菌进行发酵生产，7.5 L 培养液就能得到 5 mg 人生长激素释放抑制因子。又如，紫杉醇主要是由红豆杉属树种产生的一种二萜类抗癌新药，临床上用的紫杉醇至今仍来自天然红豆杉树皮。由于紫杉醇含量仅占其树皮干重的万分之二，每提取 1 公斤紫杉醇约需要砍伐 60 年生的红豆杉大树 3 000～4 000 株，加之红豆杉树资源严重缺乏，导致目前由红豆杉提取出的紫杉醇国际成交价格每克竟达 8 万元人民币，利用发酵工程则是开辟紫杉醇新来源的途径之一。1993 年，Stierle 等首次报道了真菌——安德烈紫杉菌通过发酵也能产生紫杉醇，该菌株连续 3 周的发酵液中每升含紫杉醇几纳克。而美国华盛顿大学研究人员运用现代生物技术，将紫杉醇合成酶基因转入紫杉醇产生菌中，有可能建构高产紫杉醇的"工程菌"，预计此工程紫杉醇的产量比天然真菌提高几千倍。

3. 发酵工程在农业中的应用

微生物农药是一类发展较快的生物农药，包括农用抗生素和活体微生物，均可以通过发酵工程大量生产。

农用抗生素是由抗生菌发酵产生的、具有农药功能的代谢产物。例如：井冈霉素、春雷霉素等，可以用来防治真菌病害；农用链霉素、土霉素可以用来防治细菌病害；浏阳霉素可以用来治蛾类；最新开发的阿维菌素可以用来杀灭害虫、畜体内外寄生虫，用量低、效果好。活体微生物农药是有害生物的病原微生物活体，即用了这些活的微生物可以使有害生物本身得病而丧失危害能力。例如，白僵菌、绿僵菌是一类真菌杀虫剂(即本身是真菌，具有杀虫活性)；苏云金杆菌(即 Bt)是一类细菌杀虫剂；核多角体病毒是一类病毒杀虫剂；鲁保一号是一类真菌除草剂。

目前，全球农业防治病虫草害仍以化学农药为主，自 20 世纪 40 年代化学农药开始应用于农业生产以来，长期大量使用化学农药导致抗药性害虫大量增加。特别是近 10 年来，棉铃虫、蚜虫、小菜蛾、斜纹夜蛾等多发性害虫对菊酯类、有机磷类化学农药的抗药性增加了几百乃至数千倍。大量化学农药的施用，使农产品中农药残留量增加，严重污染了环境，危及人类健康及生命。而微生物农药的特点是安全可靠，不污染环境，对人畜不产生公害，而且原料易获得，生产成本低，是当前农作物病虫害防治中具有广阔发展前景的一种农药，大力发展生物农药已成为必然的趋势。

4. 发酵工程在能源工业中的应用

生物燃料之一的乙醇是石油很好的替代品，而利用酵母发酵生产乙醇技术已相当成熟。目前，在世界许多国家，生物燃料的发展都得到了政府的支持。欧盟期望到 2020 年生物燃料如乙醇燃料占到运输燃料的百分之十；巴西是世界上最大的乙醇生产国家，从 2006 到 2007 年，巴西利用甘蔗作为原料发酵共生产 3 020 万升乙醇。

为解决能源短缺和环境污染问题，氢气被公认为最理想的绿色替代能源，生物制氢以其能耗少、环保而备受关注。美国政府对氢能的研究投入1.2亿美元，以加速氢能（和燃料电池）的发展；德国等欧洲国家对氢燃料研究开发占有较大比例；日本则把生产氢能作为可再生能源长期发展的途径来考虑；我国也在加强生物氢能的研究开发，生物制氢研究已被纳入国家863计划。在氢能的开发研究中，利用微生物有效开发氢能是重要途径之一。例如，美国宾夕法尼亚州立大学研究人员利用源于土壤的产氢细菌，以制糖工业废水为原料发酵生产氢气，并采用细胞固定化技术保持该菌株产氢的连续性，提高产氢效率。日本北里大学研究人员以各种生活垃圾，如剩菜、肉骨等经处理后作为生产氢的原料，借助一种梭菌（Clostridium）AM21B菌株发酵生产氢气。通过发酵途径生产氢气的异养细菌很多，如梭菌（Clostridium）、肠杆菌（Enterobacter）、埃希氏杆菌（Escherichia）、柠檬杆菌（Citrobacter）、芽孢杆菌（Bacillus）、脱硫弧菌（Desulfovibrio）和产甲烷菌（Methanobacter）等。

5. 发酵工程在环境净化中的应用

微生物是自然界生态系统中的分解者，在环境污染物的降解、转化中起着极其重要的作用，利用微生物发酵是污染控制研究中最活跃领域。例如，20世纪80年代废水生物处理工程引用了高效菌株和自动化控制反应技术、利用酵母发酵处理造纸厂亚硫酸纸浆废液技术等等，都是利用并发挥微生物降解、转化污染物的巨大潜力，实现环境工程系统的高效、稳定和资源的再生利用，以达到控制和消除环境污染。

本章思考题

1. 基因工程为什么被认为是生物工程的核心内容？为什么说基因工程、细胞工程、发酵工程和酶工程之间存在着交叉渗透？

2. 简述基因工程技术的基本原理和基本步骤。

3. 转基因食品有哪些类型？你如何评价转基因食品的安全性？

4. 为什么说基因工程药物有诱人的前景？

5. 什么是细胞工程，其主要优势是什么？细胞工程的研究与应用领域包括哪些方面？

6. 什么是发酵工程，其主要优势是什么？发酵工程的研究与应用领域包括哪些方面？

7. 你是如何考虑生物技术在人类社会应用时可能遇到的安全性与伦理问题的？

8. 通过本章的学习，你如何理解科学技术是生产力的论断？

9. 通过本课程的学习，请你以生命科学为例阐述科学（science）-技术（technology）-社会（society）三者之间的相互影响和相互作用。

10. 通过本课程学习，你认为进入21世纪的人们应该具有怎样的生命科学观？为了自身的生命和人类的生存，我们应该做些什么？

主要参考文献

1. [美]洛伊斯 N. 玛格纳著，李难等译. 生命科学史. 武汉：华中工学院出版社，1985

2. 李宝健主编. 面向 21 世纪生命科学发展前沿. 广东：广东科技出版社，1996

3. 邹承鲁. 生物学在召唤. 上海：上海科技教育出版社，1999

4. 张惟杰主编. 生命科学导论. 北京：高等教育出版社，1999

5. 北京大学生命科学学院编写组编. 生命科学导论. 北京：高等教育出版社，2000

6. 詹姆斯·沃森　著. 激情 DNA：基因、基因组和社会. 冷泉港实验室出版社，2001

7. 吴庆余编著. 基础生命科学. 北京：高等教育出版社，2002

8. 田传茂，许明武，杨宏编. 生命科学. 武汉：华中科技大学出版社，2003

9. 裘娟萍，钱海丰主编. 生命科学概论. 北京：科学出版社，2004

10. 张自立，彭永康编著. 现代生命科学进展. 北京：科学出版社，2004

11. 宋思扬主编. 生命科学导论. 北京：高等教育出版社，2004

12. 国家技术前瞻研究组. 中国技术前瞻报告 2003—2005（简版）. 北京：科学文献出版社，2006

13. Lodish H，Berk A，Zipurshy S L. et al. Molecular Cell Biology. Fourth Edition. England：WH Freeman and Company，2000

14. Molles C，Molles J. Ecology. Concepts and Applications. Second Edition（影印本）. 北京：高等教育出版社，2002

15. Eldon D. Enger，Frederick C. Ross. Concepts in Biology. Tenth Edition（影印本）. 北京：科学出版社，2004

16. 吴旻. 发展基因组学和生物信息学刻不容缓. 中国医科学院学报 2000，22（1）

17. 张志鸿. 新世纪中推动生物科学发展的"Bio－X". 生物物理学报. 2001，17（1）

18. 刘颖勃. 二十世纪后期美国博士学位的历史统计分析. 中国研究生 2005（2）

19. 中华人民共和国国务院. 国家中长期科学和技术发展规划纲要（2006—2020 年）.《人民日报》〔2006 年 2 月 10 日　第 1 版〕

20. 陈竺，邢雪荣. 2005 年国内外生命科学与生物技术进展. 中国科学院院刊 2006（3）